数字孪生　钢构前行

Digital Twin　The Frontier of Steel Structures

"金协杯"第三届全国钢结构行业数字建筑及BIM应用大赛获奖项目精选

Highlights of the 3rd Digital Architecture & Applied BIM Contest of National Steel Structure Industry

组织编写　中国建筑金属结构协会　河南省钢结构协会

主　编　郝际平　魏　群

副主编　孙晓彦　刘尚蔚　魏鲁双

　　　　卢春亭　李　峰　胡成喜

中国建筑工业出版社

图书在版编目（CIP）数据

数字孪生　钢构前行："金协杯"第三届全国钢结构行业数字建筑及 BIM 应用大赛获奖项目精选 ＝ Digital Twin　The Frontier of Steel Structures——Highlights of the 3rd Digital Architecture & Applied BIM Contest of National Steel Structure Industry / 中国建筑金属结构协会，河南省钢结构协会组织编写；郝际平，魏群主编；孙晓彦等副主编. — 北京：中国建筑工业出版社，2023.6
ISBN 978-7-112-28891-5

Ⅰ. ①数… Ⅱ. ①中… ②河… ③郝… ④魏… ⑤孙… Ⅲ. ①钢结构-建筑设计-计算机辅助设计-作品集-中国-现代 Ⅳ. ①TU391-39

中国国家版本馆 CIP 数据核字（2023）第 126027 号

本书收录了"金协杯"第三届全国钢结构行业数字建筑及 BIM 应用大赛的获奖项目，详细介绍了在新首钢大桥、张家口市崇礼区太子城冰雪小镇、郑州南站、泰山文旅健身中心、西安曲江文创中心等项目中 BIM 技术的应用情况。本书内容丰富，形式多样，极具参考价值，可为推进数字建筑及 BIM 技术在建筑信息化发展中的应用，深化 BIM 技术在钢结构工程中的实践，创新 BIM 专业技术人才培养机制提供一定帮助。

责任编辑：万　李
责任校对：刘梦然
校对整理：张辰双

数字孪生　钢构前行

"金协杯"第三届全国钢结构行业数字
建筑及 BIM 应用大赛获奖项目精选
Digital Twin　The Frontier of Steel Structures
Highlights of the 3rd Digital Architecture & Applied BIM Contest of National Steel Structure Industry
组织编写　中国建筑金属结构协会　河南省钢结构协会
主　编　郝际平　魏　群
副 主 编　孙晓彦　刘尚蔚　魏鲁双
　　　　　卢春亭　李　峰　胡成喜
＊
中国建筑工业出版社出版、发行（北京海淀三里河路 9 号）
各地新华书店、建筑书店经销
北京鸿文瀚海文化传媒有限公司制版
临西县阅读时光印刷有限公司印刷
＊
开本：880 毫米×1230 毫米　1/16　印张：21　字数：663 千字
2023 年 8 月第一版　　2023 年 8 月第一次印刷
定价：**280.00** 元
ISBN 978-7-112-28891-5
（41252）

编 写 委 员 会

主　　编：郝际平　　魏　群

副 主 编：孙晓彦　　刘尚蔚　　魏鲁双　　卢春亭　　李　峰
　　　　　胡成喜

编　　委（按姓氏拼音排序）：

曹平周　　陈振明　　董　春　　樊建生　　范业庶

郝际平　　贺明玄　　胡成喜　　胡育科　　贾　莉

乐金朝　　李　峰　　李海旺　　刘尚蔚　　卢春亭

卢　定　　罗永峰　　马恩成　　马智亮　　邵　楠

宋为民　　宋新利　　孙晓彦　　王仕统　　魏　来

魏鲁双　　魏　群　　杨　帆　　叶佳人　　张洪伟

张社荣　　张新中　　张艳霞　　郑展鹏　　钟炜辉

周学军　　周　瑜

秘 书 处：周　瑜　　邢春玲　　陈孝君

序一 "金协杯"为全国钢结构行业数字建筑及 BIM 应用大赛增光添彩！

党的二十大报告提出"加快发展数字经济，促进数字经济和实体经济深度融合，打造具有国际竞争力的数字产业集群"，并对数字产业发展做出重要部署，为我国数字经济向纵深发展指明了方向。中国建筑金属结构协会立足新发展阶段，完整、准确、全面贯彻新发展理念，构建新发展格局，坚持以人民为中心，坚持高质量发展，围绕落实我国 2030 年前碳达峰与 2060 年前碳中和目标，促进城乡建设绿色发展，提高建筑绿色低碳发展质量，降低建筑能源资源消耗，转变城乡建设发展方式，为 2030 年实现城乡建设领域碳达峰奠定坚实基础。

自带绿色基因和装配化优势的钢结构产业符合绿色低碳发展需求，继续为我国建筑节能与绿色建筑创新发展领航奋进。数字经济是一种以数据资源为核心生产要素、以数字技术为支撑、以数字化平台为主要交易组织形式、以促进其他产业数字化为主要动力的新经济形态。数字经济已经成为影响全球资源分配、产业格局、国际分工的重要因素。推动数字经济发展成为多数国家的重要战略方向，也是构筑国家竞争新优势、掌握发展主动权的战略选择。BIM 技术以支撑建筑业数字化转型发展为目标，研究 BIM 与新一代信息技术融合应用的理论、方法和支撑体系，研究工程项目数据资源标准体系和建设项目智能化审查、审批关键技术，研发自主可控的 BIM 图形平台、建模软件和应用软件，开发工程项目全生命周期数字化管理平台，为建筑行业高质量发展提供技术支撑。

中国建筑金属结构协会积极发挥行业优势，致力于提高建筑绿色低碳发展质量。为推进数字孪生 BIM 技术在建筑信息化发展中的应用，深化 BIM 技术在钢结构工程中的实践，推动建筑钢结构数字孪生 BIM 技术应用的发展，实现工程项目的数字化、精细化、智慧化的生产和管理，由中国建筑金属结构协会主办、河南省钢结构协会承办的 2022 年"金协杯"第三届全国钢结构行业数字建筑及 BIM 应用大赛已圆满落下帷幕。这次大赛得到了全国钢结构行业的热烈支持和积极响应，组委会共收到 129 项参赛作品，经过形式审查、专家评审，评选出 107 项获奖作品，其中特等奖 14 项，一等奖 24 项，二等奖 41 项，优秀奖 28 项，达到了经验分享、总结交流、共同提高的预期效果。为了充分发挥大赛的效果，使更多的业内同行能充分分享大赛成果，我们整理并出版了第三本精选的文集。

我们也应注意到 BIM 信息技术目前大多停留在表面建模的应用层面，很少在 BIM 数据的关联、BIM 的孪生体系、BIM 数值仿真的矩阵应用、BIM 数据的拓展等方面深入应用，所有的 BIM 人应充满信心，这些数据流是蓄势之源，是工程管理的引擎，"没有激流就称不上勇进，没有高峰则谈不上攀登"。热切希望 BIM 人勇于开拓，做出更大的努力，取得新的成果。

协会全体成员将持续努力，为"金协杯"全国钢结构行业数字建筑及 BIM 应用大赛增光添彩，为钢结构产业在"数字孪生，钢构前行"的建筑业发展中，在不断推动钢结构与 BIM 技术、信息技术工业化的深度融合和我国建筑业转型升级中，做出更多的贡献！

中国建筑金属结构协会会长

序二　对新型建筑工业化特别重要性的几点认识

住房和城乡建设部等 9 部门联合印发《关于加快新型建筑工业化发展的若干意见》（以下简称《意见》）。提出要加快新型建筑工业化发展，以新型建筑工业化带动建筑业全面转型升级，打造具有国际竞争力的"中国建造"品牌，推动城乡建设绿色发展和高质量发展。《意见》指出：新型建筑工业化是通过新一代信息技术驱动，以工程全生命期系统化集成设计、精益化生产施工为主要手段，整合工程全产业链、价值链和创新链，实现工程建设高效益、高质量、低消耗、低排放的建筑工业化。《意见》在加强系统化集成设计、优化构件和部品部件生产、推动构件和部件标准化、推广精益化施工等方面提出了明确要求。对此，我想从以下三个方面谈谈新型建筑工业化的特别重要性：

一、从概念看新型建筑工业化的特别重要性

建筑工业化指的是传统的建筑业生产方式向工业化生产方式转变的过程，其基本内涵是以绿色发展为理念、以技术进步为支撑、以信息管理为手段，运用工业化的生产方式，将工程项目的设计、开发、生产、管理的全过程形成一体化产业链；是指通过现代化的制造、运输、安装和科学管理的大工业的生产方式来代替传统建筑业中分散的、低水平的、低效率的手工业生产方式。它的主要标志是建筑设计标准化、构配件生产施工化，施工机械化和组织管理科学化。在新的发展阶段，建筑工业化被称为"新型建筑工业化"。"新型"应该主要区别之前的建筑工业化，主要"新"在从传统粗放建造方式向新型工业化建造方式转变的过程。新型工业化建造方式主要是指：在新发展理念指导下，以建筑为最终产品，运用现代工业化的组织和手段，对建筑生产全过程的各阶段的各生产要素的系统集成和资源优化，达到建筑设计标准化、构件生产工厂化、建筑部品系列化、现场施工装配化、土建装修一体化、管理手段信息化、生产经营专业化，并形成有机的产业链和有序的流水式作业，从而全面提升建筑工程的质量、效率和效益。新型建筑工业化涉及建筑设计、建筑机械设备、建筑材料以及建筑施工诸多的相关产业和相关活动，还涉及工业及民用建筑、公用建筑和城乡基础设施建筑等产品。在以建筑为主和自然景观组成的大框架下，将城乡的规划、建设、管理以及发展融为一体，可以说新型建筑工业化与整个社会进步和经济发展息息相关，显示出它的特别重要性。

二、从时代发展看新型建筑工业化的特别重要性

从全球制造业的发展时代看：互联网思维就是用互联网去融合实体产业，在（移动）互联网＋、大数据、云计算等科技不断发展的背景下，对市场、用户、产品、企业价值链和产品供应链乃至对整个商业生态进行重新审视的思考方式。互联网为每个人、每个企业都提供了机会，这是一个开放的平台，可以把无数的客户、代理商、供应商、贸易商连接起来，把中国与世界联系起来。在这一方面发挥专家团队作用是至关重要的。"物联网思维"（物联网的核心架构是智能化），就是面向实体世界的，"以感知互动为目的，以团队属性、社会属性为核心的感知互动系统"。互联网＋机械是途径和方式，智能制造是最终目的。从工业发展进程可以看到：新型建筑工业化是在建筑工业化的基础上强调了信息化、数字化和智能化的新理念。

低碳社会是社会发展模式上的革命。低碳社会是继农业社会、工业社会、信息社会以后人类经济发展模式的巨大创新，它要求用尽量少的能源资源消耗和二氧化碳排放，来保证经济社会的持续发展。传统的经济增长理论强调经济发展依靠自然资源和生产要素的投入，但这样并没有考虑碳排

放的约束变量。而在未来，二氧化碳的排放空间很可能也将被视为一种有限的自然资源，并成为最紧缺的生产要素，成为经济发展的约束性因素。

从人类低碳社会时代发展看，新型建筑工业化强调了低碳排放、绿色环保和生态环境的新理念，这是时代发展的新要求，显示了新型建筑工业化的特别重要性。

三、从改革开放高质量发展新格局看新型建筑工业化的特别重要性

改革开放以来，城市的发展、乡村的变化、江湖河海的改造都与建筑工业化紧紧相连，各行各业的振兴，千家万户的幸福都与建筑工业化息息相关。今天，国民经济进入了高质量发展新阶段，新一轮改革开放以"一带一路"建设为重点，坚持"引进来"和"走出去"并重，遵循"共商、共建、共享"原则，加强创新能力开放合作，形成陆海内外联动、东西双向互济的开放新格局，加快新型建筑工业化的发展将肩负着重要使命。

自 2018 年以来，新型基础设施建设（以下简称"新基建"）已经逐步成为社会热点，成为推动产业转型升级和发力数字经济的重要支撑手段。新基建指发力于科技端的基础设施建设，主要包含 5G 基建、特高压、城际高速铁路和城际轨道交通、新能源汽车充电桩、大数据中心、人工智能、工业互联网七大领域。其中 5G 基建、大数据中心、人工智能、工业互联网等领域正是数字经济需要的重点发展领域。

"新基建"要求多学科融合，尤其是与信息科学和数据分析相结合。因此"新基建"需要的新技术包括：BIM 正向设计、基于 BIM 的项目管理技术、装配式建筑技术、数字孪生技术、集成管理技术、IPD 集成项目交付技术和基于投资管控的全咨技术等。

BIM 技术在规划、设计、施工、运维全产业链创新应用中起到了引领作用，进而推动了 BIM 技术、大数据、云计算、物联网、移动互联网等数字技术与中国建筑业的融合与创新发展。而 BIM 技术与装配式建筑的完美结合更是为建筑产业转型、行业重新塑造、创新发展新模式带来无限机遇。数字经济将成为拉动经济增长的重要引擎。建筑业要摆脱高污染、高能耗、低效率、低品质的传统粗放发展模式，向绿色化、工业化、智能化方向发展，自下而上依托 BIM、物联网、云计算等数字技术，打造数字建造创新平台，打通数字空间与物理空间，提升工程建设主业的数字化水平，必须依靠数字技术推动企业转型升级。

一是要赋予数字创新文化新内涵，树立想转敢转的创新意识。将数字创新作为企业文化建设的重要组成部分，明确转型升级发展目标和发展方向，理解转型升级的价值和意义。

二是要深刻领会数字转型新理念，数字化转型归根结底就是寻找能适应新生产力发展的生产关系的过程。利用数字化技术手段，改变原有落后的生产方式和管理模式，用数字化驱动产业转型升级。转型之后具备了更多探索与应用新材料、新能源以进一步降本增效的可能性，将有更广阔的发展空间及更多的发展机遇。

三是建筑企业数字化转型技术路径分为数字建造和建造数字两个维度。一个维度是数字建造，即建造产业数字化；另一个维度是建造数字，即建造数字产业化。无论是传统的基础建设的普及，还是新型的数字化基础设施建设的推广，无论是政府方面的政策力度支持，还是以民营经济为代表的投资建设产业布局，从中可以预判，新型建筑工业化的推进和以信息基础设施为代表的"新基建"，不仅会降低成本、提升效率、创新商业模式，还将拉动新材料、新器件、新工艺和新技术的研发应用，促进建筑业技术改造和设备更新，促进数字建筑业智能建筑业创新发展，为建筑业新技术的发展，新产业、新模式和新业态的形成提供必要支撑。

结束语

从概念内容看、从时代发展看、从改革开放新格局看，阐述了新型建筑工业化的特别重要性。这只是一个粗浅的认识，归根结底要落实到行动上，我们经常讲的智能建筑、绿色建筑、生态建

筑、可持续发展建筑、装配式建筑、被动式建筑、节能建筑等，还有宜居城市、生态城市、智慧城市、海绵城市、美丽乡村等都需要我们扎扎实实地推进新型建筑工业化的进程。

要抓住产业数字化、数字产业化赋予的机遇，加快 5G 网络、数据中心等新型基础设施建设，抓紧布局数字经济、生命健康、新材料等战略性新兴产业、未来产业。"新基建"短期有助于扩大需求、稳增长、稳就业，长期有助于释放中国经济增长潜力，改善民生福利，成为支撑未来中国经济社会繁荣发展的重要课题。

加快新型建筑工业化进程是一个系统工程，需要汇聚各方智慧和力量共同推进。政府部门要有科学务实的发展规划，不断探索和创新监管方式，深化体制机制改革，营造更加有利于创新发展的制度环境。建筑行业要充分发挥企业家和专家的作用，研究用好市场的力量，探索投融资机制创新；研发新技术、新机具、新材料，提高工匠队伍的新技能和高素质。鼓励和引导不同主体运用市场机制开展合作，充分释放市场内生动力和创新活力。加快推进新型建筑工业化进程，为实现新一轮的改革开放，实现强国战略目标做出新的贡献！

中国建筑金属结构协会原会长
住房和城乡建设部纪检组原组长　　姚兵

前　　言

当前，我国在人工智能、数字孪生、物联网、量子信息方面呈现了从规模扩张转向创新提质，经历了从无序生长转向健康发展，从传统企业转向新型实体企业的态势。新型实体企业是一种兼具数字技术能力和实体属性的新企业类型，不仅企业自身具有较高的数字化水平，而且具备较高的对外数字技术输出能力。近年来，一批新型实体企业在实体经济数字化转型升级、构建数字产业新生态、技术赋能产业链、供应链等方面发挥了重要作用。部分企业凭借其技术优势和场景优势，促进线下实体产业数字化改造升级。伴随着数字经济与实体经济融合程度加深以及产业互联网发展加速，未来可能有越来越多的传统数字企业和实体企业转型成为新型实体企业。在这种转化持续改进过程中，作为国家大力支持的 BIM 技术更应得到推广普及和壮大。

BIM 技术也要经历萌芽期、起步期、发展期、成熟期和融合再生这五个生命周期的演变，随着软件、硬件技术、移动互联网技术的飞速发展，整个建筑行业都在期待 BIM 技术快速发展，可是 BIM 技术在具体实践的过程中遇到了一些难题，诸如模型花费大，价值感不强，性价比上没能发挥明显的优势等。

建筑企业更需要信息化、数字化转型升级，而 BIM 技术恰恰是解决方案的必需途径。很多企业已经逐渐意识到 BIM 技术应用存在的问题，BIM 技术应用发展的速度和规模目前还处于艰难的发展时期。在社会端、行业端、企业端和人才端四个维度，BIM 技术需要靠人来推动和推广，BIM 人才即建筑信息模型人才，既要懂模型又要懂建筑领域，而且都是在术业有专攻的培养模式下成长起来的。但是想要 BIM 技术在建筑领域内串行全过程，我们需要的是综合性人才，目前社会还不能直接培养出这类人才，更多地还是要通过实际项目在各个不同的实践环节去历练，这就需要花费较长时间。中国建筑金属结构协会连续几年系统地开展 BIM 技术的人才培养，举办专门的讲座，进行技术培训和推广，是值得赞许的好做法，起到了明显的推广作用。从政策端、思想端去持续拉动大家对 BIM 技术的应用动力，激发内驱力。

BIM 技术是一种以数据为核心生产要素的新经济形态。数字经济蕴含强大的发展动能与战略势能，规模化应用效应显著。数字经济与实体经济加速融合，数字经济活动加快向不同产业链上下游延伸拓展，促进数字化发展红利从单个环节扩散延伸到整个链条，努力实现局部受惠向共同普惠发展。推动数字经济健康发展，必须坚持既促进发展又强化监管的方式。近年来，资本无序扩张、算法滥用的问题逐渐得到改进，平台经济竞争秩序不断规范，反垄断逐步加强，数字经济治理使 BIM 的深入发展步入规范有序的健康之路。

中国建筑金属结构协会举办的"金协杯"第三届全国钢结构行业数字建筑及 BIM 应用大赛，是我国建筑钢结构行业的又一次盛会，得到了业界热烈响应和积极参与，共有 129 项作品参加了此次大赛，评选出了特等奖、一等奖、二等奖、优秀奖。为更好地总结交流，大赛组委会特编写精选项目文集，由中国建筑工业出版社出版。本书所精选项目，涵盖了 BIM 技术在钢结构工程勘察、设计、制造、施工、运维全生命周期的集成与深入应用。其中很多参赛作品都具有一定的代表性。BIM 技术的实质是数字图形与数据融合一体，是将数字图形作为具体的载体，数据附着于图形，图形蕴含着数据，这是数字图形介质理论的核心内容，在真实自然界与计算机世界搭建了双向映射的桥梁与纽带。目前 BIM 技术已成为数字孪生的重要组成部分，今后将着重研究和应用 BIM 与新一代信息技术融合应用的理论、方法和支撑体系，工程项目数据资源标准体系，自主可控的 BIM 图形平台、建模软件和应用软件，工程项目全生命周期数字化管理平台和基于 BIM 的工程项目智能化监管关键技术。

在此对积极参赛的单位、作者，审稿的钢结构及 BIM 专家致以诚挚的谢意，对协助举办本次大赛给予大力支持的中建七局安装工程有限公司、北京城建集团有限责任公司、河南九冶建设有限公司表示感谢！

对于编审中出现的错误，敬请批评指正。论文作者对文中的数据和图文负责。

目　录

一、特等奖项目精选

上海金鼎天地培训中心项目——基于 BIM 技术的施工综合应用

浙江大地钢结构有限公司，龙元明筑科技有限责任公司

罗明文　田云雨　徐孟育　汪爱园　伍俣达　袁锋炎　泮鑫涛　胡铫函　裴芋钞　王旭

1　工程概况

1.1　项目简介

金鼎天地培训中心项目，位于上海市浦东新区曹路镇，东至申轮路，南至涵桥路，西至申启路，北至轲桥路。本工程主要建设内容为地上四栋单体建筑，其中 A 楼、C 楼为高层办公建筑，檐口高度达 79.8m，B 楼及 D 楼为多层办公建筑，檐口高度为 23.5m。总建筑面积约 181663.69m²，其中地上面积 96626.89m²，地下建筑面积 85036.80m²，地下三层均为钢筋混凝土-框架结构（图 1）。

图 1　项目效果图

本工程四栋单体结构形式均采用钢框架-支撑结构，D 楼局部采用大跨度钢桁架结构，最大跨度 33.3m，各单体钢柱均为箱形构件，最大截面为 B800mm×800mm×45mm×45mm，钢柱底板厚度最大达 60mm，钢梁采用焊接 H 型钢梁，最大截面为 H1300mm×300mm×16mm×24mm，材质为 Q355B；项目总用钢量约 18000t。

该工程 D 栋 B1 层以南区域建筑功能为下沉广场，为满足下沉广场大空间布局要求，共设置 9 组非下插式型钢梁柱转换节点，转换节点采用箱形、H 形组合截面，上部箱形钢柱仅下插至节点区域，显著减小钢柱下插长度，为本工程一大亮点。

1.2　公司简介

大地钢构成立于 1994 年，公司以建筑钢结构为主，涵盖施工总承包、幕墙、装饰装修、新材料等多个领域。连续多年蝉联中国建筑钢结构行业五十强、5A 诚信企业、国家级高新技术企业。

公司集国际化设计、采购、制作、安装、贸易、服务于一体。公司拥有建筑工程施工总承包一级、钢结构工程专业承包一级、建筑幕墙工程专业承包一级、建筑幕墙工程设计专项甲级、建筑装修装饰工程专业承包贰级、轻型钢结构工程专项设计甲级、钢结构制造特级以及建筑金属屋面设计与施工特级等多项专业资质，并通过国际 ISO 质量、环境、职业健康管理体系认证，美国钢结构协会 AISC 认证，欧洲联盟 CE 认证，俄罗斯 GOST 认证以及理化检测能力认证。

1.3　工程重难点

（1）施工现场位于市中心地段，周围均为已建成建筑物和市政道路。现场施工作业范围狭小，给钢结构材料进场以及后面的吊装施工带来很大难度。合理安排施工场地及划分施工段显得尤为重要。

（2）部分钢结构节点结构复杂、施工难度大而且制作加工要求高。

（3）涉及的专业多，交叉施工多，协调难度大，各专业施工队之间需要进行大量的信息交互。

2　BIM 团队建设及软件配置

2.1　制度保障措施

在项目设立之初，进行综合评定，选择进行

BIM 应用的相关专业。建立 BIM 团队，由项目总工程师担任 BIM 团队总负责，并统筹协调各专业 BIM 工作。BIM 专业工程师建立对应专业的 BIM 信息模型，基于 BIM 模型进行专业的综合深化设计、施工方案、施工进度、工程量计算等一系列实施内容。在施工前、施工中、施工后三阶段对项目管理提供技术支持。

2.2 软件环境（表1）

软件环境　　　　　表 1

序号	名称	项目需求	功能分配
1	Revit	三维建模	建筑建模 节点建模
2	Tekla	三维建模	钢结构建模 节点优化
3	品茗 BIM 施工策划	施工管理	三维策划 施工模拟
4	CAD	深化出图	图纸处理
5	品茗 HiBIM	深化设计 快速出图	机电应用 出图出量
6	Lumion	视觉强化	模型渲染 漫游制作
7	720 云	技术交底	全景展示

3 BIM 技术重难点应用

本项目包含下沉式广场、平和剧场、足球场、图书馆。结构错综复杂、标高不一，钢结构体量大，现场作业范围小，含有创新式节点。充分利用 BIM 技术，过程中工序验收控制严格，施工质量良好；安全文明设施布置规范，安全控制到位，保证了项目施工质量及安全管理的可控性。

3.1 钢结构深化设计

创建钢结构三维模型，可直观地呈现整体钢结构构造，并且可对复杂节点进行细节处理，使得空间可视化。同时，对于复杂节点可生成相应的深化图，用于加工和安装。还可生成相应的图纸清单、构件零件清单、螺栓栓钉清单、焊缝清

单等，用于采购材料、统计工程量（图2）。

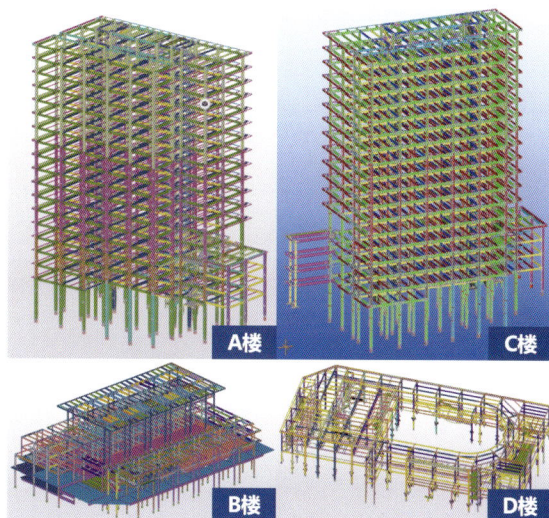

图 2　Tekla 模型

3.2 管线经济性路径优化

运用 Revit 软件完成土建模型以及机电模型，进行净高和碰撞检查，经过插件运算并人为筛选后生成相应报告。依据工程甲方要求和安装方的管线综合原则，基于 BIM 机电模型进行管线综合排布，对管线进行经济性路径优化，以降低成本、保证净高要求，提升安装质量和效率（图3）。

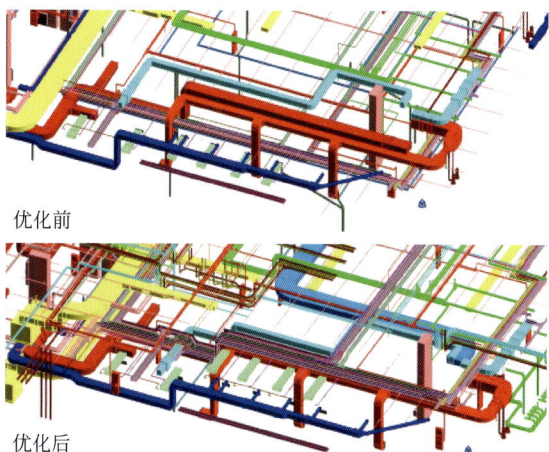

优化前

优化后

图 3　管综优化

3.3 三维场地的布置

将已完成的 Revit 模型导出 SKP 格式，再导入策划软件进行场地布置。该举可以直观地展现

出施工现场场地使用情况，再根据进度计划进行模拟施工。并且对已布置的场地按项目所在地的规范进行检查以及用量统计，满足现场搭设规范要求及准确控制现场临时设施成本，便于优化施工方案，合理组织施工（图4）。

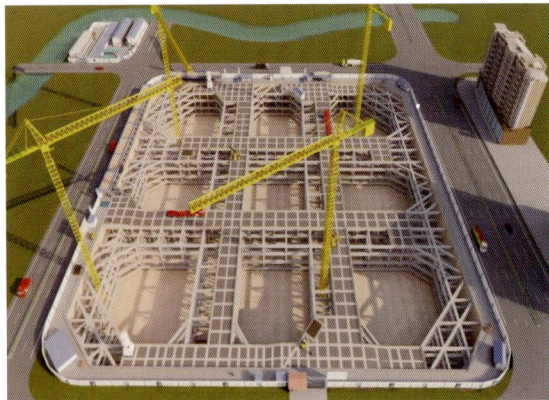

图4　三维施工策划模拟

3.4　采用 Lumion 软件进行渲染

通过导出 IFC、SKP 或 DAE 格式至 Lumion 软件进行渲染，使整体效果更加接近真实情况。在交底时，对于部分场景采用 360°全景的模式，减少对硬件配置的限制（图5）。

图5　Lumion 渲染出图

4　创新亮点

（1）非下插式型钢梁柱转换节点作为创新节点，前期通过大量的技术试验、BIM 技术的建模

以及模拟施工对后续的落地安装及成功应用提供了技术支持。在转换节点安装前，对现场支撑结构、构件编号等进行全面复核，通过"四点吊装"方式安装就位后，采用千斤顶对转换节点底部型钢支架标高、垂直度进行测量调整，将混凝土梁钢筋与套筒或搭筋板连接后浇筑混凝土（图6）。

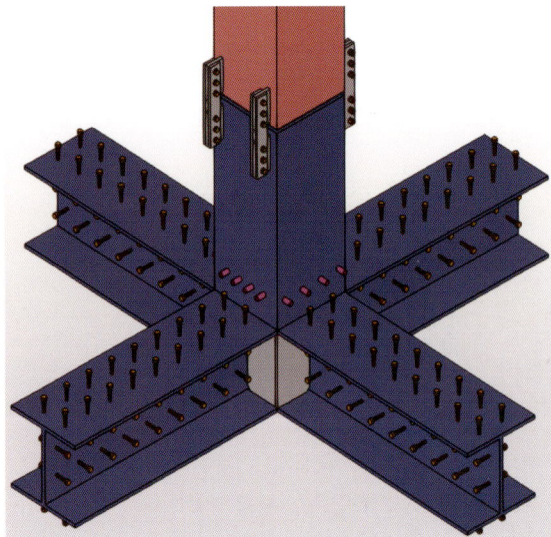

图6　非下插式型钢梁柱转换节点

（2）机房管线密集，空间狭窄，满足使用功能的同时，需兼顾机房的整体美观性。结合 BIM 技术采用装配式模块施工，建立装配式模块体系，完善从模块设计到装配的一系列流程。

5　应用心得总结

BIM 的综合应用，使得传统的二维图纸变成可视化的三维模型。三维模型不但可以用于各专业之间碰撞检查、效果图及深化图的生成，更重要的是，在建造、运营过程中的沟通、讨论、决策都能在可视化的状态下进行，更直观、明确，可减少人为想象带来的误差。相较于传统图纸能更好地进行审查比对，更利于发现潜在的设计、施工风险，指导现场施工，减少后期返工和处理的时间。

3A001 上海金鼎天地培训中心项目——基于 BIM 技术的施工综合应用

团队精英介绍

罗明文

上海金鼎天地培训中心项目

副总经理

一级建造师、一级造价工程师

高级工程师

长期主持钢结构施工现场管理工作，负责上海磁悬浮龙阳路车站屋面钢结构工程、上海中环线 2.1 标钢箱梁工程等项目，为上海市建设工程评标专家库钢结构工程、冶金工程专业评标成员。参编 1 项国家标准，发表多篇学术论文，获得多项专利及 BIM 大赛奖项。

田云雨

上海金鼎天地培训中心项目技术中心主任

一级建造师

高级工程师

长期从事钢结构施工管理、施工技术、建筑信息化等工作，多次获得全国、浙江省优秀项目经理，带队参加多个省级 BIM 应用竞赛，成绩优异，主持或参与省部级课题 4 项，获得专利 18 项。

徐孟育

上海金鼎天地培训中心项目 BIM 工程师

工程师

从事技术创新类工作，参与了浙江小百花艺术中心、浙江金华万佛塔等项目。参与 1 项省部级研究课题，共发表论文 3 篇，获得省部级工法 3 项、专利 3 项及多项 BIM 大赛奖项。

汪爱园

上海金鼎天地培训中心项目技术工程师

工程师

从事钢结构施工管理和施工技术创新工作，参与了江苏园博园、上海金鼎天地培训中心等项目。荣获上海市 2022 年"优秀技术人员"称号。共发表论文 3 篇，获得专利 6 项及多项 BIM 大赛奖项。

伍俣达

上海金鼎天地培训中心项目 BIM 技术员

助理工程师

从事钢结构施工以及数字信息化创新工作，参与了上海金桥国培、青岛君峰路中学等项目，多次获得省级 BIM 竞赛奖项。获得专利 2 项。

袁锋炎

上海金鼎天地培训中心项目

一级建造师

工程师

长期从事钢结构施工管理工作，参与了海口市五源河文体中心体育馆、晋江国际会展中心等项目。多次获得省级 BIM 竞赛奖项，共发表论文 2 篇，获得专利 8 项。

泮鑫涛

上海金鼎天地培训中心项目技术工程师

工程师

从事钢结构施工管理工作，参与了丽水国际会展中心、无锡鸿山文化中心。多次获得省级 BIM 竞赛奖项。共发表论文 1 篇，获得专利 4 项。

胡铫函

上海金鼎天地培训中心项目

助理工程师

从事建筑信息化工程技术类工作，参与了丽水国际会展中心、无锡鸿山文化中心、上海金鼎天地培训中心等项目，荣获多项省级 BIM 奖项。

裴芋钞

上海金鼎天地培训中心项目技术负责人

工程师

长期从事钢结构管理工作，参与了榆林市会展中心、上海金鼎天地培训中心等项目，参建项目曾获浙江省钢结构金刚奖、中国钢结构金奖等。

王 旭

上海金鼎天地培训中心项目经理

一级建造师

工程师

长期从事钢结构管理工作，参与了上海金鼎天地培训中心、上海金桥国培等钢结构工程项目施工管理。荣获浙江省钢结构工程 2022 年度"优秀建造师"。

数智融合助力 BIM 技术在赤峰中唐特钢项目炼钢工程中的应用

中国二十二冶集团有限公司

王夺　尹卫民　徐玲珑　孙岩　龚健　毕强　刘泽鲲　莫绍杰　郭旺　张丹琦

1 工程概况

1.1 项目简介

赤峰中唐特钢有限公司年产 270 万 t 精品钢项目建成后，可保障内蒙古地区开发建设的需求，将有效带动人员就业，有效带动区域经济提升，为内蒙古地区经济发展做出重大贡献。项目目标为建设成为国内一流的有色金属产业基地和蒙东钢铁产业基地。炼钢工程项目工期 360 天，总投资额 6 亿元，占地面积 46667m²。

冶炼工程不断迭代的新工艺、新技术、新设备，使得本工程也具有独特的工程复杂性。本次建设为一期项目，建设产能为年产 270 万 t 精品钢，主要工艺设施有：2 座 120t 转炉，2 座吹氩站，2 座 LF 精炼炉，1 台 3 机 3 流板坯连铸机和 1 台 6 机 6 流方坯连铸机及其他配套公辅设施（图 1）。

图 1　赤峰项目航拍图

1.2 公司简介

中国二十二冶集团从 20 世纪 50 年代以来，先后承建和参建了大批国家或地方的钢铁建设项目、房屋建筑、体育场馆和市政工程项目，以及建材、能源、化工、电力、交通、水利等行业的各类工程和国外的工业与民用工程建设项目。百余项工程分别获得鲁班奖、詹天佑奖、国家优质工程奖、全国用户满意工程、省部级工程奖等，部分工程创全国同类工程最短工期施工记录。中国二十二冶集团始终恪守"诚信社会为本，客户满意为荣"的经营理念，致力于"倾心打造品牌，诚信铸就未来"，在祖国内外、大江南北铸就了座座丰碑。

1.3 工程重难点

（1）炼钢工程大型设备多且质量大

转炉本体设备总重达 587t，其中单件设备最重达 174t，且因空间限制，无法利用加料跨行车独立直接吊装到位，增加了吊装难度和安全风险。利用 BIM 技术对转炉"推移法"方案进行安装模拟和过程力学分析，可提前验证施工方案的科学性、安全性和可操作性。

（2）管线种类繁多且管径大

各种介质管线集中于塔楼区域，穿插于各种设备和钢结构多层框架中，管径大，安装调整困难，对管线空间布置要求高；利用 BIM 技术进行管道预制加工，装配式的安装可减少交叉作业时间，提高施工质量，加快进度。

（3）专业多、工序协调难

本标段作为目前国内较大型转炉工程，工程量大、专业多，包含土建、钢结构、机电、筑炉等专业，且多专业相互交叉影响深，存在紧前紧后作业多，对区域内平面布置要求较高，协调难度大等重难点问题，利用 BIM 技术对各个安装工序进行合理安排模拟，有助于提前采取措施和方法，做好施工部署。

（4）任务重、工期紧

炼钢主厂房钢结构制作量和安装量大、时间

紧，且有多家制作单位，部分制作场地离项目所在地较远，如何保证制作和安装同步有效衔接，成为本项目管控难点，利用 BIM＋物联网技术可对构件进行信息化全过程管理。

2 BIM 团队建设及软件配置

2.1 团队组织架构（图 2）

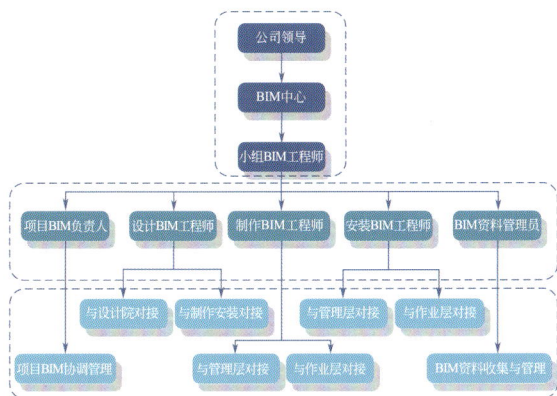

图 2 团队组织架构

2.2 技术路线

本项目 BIM 实施以钢结构全生命周期管理系统综合应用作为主线，项目核心是智慧建造、绿色建造，基于项目特点，策划运用 BIM 技术打造冶金工程标准化标杆项目。通过深化设计、生产加工、现场安装和质量管理这四个阶段将设计、生产、施工和管理串联起来。用标准化和集成化的思维方式建造本工程。

2.3 软件环境（表 1）

软件环境　　　　　　　　　　表 1

序号	名称	项目需求	功能分配
1	DW	网站建设	网站管理
2	3ds Max	动画演示	动画
3	大疆智图	三维建模	建模
4	Revit	三维建模	建模
5	浩辰 CAD	出图	模型设计
6	Navisworks	模型可视化	可视化

3 BIM 技术重难点应用

本项目以钢结构工程为主，钢结构总量约为 5 万 t，相当于"鸟巢"的钢结构总量。为节约工期，提升工程质量，因此确定本项目以"钢结构 BIM 应用为主线，轻量化模型贯穿深化设计、生产加工运输、现场管理、交付运维四大阶段"的"1 条主线，4 大阶段，14 大核心应用"的 BIM 创新应用规划。

3.1 深化设计阶段

针对厂房钢结构，BIM 团队使用 DW 软件建立了钢结构三维模型，并且在此基础上对各钢结构进行参数细化深化设计。模型创建过程中，对模型进行碰撞检查，及时发现设计问题，并及时对模型进行调整优化。针对炼钢工艺厂房复杂节点多的特点，建立 34 个复杂节点 BIM 模型（图 3），保证施工质量和进度要求。

模型轻量化＋工业互联网平台应用。公司于 2019 年开始打造"钢结构全生命周期管理系统"，2021 年以来，系统打通了与焊机、切割机、起重机等设备物联接口，升级成为"钢结构工业互联网平台"。可将 DW 模型导入平台生成轻量化模型并自动生成构件清单及列表，用于加工和生产（图 3）。

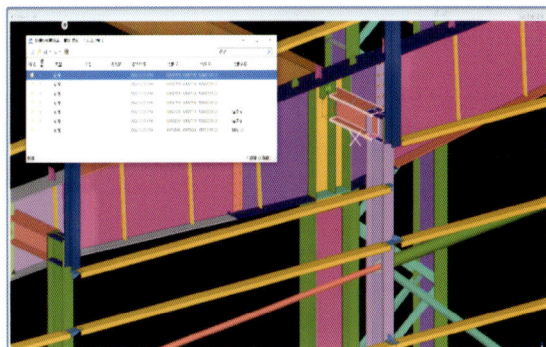

图 3 复杂节点 BIM 模型

3.2 生产加工运输阶段

自动排板下料。原材料扫码入库后，对每块钢板编制粘贴"身份二维码"，使每个构件、每个零件都具备独立的二维码身份标签，以形成完整的信息追溯，对原材料进行编码和信息录入。用 DW 软件将轻量化模型导出 NC1 格式文件，通过平台传递，自动排板下料。使用超级算法排板套料，算出最优解，通过生成的切割指令与排板图，钢板利用率均可达91％以上（图4）。

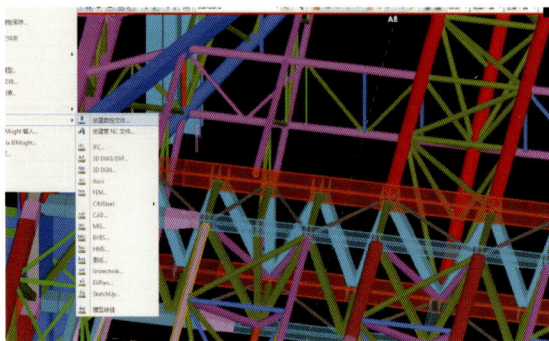

图4 超级算法排板套料

工序工艺流程设置。下料后，开始进行生产加工过程。在平台中根据构件类型自定义工序及工艺流程，建立生产任务单、工序交割单，制造厂技术人员通过手机移动端批量处理构件，构件经过组对、焊接、质检、喷漆后形成成品构件，粘贴平台中生成的二维码。

焊接云平台的应用。在构件焊接的过程中，焊接云平台可以进行焊机监控、耗材管理及工艺管理。构件焊接前根据构件类型导入技术部下发焊接工艺评定，设定焊机电流、电压等工作参数。焊接完成后平台根据日期、班组等不同维度生成数据分析报表。

质检及运输的应用。在质检和运输阶段，将过程资料与轻量化模型为核心的构件清单相关联，做到可追溯。包括质检人员信息、加工检验批、探伤报告、隐蔽检验记录、运输班组信息、运次管理、运输轨迹、发货构件清单等。

3.3 现场管理阶段

项目级平台应用（图5）。构件运输到现场后扫码入库，施工现场焊接作业过程，均通过焊接云平台管理模块进行管控，数据实时自动采集。手机App终端具有现场检查、整改单派发、整改、反馈功能，相关工艺、指导书、交底等也通过App实时查看。按工序、管控点设置工艺，设置风险预警规则，推送到手机端，巡检缺漏项。

图5 项目级平台应用

通过进度监控及时查看每日、每周、每月各类构件的变化情况并且可以及时查看项目进度计划中当前任务超前、滞后、正常进行的情况。

利用三维可视化功能再加上时间维度进行虚拟施工，可直观快速地将施工计划与实际进展进行对比。通过模型结合施工方案、施工模拟和现场视频监测，大大减少质量问题、安全问题，减少返工和整改。

技术交底的应用。炼钢工程主要以转炉热试生产作为重点目标，钢结构厂房中转炉高跨作为施工关键路线，各系统交叉衔接紧密，通过合理的施工进度计划安排，保证高跨钢结构厂房施工工期。

该项目的动画模拟完成后，将转炉安装及机电管线施工的论证加入项目部的图纸会审、技术方案论证、技术交底等会议中。施工动画的演示制作通过对模型的细致拆分，再结合工序进行多版本的模拟和迭代，从而寻找到最优的方案。使每一道工序的衔接点，施工的组织设计都可以细致地落在实处。

无人机＋穿越机倾斜摄影的应用。项目分多个工区平铺施工，场地大，为方便项目实时掌握现场的形象进度，特采用无人机定期定航线航拍，形象直观地展示每个区的现场施工情况，并建立起时间刻度的竖向对比。通过逆向建模生成实景点云模型，计算场地土方量并与模型进行拟合校验。

三维扫描及放样机器人的应用。对转炉设备基础、设备安装位置进行扫描，并将形成的点云文件通过RealWorks软件转换后，与设计图纸创建的模型进行对比校验调整尺寸偏差，保证设备安装工作顺利开展，为后续设备安装调整以及与设备连接管道预制提供数据支持。

3A002 数智融合助力 BIM 技术在赤峰中唐特钢项目炼钢工程中的应用

团队精英介绍

王 夺
中国二十二冶集团金属结构工程分公司
高级工程师

曾获得中冶集团科学技术一等奖、中国钢结构协会科学技术一等奖，多项中国土木工程詹天佑奖、鲁班奖。担任中国五矿集团有限公司科技转型计划项目、河北省住房和城乡建设厅、中冶集团等多项重大研发项目负责人。

尹卫民
中国二十二冶集团金属结构工程分公司
一级注册结构工程师
高级工程师

先后参与了多项重大工程信息化建设和BIM管理工作。参与了北京丰台火车站、赤峰中唐特钢等项目。曾获龙图杯一等奖、中建协BIM大赛一等奖，多次获得中国钢结构协会科技进步奖、全国各类BIM大赛奖项等。

徐玲珑
中国二十二冶集团金属结构工程分公司副总工程师
注册监理工程师
CWI 国际焊接工程师
工程师

参与北京火车站、北京丰台火车站、雄安高铁站、阿尔及利亚奥拉体育场等项目。曾获得授权专利25项，获得省部级工法6项，多次获得中国钢结构协会及省部级各种科技奖项、全国各类BIM大赛奖项等。

孙 岩
中国二十二冶集团有限公司金属结构工程分公司总经理助理
高级工程师

长期从事大型钢结构实施的全流程管理，参与了北京丰台火车站、腾讯北京总部大楼、北京国贸三期等项目。曾获全国各类BIM大赛奖项。

龚 健
中国二十二冶集团金属结构工程分公司总工程师
二级建造师
IIW 国际焊接工程师
工程师

长期从事冶金综合类项目管理工作，参与了印尼德信炼钢、赤峰中唐特钢等项目。曾获得授权专利1项，实用新型6项，获得省部级工法1项，示范工程1项，冶金优质工程1项，全国各类BIM大赛奖项等。

毕 强
中国二十二冶集团金属结构工程分公司信息化管理部部长
河北省建筑业协会专家
河北省工业和信息化厅专家
高级工程师

完成公司钢结构智料系统、钢结构全生命周期管理系统、钢结构智慧工地系统等多个信息化系统建设。所带领团队获得多个国内重量级BIM奖项。曾荣获中国工业互联网大赛三等奖。

刘泽鲲
中国二十二冶集团金属结构工程分公司信息化管理部科员
BIM 二级工程师
唐山市技术能手
助理工程师

参与完成福建大东海高炉工程、赤峰中唐特钢等项目的BIM实施工作。积极推进BIM在公司项目中的普及应用，完成工程巡礼、冶金标准化施工动画等视频制作，为项目BIM应用提供良好支撑。所在团队获得多个国内重量级BIM奖项。

莫绍杰
中国二十二冶集团金属结构工程分公司设计研发中心副主任
工程师

曾荣获2020年河北首届建设工程燕赵（广联达）杯BIM技术应用大赛施工组一等奖，2020 Tekla BIM 模型竞赛（中国区商业组）最佳交通基础设施项目奖，获得实用新型专利1项，发明专利1项。

郭 旺
中国二十二冶集团金属结构工程分公司信息化管理部科员
BIM 二级工程师
助理工程师

参与了赤峰中唐特钢、中国古动物馆等项目。曾获第三届中国工业互联网大赛三等奖、第十七届振兴杯国赛银奖，多次获得中国钢结构协会科技进步奖、全国各类BIM大赛奖项等。

张丹琦
中国二十二冶集团金属结构工程分公司信息化管理部科员
助理工程师

参与福建大东海高炉工程，中国古动物馆等项目。曾获龙图杯一等奖、第三届中国工业互联网大赛三等奖、中施企协工程建设行业BIM大赛二等成果、中国智能建造BIM应用大赛一等奖等。

新首钢大桥数字化建造技术

北京城建集团有限责任公司，北京城建道桥建设集团有限公司

李久林　张晋勋　段劲松　何辉斌　杨国良　寇志强　李笑男　张勇　张雪鹏

1 工程概况

1.1 项目简介

神州第一街长安街西端，新首钢大桥雄踞在永定河上。以"合力之门"为意象的桥梁结构形式，充分体现了新时代特点和首都风貌要求，线形简洁，结构优美（图1）。

图1 新首钢大桥照片

大桥长为1354m，与永定河斜交57.4°。钢梁为大横梁连接的分离式钢箱梁，最宽处为54.9m。桥塔为双塔双索面拱形形式，是双肢非一致倾斜超高钢塔，最大塔高为124.93m，断面尺寸为15m×15m至4.6m×3.3m渐变。高塔为塔梁墩固结；矮塔为塔梁固结，塔底设四个单向滑动支座；形成连续刚构双塔斜拉桥。桥梁建造材料采用Q420qe、Q345qe特种钢材，最大钢板厚度达到150mm，桥梁面积3万m²（图2）。

1.2 公司简介

北京城建集团是北京市建筑业的龙头企业，具有房屋建筑工程、公路工程总承包特级资质，拥有城建工程、城建地产、城建设计、城建园林、

图2 新首钢大桥参数图

城建置业、城建资本、城建文旅、城建国际、城建服务九大产业，从前期投资规划至后期服务运营，打造出上下游联动的完整产业链，致力于转型提升为"国际知名的城市建设综合服务商"。

1.3 工程重难点

（1）弯扭钢曲板加工难度大、精度要求高

钢塔为三维空间扭曲构造，曲板为非一致曲率曲板，加工难度大。大型钢塔弯扭曲板检验目前国内无相应规范。

（2）厚钢板焊接变形控制难度大

主梁和索塔钢板厚度一般在30～55mm之间，局部达到60mm。桥塔首节段承压板甚至达到150mm。随着母材厚度的增加，焊接中的变形量和残余应力随之增加，因此大量焊缝变形控制是施工技术和质量控制的重点和难点。

（3）塔梁柱结合段施工难度大

1）高塔底部采用塔梁墩固结结构，南、北塔肢各设一个基座，每个塔肢通过预埋在基座里85根钢拉杆（长8m，直径85mm）锚固连接，钢塔首节段安装时须穿过孔径为130mm，配合间隙为22.5mm的两层锚孔。要保证群杆能顺利穿群孔，使得节段顺利就位，难度非常大。钢拉杆安装精度直接影响高塔首节段能否顺利安装。

2）新首钢大桥高塔首节段承压板面积约为235m²（14.85m×15.85m），压浆面积为220m²，

为国内最大。注浆层厚为 50mm，注浆层厚度薄。同时，指标要求达到了①抗压强度：≥50MPa；②接触率：≥85%（同类桥梁 50%～70%），注浆面积大，接触率要求高，国内尚无可借鉴经验。

（4）超重异形节段水平、垂直运输困难

1）主桥钢梁和索塔节段最大吊装质量达 700t，最大安装高度 122.3m，安装就位具有一定的难度。

2）超大超宽节段运输困难。

（5）弯扭索塔安装与线形控制难度大

1）非一致曲率曲板组成的钢塔节段安装，吊装质量大，吊装高度高，空间位型确定控制精度要求高，施工工艺异常复杂。

2）桥塔线形控制精度要求达到 31mm（H/4000），错边量≤2mm，控制精度要求高，施工难度大。

（6）索塔支架方案设计难度大

1）钢塔施工时支架设置要满足钢塔空间定位需要，同时提供塔的各向支撑刚度。

2）支架和索塔协同变形，变形监测及控制难度大。

3）支架高达 130m，高空支架稳定性、安全性保证是其难点。

4）支架卸载时索塔因自重的变形，控制难度大。

2 BIM 团队建设及软件配置

2.1 制度保障措施

（1）项目 BIM 培训制度。
（2）项目管理平台功能开发例会制度。
（3）BIM 辅助现场巡检制度。

2.2 团队组织架构（图3）

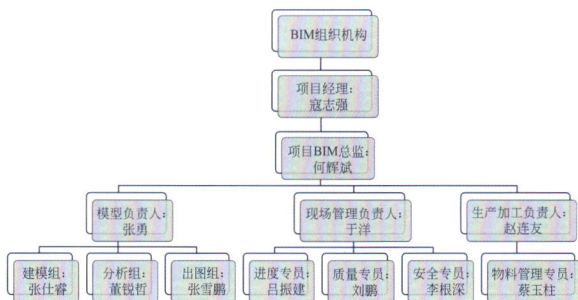

图 3 团队组织架构

2.3 软件环境（表1）

软件环境 表 1

序号	名称	软件厂商	软件功能
1	CATIA	达索	建模
2	Abaqus	达索	进行有限元分析
3	Tekla	Tekla	钢结构支架建模
4	Delmia	达索	施工模拟仿真
5	Revit	Autodesk	建模
6	Realworks	Trimble	点云处理软件
7	Geomagic	Geomagic	点云逆向建模
8	Polyworks	InnovMetric	高密度点云处理软件
9	4D-BIM	云建信科技	智慧工地平台

3 BIM 技术重难点应用

3.1 项目 BIM 技术的应用

新首钢大桥 BIM 技术应用为弯扭结构形式斜拉桥建造提供了有力支撑，也是其创新的关键技术之一。新首钢大桥的"合力之门"意向的弯扭钢结构，由大量复杂可展开和不可展开曲面构成，运用正向 BIM 设计技术初步完成三维模型设计，结合钢结构工厂加工制造工艺、生产设备的能力及需求，优化初步设计三维模型，获得可建造设计模型。基于设计三维模型，钢结构加工制造单位展开钢结构加工深化工作。新首钢大桥钢塔节段采用工厂加工，分段安装方式施工，结合工期、吊装运输能力、桥梁线形控制等诸多因素进行钢塔节段划分（图4）。

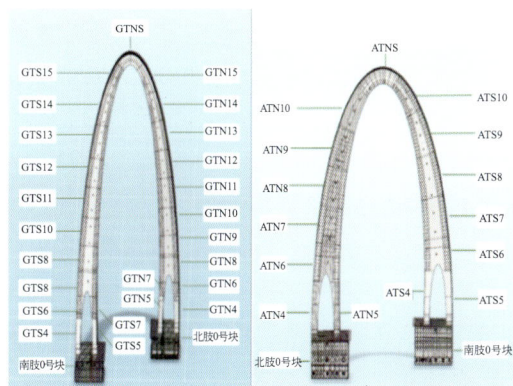

图 4 高矮塔分段

在桥位现场进行施工区域场地三维扫描，逆向建模。

进行施工场地三维扫描，获得场地地物、地貌信息为后续工程顺利进行积累数据（图5）。

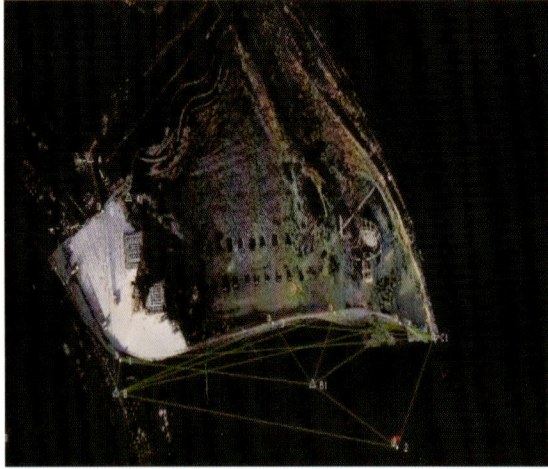

图5　三维扫描图

3.2　工程 BIM 创新应用

基于设计和施工支架模型进行分析，按照正装倒拆方法获取预抛高数值，按照预抛高数值安装，通过卡尔曼滤波法进行误差修正，最后实现预抛高的线型控制。每节段安装前，已安装节段上口形心位置与预抛高计算模型形心

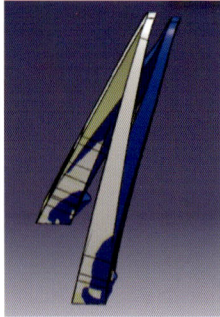

图6　三维仿真线性控制技术

位置对比计算下一节段安装修正值，对下节段安装预抛值进行修正（图6）。

3.3　工程 BIM 技术的示范应用

设计模型在设计过程中，充分结合加工制造工艺和施工的需求，进行设计模型协同优化、深化，使设计模型更加符合实际需求（图7）。

（1）优化了塔、梁节段尺寸，质量，内部结构。

（2）调整了拉杆位置与基座钢筋布置。

（3）优化了矮塔临时锚固的设计。

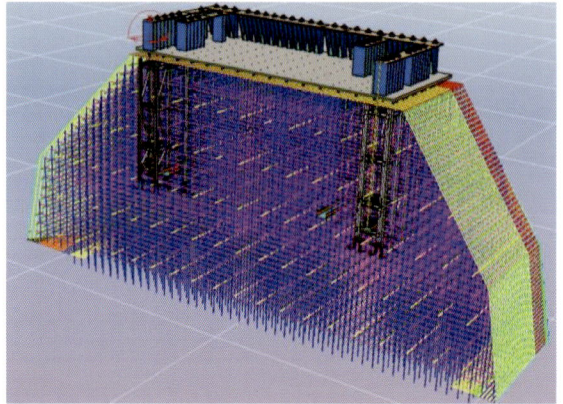

图7　碰撞检测

3.4　项目 BIM 工作的成果

应用 BIM 技术平台，实现对工程建设进行 4D 虚拟施工、可视化、物料管理及综合信息管理，实现基于三维模型技术的一定深度的工作协同应用。

3A115 新首钢大桥数字化建造技术

团队精英介绍

李久林
北京城建集团总工程师

博士
北京学者
注册土木工程师（岩土）
教授级高级工程师

双奥主场馆项目总工程师，主持和领导了国家体育场"鸟巢"、国家速滑馆"冰丝带"、北京槐房水厂、新首钢大桥等几十项重大工程施工建设，获得多项鲁班奖、詹天佑奖。系统研发了奥运场馆现代化建造技术、大跨度结构建造技术、绿色建造及智慧建造技术，获评国家级百千万人才、国家级有突出贡献中青年专家，享受国务院政府特殊津贴。

张晋勋
北京城建集团副总经理

博士
北京学者
教授级高级工程师

长期坚持在工程第一线钻研土木建筑工程施工技术，在大型复杂建筑结构、地铁与地下工程和远洋岛礁工程的建造方面取得重要突破。负责了天安门广场改建、北京银泰中心等重大工程建设，主持了国家体育场、首都机场 T3 航站楼、国家博物馆、新首钢大桥等重大工程。

段劲松
北京城建集团副总工程师

硕士
一级建造师
教授级高级工程师

从事工程施工技术、质量、科技管理工作，参与并主持完成了多项大型公建、路桥及轨道交通工程，其中，北京香山革命纪念地工程、王府井国际品牌中心工程获评鲁班奖。疫情期间，总结了大型隔离观察点项目的规划设计和快速建造技术。

何辉斌
新首钢大桥项目总工

硕士
一级建造师
教授级高级工程师

从事市政、公路工程施工技术管理和研究工作，参与北京四环路、北京奥体商务园、北京新首钢大桥等项目建设。曾获钢结构金奖、"龙图杯"BIM 大赛一等奖、中国钢结构协会科学技术特等奖、中国公路学会科学技术一等奖、发明专利 15 件、北京市工法 6 项、国家级工法 1 项。

杨国良
北京城建道桥建设集团有限公司总工程师

教授级高级工程师

在 BIM 技术应用和数字化建设方面做出了积极尝试和探索，从施工准备期间开始对各种技术路线进行研究，开创多项 BIM 技术应用在复杂桥梁施工中的先河。

寇志强
新首钢大桥项目经理

一级建造师
教授级高级工程师

获得"龙图杯"BIM 大赛一等奖。个人获评中施企协科学技术奖先进个人、北京市优秀市政项目经理、国家优质工程突出贡献者、北京市青年岗位能手、北京市劳动模范等荣誉。

李笑男
北京城建集团土木工程总承包部技术质量部部长

高级工程师

获得省部级以上科技进步奖 4 项、发明专利 5 项、北京市工法 5 项、省部级新技术应用示范工程 3 项，组织编辑出版专业著作 4 部，多次获得北京市建设工程 BIM 大赛、"龙图杯"BIM 大赛奖项。

张勇
北京城建道桥建设集团有限公司 BIM 技术总监

工程师

多次带领团队参与国家重点项目 BIM 应用工作，如：新首钢大桥、香港机场、环球影城城市大道等。

张雪鹏
新首钢大桥项目技术主管

助理工程师

曾获钢结构金奖 1 项，"龙图杯"BIM 大赛一等奖 1 项，中国公路学会科学技术一等奖 1 项，取得发明专利 3 件，获北京市工法 2 项。

郑州南站项目 BIM 技术综合应用

中铁建工集团有限公司

王福全　杨石杰　熊春乐　赵兴哲　邱浩　黄翔　杨春林　王凯

1 工程概况

1.1 项目简介

郑州南站（图1）设计规模为16台32线，其中郑万场5台10线（含2条正线），郑阜场5台9线，郑万、郑阜场共用5站台，城际场7台13线。通过联络线，郑州南站和郑州站、郑州东站互联互通。站房采用高架形式，站房建筑面积约15万 m²。本工程的雨棚在站房南北两侧，分为两个分区，南北两侧各17拱雨棚，共34拱，建筑面积约7万 m²。屋盖剖面为波浪形，结构形式为预制＋现浇联方网壳清水混凝土结构。单片屋盖顺轨方向长97.7m，垂直轨道方向总长370m。拱高3.7m，最高处距离轨道层高度为16.73m。

图 1 项目效果图

1.2 公司简介

中铁建工集团有限公司于1982年进入深圳参加特区建设，属于最早一批来深的建筑大军之一，近30年来，共承建大中型工业与民用建筑400多项，竣工面积2000余万平方米，获得省部级以上优质工程奖30余项，其中鲁班奖5项、国家优质工程奖7项。

2 BIM 团队建设及软件配置

2.1 制度保障措施

现场各专业根据自己专业的内容制定相应的BIM实施方案或BIM策划书，由总包单位进行审核，且各专业需严格按审批通过的BIM方案在现场实施。

2.2 团队组织架构（图2）

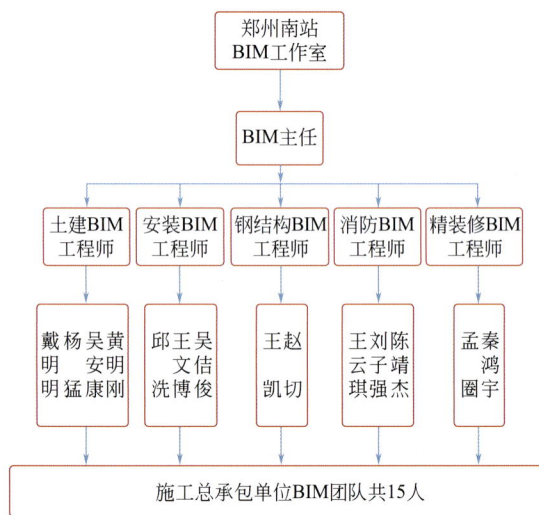

图 2 团队组织架构

2.3 软件环境（表1）

	软件环境	表 1
序号	名称	软件用途
1	AutoCAD 2014	图纸链接及二维出图审核
2	Autodesk Revit 2020	建筑、结构、机电专业三维设计软件

续表

序号	名称	软件用途
3	Navisworks Manage 2020	三维设计数据集成,软硬空间碰撞检测
4	Lumion 10	施工动画制作、效果图渲染
5	3ds Max 2016	施工动画制作、效果图渲染
6	Adobe After Effects CS6	场布漫游、技术交底、方案模拟等视频后期制作
7	Adobe Photoshop CC 2015	场布及各种渲染图修饰
8	Midas 8.0	施工设施设计、安全验算
9	Steam VR	VR 连接平台
10	广联达场地平面布置软件	现场三维模拟,辅助施工部署,场地规划
11	广联达土建/钢筋算量软件	土建工程、钢筋工程量预算软件
12	广联达 BIM 5D 管理平台	BIM 集成协同工作平台
13	广联云协筑	延伸 BIM 5D 平台管理范围

3 BIM 技术重难点应用

3.1 技术应用

采用 VR 设计理念,对机电、装饰装修深化设计方案进行虚拟仿真,使项目业主提前感知到建筑完成后的效果,并通过虚拟体验更方便、准确地获取业主对于建筑功能的信息需求,提升业主在项目建设中的参与度。传统样板间施工完成后往往因设计方案变更导致反复返工,造成极大浪费。采用 VR 技术建立主要房间的虚拟样板间,真实模拟设计方案并快速进行修改调整,避免了传统实体样板费时费力且可能造成返工等不利影响(图 3)。

机电工程涉及专业多,并且还要考虑结构避让或者预留洞等情况。以往项目经常出现机电各专业之间碰撞以及机电与结构的碰撞,往往需要拆除进行返工,影响施工进度。另外管线排布不合理,也会影响室内净空高度,采用 BIM 技术可提前解决这些问题(图 4)。

图 3 VR 应用展示

图 4 设备层碰撞点示例

3.2 复杂雨棚及钢结构 BIM 应用

本工程的站台雨棚为弧形构造,结构复杂。通过图纸无法完美地显示出雨棚的具体形式,通过利用 BIM 软件进行建模,并利用 3D 打印机打印出雨棚三维模型,通过模型进行施工指导,解决了施工困难的问题,节省了大量的材料和时间,并可指导加工厂进行可视化制作和现场交底(图 5)。

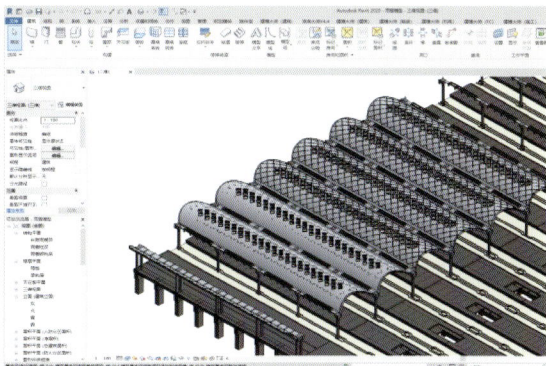

图 5 Revit 模型建立

利用 Tekla 软件对站房钢结构部分进行深化

建模（图 6），并进行相应的校核和检查，保证软件建立出来的构件数据与理论上完全吻合，从而确保了构件定位和拼装的精度。创建轴线系统及创建、选定工程中所要用到的截面类型、几何参数。根据设计院图纸对模型中的杆件连接节点、构造、加工和安装工艺细节进行安装和处理。在整体模型建立后，需要结合工厂制作条件、运输条件，考虑现场拼装、安装方案及施工条件，对每个节点进行装配。

图 6 钢结构模型

3.3 基于 BIM 的数字化加工

本项目拟采用工厂化预制＋现场快速装配机房，在机房安装之前，利用 BIM 技术建立机房安装模型（图 7），通过模型管线综合深化后，将模型分解，出具管道拆解平面图，将分解后的管道平面图发往工厂进行管道加工，加工好的管道通过平板车运输到工地现场，直接送入机房内进行现场拼装。

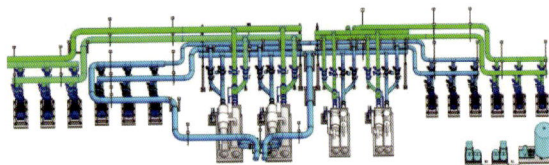

图 7 BIM 模型

3.4 成本管理

从 BIM 模型中提取模型工程量（图 8），用以指导材料物资采购，从进度模型中提取现场实际人工、材料、机械工程量，掌握成本消耗情况。将模型工程量、实际消耗量、合同工程量三量进行对比分析，掌握成本分布情况，进行动态成本管理。

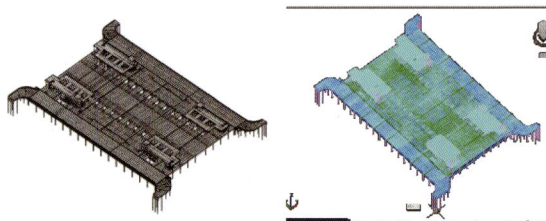

图 8 模型统计构件

3.5 BIM＋安全质量互联网

在深化设计模型完成后，我们利用 EBIM 平台，对模型中的钢板预埋件进行了专有属性设置，并生产相应的动态二维码信息，钢板加工成型后悬挂对应二维码标识牌，管理人员在现场对钢板预埋件进行验收时，只需扫描对应位置二维码，根据二维码中的相关参数，与现场实测结果进行比对，将检测结果通过电脑端反馈到 EBIM 云平台，平台会自动更新对应构件的二维码信息（图 9）。

图 9 基于移动终端的质量管理

4 运维阶段的 BIM 应用

通过 BIM 模型，不仅可以看到建筑物的表面构造，还可以直接看到各个部位的隐蔽构造，在构件属性中还能对构件的各项物理性能、化学性能等进行深入的了解，在质量保修期和之后更长时间的运营期中，为建筑物各项功能的使用提供了详细的指导，也为建筑物的维护和维修提供了清晰的依据。

在项目运维阶段前，在 BIM 模型中录入全部可用信息，并将轻量化模型移交给建设单位，在后期运维管理中可以通过 BIM 模型查询设备、管线的可用信息，进行设备管理及维修的运维工作。

3A004 郑州南站项目 BIM 技术综合应用

团队精英介绍

王福全
郑州南站项目经理

一级建造师
高级工程师

荣获省部级工法 26 项、国家发明专利 8 项、实用专利 25 项、中铁建工集团科学技术进步奖特等奖、中国铁路工程总公司科学技术奖一等奖、2020 第三届"优路杯"全国 BIM 技术大赛金奖、第五届"建模大师杯"全国 BIM 建模大赛特等奖、广东省建筑业协会首届建设工程 BIM 应用成果交流活动二等奖、深圳市第六届（2022）建设工程建筑信息模型（BIM）应用成果交流活动二等奖。

杨石杰
郑州南站项目副经理

一级建造师
高级工程师

荣获省部级工法 5 项、国家发明专利 2 项、实用专利 5 项，2020 第三届"优路杯"全国 BIM 技术大赛金奖、第五届"建模大师杯"全国 BIM 建模大赛特等奖、广东省建筑业协会首届建设工程 BIM 应用成果交流活动二等奖。

熊春乐
郑州南站项目总工程师

一级建造师
高级工程师

荣获省部级工法 8 项、国家发明专利 2 项、实用专利 10 项，2020 第三届"优路杯"全国 BIM 技术大赛金奖、第五届"建模大师杯"全国 BIM 建模大赛特等奖、广东省建筑业协会首届建设工程 BIM 应用成果交流活动二等奖。

赵兴哲
郑州南站项目副总工程师

高级工程师

荣获 2020 第三届"优路杯"全国 BIM 技术大赛金奖、第五届"建模大师杯"全国 BIM 建模大赛特等奖、广东省建筑业协会首届建设工程 BIM 应用成果交流活动二等奖。

邱 浩
郑州南站项目 BIM 工程师

助理工程师

荣获 2020 第三届"优路杯"全国 BIM 技术大赛金奖、第五届"建模大师杯"全国 BIM 建模大赛特等奖、广东省建筑业协会首届建设工程 BIM 应用成果交流活动二等奖。

黄 翔
郑州南站项目 BIM 工程师

助理工程师

荣获 2020 第三届"优路杯"全国 BIM 技术大赛金奖、第五届"建模大师杯"全国 BIM 建模大赛特等奖、广东省建筑业协会首届建设工程 BIM 应用成果交流活动二等奖、第七届国际 BIM 大奖赛银奖。

杨春林
中铁建工集团深圳分公司技术中心 BIM 主任

高级工程师

先后参建广州南站、郑州东站、襄阳东站、郑州南站等大型站房工程 BIM 应用实施等相关工作，获集团科技进步奖 2 项、专利 21 项，软件著作权证书 7 项，多项全国各类 BIM 大赛奖项等。

王 凯
中铁建工集团深圳分公司技术中心 BIM 工程师

助理工程师

荣获第五届"建模大师杯"全国 BIM 建模大赛特等奖、广东省建筑业协会首届建设工程 BIM 应用成果交流活动二等奖、深圳市第六届（2022）建设工程建筑信息模型（BIM）应用成果交流活动二等奖、第七届国际 BIM 大奖赛银奖。

装配式钢结构项目 BIM 技术应用

中建八局新型建造工程有限公司

冯杰　史继全　王津晶　郭赟杰　刘成成

1 工程概况

1.1 项目简介

本工程位于天津市西青区大寺镇芦北路与赛达大道交口，是集医疗、科研、培训、康复四位一体的三级甲等综合医院（图1）。总占地面积16.6万 m²，建筑面积46.5万 m²。地上 8 个单体分别为病房楼、门诊医技楼、生物研究院、行政办公楼、健康体检、医疗美容中心、月子中心等。单体最大建筑面积为 75795m²，最大高度为 64m，最高 15 层，地下 2 层，质量要求为争创"中国钢结构金奖"，确保"海河杯金杯"。

图 1　项目效果图

1.2 公司简介

中建八局作为中国最具竞争力的大型综合投资建设集团，以承建"高、大、特、精、尖"工程著称于世，重点发展高端房建、基础设施、地产开发、投资运营、创新业务"五大业务板块"。形成了机场、会展、体育场馆、文化旅游、医疗卫生、高档酒店、城市综合体、大型工业厂房和公路、铁路、城市轨交、市政路桥、环保水务、

城市更新等系列建筑产品。

1.3 工程重难点

（1）场地狭小、平面布置与钢构件管理难度大。

（2）甲方领导、公司团队定期参观；承接社会及公司检查、观摩较多。

（3）高层钢结构为高空临边作业，安全管理难。

（4）单体地下构件累计吊次 594 吊，地上构件累计 21536 吊。

（5）单体构件截面类型多、结构形式复杂多变。

（6）地下钢结构框架柱和土建连接节点形式复杂多变；门诊楼矩形天窗梁连接节点多，精度保障是难点；地上人字形支座、天窗梁滑动支座等、拱形钢梁等构件加工、现场安装是本项目的重难点。

2 BIM 团队建设及软件配置

2.1 团队组织架构（图2）

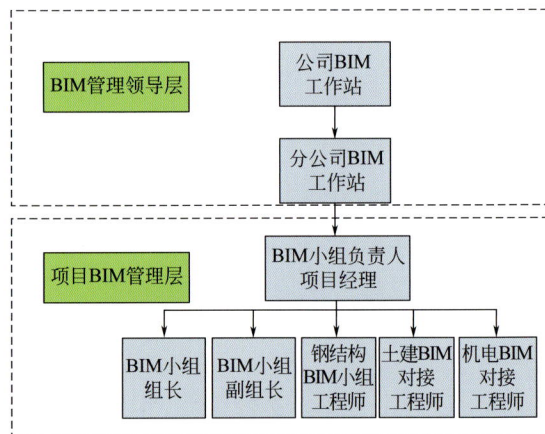

图 2　团队组织架构

2.2 软件环境（表1）

软件环境　　　　　　　表1

序号	名称	软件用途
1	Revit	基础建模
2	Tekla	钢结构建模
3	Naviswork	碰撞检查
4	Lumion	模型渲染及全景合成
5	Infraworks	模型渲染及全景合成
6	Fuzor	VR演示及交底
7	BIM5D	BIM集成应用

3 BIM技术重难点应用

3.1 钢结构深化

本项目的屈曲支撑对接节点为十字形。原设计节点中牛腿和屈曲支撑的连接板厚度及宽度一样，深化模拟中发现此节点对现场钢柱的安装精度要求非常高，否则节点错边现象比较普遍。但是为了保证施工进度，现场屈曲支撑的安装通常在主体结构安装完成后利用捯链进行吊装，通过BIM设计优化将节点板两端各增大5cm，有效解决了此问题，保证了施工质量，避免二次返工（图3）。

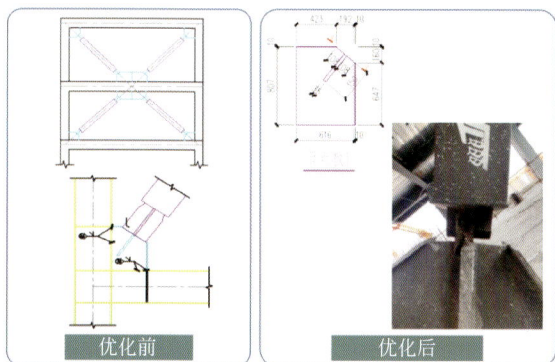

图3　节点优化

通过对钢构BIM建模模型、钢结构与土建、机电模型进行碰撞校核，及时发现碰撞节点（图4）。利用BIM模型使得和设计沟通更有效快

捷，通过调整管线预留洞口给机电专业最大化优整合管综排布给予了基础保障。与此同时，加快了整个工程的施工进度，避免了后期返工造成的损失。

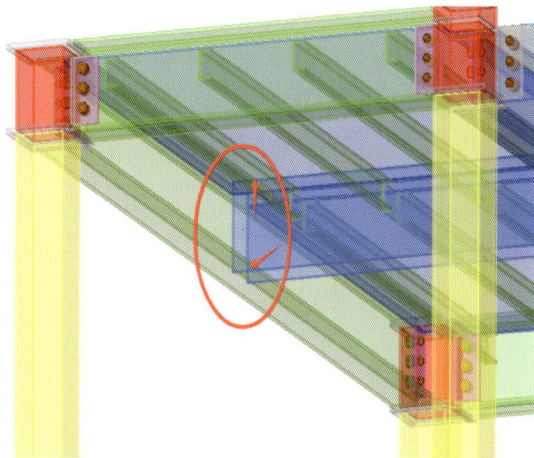

图4　钢结构自身碰撞

BIM出图时，图纸中构件属性与模型关联，模型修改时，工程图同时更新。局部图纸发生变更时，构件的编号可以与旧构件比较，最大程度地减少变更。也可以任意调整定义模型的视图属性，增加异形构件图纸表达的多角度性，提升图纸表达的清晰度和精准度方便后期加工（图5）。

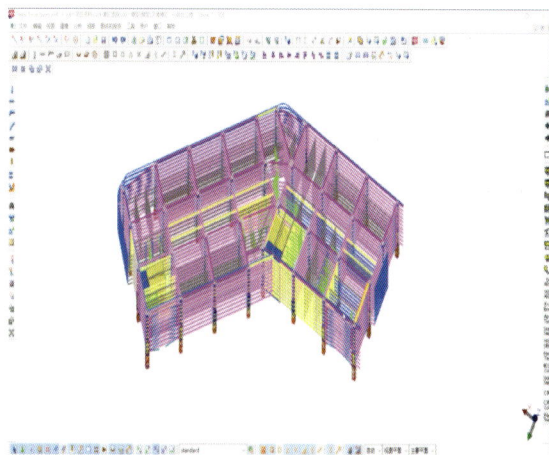

图5　深化出图

3.2 构件加工

将本工程复杂构件的BIM模型文件和pdf文件交付加工厂，加工厂根据不同板厚利用BIM模

19

型创建数控 NC 文件，并进行套料设置及排板进而生成标准化的可直接在数控机床上自动加工的 DXF 文件。这种方法有效提高了现场钢板切割效率及材料的利用率，降低了成本，节约了资源且同时有效保证了零件的加工精度，从而提高加工质量。同时利用 BIM＋三维激光扫描技术，对在工厂加工好的复杂构件扫描，结合扫描后的数据和 BIM 模型进行对比分析，较之实体预拼装，提高了构件加工质量，减少了返厂率。

3.3 施工管理

通过局 BIM 平台实现模型、安全、质量、物资等统一联动协同管理，优化施工进度计划，避免施工中可能的冲突，严格控制施工节点，保证质量，降低成本，控制工期。

BIM 可视化交底（图 6）：利用土建 BIM 模型与钢结构 BIM 模型结合进行交底应用。如本项目地下室钢结构钢柱与混凝土结构连接节点复杂，借用 BIM 技术完成纵筋、扭筋搭接板、穿筋孔等深化加工或预留，清楚并准确地解决了钢结构准确深化及现场钢筋密集施工难的问题，保证了施工质量及一次施工合格率。

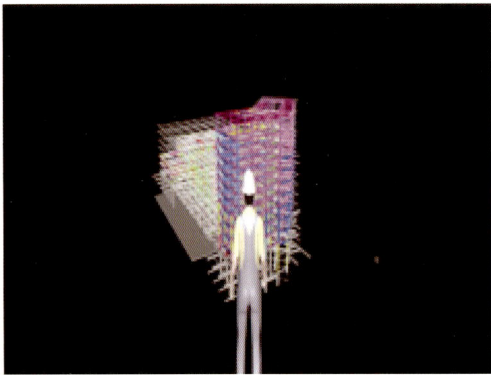

图 6 BIM 可视化交底

BIM＋VR：本工程利用 BIM 三维建模与 VR 技术相结合，在技术管理等方面进行应用，取得了良好的效果。全景图可广泛应用于施工现场方案展示等方面，通过手机端交互体验，方便操作者快速定位、快速查看。由于现场施工场地狭小，可利用的场地有限，项目前期通过三维建模对场地不同阶段空间综合优化设计，包括办公区及生活区、施工现场，布置现场提高现场场地利用率，并且根据现场情况进行动态调整。利用场地漫游，更加直观地展示项目的平面布置，同时也起到很好的宣传效果。

通过 BIM 结构验算软件 Midas 进行计算，对高空作业现场及设施进行受力分析和模拟演示，提前做好施工方案和流程，确保现场施工安全和方案的可实施性，提高施工效率。

4 应用总结

（1）在 BIM 应用过程中，不拘泥于常用型软件，针对项目实际情况，选用合适的 BIM 软件能更精确、快速地完成深化任务，节省时间，加快进度。

（2）三维激光扫描仪的使用，提高了构件的加工和安装质量。

（3）从结构设计到深化加工，BIM 模型的唯一性、数据的共享性提高了工作效率，减少了重复工作带来的时间损耗。

（4）BIM 的推广应用中，人员的专业知识是推动 BIM 更进一步的关键因素，有专业知识的导向，再加上 BIM 工具的应用，相互结合才能使 BIM 应用的层次达到质的提升。

3A035 装配式钢结构项目 BIM 技术应用

团队精英介绍

冯 杰
项目技术主管
助理工程师

先后参与雄县第三高级中学项目、北京广安门医院项目、天津康汇医院项目、泾河体育中心项目等技术管理工作，获得国家级、省级 BIM 奖项 5 项，发表论文 8 篇，授权实用新型专利 4 项，发明专利 2 项，获得省级 QC 成果 6 项。

史继全
天津康汇医院项目
项目总工

一级建造师
工程师

先后负责北京装配式项目、雄县第三高级中学项目、中国铁物大厦项目、天津康汇医院项目等技术工作；获得实用新型专利 6 项，发表论文 10 篇，获得省级 BIM 奖项 2 项，省级 QC 成果 5 项。

王津晶
天津康汇医院项目
项目经理

一级建造师
工程师

先后负责雄县第三高级中学项目、天津国家会展中心项目、天津康汇医院项目等，大型公共建筑项目管理经验丰富，负责项目获得中国钢结构金奖 3 项，发表专利 2 项、论文 3 篇，获得 QC 成果 5 项、BIM 类奖项 4 项。

郭赟杰
天津康汇医院项目
项目经理

高级工程师

先后参与北京丽泽 SOHO 项目、天津康汇医院、青岛如意湖商业综合体等项目的施工；获得实用新型专利 2 项，在核心期刊发表论文 2 篇，获得省级 BIM 奖项 2 项。

刘成成
分公司施工管理部业务
经理

一级建造师
高级工程师

从事钢结构工程管理工作多年，先后取得实用新型专利 1 项，省级 QC 成果 3 项，发表专业论文 3 篇，从事钢结构工程管理工作，负责分公司施工管理工作，每月开展项目质量巡检。

德清地理信息小镇运动中心亚运会三人制篮球体育公园项目，BIM 技术在工程建设全过程"六化"管理与应用

浙江大东吴建筑科技有限公司

周鹏洋　杜俊豪　贾伟朋　郑文阳　李伟斌　陈忠　李迪　任洋洋　于阔　张微

1　工程概况

1.1　项目简介

本项目（图 1）用地面积 36330m²（其中建筑用地 31597m²），建筑面积 51745m²，为二星绿色乙级体育建筑；地下 1 层，地上 2 层（含夹层）；装配率为 77.87%。设计使用年限 50 年，抗震设防烈度 6 度，结构安全等级一级。耐火等级为地下一级，地上二级；屋面防水等级Ⅱ级（其中种植屋面区域为Ⅰ级）。项目采用 EPC 总承包模式。

图 1　项目效果图

1.2　公司简介

在中国大力推动绿色建筑、工业化建筑、数字建造及节能减排的背景下，浙江大东吴建筑科技有限公司坚持"新模式、新合作、新建造、新平台、新技术"的经营发展理念，巨资打造绿色建筑集成产业基地，驱动装配式技术创新，成功开发"东吴云"数字化协同管理平台，联动全产业链资源，打造聚合通洽的协作优势，形成研发、设计、采购、制造、施工的 REPMC 服务模式，为客户提供一体化解决方案，致力成为绿色装配式钢结构建筑的引领者。

1.3　工程重难点

设计阶段：时间紧、面积大，体型复杂，建筑功能需求多样化；建筑、结构、幕墙、装修、景观、机电等 10 多个专业，80 多个系统同步设计。

深化阶段：设计阶段的 BIM 模型需进一步深化为加工图，同时各专业施工单位根据现场的要求，提出建议意见，尽最大可能把问题消化于深化阶段。

施工阶段：41 天完成 8 万 m³ 土方外运及桩基施工；43 天完成 1.3 万 t 钢结构加工及安装；103 天完成幕墙安装及装修及景观等。10 多个专业，80 多个系统在场地狭小的情况下 202 天完成施工作业，项目管理协调难度大。

2　BIM 团队建设及软件配置

2.1　制度保障措施

为了更好地将 BIM 技术落地，项目由 BIM 总协调方（即总承包单位 BIM 中心）牵头，协调各部门开展 BIM 技术工作，编制项目 BIM 技术应用实施方案，确定 BIM 技术应用目标和工作内容。

2.2　团队组织架构（图 2）

部门	主管人员	职责
项目总协调	娄峰	负责协调、组织落实、检查项目总牵头
项目设计BIM总负责	李本悦	负责BIM设计阶段进度安排,模型正向出图及平台应用
项目生产BIM总负责	郑文阳	负责BIM生产进度安排,BIM对接生产智能平台应用
项目施工BIM总负责	周鹏洋	负责BIM施工阶段进度安排,模型施工深化及平台应用
东吴云管控平台总负责	梁意	负责设计、生产、施工平台创建及日常维护

图 2　团队组织结构

2.3 软件环境（表1）

软件环境   表1

序号	名称	项目需求	功能分配
1	AutoCAD	三维建模	设计
2	YJK	建筑结构设计	结构设计
3	Revit 2020	三维建模	建筑、建模
4	Tekla 17.1	钢结构建模	建模
5	3ds Max	地形建模	建模
6	东吴数字化协同管理平台	三维可视化	平台管理
7	Lumion 10	模型渲染	渲染
8	Photoshop	图像处理	后期优化

3 BIM 技术重难点应用

3.1 协同设计数字化

本项目由于工期紧且涉及专业众多，语言沟通较为繁琐，为了提高设计效率，项目建立多专业设计协同平台，同时以设计为流程基础，从项目的设计到出图，实现全面动态交流，使设计全过程高效、轻松（图3）。

图 3 轻量化整体模型

亚运会三人制篮球体育公园项目北侧靠临湖观景台，悬挑跨度达到 21.5m，为本工程最大的结构设计难点。为满足建筑造型及功能需要，采用纯悬挑桁架、斜柱＋悬挑桁架、斜柱＋悬挑钢梁三种结构方案，分别采用 Midas Gen 及盈建科结构计算软件（YJK）进行悬挑区域计算分析（图4）。

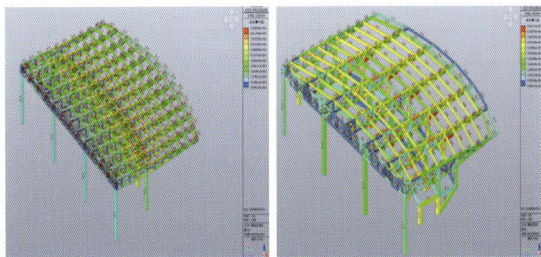

图 4 纯悬挑桁架计算结果

设计采用动态漫游交互的方式对项目进行全方位的审视，实现多种设计方案、多种环境效果的实时切换比较，能够给用户带来强烈、真实的感官冲击，获得身临其境的体验（图5）。

图 5 室外景观漫游

3.2 深化设计精细化

本项目钢结构构件节点数量及种类多（图6），项目通过 Tekla 对钢结构进行二次深化，对原图纸中可能遇到的问题提前做出细化调整，从而节省用钢量，降低成本。

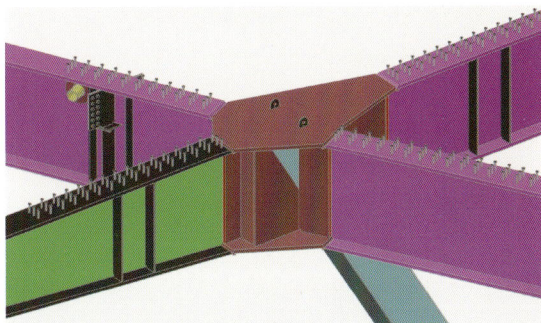

图 6 屋顶斜柱节点

项目利用 Rhino 建模的方式，对幕墙区域进行模型创建（图7），通过 Grasshopper 可视化编程的技术，对幕墙外表皮模型进行铝板的拆分、定位，对龙骨、斜拉杆件等构件进行节点深化，达到参数化幕墙深化设计的目的。

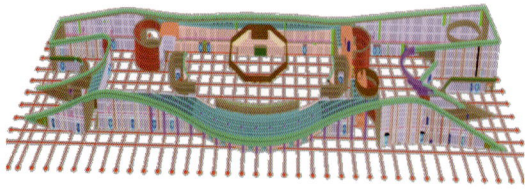

图7 幕墙三维视图

项目利用BIM技术提前对现场管线综合深化方案讨论，在过程中形成多个方案与现场进行交流，优化管线碰撞，减少后期返工，节约管道材料，缩短机电安装一半工期；同时临近过年，人员可快速根据机电深化图纸提前安排人员进场安装，降低人员工资成本。

3.3 生产制造智能化

项目采用智能焊接机器人焊接，其主要功能是通过将机器人、焊机、外部传感等装置进行深度集成，实现基于外部输入进行智能编程并控制机器人及焊接系统实现智能焊接。该系统具备成熟的相机拍照人工辅助识别焊接智能编程功能和基于BIM三维数模软件智能识别焊缝并生成焊接程序（图8）。

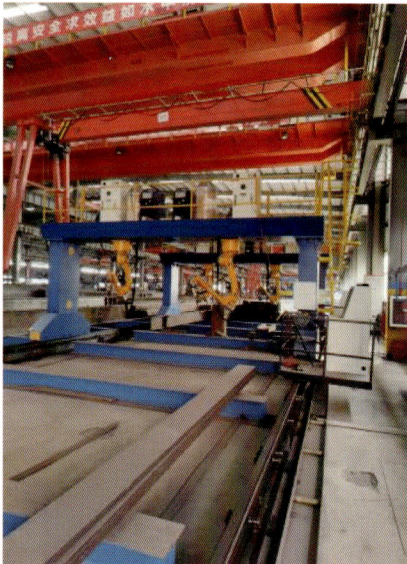

图8 智能焊接机器人系统

钢结构3D扫描检测利用精度达0.085mm的工业级三维激光扫描仪，对实际钢构件扫描，通过对扫描模型的测量实现构件测量；在虚拟环境通过扫描模型与理论模型拟合对比分析，通过彩色图谱的形式反映实际偏差（图9）。

图9 三维激光扫描

3.4 施工准备可视化

项目创建施工总平面布置模型，协助项目管理人员提前规划施工场地安排、构件运送路线、构件堆放摆放位置（图10）。

图10 现场实景图

3.5 施工管控信息化

通过"东吴云"平台端或手机端质量管理自检模式，对巡检对质量问题发起平台预警，并督促相关责任人做出调整。项目级进行每月统计质量检查，共整理问题约50多个。截至目前，公司级层面共进行7次质量检查，相关问题由项目进行统计（图11）。

图11 质量焊缝

3A009 德清地理信息小镇运动中心亚运会三人制篮球体育公园项目，BIM 技术在工程建设全过程"六化"管理与应用

团队精英介绍

周鹏洋
亚运会三人制篮球体育公园项目
公司副总工程师

一级注册结构工程师
一级建造师
高级工程师

长期从事钢结构设计、施工技术及装配式技术的工作与研究，参与北京大兴机场、湖州南浔太阳酒店等项目的建设。曾获绍兴柯桥区科学技术奖二等奖，第三届工程建设行业 BIM 大赛二等奖、第十一届"龙图杯"BIM 大赛二等奖等。

杜俊豪
亚运会三人制篮球体育公园项目 BIM 技术应用主管
本科

长期从事 BIM 技术与钢结构数字化创新等技术工作 8 年，参与了杭州新农都项目、湖州南太湖项目等多个项目。曾获第六届"龙图杯"BIM 大赛三等奖、浙江省数字建造创新应用大赛二等奖、第三届工程建设行业 BIM 大赛二等奖等。

贾伟朋
亚运会三人制篮球体育公园项目
公司副总监

一级建造师
高级工程师

长期从事建筑钢结构工程施工管理工作，参与国家体育场（鸟巢）、北京大兴国际机场等重大工程，获钢结构金奖 9 项、"鲁班奖"3 项、空间结构奖（施工金奖）1 项等国家奖项，第五届"中原杯"BIM 大赛一等奖等。

郑文阳
亚运会三人制篮球体育公园项目
BIM 所所长

本科
二级建造师

从事 BIM 技术与钢结构数字化创新等技术工作 13 年，主持开发了东吴云协同管理平台。获首届浙江省数字建造创新应用大赛二等奖、第三届工程建设行业 BIM 大赛二等奖、第十一届"龙图杯"BIM 大赛综合组二等奖等。

李伟斌
亚运会三人制篮球体育公园项目
BIM 工程师

助理工程师

长期从事钢结构数字化创新技术研究，参与了德清运动中心韵达全球科创中心等项目。曾获第二届工程建设行业 BIM 大赛三等奖、2020 年首届全国钢结构行业数字建筑及BIM 应用奖等全国各类 BIM 大赛奖项等。

陈忠
亚运会三人制篮球体育公园项目

工学硕士
工程师

从事装配式建筑结构体系创新技术研究，主持新型装配式钢混结构体系的研发。研发成果应用在多个装配式项目，如湖州东升和府10 号楼装配式钢结构住宅、湖州南太湖钢结构办公楼等装配式项目。

李迪
亚运会三人制篮球体育公园项目

一级建造师
工程师

长期从事装配式建筑数字化创新技术研究，参与了湖州东升和府 10 号楼项目、德清地理信息小镇运动中心项目等项目，曾多次获得全国各类 BIM 大赛奖项等。

任洋洋
亚运会三人制篮球体育公园项目

一级建造师
工程师

长期从事钢结构招标投标、施工技术及装配式技术的工作及研究，参与开封体育中心PPP 项目、德清运动中心项目等技术支持。曾获 2 项河南省级工法、1 项发明专利、1 项浙江省 QC 成果一等奖等。

于阔
亚运会三人制篮球体育公园项目

二级建造师
助理工程师

长期从事装配式建筑工程领域应用与设计技术研究，参与了湖州东升和府 10 号楼、衢州荷花街道社区服务中心、安吉数字物流港新建工程、上海临港光明中心大楼等项目的深化设计。

张微
亚运会三人制篮球体育公园项目

二级建造师

长期从事混凝土、钢结构、部分包覆钢-混凝土组合结构体系设计，设计了广西华友、越南海欣-宿舍楼、柯桥人才公寓、湖东街道 1 号综合楼等项目。

张家口市崇礼区太子城冰雪小镇文创商街项目——钢结构数字技术在特色小镇建筑中的施工全过程应用

浙江东南网架股份有限公司

王徽　吴俊泽　赵顺强　徐步杰　秦文灏　周昂辰　李昆澄　郑忠　张虎　谢作继

1　工程概况

1.1　项目简介

项目基地位于张家口市崇礼区太子城南部、太子城高铁站东侧，太子城遗址和高铁站两条轴线交会于此，四面被群山环绕。项目用地面积16.55hm²，总建筑面积333515m²，地上建筑面积192353m²，地下建筑面积141162m²。控制高度18m、局部22m。地下为混凝土框架结构、地上为钢框架结构。地上共分为9个单体，分别为1~9号楼。

根据建筑功能不同，主要分为两大类。其中1~7号楼为民宿酒店，位于文创商街团组的南侧区域，每一幢楼均由多个六边形钢框架连接组合而成，整体呈雪花状，钢框架地上4层，屋面最大标高约为28m；8、9号楼为饮食、商业、娱乐综合体，位于文创商街组团北侧，地上2层，局部区域有3层及阁楼层，屋面最大标高约为30m（图1）。

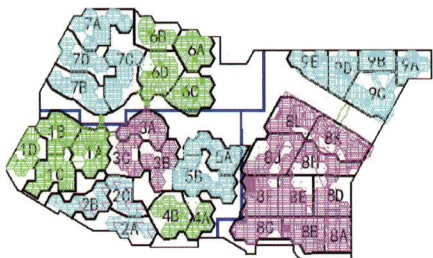

图1　项目区域图

1.2　公司简介

浙江东南网架股份有限公司为"中国民营企业500强"，成立于1984年1月，是一家集设计、制作、安装于一体的大型钢结构上市企业，为国家大跨度空间结构产业化基地实施单位、国家高新技术企业、中国钢结构协会副会长单位、全国优秀建筑企业。

企业具有房屋建筑施工总承包一级资质，钢结构工程专业承包一级资质，钢结构、网架专项设计甲级资质，钢结构制造特级资质，境外承包工程经营资格，中国实验室计量认证（CMA），建筑幕墙设计与施工一体化贰级资质，建筑金属屋（墙）面设计与施工特级资质等。

1.3　工程重难点

深化难度大：针对本工程造型难度大问题，深化设计团队专门开发设计软件，利用该程序直接与数控切割机进行对接指导下料；对于复杂构件节点和截面进行参数化有限元分析，生成适合本工程的一些自定义参数化节点和参数化截面，以便提高效率和模型的准确性，在模型的建立过程中深入细化，严格控制精度，避免误差，对于存在的问题在建模的过程中就提出解决方法；在8、9号楼屋盖雪花模型深化建模时进行预起拱，工厂按照深化设计好的预起拱后的构件长度进行加工。深化设计过程紧密配合现场安装，优化杆件端口的对接形式，保证杆件端口的对接精度。

2　BIM团队建设及软件配置

2.1　团队组织架构（图2）

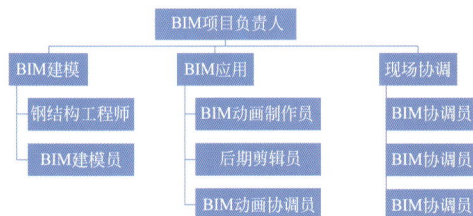

图2　团队组织架构

2.2 软件环境（表1）

软件环境　　　　　　　　　　表1

序号	名称	项目需求	功能分配
1	CAD	三维建模	建模
2	Tekla	钢结构建模	建筑
3	Revit	三维建模	建模
4	Navisworks	模型修改	模型修改
5	Fuzor	施工模拟	动画
6	Premiere	视频编辑	动画

3 BIM技术重难点应用

3.1 数字技术应用

在原有图纸的基础上，结合施工现场实际情况，利用BIM技术的可视化以及模拟性，对图纸进行细化、补充和完善，模型的建立能够便于后续对施工工艺、进度、重难点进行模拟施工。同时精确详细的建模能够实现对施工过程的控制（图3）。

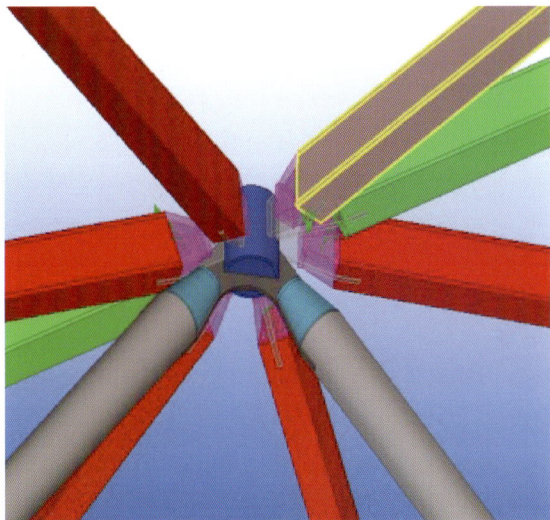

图3　复杂节点图

本项目使用Fuzor软件进行施工进度模拟，将BIM模型与施工进度计划相结合，形成包含时间信息的4D模型，最终生成模拟动画成果，可直观地了解和管控项目进度（图4）。

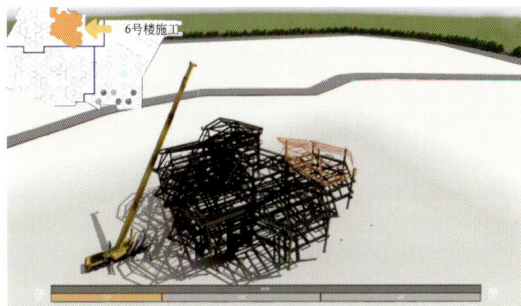

图4　施工进度模拟

使用Twinmotion软件进行三维全景渲染，可将现场场地布置以及结构轮廓真实呈现，通过多角度的路径漫游，并配以相关的解说，可直观地了解环境与项目全貌（图5）。

图5　全景漫游

3.2 数字技术创新

通过云协同平台及BIM将数字化工厂MES系统数据与项目管理数据打通，实现建筑全生命周期的设计、制造、施工三个环节的互联互通（图6、图7）。

图6　生产管理系统

图7　构件二维码

构件的二维码由 BIM 云协同平台生成并打印，扫码可生成信息浏览界面，包括构件名称、产地、类型、规格、轴线位置、材质、标高等详细信息。做到具体构件从设计、生产、施工到竣工验收的全过程跟踪（图8）。

图 8　东南网架项目管理平台生产构件二维码

在 Tekla 建模中，为方便建模当用 H 型钢及箱形的时候，会直接利用 Tekla 截面库里面的型钢来创建。但为后期加工套料及出图方便，需要将这些截面拆成方板。直接用几块板来建模，会对建模的工作量及难度造成很大的影响（图9）。

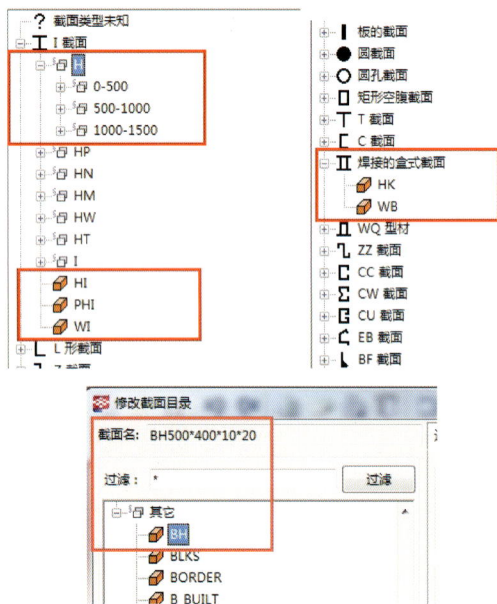

图 9　模型三维坐标查看功能演示

3.3　数字技术应用价值

特色小镇作为一种微型产业集聚区，在推动经济转型升级和新型城镇化建设中具有重要作用。本项目展示了借助数字技术，在特色小镇中使用装配式钢结构，给构件的深化设计、生产组织、现场的施工组织等方面带来了更高的效率，质量

和安全也更加可控。从而对用钢结构建造大面积特色小镇建筑群，具有样板示范作用（图10）。

图 10　小镇建筑群

利用 BIM 协同管理平台与智慧生产平台的应用，缩短问题解决的周期，项目人员协同办公，加强项目的管理效率，预计节约工期约16天（图11）。

图 11　项目管理

4　数字技术应用经验总结

（1）做好前期策划

做施工进度模拟、施工工艺模拟、全景漫游前应该认真研读施工组织设计等相关资料，将与其相关的内容标记出来。另外渲染视频前，需要做脚本，避免视频的盲目性。

（2）贴合真实性施工

开展各类模拟时，要尽可能按照施工相关手册高度还原现场施工工序和施工工艺，展现施工顺序和施工工艺特点。

（3）加强平台建设

数据整合是数据共享的前提，通过信息化协同管理平台集成项目各项数据信息，充分发挥大数据智能化的优势，提升项目管理效能的价值。

（4）落实工作成果

通过例会制度等方式检查 BIM 工作进度、审核 BIM 工作成果、总结 BIM 经验、发扬 BIM 技术的优势作用。

3A038 张家口市崇礼区太子城冰雪小镇文创商街项目——钢结构数字技术在特色小镇建筑中的施工全过程应用

团队精英介绍

王 徽
BIM 工程师

从事施工项目的 BIM 创新应用、BIM 建模等工作。参与萧山国际机场、厦门机场、腾讯大厦、中交集团上海总部基地等项目。擅长施工阶段的 BIM 应用动画制作、BIM 策划、建模、编制 BIM 应用标准指导书等。曾获中施企协一等奖、"金协杯"特等奖、"新基建杯"二等奖、中建协三类成果等多次全国及省级 BIM 大赛奖项。

吴俊泽
BIM 工程师
助理工程师

参与了萧山国际机场、临安第一人民医院等项目。曾获中国图学学会"龙图杯"二等奖、中国建筑材料流通协会"新基建杯"特等奖，中国施工企业管理协会工程建设行业 BIM 大赛一等奖等。

赵顺强
BIM 工程师

从事施工阶段 BIM 应用，善于三维场地布置，钢结构吊装模拟，机电模型建模，管道综合深化。参与了杭州亚运三馆、上海保利 C 座等项目。曾获中国建筑材料流通协会"新基建杯"二等奖，中国施工企业管理协会工程建设行业 BIM 大赛一等奖等。

徐步杰
BIM 工程师
助理工程师
BIM 高级建模师

长期从事钢结构数字化创新技术研究，参与过国内大型钢结构项目 BIM 工程管理并负责钢结构 BIM 应用，有 Revit 钢结构节点、Tekla 组件研发经验。参与企业级 BIM 云协同平台的搭建与运行，获得全国各类 BIM 大赛奖项。

秦文灏
BIM 工程师
助理工程师
BIM 高级建模师

长期从事钢结构数字化创新技术研究，有现场施工、Revit 钢结构节点、Tekla 组件研发等工作经验。参与了萧山国际机场、崇礼小镇等项目。多次获得全国各类 BIM 大赛奖项。

周昂辰
BIM 工程师
助理工程师

长期从事钢结构数字化创新技术研究，致力于推进建筑数字化进程，参与了厦门新会展中心、杭州大会展中心、青岛国际机场、萧山国际机场等项目。曾获全国各类 BIM 大赛如"龙图杯"等奖项。

李昆澄
BIM 工程师
助理工程师
BIM 高级建模师

长期从事钢结构数字化创新技术研究，有 BIM 建模、深化，Revit 钢结构节点、Tekla 组件研发等经验。参与了西来峰、萧山国际机场、泰州三馆等项目。多次获得全国各类 BIM 大赛奖项。

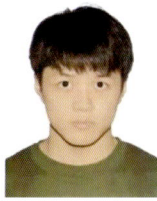

郑 忠
BIM 工程师
助理工程师

长期从事 BIM 相关工作，有现场施工、Revit 钢结构节点、Tekla 组件研发等经验。参与了萧山国际机场、崇礼小镇等项目。曾获全国各类 BIM 大赛奖项。

张 虎
BIM 工程师
助理工程师

长期从事 BIM 软件的插件研发工作，开发过各种模型、插件等 BIM 应用，有 Revit 钢结构节点、Tekla 组件研发等经验。参与了崇礼小镇、平潭海洋科技文化中心等项目。多次获得全国各类 BIM 大赛奖项。

谢作继
BIM 工程师
助理工程师

长期从事钢结构数字化创新技术研究，有现场施工 BIM 管理、Revit 钢结构节点、Tekla 组件研发等经验。参与了萧山国际机场、崇礼小镇等项目。多次获得全国各类 BIM 大赛奖项。

BIM 技术在信达生物制药全球研发中心项目中的施工管理应用

中建八局发展建设有限公司

张凯华 张广鹏 张鹤 张玉宽 张雷 孙振坤 张腾腾

1 工程概况

1.1 项目简介

信达生物制药全球研发中心项目位于上海市闵行区华漕镇新虹桥国际医学中心二期地块，基地东侧为金光路、西侧为现状河道、南侧为现状河道、北侧为待建道路和待建空地。本工程用地面积37066.8m²，总建筑面积169531m²，其中地下室建筑面积63519m²，地上建筑面积106203m²；地下2层，地上全天候研发中心南楼、北楼均11层，全球研发中心10层，建筑高度60.0m（图1）。

图1 项目效果图

1.2 公司简介

中建八局发展建设有限公司，隶属于世界500强企业中国建筑股份有限公司的全资子公司中国建筑第八工程局有限公司（简称"中建八局"），是中建八局首个直营公司，总部设在青岛市。

公司具有房屋建筑工程、市政公用工程、公路工程施工总承包特级资质，为国家高新技术企业。综合排名稳居中国建筑、中建八局直营公司前列，近7年连续被评为"中国建筑五强"直营公司。

公司先后荣获国家优质工程奖及鲁班奖18项、全国质量奖卓越项目奖1项、中国土木工程詹天佑奖3项、中国建筑工程钢结构金奖3项、国家市政金杯3项、全国和上海市五一劳动奖状、山东省文明单位、青岛市文明单位以及近200项的省部级优质工程等荣誉称号。

1.3 工程重难点

（1）工期任务紧张，地下阶段工程量大，施工周期长，工期节点要求高，进度对总工期影响较大。

（2）工程质量要求高，要求现场施工均一次成优，不允许二次整改（白玉兰奖、国家优质工程）。

（3）现场施工安全文明（上海市文明工地、绿色二星 LEED 金奖）。

（4）钢结构节点复杂，施工难度大。

2 BIM 团队建设及软件配置

2.1 制度保障措施

本项目自开工前根据项目施工难点，组织成立以项目总工程师为总负责的 BIM 小组，并编制项目 BIM 技术实施方案，制定 BIM 工作岗位职责。本项目临建布置、现场布置、现场施工、现场协同管理、机电管线深化等均采用 BIM 技术作为支撑。

2.2 软件环境（表1）

软件环境   表1

序号	名称	项目需求	功能分配
1	中建八局 BIM 协同管理平台	项目管理	管理
2	Navisworks	三维可视化	可视化
3	Revit	三维建模	建筑、建模
4	Tekla	钢结构建模	建模
5	3ds Max	地形建模	建模
6	Lumion	模型渲染	渲染

3 BIM 技术重难点应用

3.1 BIM 常规应用

根据划分原则建立施工阶段 BIM 模型，确保模型精度满足施工阶段 BIM 应用（图 2～图 5）。

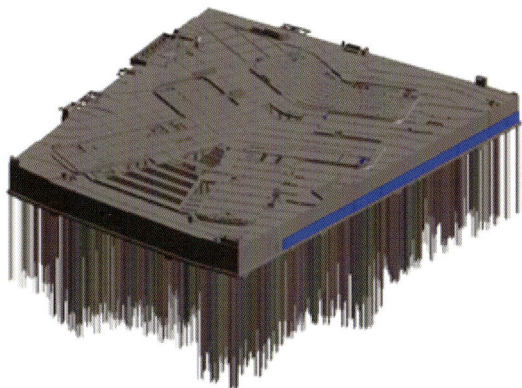

图 2 地下土建模型

图 3 地上土建模型

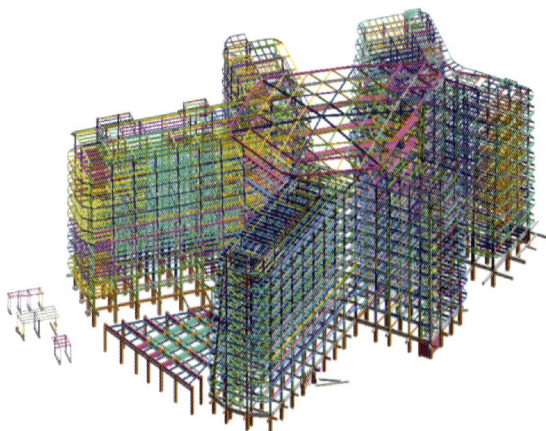

图 4 钢结构深化模型

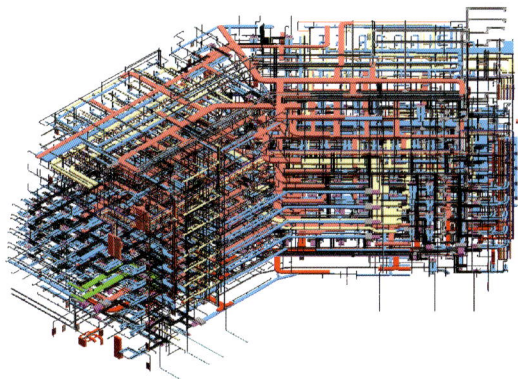

图 5 全球研发中心机电模型

项目在建立 BIM 模型过程中就开始对图纸进行审核，对绘制过程中发现的图纸问题进行了集中记录，形成了问题销项表，截至目前已累计统计出土建与机电图纸问题 221 处。通过加快与设计沟通反馈，减少现场因图纸错误而造成的返工，缩短工期，增创效益（图 6）。

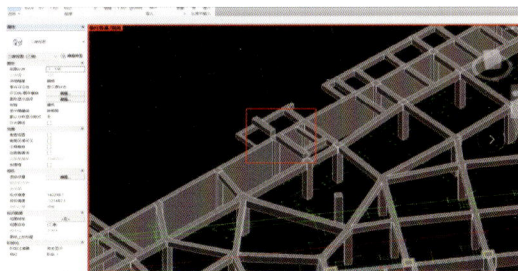

图 6 图纸纠错

地下建筑与结构模型绘制完成后，利用 Navisworks 进行碰撞检查（图 7），并核对每个碰撞点，对碰撞进行审核分类，并有针对性地编制了 BIM 冲突分析与碰撞报告。

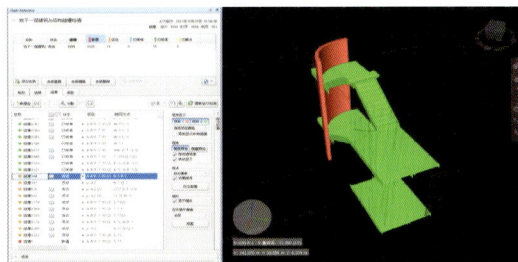

图 7 碰撞检查

3.2 BIM 创新应用

基于 BIM 模型、设计规范及业主要求，对车库车道、车位，走廊等关键部位进行净空优化，保证满足规范及业主需求。

在设计阶段即发现不满足业主要求净高部位并进行反馈优化，避免后续施工过程中返工浪费现象的发生（图8）。

图8　净高优化

钢结构深化在基本建模、节点建模、加工图纸三个阶段反映出的图纸问题，将在图纸会审和深化设计过程中反馈至设计院，由设计院进行问题答复，最终将形成的图纸会审资料上传至项目管理平台，形成完整的设计质量管控流程，确保深化设计的顺利进行。

钢构件在工厂加工完成后，通过对焊接进行破坏性检测与非破坏性检测后形成焊接质量报告文件，焊缝报告上传平台并与构件进行关联，形成数据化的电子存档，只需扫描构件二维码就可以实时显示出相关信息。做到有源可查，生产过程可控，数据可追踪，加强钢构件在生产过程中的质量管控（图9）。

图9　生产施工全过程管理

采用无人机航拍技术有效及时掌握施工现场动态，精确采集现场施工过程数据。实景图片与CAD平面布置图纸结合，规划机械设备站位和行走路线，选择合适拼装场地，从而保证工期，同时减轻管理人员工作量，使现场施工管理工作更加高效（图10）。

图10　无人机技术的应用

4　总结应用

本项目通过应用BIM技术攻克了较多复杂的技术难题，并更好地对施工现场管理起到了主导作用。在较传统项目节约了大量的工期与材料的情况下，质量也得到了相应提升，同时也避免了因为施工人员图纸理解错误造成的返工以及管理人员安排不当导致的成本增加。本项目不仅成本减少同时还节约了大量材料，做到真正意义上的精细化管理。

3A070 BIM 技术在信达生物制药全球研发中心项目中的施工管理应用

团队精英介绍

张凯华

中建八局发展建设有限公司上海分公司总工程师

高级工程师

长期从事 BIM 技术工程实践。所主持的项目荣获国家级、省部级 BIM 大赛奖项几十项，引领上海分公司 BIM 方向，所带领建设的信达生物制药全球研发中心项目、杭州富阳万达项目等获得多个奖项。

张广鹏

中建八局发展建设有限公司项目总工

工程师

主要根据 BIM 碰撞和设计进行图纸深化指导现场工作，主要参与信达生物集团有限公司、重固 03-14 地块、华测导航研发基地主持技术工作，并多次获得国家级、省部级奖项。

张 鹤

中建八局发展建设有限公司 BIM 工程师

助理工程师
BIM 高级建模师

主要从事 BIM 现场协调工作及 BIM 管理平台运行等工作，参与完成多个项目的 BIM 实施，包括：商业综合体、保障住房、酒店、学校等，多次获得 BIM 类团体及个人奖项。

张玉宽

中建八局发展建设有限公司项目总工（钢结构）

工程师

主要从事钢结构深化设计，制作加工，现场施工等工作，参与过青岛红岛火车站项目、青岛海天中心项目、中央美术学院青岛校区项目、信达生物制药全球研发中心项目、曾获得全国多个大赛奖项。

张 雷

青岛习远咨询有限公司 BIM 事业部总监

工程师
中国医学装备协会医院建筑与装备分会 BIM 学组委员
青岛市住房城乡建设局 BIM 专家委员会专家委员

长期从事 BIM 技术工程实践。所主持的项目荣获国家级、省部级 BIM 大赛奖项几十项；所主持的威海一中新校区项目、莱芜城发广场项目、威海职业学院双创中心项被评为山东省 BIM 示范项目。

孙振坤

青岛习远咨询有限公司 BIM 济宁业务部经理

二级建造师
工程师
BIM 高级建模师

长期从事 BIM 设计工作，先后在信达生物制药全球研发中心项目、天津海洋工程装备制造基地建设项目、深圳桂园中学改扩建工程等项目上进行 BIM 管理工作。多次获得国家及省部级 BIM 大赛奖项，拥有 BIM 类实用新型专利 1 项。

张腾腾

青岛习远咨询有限公司 BIM 工程师

助理工程师
BIM 高级建模师

主要从事 BIM 机电应用及 BIM 现场协调工作，参与过信达生物制药全球研发中心，青岛市妇女儿童医院西海岸院区，银川丝路经济园领航大厦等大型项目，曾获得全国多个大赛奖项。

顺络电子松江研发及智能制造基地 BIM 安装应用

中国建筑一局（集团）有限公司，安徽富煌钢构股份有限公司

冯亮杰　刘熙瑶　李伟　周建新　刘嗣逸　刘梦

1　工程概况

1.1　项目简介

本项目（图 1）位于上海市松江区书敏路南侧、书海路东侧，项目占地面积 5.8 万 m^2，地上建筑面积 11.6 万 m^2、地下建筑面积 2.2 万 m^2；基坑深度 8.45m。建成后将集研发、设计、制造、销售、服务于一体，成为长三角地区汽车电子、精细陶瓷、5G 通信以及物联网先进制造领域的领头羊。

图 1　项目效果图

1.2　公司简介

中国建筑一局（集团）有限公司成立于 1953 年，总部位于北京，是第一支建筑"国家队"，中建一局的发展历程是中国建筑业发展的历史缩影。1959 年国家建工部（住房城乡建设部前身）授予中建一局"工业建筑的先锋，南征北战的铁军"称号，这也是中建一局"先锋文化"的由来。

安徽富煌钢构股份有限公司是国内较早成立的一家集钢结构设计、制作、安装与总承包于一体的上市企业。经过多年发展，现已形成以总承包业务为主导，装配式建筑产业化、重型建筑钢结构、重型特种钢结构、轻钢结构、美学整木定制、高速视觉感知及高档门窗产品系列化发展、相互促进、相辅相成的特色经营格局。

2　BIM 团队建设及软件配置

2.1　制度保障措施

通过统一的工作流程，可以保证 BIM 模型、深化设计和现场施工，三者之间能够合理、高效地衔接和实施。目前根据工程进度，依托 BIM 管理平台，各方单位可实现模型共享，各自开展模型深化及应用工作，过程中由总包单位进行整合，各方较好地遵守一致的工作流程，实现了协同工作。

2.2　团队组织架构（图 2）

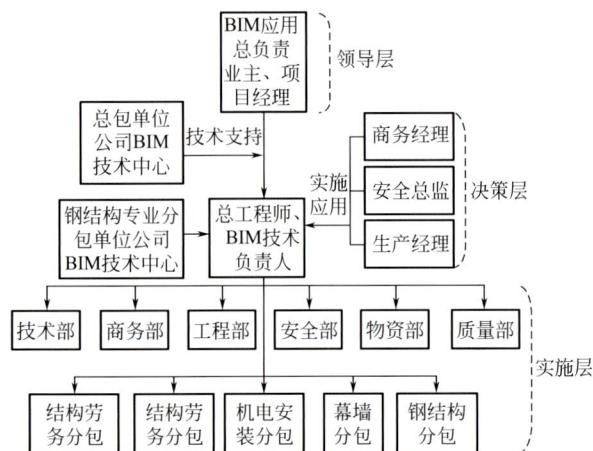

图 2　团队组织架构

2.3 软件环境（表 1）

软件环境　　　　　　　表 1

软件名称	厂商	用途
Revit 2018	Autodesk	审查和修改模型
Navisworks 2018	Autodesk	4D模拟、碰撞检测
3ds Max	Autodesk	辅助三维动画生成
中建股份管理平台	中国建筑股份公司	资料管理平台
Lumion 8	Act-3D	辅助三维动画效果生成
BIM 360 Glue	Autodesk	终端级 App 应用
云建造管理平台	中建一局	质量管理平台
Windows 10 64bit	Microsoft	计算机操作系统
Microsoft Office 2013	Microsoft	辅助文档生成
AutoCAD 2016	Autodesk	二维平面图修改和生成
Tekla 2016	Tekla	钢结构深化设计

3 BIM 技术重难点应用

本项目采用 Trimble 公司的 Tekla Structure 软件进行钢结构部分的深化设计，实现三维智能钢结构模拟。在一个虚拟的空间中搭建一个完整的钢结构模型，模型中不仅包括零部件的几何尺寸也包括了材料规格、横截面、节点类型、材质、用户批注语等在内的所有信息。而且可以用不同的着色表示各个零部件，这样观看起来更加直观，检查人员可以很方便地发现模型中各杆件空间的逻辑关系有无错误。

本项目建立了同总包单位模型协调的架构，建模过程中将钢结构模型同总包集成的各专业模型进行协调，通过碰撞分析，减少模型问题，进而减少钢结构生产、加工、建造中的错漏碰缺，加快项目进度（图3）。

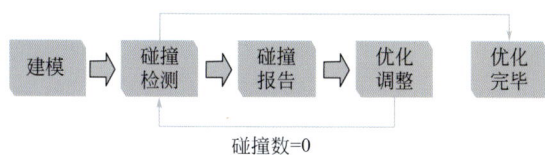

图 3　碰撞监测

项目基于总包提供的设计施工图搭建钢结构

二次深化模型，将深化后的模型同设计图纸回溯做一致性核查，核查无误后进行后续作业。同时，由钢结构模型联动各设计内容，实现设计实时变更，生产一并联动，其他专业调整也能快速实现钢结构专业快速联动调整。

基于钢结构三维信息模型可以自动生成构件详图和零件详图，以供装配、箱形组立和加工工段使用；零件图可以直接或经转化后，得到数控切割机所需的文件，实现钢结构设计和加工自动化（图4）。

图 4　三维信息下料

利用总包的智慧工地平台，根据现场的安装进度，将总包智慧工地平台数据传输至专业分包生产平台，平台自动用构件颜色区分安装进度，辅助总包进行施工进度的管理，一目了然，实用性强。

钢柱安装内容主要包括钢柱吊耳、连接板设计、钢柱高空拼装。利用BIM技术对现场管理人员和施工人员做可视化技术交底（图5）。

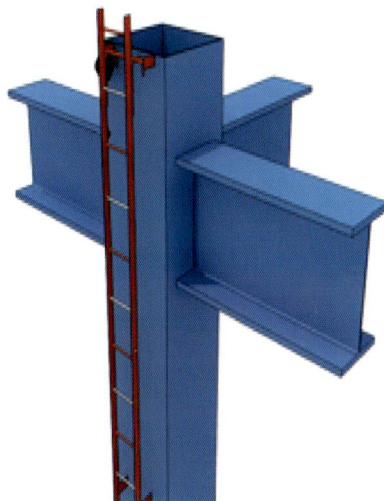

图 5　钢爬梯挂设交底

三角形钢管悬挑脚手架搭设位于1、2楼屋顶层，根据图纸结构要求屋面层存在2.1m高度现浇女儿墙。为保证施工安全及作业要求，因此需对女儿墙支模搭设操作脚手架（图6）。

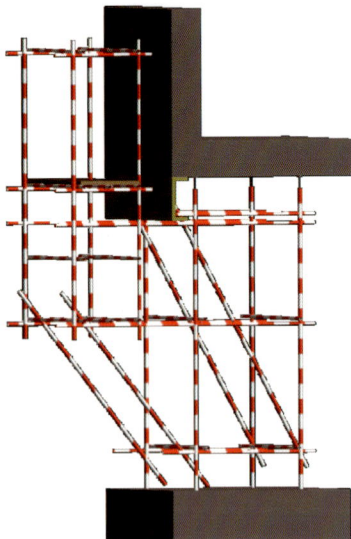

图6　脚手架搭设

项目团队践行"绿色建造 环境和谐为本"的理念，运用多项绿色建筑创新技术：设置封闭垃圾站、材料分类回收，建筑垃圾再利用率达40%；安装扬尘监控、太阳能路灯、现场洗车池路面喷洒、焊烟净化器、道路硬化等设施，不仅节能环保也提质增效（图7）。

图7　进出车辆清洗

项目以风险预控为核心，利用BIM技术建立9项危大工程施工模拟，编制管控措施38项，实现源头风险防范，利用10余类技术信息智能设备，7大管理板块打造智慧工地云平台，提高施工现场生产效率、管理效率、决策能力，通过实时汇总数据进行全面数字化管理（图8）。

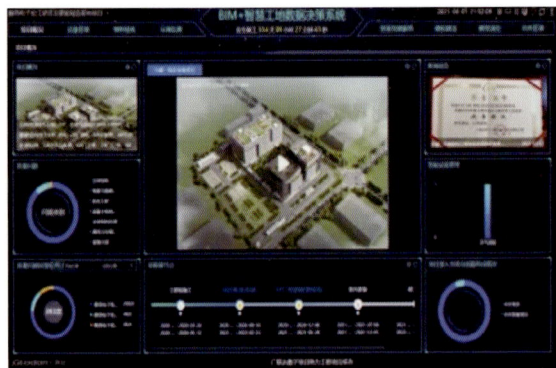

图8　智慧工地云平台综合管控

4　BIM总体应用总结

（1）通过应用BIM技术，实现了施工前质量把控，减少了事后补救产生的人材机浪费及对结构的不利影响。

（2）通过BIM工作平台技术，提高各部门间的工作配合，实现了1+1＞2的工作效率。

（3）通过应用BIM技术，三维可视化交底，施工模拟、3D样板方便直观，减少临建成本。

（4）通过BIM工作平台，对后期的运营维护提供了依据，避免了运营维护阶段无法溯源的情况发生，有效降低运营成本。

3A076 顺络电子松江研发及智能制造基地 BIM 安装应用

团队精英介绍

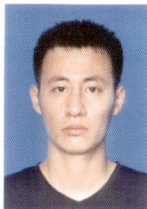

冯亮杰

顺络电子松江研发及智能制造基地项目 **BIM 主管**

工程师
BIM 高级建模师

编写科研课题成果《钢结构 BIM 深化设计要点集成》，主持项目部 BIM 日常工作，促进 BIM 伴随式施工，提前深化引导反映施工问题，负责项目部 BIM 成果落地；主导项目获得 BIM 大赛奖项省部级 3 项、国家级 4 项。

刘熙瑶

中建一局集团第一建筑有限公司江苏分公司 **BIM 主管**

管理学学士
一级建造师
工程师
苏州市建筑信息模型（BIM）专家（第一批）

李 伟

安徽富煌钢构股份有限公司 **BIM 应用技术研究所所长**

工学学士
工程师

周建新

顺络电子松江研发及智能制造基地项目 技术负责

工学学士
助理工程师

致力于 BIM 参数化、自动化研究，为项目解决实际应用问题。发表 BIM 相关论文 4 篇；参与项目获得 BIM 大赛奖项 36 项。推动项目智慧工地、数字建造建设，辅助 2 个项目成功完成"江苏省建筑产业现代化示范—BIM 技术应用示范工程"立项工作。

长期从事建筑工程 EPC 模式下的 BIM 技术应用研究与项目实践，包括 BIM 正向设计、项目管理模型构建与应用，参与了阜阳抱龙装配式住宅小区、紫云广场、北京哈利波特、深圳天安数码城、上海顺络电子等项目。曾获安徽省住房城乡建设系统 BIM 技术技能竞赛设计类二等奖、安徽省第五届建筑信息模型技术应用大赛综合类三等奖等各类 BIM 大赛奖项。

长期从事总承包技术管理工作，参加了上海百汇医院、顺络电子松江研发及智能制造基地、上海华为研发中心等项目。所参与施工项目曾获"金协杯"第三届全国钢结构行业数字建筑及 BIM 应用大赛特等奖。

刘嗣逸

安徽富煌钢构股份有限公司 **BIM 工程师**

工学学士
助理工程师
BIM 高级建模师

刘 梦

安徽富煌钢构股份有限公司 **BIM 工程师**

工学学士
助理工程师

从事 BIM 技术模型搭建与拓展应用工作，依托 BIM 技术进行机电管线深化与综合设计、可视化景观漫游、重难点施工方案模拟等，参与了阜阳资福寺安置区项目、颍上石榴学府壹号小区项目、阜阳抱龙装配式住宅小区等多个装配式住宅及公建项目。曾获省级 BIM 技术员技能竞赛优胜奖、"金协杯"第二届全国钢结构行业数字建筑及 BIM 应用大赛二等奖等奖项。

具备扎实的全专业建模能力，丰富的管线综合、室外管网设计与深化经验，熟悉轻量化平台的现场应用，熟练使用 Dynamo 进行参数化构件优化、景观自适应生成，参与了巢湖映月湾安置小区、阜阳九里安置区、上海顺络电子等项目。获得安徽省建筑信息模型（BIM）技术应用大赛第四届施工三等奖、第五届综合三等奖等各类 BIM 大赛奖项。

BIM 技术在杭州云门万吨连廊提升的应用

中铁建设集团有限公司，中铁建设集团华东工程有限公司，
上海宝冶集团有限公司，浙江精工钢结构集团有限公司

孔伟　宗荣　申涛　杨飞　杨通　易杰　齐磊磊　朱海滔　张之浩　胡靖

1　工程概况

1.1　项目简介

由鹏瑞利云门（杭州）置业有限公司投资建设的余政储出〔2021〕6 号地块项目的云门工程属于 2022 年杭州亚运会配套项目，政治意义重大。

总体方案以"云"的形象出现，通过立面的虚实变化展现出中国传统山水画的韵律变化（图 1）。未来这既是西站的标志，也将是整个西部科创片区的标志。

图 1　云门效果图

1.2　公司简介

中铁建设集团有限公司成立于 1979 年，前身是中国人民解放军铁道兵 89134 部队，是世界 500 强中国铁建股份有限公司的全资子公司。

2　BIM 团队建设及软件配置

2.1　制度保障措施

针对"多个项目一套标准"，制定出有针对

性的标准化 BIM 实施规范、模型标准、模型信息规则等准则，在提高效率的同时，助力项目目标顺利实现。

2.2　团队组织架构（图 2）

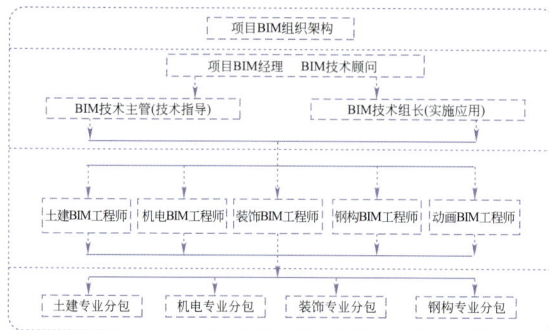

图 2　团队组织架构

2.3　软件环境（表 1）

软件环境　　　　　　　　　　　表 1

序号	名称	项目需求	功能分配
1	Fuzor	场景模拟	动画
2	Navisworks	三维可视化	可视化
3	Revit	三维建模	建筑、建模
4	Tekla	钢结构建模	建模
5	Lumion	模型渲染	渲染

3　BIM 技术重难点应用

3.1　钢结构形式

通过施工前对建筑、结构、机电分专业搭建模型（图 3），完成对图纸的详细研读，汇总图纸设计存在的问题及可优化施工部位，形成问题报告，及时与设计沟通，为问题的有效解决提供充足的时间，从而加快施工进度。

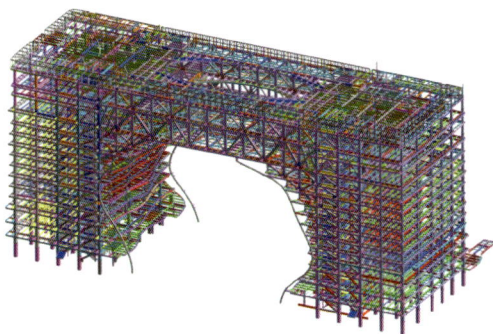

图 3 云门钢结构模型

空中连体位于 F9～F14 之间，主要结构为桁架结构，桁架共计 18 榀桁架：4 榀主桁架、8 榀横向次桁架、6 榀纵向次桁架；桁架腹杆均为箱形，上下弦均为 H 形（图 4）。

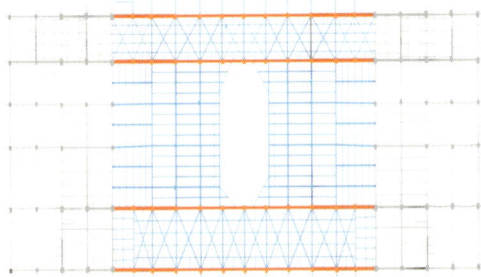

图 4 连体钢结构概况

3.2 钢结构主体重难点

本工程带牛腿节点钢柱多，占比 41%，钢柱截面大，为 1300mm×1300mm～1500mm×1800mm。节点区域内隔板较多，且多为厚板，板厚度从 30～90mm 不等，隐蔽焊缝多，工序衔接紧凑，焊接量大，焊缝质量要求高，为全熔透一级焊缝，如何保证构件在约定工期完成制作是本工程重点。可采用一站式智能制造信息管理系统（图 5）把握工期进度。

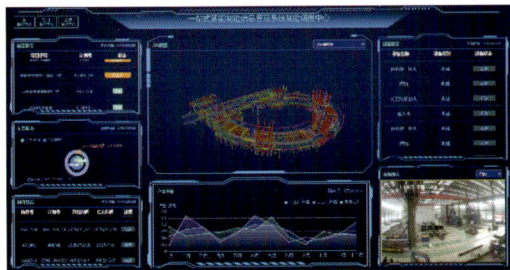

图 5 一站式智能制造信息管理系统

对钢柱、大钢梁、环桁架、伸臂桁架等采取合理的分段、分节方案（图 6），充分考虑结构受力特点、施工方便性、运输条件等。合理管理规划总平面，采取设置拼装平台、楼板加固等方式科学布置重型构件的堆场，保证重型构件现场的堆放及吊装。根据构件质量分布图，布置六台超常规动臂塔式起重机，确保全覆盖。

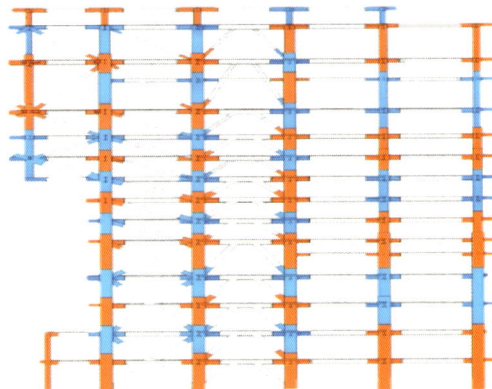

图 6 模型深化—构件合理分段

3.3 幕墙 BIM 应用

网壳结构分片拼装完成后进行一次三维激光扫描，逆向建模，根据实际模型利用 Rhino＋GH 对分片区域内的幕墙次龙骨及面板下料。网壳每安装两层之后进行二次扫描，分片连接部位下料，根据实际模型确定三维定位坐标（图 7）。

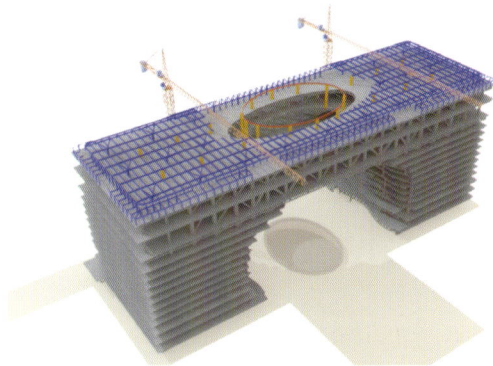

图 7 幕墙施工示意图

4 BIM 技术路线及应用综述

4.1 临时场布 BIM 应用

运用 BIM 模型对临建的整体布局进行可视化

的模拟分析（图8），相比在二维图纸上的规划设计，三维更能有效验证方案的合理性，大大提高临建方案的实行效率。

图8　项目办公区

利用 BIM 技术，对塔式起重机布置及群塔作业方案进行 3D 动态模拟，直观表达各个施工阶段塔式起重机的使用情况，全局考虑，从而达到最优、最高效的布置方案（图9）。

图9　群塔布置规划

4.2　BIM 机电深化

云门地下车库走廊处管线较多，大部分管线是从机房引出且在走廊内没有支管，为了提高走廊吊顶标高，便于后期施工维修，将出机房的管线移出走廊；未优化前管道最低点高度2.2m，优化后管道最低点高度2.6m，净高提高0.4m（图10）。

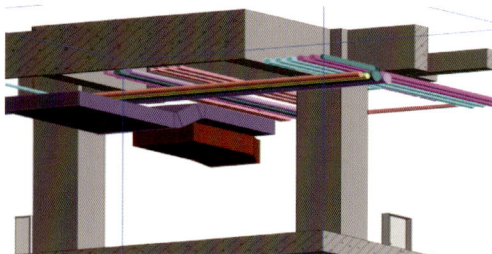

图10　机电管线密集走廊净高优化

利用 BIM 软件可将优化后的图纸导出综合、单专业、剖面二维平面图，对各专业施工班组进行交底，供现场施工人员识图作业，提高各专业协调施工效率。

在结构模型和机电模型的基础上，进一步进行砌体填充墙深化设计。输出排砖图减少材料浪费，并且提前预留机电管道洞口，减少后期拆改（图11）。

图11　砌体预留洞出图

砌体填充墙深化设计共设置预留洞口 1221 处，按后开洞平均每处 200 元计算，此项共节省 244200 元。同时，排砖图和提前预留洞，节省了大量材料，满足绿色施工的要求（图12）。

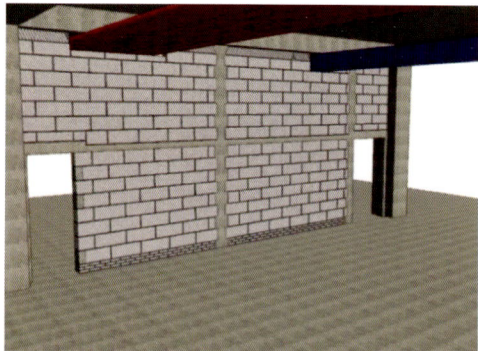

图12　模拟动画

质量样板打破传统现场制作模式，应用 BIM 模型建立样板（图13），节省场地，避免材料浪费。针对中型站房，质量标准和目标一致，施工工艺和方案可统一管理、统一要求。此应用同样可用于其他中型站房进行参照实施。

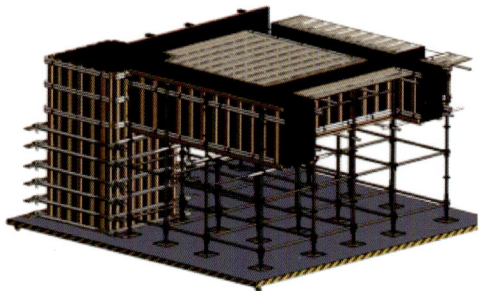

图13　BIM 电子样板

3A084 BIM 技术在杭州云门万吨连廊提升的应用

团队精英介绍

孔 伟
中铁建设集团华东工程有限公司总工程师

一级建造师
高级工程师

长期从事于民用建筑行业，参与建设的中石油钻井研发平台一号楼工程荣获中国建设工程鲁班奖；参与建设的总政干休所工程、广华新城居住区地块职工住宅楼工程、军队安置住房北京西北旺06 地块职工住宅项目荣获北京市结构长城杯工程金质奖。

宗 荣
中铁建设集团华东工程有限公司 49 项目经理

一级建造师
高级工程师

长期从事于民用建筑行业，参建项目有京沪高铁三标段苏州北站项目、华东分公司基地项目、连云港工业展览中心项目、杭州西站枢纽"云门""金手指"项目。参与建设的连云港工业展览中心项目荣获中国建设工程鲁班奖。

申 涛
中铁建设集团华东工程有限公司技术质量部经理

一级建造师
工程师

长期从事于民用建筑行业，参建项目有盐城体育馆项目、舟山恒大项目、盐城先锋国际项目等。参与建设的盐城先锋国际项目荣获扬子杯奖、结构金奖、中国建设工程鲁班奖。

杨 飞
中铁建设集团华东工程有限公司 49 项目总工程师

一级建造师
工程师

长期从事于民用建筑行业，参建项目有丹阳恒大名都、滨湖天地湖山壹品项目、杭州西站南科区站城综合体项目等。曾获集团优秀工法 1 项，国家级 QC 成果 1 项，参与科研课题 1 项，专利 1 项，荣获全国各类 BIM 大赛奖多项。

杨 通
中铁建设集团华东工程有限公司 49 项目副经理

二级建造师
工程师

长期从业于施工企业生产一线，参与建设了杭州临安湖山壹品项目、新建连镇站房项目、杭州西站枢纽南区站城综合体项目等工程。参建工程曾曾得"标准化示范站房工程""工程质量建设先进施工企业"。

易 杰
中铁建设集团华东工程有限公司技术中心主任

一级建造师
工程师

先后参与了宿迁人民医院及盐城国贸大厦两项"鲁班奖"工程建设。多次获得科学技术进步奖，先后参与 20 多个工程 BIM 技术应用管理，荣获全国各类 BIM 大赛奖 30 多项。

齐磊磊
中铁建设集团华东工程有限公司 BIM 工程师

二级建造师
助理工程师

长期从事 BIM 数字化研究，参与了杭州西站综合体、盐城综合馆、扬州宝胜等项目，曾获安徽省 BIM 技能大赛银奖，多次获得科学技术进步奖，荣获全国各类 BIM 大赛奖 20 多项。

朱海滔
中铁建设集团华东工程有限公司 49 项目土建工程师

助理工程师

长期从事钢结构数字化创新技术研究，参与了重庆惠科光电、广西华谊、杭州西站等项目。编制多篇工法、论文，曾获公司技术质量管理先进个人、省级 QC 等。

张之浩
浙江精工钢结构集团有限公司技术中心技术工程师

助理工程师

长期从事钢结构数字化创新技术研究，参与了杭州西站、咸阳国际机场等项目。曾获中国钢结构协会科学技术二等奖、浙江省省级工法、浙江省建设科研项目立项等，发表专利及论文数篇。

胡 靖
上海宝冶集团有限公司钢结构工程公司设计主管

工程师

长期从事钢结构深化详图设计，先后主持参与完成上海迪士尼项目、安阳市文体中心建设工程 PPP 项目、襄阳华侨城文化旅游度假区二期文化科技园总承包工程项目、杭州西站南广场配套项目、商丘三馆一中心等项目深化工作。

大型环状学习超市型校园建设中心 BIM 技术应用

中建八局第三建设有限公司

曲扬　陈敏　杨晓雨　王文晋　吴德宝　陈波　张玮玮

1　工程概况

1.1　项目简介

西交利物浦大学太仓校区（图 1）由同济大学建筑设计研究院（集团）有限公司设计，工程位于太仓市高新区万金路西、江南路北，项目包括：AB 楼、CDE 楼、FG 楼、H 楼、J 楼、体育馆多功能厅、一区地下室、二区地下室、三区地下室、四区地下室。总建筑面积 272534.68m²，计容建筑面积 207697.25m²。

图 1　项目效果图

教学楼跨河连接体、环形屋面结构形式为顶部斜拉式大跨度多层钢框架结构，钢结构主要形式有：圆管柱、方管柱、箱形梁、H 形梁、钢拉索，钢结构主要材质为 Q355B、Q390B、Q390GJC，其中跨河连接体约 5800t、屋顶大圆环及教学区夹层钢结构约 3200t，总用钢量 9000t（图 2）。

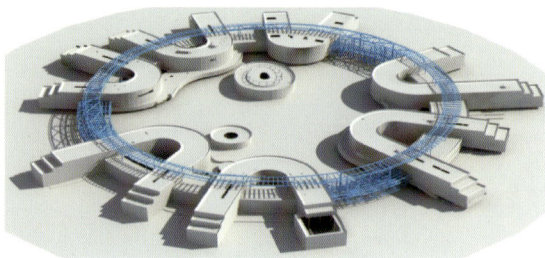

图 2　项目钢结构示意图

1.2　公司简介

本项目由中建八局第三建设有限公司承建，第三建设有限公司是中国建筑第八工程局有限公司的全资子公司。公司注册资本金 10 亿元。现有职工 4000 多人，其中一级建造师 326 人，高级职称人员 202 人。下设 10 个区域公司，4 个专业公司，1 个设计研究院和 1 个海外事业部。迄今已获得鲁班奖 14 项、詹天佑奖 4 项、国家优质工程 22 项。

公司成立以来已累计建设工程 1500 余项，涵盖航空航天、文体场馆、办公综合、医疗卫生、工业厂房、地铁交通、公路隧道等。公司代表性工程有酒泉卫星发射中心垂直总装测试厂房、海口财盛大厦、南京奥体中心、南京新金陵饭店、南京禄口国际机场、南京南站。

1.3　工程重难点

（1）跨河连接体

本工程为国内首座跨河段连接体钢结构，吊装工期短、跨度大、安装困难、精度要求高。

（2）大跨度管桁架

加工厂分段制作，现场对接，拼装工作量大，拼装质量以及焊缝质量要求高。

（3）屋顶大圆环

教学楼顶部为大圆环铝板幕墙，周长超过 1000m，现场施工难度大。

2　BIM 团队建设及软件配置

2.1　制度保障措施

为确保 BIM 应用落地效益最大化，本项目制订《BIM 示范工程实施策划方案》，所列内容必须建立 BIM 模型，并利用 BIM 模型进行所要求的相关工作。主要包括：混凝土结构、钢结构、机电安装工程、管廊工程、幕墙工程等。

2.2 团队组织架构（图3）

图3 团队组织架构

2.3 软件环境（表1）

软件环境   表1

序号	名称	项目需求	功能分配
1	Fuzor	场景模拟	动画
2	Navisworks	三维可视化	可视化
3	Revit	三维建模	建筑、建模
4	CAD	深化出图	出图
5	3ds Max	三维建模	建模

3 BIM技术重难点应用

3.1 跨河连接体

本工程被内部河道划分为三大块，每处河道上方采用了"顶部斜拉式大跨度多层钢框架结构体系"（以下简称"跨河连接体"），在房屋建筑工程领域尚属世界首例应用。跨河连接体结构高度为30.6m，跨度为92.2m，柱距为38.8 m，用钢量达3000 t。结构由四根直径为2.1m的钢管混凝土柱支承，下设两座22.8m×13.2m×3.6m大体积混凝土承台作为刚性支座，上部结构为三层钢框架连廊，由16组高钒密闭钢丝双索吊挂，将楼层竖向荷载传递至支承柱，索长25m，直径

120mm（图4）。

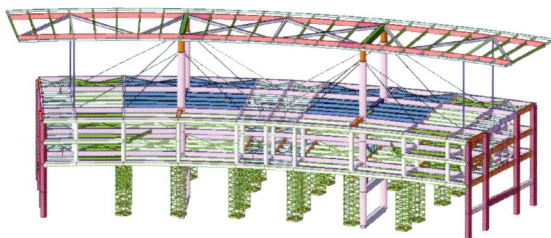

图4 跨河连接体概况

通过Tekla建模将模型导入Midas对施工过程进行模拟分析，按"中心扩展法"将施工工艺划分。计算结果表明：在斜拉索张拉前一施工步，钢构件应力达到最大，为144.41MPa，应力比控制在0.5以内，位于四层钢梁处，在斜拉索张拉后，传力路径转换，钢构件最大应力位于劲性柱处；在临时支撑卸载施工步，结构变形达到最大，为48.27mm，应力与变形均满足规范要求（图5）。

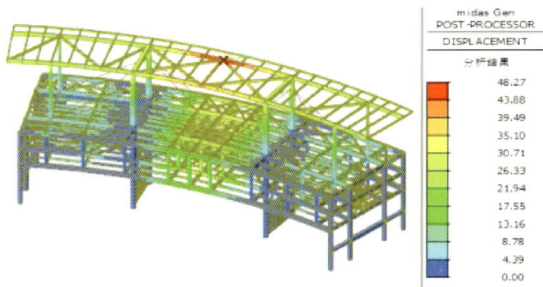

图5 最大变形云图

针对拉索节点在五级对称式循环张拉过程进行有限元模拟分析，提取Von Mises应力（图6）。

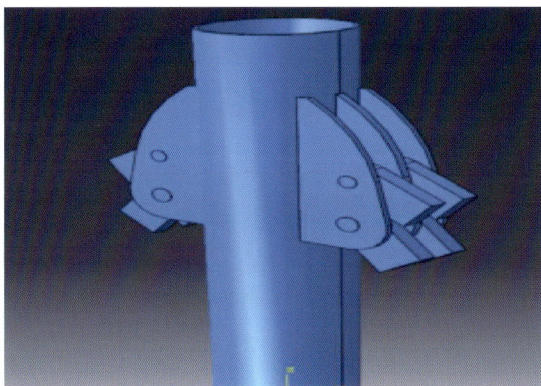

图6 拉索节点实体模型

本工程连廊结构复杂，关键构件众多，施工难度大。因此，有必要对其进行健康监测，以确保结构在施工期以及运营期使用安全（图7）。

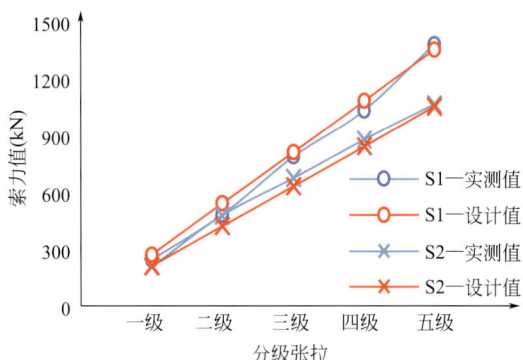

图7 Midas 数据分析

3.2 大跨度管桁架

利用 Tekla 软件根据设计图纸对大跨度管桁架进行优化（图8），并移交设计单位审核无误后，完成出图工作并根据 Tekla 模型出材料清单，提前采购钢材，减少了机械的投入，实现了大跨度管桁架的高效施工。

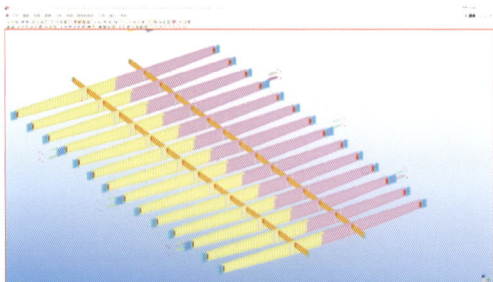

图8 管桁架模型

对在地面拼接好的倒三角管桁架用三维扫描仪扫描（图9），形成点云模型与完成的 Tekla 模型比对分析，从而降低加工误差率，防止在吊装完成之后返工。

图9 现场调试扫描仪

3.3 圆顶大圆环

利用 Tekla 软件根据设计图纸，建模进行节点优化导出节点图，发至加工厂加工（图10），提前采购钢材，减少了机械的投入，实现了屋顶大圆环的高效施工。

图10 工厂加工图

通过 BIM 可视化模型，对建筑楼层内安装完成后净空高度进行分析，复核装饰需求净空高度，整理不符合净空要求区域，通过优化调整后，满足使用要求，避免施工后的高度不满足装修高度，而产生的拆改签证费用（图11）。

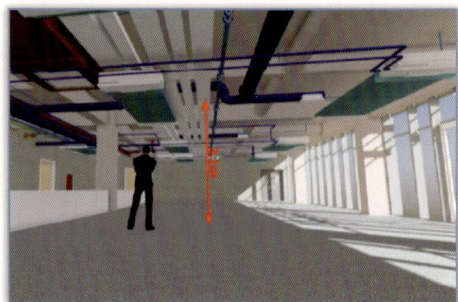

图11 净高分析

4 应用总结

利用 BIM 技术模拟功能，进行多个进度计划版本的对比，从施工工序、资源协调等方面综合考虑工序安排的合理性，直观模拟每天的施工进度，节省工期45天。

通过模拟各工序进展情况进而了解相关施工指导文件及材料需求方面的信息，提前制定设计及招采需求计划。此外，利用 Tekla Structures 软件强大的统计功能，可以提前得到准确材料采购、备料计划。节省人工，节约钢材料约630t，共节省成本340万元。

3A095 大型环状学习超市型校园建设中心 BIM 技术应用

团队精英介绍

曲 扬
苏州市西交利物浦项目
项目总工

一级注册结构工程师
工程师

从事工程管理和钢结构施工模拟技术研究，参与了昆山亚洲杯足球场、西交利物浦大学太仓校区等项目。主持立项科技课题 2 项、发表论文 24 篇、编写工法 7 篇、发表 QC 成果 8 篇等，曾获 2022 年度江苏省"双创博士"人才计划、BIM 奖项 7 项。

陈 敏
苏州市西交利物浦项目测量主管

助理工程师

从事钢结构、土建测量及 BIM 工作，参与了西交利物浦大学太仓校区、太仓瑞金医院等项目。曾获专利 4 项，论文 1 篇、BIM 奖项 7 项。

杨晓雨
苏州市西交利物浦项目 BIM 主管

助理工程师

先后负责苏州荟同学校、苏大附一院等多个项目 BIM 管理工作，获得省级、国家级 BIM 奖项 18 项，公司级 BIM 奖项 2 项、BIM 示范工程 3 项、发明专利 3 项。

王文晋
公司总工程师

工程硕士
一级建造师
高级工程师

长期从事公司科技管理工作，参与了西交利物浦、昆山足球场等项目，曾获江苏省建设科技创新成果一等奖、中国钢结构金奖、金禹奖、多项省级工法、多项国家专利、BIM 奖项 12 项。

吴德宝
公司质量总监

硕士研究生
一级建造师
高级工程师

参与了苏州湾体育中心、无锡万达、无锡奥体等项目，曾获江苏省土木建筑学会土木建筑科技奖三等奖、多项省级工法、多项国家专利、省级新技术应用示范工程、BIM 奖项 16 项。

陈 波
苏州市西交利物浦项目项目经理

一级建造师
高级工程师

参与了苏州园区体育中心项目（鲁班奖）、无锡云蝠大厦（国家优质工程奖）、吴江苏州湾体育中心（国家优质工程奖）、西交利物浦大学太仓校区等项目。曾获得优秀员工、优秀项目经理荣誉称号，曾获 BIM 奖项 4 项。

张玮玮
苏州西交利物浦项目 BIM 主管

助理工程师

曾获江苏省第四届钢结构工程 BIM 技术应用大赛一等奖、第五届"优路杯"全国 BIM 技术大赛三等奖、第二届信息技术服务业应用技术大赛建筑信息模型（BIM）技术应用赛一等奖及全国各类 BIM 大赛奖项多项。

BIM 技术在施工阶段的综合应用

杭萧钢构股份有限公司，秦皇岛市政建设集团有限公司

曾凡明　彭颖　王惠山　潘学敏　任静萍　邱郡　黄永明　叶建国　李庆川　王晓东

1　工程概况

1.1　项目简介

北京大学第三医院秦皇岛医院（图 1）建设标准为综合性三甲医院，位于秦皇岛经济技术开发区，总投资 28.3 亿元，占地 300 亩，总建筑面积 25.25 万 m^2，其中本项目一期为 198660m^2，地上 137000m^2，地下 61660m^2，建筑层数地上 12 层，地下 2 层，建筑高度 54.20m。可提供病床 1200 张。该项目大力推行绿色建造技术，实现"四节一环保"，开展智慧化平台建设。同时在项目建设过程中应用 BIM 技术，实现从设计施工到后续运维的全过程实时监测，助力整个项目更快更好推进。

图 1　项目效果图

1.2　公司简介

秦皇岛市政建设集团有限公司发展至今，业务范围涵盖市政工程、工业及民用建筑工程、安装工程、公路工程、地基与基础工程、装饰装修工程、园林绿化工程、商品混凝土及制品的生产及销售、港口设施、设备和港口机械维修等。具有市政公用工程、公路工程、建筑工程施工总承包一级资质，机电工程施工总承包二级资质及交通工程（公路安全设施）等专业承包资质 10 项，并通过质量管理体系、环境管理体系和职业健康安全管理体系认证。

杭萧钢构股份有限公司（简称"杭萧钢构"）成立于 1985 年，经过 30 多年的努力，已发展为国内首家钢结构上市公司，被列入住房城乡建设部首批建筑钢结构定点企业、国家火炬计划重点高新技术企业、国家住宅产业化基地和首批装配式建筑产业基地。具有施工总承包一级及钢结构专业承包一级资质、中国钢结构制造企业资质、对外承包工程资格。杭萧钢构与清华大学、浙江大学、同济大学、天津大学、西安建筑科技大学等多所著名院校和研究所建立了密切的合作关系，拥有院士工作站、博士后科研工作站。

1.3　工程重难点

（1）本项目体量大，涉及专业多，管道设备错综复杂。依据以往的施工作业方式，一是组织协调工作量大，二是图纸问题不易进行事前控制，造成返工，增加成本，延误工期。

（2）本项目特点为专业多、队伍多、设备多而杂、工程量大，尤其是机电安装专业，很难统计出较为精确的工程量。EPC 工程，在整个投资过程中，投资的管理复杂，数据处理缓慢，不易控制。而且通常在过程中很难发现问题，在最后结算才发现，往往为时已晚。

（3）本项目体量大，各单位对接的工作量很多，如何有效的组织施工，对项目管理者是一个极大的挑战。

（4）大型综合性医院项目，涉及的机电安装及钢结构安装极其复杂，如何保证各机电专业系统的有效运行，对施工人员的技术水平要求很高。

（5）本项目对施工质量要求高，对施工安全风险因素控制严格。但项目涉及的专业多、施工队伍多、各种机械多，都需要提前考虑与应对。

2 BIM 团队建设及软件配置

2.1 制度保障措施

根据《秦皇岛市建筑信息模型技术应用指南》《BIM 机电管线综合技术规程》等多部标准，结合本项目具体特点，编制本项目的 BIM 建模标准，用于指导 BIM 建模工作，指导 BIM 技术在本项目的策划与实施。

2.2 团队组织架构（图 2）

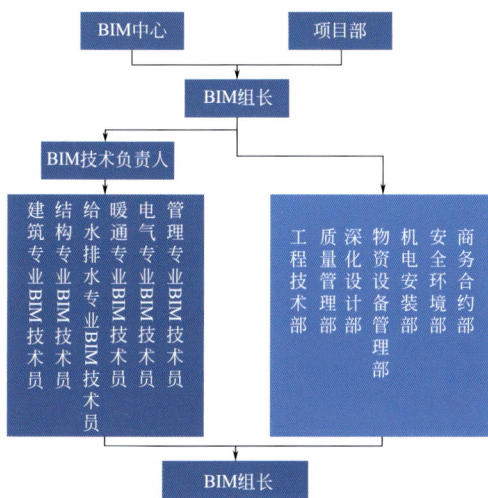

图 2　团队组织架构

2.3 软件环境（表 1）

软件环境　　　　　　　　　　　　表 1

序号	名称	项目需求	功能分配
1	PDF 阅读器	图纸及数据处理	图纸
2	Revit	模型创建	模型建立
3	Fuzor	模型轻量化	模型整合浏览
4	Lumion	可视化	模型整合浏览
5	3ds Max	虚拟现实效果图	数据分析
6	广联达	造价控制	成本预算

3 BIM 技术重难点应用

3.1 BIM＋项目管控

本项目地上全部为钢结构，为了更好地管控

钢结构施工，满足施工要求，项目上在深化设计阶段，利用 Tekla 软件进行钢结构构件及节点深化，同时在满足深化图纸要求的基础上，完成现场钢结构模型复杂钢结构节点模型的创建，如：钢结构梁柱节点，新型钢节点图等，指导现场钢结构落地施工（图 3）。

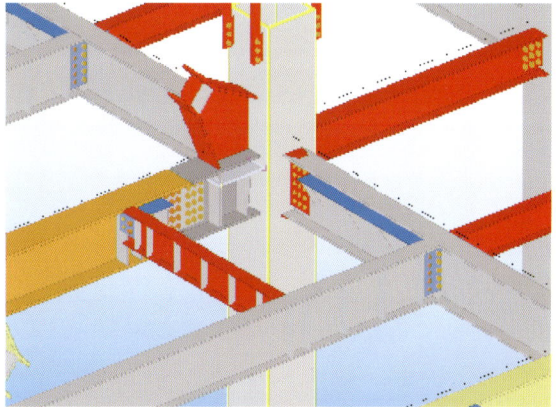

图 3　Tekla 模型

项目部将进度计划、斑马梦龙计划与三维模型各构件相关联，实现施工进度的可视化管理，优化钢结构施工工序。并根据模型的工程量及进度计划，编制劳动力配置计划，以满足现场的施工进度需求，最终达到节约工期成本的目的（图 4）。

图 4　4D 施工模拟

本项目通过 BIM 三维模型与现场实际施工情况进行对比、讨论并进行了总平面布置优化，提出场地材料堆放等修改项，并利用虚拟漫游进行模拟，最终生成优化后的现场总平面布置图（图 5）。

地下车库管线是重要部分，影响着车库行车路线舒适度、美观性，采用 BIM 技术进行管线综合优化，将管线进行有效的排布，合理利用空间，

图5 优化后的现场总平面布置图

使得地下车库管线空间得到最大化利用、美观布置（图6）。

图6 行车道漫游

3.2 机电DMPM模式应用

针对设计图纸的机电模型，进行管线综合碰撞检查，将Revit模型导入轻量化Navisworks中进行碰撞检查，并导出碰撞报告，碰撞点10万余处，均得到有效解决，有效减少各专业间冲突造成的返工浪费（图7）。

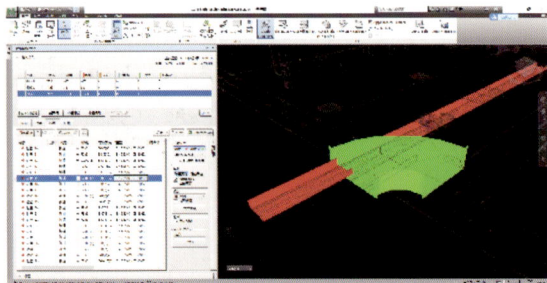

图7 设计图纸碰撞检测

利用BIM技术对机电管线机房等进行深化设计是模型深化的关键环节。该环节需综合考虑规范要求、机房设备布置、机房管线排布、支吊架设置、操作和检修空间、人员通道、基础布置、排水沟位置、整体净高、整体观感效果等影响因素，确保深化设计、模块拆分、运输、吊装方案等合理且具有可实施性（图8）。

图8 机房深化

本项目通过广联达数字项目平台BIM＋技术管理系统，进行管综文件、工艺模拟文件上传至云平台进行审核，存档，供现场施工、BIM人员等使用及查看，方便信息实时更新共享的效果，为此，云端平台为每天最新模型，有变动及时调整，及时替换，及时与现场人员沟通。达到了项目信息化管理的效果。

4 应用总结

本项目利用BIM技术解决了工程体量大、工期短、专业多、数据信息量大等问题，充分发挥BIM技术优势，为项目带来了显著效益，并力争成为行业"精品工程"的标杆项目，为建筑业可持续发展做出贡献。

3A085 BIM 技术在施工阶段的综合应用

团队精英介绍

曾凡明
秦皇岛市政建设集团有限公司建安公司经理

一级建造师
高级工程师

从事建筑工程施工管理工作，河北省被动式超低能耗建筑专家、秦皇岛市建筑信息模型专家、绿建专家，北京大学第三医院秦皇岛医院总指挥，参建项目市政锦绣佳成公租房、汤河国际住宅楼、承德滨河湾经济型酒店等工程，多次获得河北省安全文明工地、河北省优质工程奖等荣誉，荣获岗位标兵、优秀带头人、优秀项目经理等荣誉称号。

彭　颖
秦皇岛市政建设集团有限公司工程师

二级建造师
高级工程师

长期从事建筑工程施工管理工作，参与北京大学第三医院秦皇岛医院的施工管理，历年参建项目中，里维埃拉观海居住小区一期、慧园小区二期、东北大学秦皇岛分校新校区实验楼、碧桂园·首府（地块六）等工程均获得河北省安全文明工地、河北省优质工程奖等荣誉。

王惠山
秦皇岛市政建设集团有限公司建安公司副经理

一级建造师
工程师

组织北京大学第三医院秦皇岛医院的施工管理，历年参建项目中，里维埃拉观海居住小区一期、慧园小区二期、东北大学秦皇岛分校新校区实验楼、碧桂园·首府（地块六）等工程均获得河北省安全文明工地、河北省优质工程奖等荣誉。

潘学敏
秦皇岛市政建设集团有限公司执行经理

一级建造师
高级工程师

长期从事建筑工程施工管理工作，参与了北京大学第三医院秦皇岛医院、碧桂园·首府等项目；获得河北省安全文明工地、河北省优质工程奖等荣誉，曾获得河北省优秀项目经理荣誉称号。

任静萍
秦皇岛市政建设集团有限公司工程师

工程师

长期从事建筑工程施工管理工作，参与了北京大学第三医院秦皇岛医院施工管理，历年参建项目和信基业广场、软件测试研发及物联网设备生产中心、河北省第三届园林博览会园林景观建设等项目；多数获得河北省优质工程奖、河北省结构优质工程奖等。

邱　郡
秦皇岛市政建设集团有限公司执行项目经理

二级建造师
工程师

长期从事建筑工程施工管理工作，组织北京大学第三医院秦皇岛医院的施工管理，历年参建项目中，承德滨河湾经济型酒店、里维埃拉观海居住小区一期、慧园小区二期、东北大学秦皇岛分校新校区实验楼等工程均获得河北省安全文明工地、河北省优质工程奖等荣誉。

黄永明
秦皇岛市政建设集团有限公司工程师

一级建造师

2013 年至今从事建筑施工管理工作，参与了北京大学第三医院秦皇岛医院建设工程、碧桂园·首府和信基业广场等项目；参建项目多数获得河北省优质工程奖、河北省结构优质工程奖等。

叶建国
杭萧钢构股份有限公司项目经理

一级建造师

长期从事钢结构施工管理工作，参与了北京大学第三医院秦皇岛医院、国家合成生物技术研发中心、欧珀第二运营基地等项目；多次获得浙江省优秀建造师、中国钢结构协会优秀建造师等。

李庆川
杭萧钢构股份有限公司项目技术负责人

工程师

荣获 2022 年度 BIM 二等奖，参建的华晨宝马汽车有限公司车身车间项目、伊朗南方铝项目获得国家优质工程奖、鲁班奖。

王晓东
杭萧钢构股份有限公司生产经理

中级职称

长期从事钢结构施工管理工作，参与了北京大学第三医院秦皇岛医院、国家合成生物技术研发中心、欧珀第二运营基地等项目；2021 年度公司卓越员工。

儋州一场两馆项目基于工程总承包模式的施工阶段 BIM 精细化应用

中国建筑一局（集团）有限公司，中建一局集团第一建筑有限公司，海南大学

孙发理　胥鹏　洪立功　罗立胜　谢欣然　崔馨月　张鹏鹏　沈傲雪　袁志超　吴承姗

1　工程概况

1.1　项目简介

儋州市体育中心"一场两馆"作为 2022 年海南省第六届运动会开闭幕式主场馆，项目按乙级体育场馆标准建设，建成后承办国内一流体育赛事、文艺演出等活动，助力海南自贸港全民健身与竞技体育的均衡发展。本项目包含体育场、体育馆、游泳馆，以及室外配套广场，总用地面积 24.37 万 m²，总建筑面积 10.18 万 m²（图 1）。

图 1　项目效果图

1.2　单位简介

中国建筑一局（集团）有限公司总部位于北京，是 2022 年世界 500 强第 9 位、世界最大投资建设集团——中建集团旗下最具国际竞争力的核心子企业。

海南大学是"211 工程"大学、部省合建高校、世界一流学科建设高校。学校注重产学研合作，在教育、科研和社会服务领域享有很好的声誉。

1.3　工程重难点

（1）EPC 项目规模大，专业多，设计-招采-施工相互制约，协调难度大

土建、钢结构、幕墙、金属屋面、机电、精装工程等专业众多，不同设计团队设计标准不同，设计资源之间设计接口管理难度大。EPC 工程成本风险大，深化设计、原材采购、加工、安装等相互制约，需要精细化管理。

（2）大跨度三角桁架立面多变、节点复杂，工期紧，施工难度大

钢结构罩棚专业内节点复杂。钢骨柱与马道层有限空间内多个专业交叉施工。大跨度钢结构吊装过程容易发生碰撞、失稳，对焊缝质量、临时支撑、吊装顺序、卸载步距、支撑拆除等要求较高。

（3）幕墙及屋面曲率多、拼接难度高，施工工艺复杂

幕墙板块共 9073 块，排板、标注、出图工作量大，整板切割方式对材料损耗影响大，且屋面受现有钢结构标高影响，安装需要满足精度要求。项目作为沿海地区首个大面积采用阳光板幕墙的场馆，没有可以参考的案例。

（4）机电工程安装需满足体育建筑特异性需求

体育场馆特殊性要求照明不能出现眩光，扩声系统避免混响。为满足此特殊性要求，机电末端点位、精装、支吊架、大型设备需进行精细的深化设计与施工优化。

2　BIM 团队建设及软件配置

2.1　制度保障措施

开工前项目经理组织对项目进行全面了解和重难点综合分析，以 BIM 技术应用为主路径，对 BIM 技术在 EPC 模式下的应用进行探索研究，利用 BIM 解决大型体育场馆机电工程、钢结构、幕

墙、屋面设计-招采-施工等重难点问题，结合BIM的应用与发展，编制本项目的BIM实施方案，确保创新性、示范性、可落地性。经多次会审后确定实施标准。

2.2 团队组织架构（图2）

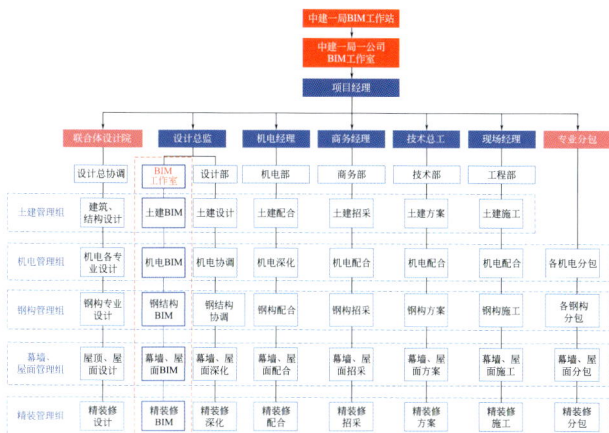

图2 团队组织架构

2.3 软件环境（表1）

软件环境 表1

序号	名称	项目需求	功能分配
1	Tekla	钢结构建模	建模
2	Revit	模型创建	模型建立
3	Navisworks	可视化仿真	可视化
4	Lumion	模型渲染	渲染
5	3ds Max	建立模型	建模

3 BIM技术重难点应用

3.1 BIM辅助钢结构深化设计-招采-施工全过程应用

确保在施工前两个月完成钢结构专业内的深化，对相贯节点、支座节点、在结构上的预埋件等进行深化，出具精细化构件、零件图指导加工及施工（图3）。

利用BIM模型空间关系清楚明了的优点，可直接协调专业相关方做策划。此工作流程中对于

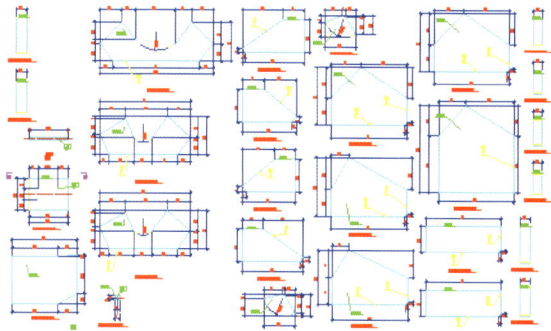

图3 深化零件图

此类明显可以直接做方案策划的项目，BIM工作室更多的是统筹与协调，而不是单纯的建模深化，把握好模型精度与履约效率之间的平衡，对边深化设计边施工、设计时间紧迫的EPC工程有重要意义（图4）。

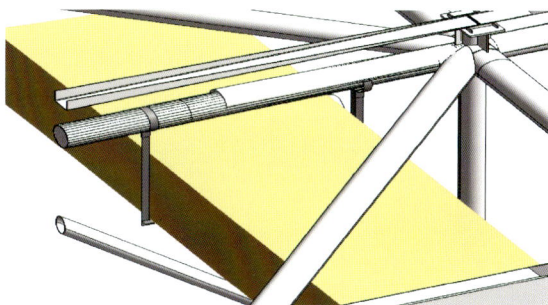

图4 模型中找支吊架支撑点

利用BIM技术够实现钢结构施工模块化仿真应用，对拼装方法、焊接顺序、临时支撑、吊装步骤、卸载方案进行BIM论证，解决吊装构件及支撑结构碰撞、失稳问题（图5）。

图5 钢结构施工工况分析

根据BIM搭建的临时支撑模型，转出有限元

计算软件，对转换梁最大弯矩和挠度、临时支撑进行整体稳定计算，确保吊装过程支撑结构安全稳定（图6）。

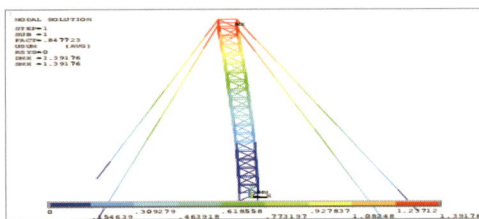

图6 临时支撑整体稳定计算模型

健康监测系统代替人工实时监测，获得的数据与事先理论计算的应力应变值进行比较，形成健康状态评价等级。应力及挠度阈值为预警时，系统自动联系管理人员，卸载监测实现人工智能化。在运营期，系统为结构运营维护提供智慧管理支持（应对结构损伤、退化、结构变形位移）（图7）。

图7 监测界面

3.2 BIM辅助幕墙及屋面设计-施工应用

本项目是国内首个应用阳光板作为外幕墙的场馆，整个外立面幕墙呈现曲面，为了简便施工，节约成本，在BIM模型中以直代曲，进行安装板块划分，外幕墙阳光板拆分为白色601块、浅蓝色6449块、深蓝色2023块，通过三种颜色阳光板有机组合，形成"龙门激浪"的建筑语言（图8）。

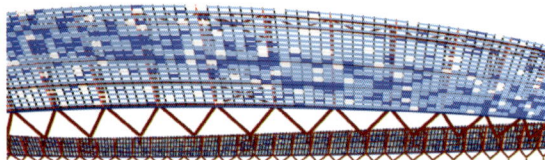

图8 深化成果满足外立面"龙门激浪"效果

体育场阳光板幕墙呈不规则弧形，曲率变化多，需要定制加工，定位、安装精度要求高。空间安装难度大，施工交底困难，质量控制难度大。通过BIM提前预演，解决安装过程的重难点问题，将细部和安装工艺进行清楚明了的交底（图9）。

图9 阳光板安装施工

3.3 BIM辅助机电工程设计-施工全过程应用

体育场扩声系统的施工深化，使用EASE4.3声学软件，按照实际的建筑结构，在BIM模型中布放音箱，对扩声系统进行了模拟分析工作，论证预测工程竣工后声学指标的准确性。

扩声系统采用集中布置的方式，在观众席上分散吊挂36组主扩声4×8寸低频单元的线阵列扬声器覆盖观众席和比赛场地。提前验证声响效果，满足声压、减少混响、提高清晰度（图10）。

图10 声压模拟

BIM工作室协同各机电专业工程师、机电专业分包对机电管线设备进行深化设计，机电经理和设计总监检查，形成BIM模型深化设计模型、精细化图纸、材料明细表等。

3A098 儋州一场两馆项目基于工程总承包模式的施工阶段 BIM 精细化应用

团队精英介绍

孙发理
儋州市体育中心"一场两馆"项目 BIM 经理

助理工程师

主要从事大型体育场馆、医疗建筑、科研建筑、EPC 工程的 BIM 技术研究与应用工作，主导儋州体育中心项目 BIM 研发与集成。曾获得工程建设行业 BIM 大赛一等奖、"龙图杯"BIM 大赛二等奖、"优路杯"BIM 大赛金奖、中国安装行业 BIM 大赛一等奖等 12 项 BIM 成果奖。专利授权 7 项，发表论文 1 篇。曾担任全国施工设计大赛评委。

胥 鹏
儋州市体育中心"一场两馆"项目经理

工程师

牵头儋州基层医疗卫生机构项目、儋州体育中心项目、儋州保利运动员村项目等重点项目建设。带领儋州体育中心项目团队斩获全国 AAA 级安全文明标准化工地、海南省省级观摩工地、中国钢结构金奖等国家级、省部级荣誉 20 余项；获授权专利 15 项、中建一局集团工法 5 篇、省级工法 4 篇、QC 成果 3 项；获工程建设行业 BIM 大赛一等奖等 BIM 应用奖项 12 项。

洪立功
儋州市体育中心"一场两馆"项目技术部经理

工程师

主要从事大型体育场馆、医疗建筑及钢结构工程施工技术管理工作，曾参与儋州市体育中心"一场两馆"、海南省美术馆等项目建设，所参与施工项目曾获上海市建设工程钢结构"金钢奖"特等奖、中国钢结构金奖及国家级 BIM 奖项 10 余项，获得专利授权 6 项，省级工法 1 项，发表论文 3 篇。

罗立胜
海南大学副教授

工学博士

主要从事装配式钢结构、空间钢结构和钢结构检测、鉴定及加固技术等方向的研究工作，参与了儋州体育中心项目等项目，主持了国家自然科学基金青年基金等课题，现任中国钢结构协会钢结构质量安全检测鉴定专业委员会专家委员，中国建筑金属结构协会检测鉴定加固改造分会委员。参编国家标准 4 部，地方标准 1 部，专著和教材各 1 部，专利授权 20 项，发表论文 20 余篇。

谢欣然
海南大学在读硕士

工学学士

主要从事钢结构、木结构研究和钢结构、木结构的有限元分析，参与了儋州体育中心等项目。专利授权 4 项，发表论文 7 篇。

崔馨月
海南大学在读硕士

工学学士

主要从事钢结构、木结构研究和钢结构、木结构的有限元分析，参与了儋州体育中心等项目。专利授权 4 项，发表论文 3 篇。

张鹏鹏
儋州市体育中心"一场两馆"项目 BIM 工程师

助理工程师

参与体育场馆类、医疗建设类 EPC 工程的 BIM 技术研究与应用。曾获"龙图杯"二等奖、智慧建造 BIM 大赛金奖、工程建设行业 BIM 大赛一等奖、"优路杯"全国 BIM 技术大赛金奖等 BIM 奖项 10 项。

沈傲雪
中建一局集团第一建筑有限公司 BIM 主管

工程师

长期从事 BIM 管理工作，负责公司项目 BIM 工作策划实施和把控及人才培养，近年来带领公司 BIM 团队累计获得近 200 项 BIM 成果奖，包括"创新杯"建筑信息模型（BIM）应用大赛特等奖、中国建设工程 BIM 大赛、"龙图杯"全国 BIM 大赛、工程建设行业 BIM 大赛一等奖等多项大奖。

袁志超
儋州市体育中心"一场两馆"项目钢结构经理

工程师

主要从事超高层钢结构及大型体育综合场馆钢结构施工管理及技术研究工作，参与了海南海口双子塔、儋州市"一场两馆"及海南科技馆等大型钢结构项目施工管理。所参与施工管理项目曾获上海市建设工程钢结构"金钢奖"特等奖、中国钢结构金奖、全国各类 BIM 大赛奖 12 项。获专利授权 6 项，发表论文 2 篇。

吴承姗
儋州市体育中心"一场两馆"项目 BIM 工程师

助理工程师

主要从事大型体育场馆、医疗建筑、科研建筑、商业综合体、EPC 工程的 BIM 技术研究与应用工作，参与了儋州市体育中心项目、厦航总部大厦等项目。曾获 2021 年度北京市工程建设 BIM 大赛综合应用成果Ⅰ类等奖项，曾任全国 BIM 技能等级考试考前辅导教材主编。

超大跨装配式钢-混组合连续梁桥
BIM 施工项目管理应用

中建八局第三建设有限公司

周胜军　熊赛江　谈虎　殷欣　戴树清　王东燕　陶学超　王成　陈健伟　朱士骥

1　工程概况

1.1　项目简介

绿都大道跨秦淮新河大桥（图1）位于南京市江宁区东山街道，北起宏运大道与现状绿都大道交叉口，向南先后跨越滨河路、秦淮新河、秦淮路后，南至董村路与通淮街交叉口，采用大跨度变截面双曲钢-混组合连续梁结构，设计为城市主干道，双向六车道标准，主要承担南京南站与百家湖中心之间的交通联系，是南京南站集疏运系统的重要组成部分。

图2　断面布置图

1.2　公司简介

中建八局第三建设有限公司是中建八局全资子公司。现有职工5000余人，其中一级建造师790人，造价工程师127人；具有高级职称人员330人，中级职称人员932人。目前下设9个区域分公司、4个专业分公司、1个设计研究院和1个海外分公司，形成房屋建筑、市政基础、设备安装、装饰装修、设计研发五大业务板块，打造主业强势、专业突出、内外联动、科学发展的战略格局。

图1　项目效果图

桥跨布置为：83.5m ＋ 135m ＋ 98.5m 共317.0m。全桥分为56个节段，主梁高3.5～6.5m，标准宽38.0m，长6m，钢板最厚50mm，主梁为分离式钢箱结构，左右钢箱通过桥面板及横隔板连接（图2）。桥梁平面位于半径6000m、600m的圆曲线及缓和曲线上。主要材质Q345qD，部分Q420qD，总用钢量约7400t，桥面板为国内顶尖的CA-RPC粗骨料活性粉末混凝土，分为预制板、工厂湿接缝和现场湿接缝三部分。每个6m标准梁段上铺设6块预制板。正弯矩区梁段在工厂浇筑湿接缝，负弯矩区梁段在现场浇筑湿接缝，所有梁段间湿接缝在现场浇筑。

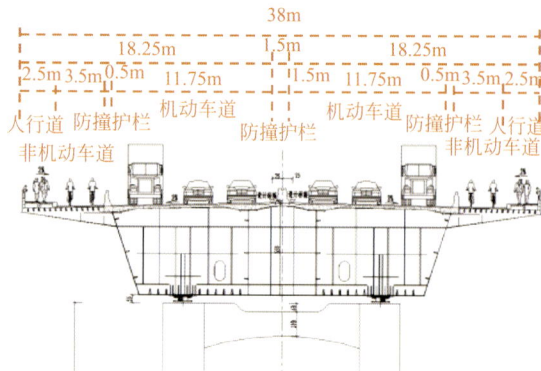

1.3　工程重难点

（1）工程紧邻南京南站、天秀湾小区、污水处理厂、秦淮风光带等工民用建筑设施，社会关注度高，环保管理责任重大。

（2）支撑平台跨通航河道、堤顶路、既有管线数量多，受汛期及河道通航影响，水中结构实施时间短，支撑结构的稳定性、安全性要求高。

（3）施工工艺复杂，整桥为变截面双曲造型，钢混质量约1.3万t，节段高差3m，梁底最大高差达4.2m，是国内节段高差最大的滑移法施工桥梁；C150粗骨料活性粉末混凝土桥面板在国内属于第二例；主跨径 135m，为同等结构国内之最。

（4）桥梁纵向分节数量多、单节体积大、吊装质量重、安装精度和焊接工艺要求高，工序衔接和结构体系转换复杂。受汛期及河道通航影响，水中结构有效实施时间短、钢梁水运时间长、通航过桥数量多、工期紧迫，施工难度大、任务重。

2 BIM 团队建设及软件配置

2.1 制度保障措施

以公司科技部为 BIM 中心主导，项目经理为现场 BIM 应用实施第一负责人，设计研究院配合模型建立及结构验算，项目部负责 BIM 的实施应用。

2.2 团队组织架构（图3）

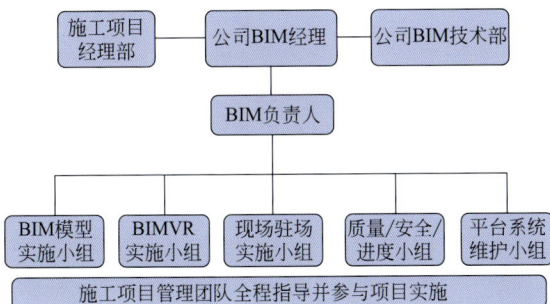

图 3 团队组织架构

2.3 软件环境（表1）

软件环境 表 1

序号	名称	项目需求	功能分配
1	Revit	建模整合	建模
2	Tekla	钢结构建模	建筑、建模
3	CAD	图纸编辑	出图
4	Navisworks	模型浏览	建筑
5	Lumion	动画制作	动画
6	3ds Max	效果图渲染	渲染
7	Ansys	节点计算	计算
8	Midas civil	结构计算	计算

3 BIM 技术重难点应用

3.1 钢结构深化及预制

利用犀牛软件绘制桥梁线形及三维曲面模型，导入 Tekla 里绘制板单元并出具构件图。犀牛软件可实现曲面的平展，便于下料（图4）。

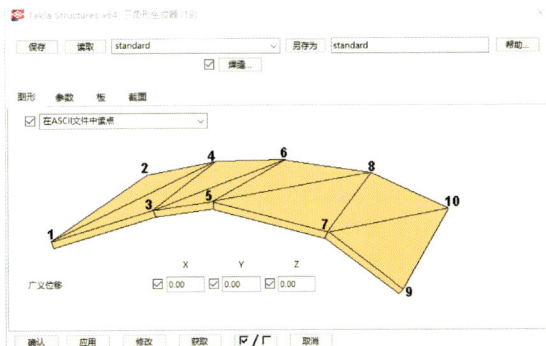

图 4 犀牛与 Tekla 软件协同交互深化设计

通过 Revit 建立承台混凝土族、承台钢筋族、墩柱混凝土族和墩柱钢筋族，进行钢筋混凝土深化，同时检查碰撞问题，合理布置墩柱与承台关系，通过展示提高钢筋施工效率（图5）。

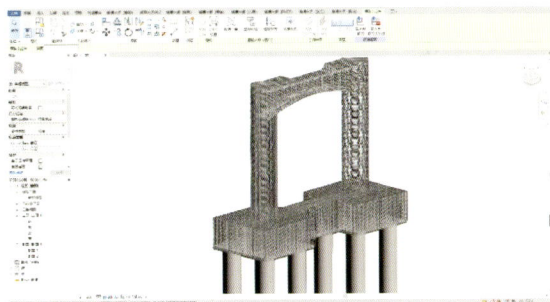

图 5 桥墩承台

基于钢混叠合梁模型，出具详细加工图，指导加工厂加工，加快了工作效率，提升了加工进度。本项目钢结构目前累计出图总数达 3682 张，预制板出图 1622 张（图6）。

全桥采用三维模型正向设计，合理布置栓钉、钢筋、套筒、振捣措施等空间关系，浇筑正弯矩区梁段工厂湿接缝。模拟了桥面板、钢筋、预应力、剪力钉、附属设置等各构件的客供件关系，达到精细化设计要求。

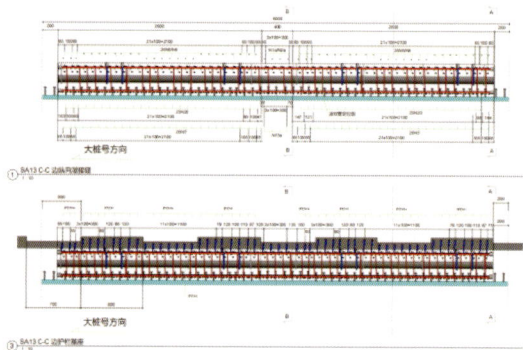

图6　深化设计图

3.2　方案和现场施工

现场施工场地划分为节段滑移区、节段吊装区、材料堆放区以及航道吊装区，河岸设置围挡，场地硬化便于吊装施工。通过场地漫游可更加直观地了解场地布置情况，根据设计图纸建立施工场地三维模型，指导现场物资材料、机械及道路布置。无人机倾斜建模，获得场地位置信息，在施工过程中指导平面管理（图7）。

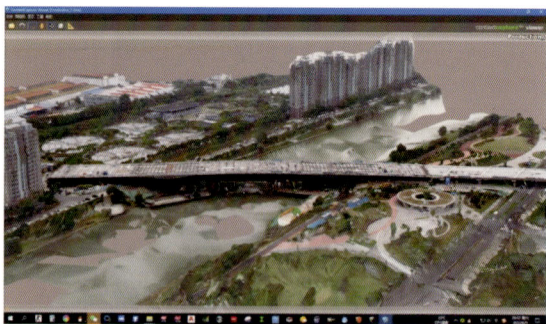

图7　无人机建模获取场地信息

分段滑移累积拼装，可实现同一支架上，多个梁段的梯队式流水施工，节约工期。单个梁段滑移推进力均匀，加速度极小，可省去反力点的加固问题，减少支架的安全隐患。

对吊耳进行施工模拟分析，加固后桥梁应力变形满足要求。采用装配式吊耳组装，满足不同类型梁段的耳板安装，且实现吊耳的循环利用。

对落梁支撑体系及主钢梁受力节点进行细部节点模拟计算，应力及变形复核要求，保证了结构的施工安全（图8）。

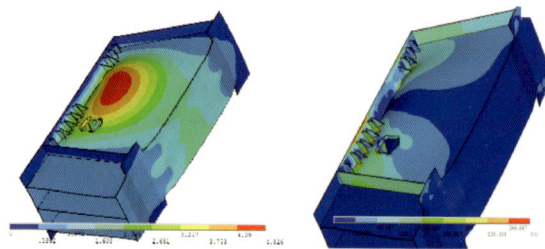

图8　落梁点位节点验算

3.3　BIM项目管理

利用中建八局BIM协同管理平台系统，实现多岗位、分权限、跨区域、协同办公实现信息共享，及时将安全、质量、进度问题反映到平台，便于项目的跟踪移动。

公司平台内置工程质量验收规范，学习优秀方案，上传计量器具，形成项目质量标准化中心和管理体系。可在平台上进行质量现场工序验收、流程指定、整改闭环、质量检查，进行全过程质量监督。

通过三维激光扫描对现场安装进度进行数据采集，测量精度控制在毫米级，通过标准模型数据对比，获得精准的偏差对比，减少人为测量误差。

联合南京林业大学、江苏建科鉴定咨询公司进行全过程重点部位施工监测，基于平台监测数据分析、预警、报警，掌握其安全状况。

以BIM平台为载体，通过GPS定位、数据采集卡、工地物联网、实名制系统、智能终端将劳务人员、施工机械、材料、视频摄像头等工地要素智能物联，实时采集人员及施工机械的信息（图9）。

图9　视频监控中心

3A113 超大跨装配式钢-混组合连续梁桥 BIM 施工项目管理应用

团队精英介绍

周胜军
绿都大道项目钢结构项目经理
工程师

担任多个大型场馆项目总工，南京禄口国际机场和绿都大道跨秦淮新河项目经理，参与的项目多次获得鲁班奖、国家优质工程及中国钢结构金奖，多次获得省级工法和多项发明、实用新型专利，发表论文数篇，曾获中国钢结构金属协会科技成果一等奖、中国钢结构协会科技成果二等奖、中国安装协会科技成果三等奖、江苏省安装协会科技进步奖一等奖等。

熊赛江
绿都大道项目总工
工程师

从事多个项目的技术管理、BIM 管理、课题研究工作，取得省级工法、实用新型专利多项，发表论文成果数项，获得省级协会科技成果一等奖、二等奖各 1 项，江苏省安装协会科技进步奖一等奖。

谈虎
绿都大道项目 BIM 负责人
工程师

多次参与 BIM 技术研究及科学技术课题研发，多次获得省级工法和多项发明、实用新型专利，发表论文数篇，获得省级协会科技成果一等奖、二等奖各 1 项，江苏省安装协会科技进步奖一等奖。

殷欣
绿都大道项目 BIM 负责人
高级工程师

参与了多个大型公建项目实施，多次获得国家级质量奖项，获得省级工法、发明、实用新型专利多项，发表论文数篇，获得省级协会科技成果一等奖、二等奖各 1 项，江苏省安装协会科技进步奖一等奖。

戴树清
安装分公司副总工
一级建造师
高级工程师

参与了多个机场、场馆类项目建设，参与项目多次获得鲁班奖、国家优质工程及中国钢结构金奖，取得省级工法和发明、实用新型专利多项，发表论文数项。

王东燕
科技部业务经理
工程师

参与了多个公司重点项目科技管理工作，多次获得国家级质量奖项，取得省级工法和发明、实用新型专利多项，发表论文数篇。

陶学超
绿都大道项目生产经理
一级建造师
助理工程师

参与了多个重点工程建设，从事钢结构制作及安装工作，取得专利多项，发表论文成果数篇。

王成
绿都大道项目技术主管
助理工程师

参与多个重点项目建设，取得专利多项、科学技术成果 1 项。

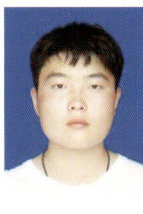

陈健伟
绿都大道项目专业主管
助理工程师

负责绿都大道钢结构专业 BIM 技术的实施，取得专利多项、科学技术成果 1 项。

朱士骥
绿都大道项目安全总监
助理工程师

参与多个重点项目建设，取得专利多项、科学技术成果 1 项。

二、一等奖项目精选

河南电信大厦项目 BIM 应用

中建三局集团有限公司

齐鹏辉　晏文飞　贾靖凯　吴顿　夏小广　李冉　苏幸丰　王帅　申阳　龚伯乐

1　工程概况

1.1　项目简介

中国电信河南公司综合生产楼工程（图 1）总建筑面积 52733.02m²，其中地上建筑面积 35639.16m²、地下建筑面积 17093.86m²（含人防 4311.26m²），主楼地上 13 层，地下 2 层（基坑深度约 15m），建筑高度 57.55m，裙房地上 5 层，建筑高度 23.95m。主楼区域 CFG 复合地基处理，其余区域为灌注桩筏板基础。整体为框架剪力墙结构，主楼 −1F～6F 为含型钢柱的劲性结构，抗渗等级 P8，抗震设防烈度 7 度，设计使用年限 50 年。外立面为中空超白玻璃幕墙＋石材幕墙，裙楼及主楼屋面为种植屋面，防水等级一级，主要防水材料为聚氨酯、SBS 自粘防水卷材及耐根穿刺防水卷材。保温材料为岩棉（外墙）＋挤塑板（屋面）层高为 4.5～5m，功能为车库、营业厅、办公室、会议室、接待室、档案室及活动室等。精装修、幕墙泛光、室外工程正在设计阶段。分区供水，分开加热，分散供应，重力排水，设雨水回收系统。消防水由市政引入，加压泵用一备一。供电电压等级为 10kV，采用中央空调系统，防排烟为机械加压送风系统。

图 1　项目效果图

1.2　公司简介

中建三局，全国首家行业全覆盖房建施工总承包新特级资质企业，排名中国建筑业竞争力两百强企业榜首，拥有建筑工程、市政公用、公路工程三项特级施工资质和三项甲级设计资质。先后承建、参建包括上海环球金融中心（492m）、天津 117 大厦（597m）、北京中国尊（528m）在内的全国 20 个省、区、市第一高楼，累计获得鲁班奖、国家优质工程奖等奖项 218 项、专利 1400 多项。

1.3　工程重难点

（1）项目质量、进度、安全管理难度大：

各工序穿插多，施工面积广，筏板及各楼层标高复杂。

（2）场地堆场部署以及材料管理复杂：

项目地处核心地段，土建、机电、钢结构、幕墙交叉施工，各专业材料堆场、加工车间较多，场地狭小，现场总平面部署难度大。

（3）项目整体施工难度大：地下室结构施工难度大、高支模范围广、钢结构施工节点复杂。

（4）钢结构、幕墙、精装、机电深化设计难度大：

1）钢结构设计复杂，有大量劲性骨柱、钢-混凝土组合截面。钢骨结构与混凝土钢筋连接节点复杂。

2）幕墙种类较多，做法图案复杂。

3）功能性房间较多，布局复杂，业主要求高。

4）电信机电管线多且安装复杂，标准要求高。

2　BIM 团队建设及软件配置

2.1　制度保障措施

电信大厦项目部在总承包管理层建立总承包

BIM 实施团队，由项目总工担任项目 BIM 负责人，同时配备 1 名土建 BIM 工程师、1 名机电 BIM 工程师、1 名钢结构 BIM 工程师。公司 BIM 中心提供技术保障，同时将施工班组 BIM 纳入总承包 BIM 团队，统一协调管理。

2.2 软件环境（表 1）

软件环境　　　　　　　　表 1

序号	名称	项目需求	功能分配
1	Revit	三维建模	建筑、建模
2	Lumion	三维建模	建模、动画
3	Tekla	三维建模	模型创建
4	广联达 GMJ	模型创建	模型创建
5	Rhino	模型深化	模型深化
6	Navisworks	模型检测	模型检测

3 BIM 技术重难点应用

通过 BIM 模拟建造技术，从设计源头出发，还原设计意图，降低设计错误，优化施工方案，实现可视化技术交底，有利于现场各环节把控。

3.1 钢结构深化设计

利用 BIM 软件将钢结构模型整体搭建完成，提交给设计院审核，过程中能直观地对深化、优化进行分析确定，审核完成后导出 CAD 图纸进行加工制作，对于复杂节点也能可视化定制加工（图 2）。

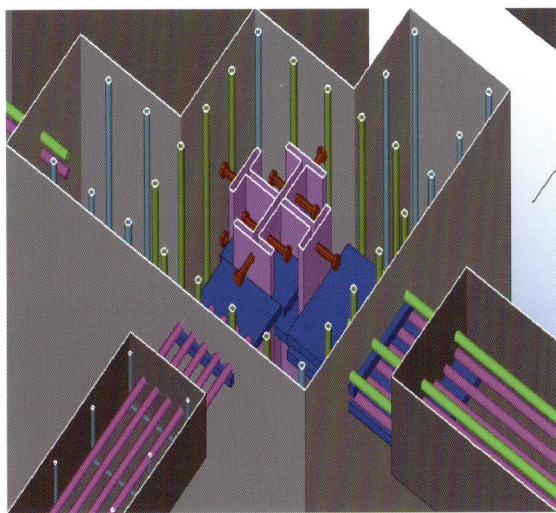

图 2　钢骨柱与混凝土梁节点效果图

本工程幕墙面积约 20000m²；幕墙最高点标高 62.600m；幕墙主要形式有玻璃幕墙（竖明横隐幕墙、点式玻璃幕墙）、石材幕墙、铝板幕墙、雨篷等（图 3）。

图 3　幕墙效果图

3.2 碰撞检测优化

利用 BIM 技术各专业管线进行综合调整，避免管线碰撞，减少现场返工浪费，且整洁美观（图 4）。

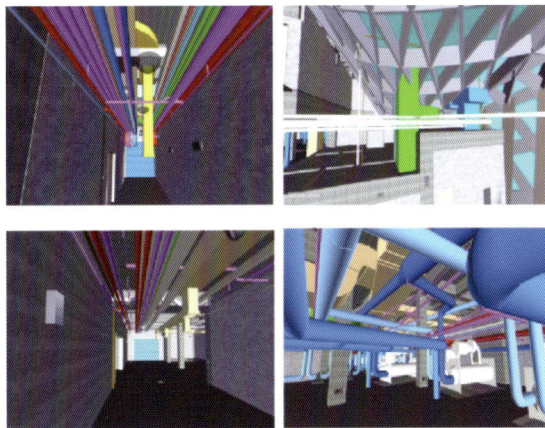

图 4　管综优化

3.3 总平部署

项目场地异常狭小，利用 BIM 模型，还原机械与场地的比例，合理化机械资源的投入及场地交通的部署（图 5）。

3.4 可视化交底

集水坑位置大体积混凝土浇筑施工钢筋容易

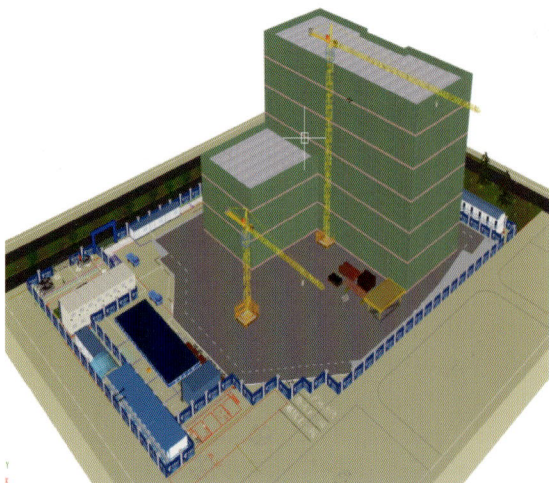

图5 三维施工策划模拟

上浮，结合 BIM 模型可视化交底，采取"上压下拉"的方式解决（图6）。

图6 可视化交底

4 创新亮点

（1）建立钢构件三维模型（图7），通过 BIM 数据平台，导出钢构件的尺寸和数量，然后利用云筑集采进行现场物料的加工和采购需求统计。

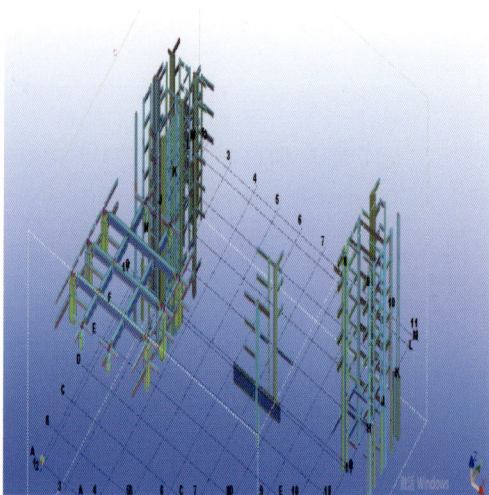

图7 钢构件三维模型

（2）利用 BIM 技术各专业管线进行综合调整，避免管线碰撞，减少现场返工浪费，且整洁美观。在 Navisworks 中进行设备机房维修空间模拟，杜绝隐性空间不足问题。对确定的模型进行参数化导出，精准加工安装管道。

（3）结合中国电信的 5G 通信技术，项目将 BIM＋物联网＋移动＋云＋电信 5G＋端的理念和技术引入工地，在高度信息化基础上支持人事物全面感知、施工技术全面智能、工作互通互联、信息协同共享、决策科学分析、风险智慧预控的新型信息化手段，构建智慧工地体系。

5 应用心得总结

在 BIM 技术的带动下，项目品质与施工安全得到了应有的保障，更使得建设项目能够实现人力、物力方面的节约，资源方面的合理、有效利用，也使得本项目向科学、可持续发展的方向前进。

通过 BIM 技术的应用使工程建设达到高度可视性与协调性，模拟性与准确性，高效性与优化性。经测算，通过 BIM 技术直接节约工期约 55 天，节约大量资金投入，间接宣传了企业的形象，赢得业主的高度认可。

3A015 河南电信大厦项目 BIM 应用

团队精英介绍

齐鹏辉
中国电信河南公司综合生产楼工程项目
总工程师

一级建造师
工程师

荣获省部级工法 8 项，国家实用新型专利 11 项，国家发明专利 2 项，《施工技术》核心期刊论文 2 篇，"龙图杯"全国 BIM 大赛一等奖，"匠心杯"工程建设 BIM 技术应用大赛二等奖，中国安装协会科学技术进步奖二等奖，科技鉴定成果 2 项，中建协建设工程项目管理成果推广获 I 类成果等。

晏文飞
中国电信河南公司综合生产楼工程项目副总工程师

一级建造师
工程师

曾荣获省部级工法 4 项，国家实用新型专利 5 项，国家发明专利 2 项，"龙图杯"全国 BIM 大赛一等奖，"匠心杯"工程建设 BIM 技术应用大赛二等奖，河南省 BIM "中原杯"二等奖，河南省智慧工地二星，省级 QC 一等成果 2 项，新技术应用示范工程二星评价等荣誉。

贾靖凯
中建三局集团有限公司工程总承包公司中原分公司 BIM 中心副组长

工程师

曾荣获省部级工法 3 项，国家实用新型专利 3 项，国家发明专利 1 项，"龙图杯"全国 BIM 大赛一等奖，河南省 BIM "中原杯"二等奖，"匠心杯"工程建设 BIM 技术应用大赛二等奖，河南省智慧工地二星，省级 QC 一等成果 2 项，新技术应用示范工程、绿色示范工程三星评价等荣誉。

吴 頔
中建三局集团有限公司工程总承包公司中原分公司 BIM 中心组长

一级建造师
工程师

曾荣获省部级工法 3 项，国家实用新型专利 3 项，国家发明专利 1 项，"龙图杯"全国 BIM 大赛一等奖，中施企协工程建设行业 BIM 大赛二等奖，河南省 BIM "中原杯"二等奖，河南省智慧工地二星，省级 QC 一等成果 3 项，新技术应用示范工程、绿色示范工程三星评价等荣誉。

夏小广
中国电信河南公司综合生产楼工程项目质检部部长

助理工程师

曾获省部级工法 2 项，国家实用新型专利 2 项，"匠心杯"工程建设 BIM 技术应用大赛一等奖，河南省 BIM "中原杯"二等奖，河南省智慧工地二星，河南省质量标准化工地主导者等荣誉。

李 冉
中国电信河南公司综合生产楼工程项目安监部部长

助理工程师

曾获省部级工法 2 项，国家实用新型专利 1 项，"匠心杯"工程建设 BIM 技术应用大赛一等奖，河南省 BIM "中原杯"三等奖，河南省智慧工地二星，河南省安全质量标准化工地主导者，新技术应用示范工程二星评价等荣誉。

苏幸丰
中国电信河南公司综合生产楼工程项目生产副经理

助理工程师

曾获省部级工法 3 项，国家实用新型专利 3 项，河南省 BIM "中原杯"二等奖，BIM "楚天杯"一等奖，广联达智慧工地示范项目主导者，省级 QC 成果 2 项，新技术应用示范工程二星评价等荣誉。

王 帅
中国电信河南公司综合生产楼工程项目技术员

助理工程师

曾获省部级工法 2 项，国家实用新型专利 2 项，"龙图杯"全国 BIM 大赛一等奖，河南省 BIM "中原杯"二等奖，河南省智慧工地三星，中建三局总承包公司"四新技术应用与设计优化擂台赛"二等奖。

申 阳
中国电信河南公司综合生产楼工程项目 BIM 工程师

助理工程师

曾获"龙图杯"全国 BIM 大赛一等奖，河南省 BIM "中原杯"二等奖，BIM "楚天杯"一等奖，广联达智慧工地示范项目主导者，新技术应用示范工程二星评价等荣誉。

龚伯乐
中国电信河南公司综合生产楼工程项目 BIM 工程师

一级建造师
工程师

曾获省部级工法 2 项，国家实用新型专利 2 项，河南省 BIM "中原杯"二等奖，BIM "楚天杯"一等奖，河南省智慧工地二星，省级 QC 一等成果 2 项，绿色示范工程三星评价等荣誉。

智造谷产业服务综合体 EPC 项目 BIM 应用

中国联合工程有限公司，杭州高新开发建设管理运营有限公司，浙江中南建设集团有限公司

宋超　余小雄　马涛涛　刘伟　李家骏　石韬　程久胜　赖汉清　杨威长　杨亚朋

1　工程概况

1.1　项目简介

智造谷产业服务综合体（图 1）主要经济技术指标：总用地面积 90551m²；总建筑面积 568419m²；地上建筑面积 359759m²；地下建筑面积 208664m²；总高（最高点）约 99.5m。

预计工期：2021 年 9 月 9 日～2023 年 11 月 7 日。

项目位于杭州市滨江区东冠单元，滨江智造供给小镇核心区。北至滨文路绿地，西至古越河，南至冠新路，东至信诚南路。地上功能主要由研发办公楼、酒店、活动中心组成。

建设单位：杭州高新开发建设管理运营有限公司。

设计单位：中国联合工程有限公司。

EPC 总包单位：中国联合工程有限公司、中南建设集团有限公司。

图 1　智造谷产业服务综合体

1.2　公司简介

中国联合工程有限公司是以原机械工业第二设计研究院为核心，联合多家国家甲级勘察设计单位组建的大型科技型工程公司，隶属于中央大型企业集团、世界 500 强企业——中国机械工业集团有限公司，总部设在杭州。

多年来，公司始终遵循"与顾客共同创造价值"的经营理念，完成了 20000 多项大中型工程；主编、参编国家、地方和行业标准、规范 100 余项；获得国家科技进步奖 28 项（一等奖 2 项）、国家级各类工程技术奖 100 多项、各类省部级奖 1000 多项。

在全国 10000 多家勘察设计单位"综合实力和营业收入排名"中，中国联合连年进入百强榜，最高排名在第 9 位。在美国《工程新闻记录》ENR 对"中国工程设计企业 60 强"的统计排名中，中国联合连年榜上有名，排名在 10 名左右。公司连年被授予"重合同守信用"企业称号，获得 AAA 企业信用评定等级。

1.3　工程重难点

（1）该项目地上钢结构预留难

项目层高较低，地上项目类型多样，包含酒店、活动中心等。地上管线复杂多样，装修入场后置。故需提前进行管线排布，对钢结构进行精准洞口预留。

（2）该项目深基坑施工难

16 号地块地下室为三层及夹层，17 号地块地下室为二层及夹层，开挖及降水易对周边建筑产生影响，施工难度大。利用 BIM 技术提前对施工工艺及重难节点进行模拟，提升施工安全性。

（3）该项目体量大工期短

项目体量大，地上地下层高较低，设计、施工时间紧张，机电管线复杂。故需在设计阶段介入 BIM，提前发现解决设计问题，提高空间净高，缩短施工工期。

（4）该项目多方参与管理难

项目参与主体多，总包管理难度大，对施工效率造成较大影响。利用 BIM 管理平台，多端协同管理，可实时查看各环节数据文档，推进项目高效率高品质施工。

2 BIM 团队建设及软件配置

2.1 团队构架（图2）

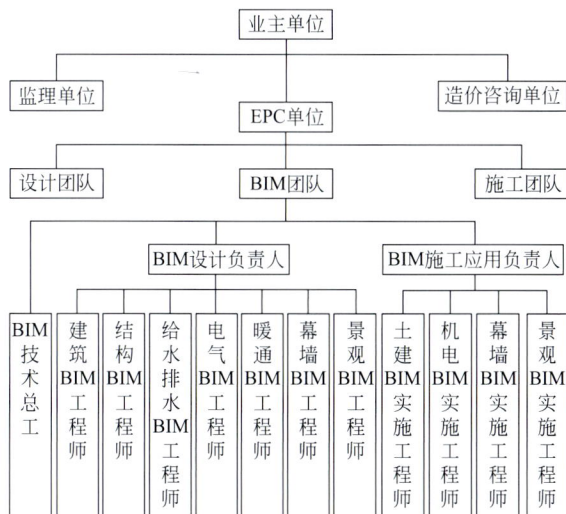

图2 团队构架

2.2 软件环境（表1）

软件环境   表1

序号	名称	项目需求	功能分配
1	品茗 HIBIM	建筑、建模	建筑、建模
2	Revit2016	钢结构、建模	钢结构、建模
3	AutoCAD	出图、图纸审核	出图、审核
4	Navisworks	设计审核、项目管理	审核、管理
5	3ds Max	漫游动画	动画

3 BIM 技术重难点应用

3.1 深化设计阶段

（1）喷淋支管末端深化

对喷淋支管进行设计深化，将喷淋管线进行分层登高，节约连接喷头的支管。累计节约DN25水管共1400m（图3）。

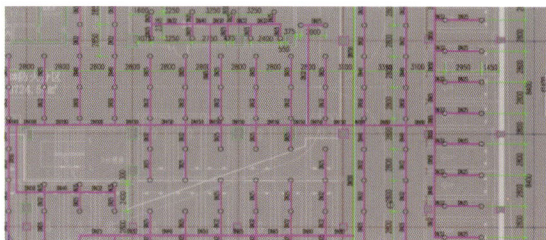

图3 喷淋支管末端深化

（2）烟感装置深化

原设计烟感装置位置与风管、喷淋头位置、综合管线以及结构梁位置重合，影响烟感使用效率，经过 BIM 模型查看，修改共 500 余处烟感位置。

（3）消火栓装置深化

原设计消火栓装置位置与应急照明位置重合，经过 BIM 模型查看，修改共 100 余处消火栓位置。

（4）钢筋节点深化

在设计阶段建立钢筋节点模型，提前发现解决设计问题，并指导现场施工。

利用 BIM 模型，输出工程量清单，估算项目中钢筋成本。

（5）二次结构深化

基于原土建模型进行二次结构深化，根据施工方案进行墙体留洞、砌体排砖、优化圈梁次梁构造柱等工作，生成各节点平立剖面图，减少材料损耗。累计节约成本 600 万元。

3.2 BIM 施工阶段

（1）施工现场模拟

以动态直观方式制定进度计划，及时跟进现场情况，避免施工进度滞后。

通过施工模拟对施工方案及相关节点进行模拟预演，加强工人对工序的理解，提高施工效率及质量（图4）。

图4 施工模拟

（2）场地布置成果

以动态直观方式展示施工场地各施工区域分布，加快工作效率。

能够直观地发现施工区域布局的合理性，为确保绿色文明安全施工提供资料参考（图5）。

图5　现场图片

（3）地库漫游成果

通过BIM与虚拟现实技术的应用，利用可视化特性展现建筑完成效果，提高工程质量。

3.3　BIM创新应用

（1）BIM管理平台

通过BIM平台集成项目信息，使管理智能化、信息化，提高管理效率；采用网页端平台，便于各参与方实时查看多格式文档（图6）。

图6　BIM管理平台

（2）BIM智慧工地

应用功能：针对现场人员流动大，人员管理混乱等问题。我们接入品茗智慧工地大脑平台对人员进行智能考勤。

应用价值：对项目实际施工人员进行精细化考勤，并根据班组进行分布统计。远程结合模型及摄像头进行人员调配，在降低管理成本的同时提高作业工作效率，增强精益化管理水平，提升行业监管和服务能力（图7）。

图7　BIM智慧工地

（3）基于BIM协同钢筋精细化管理

目前行业施工环境存在劳务分包混乱，技术及管理层次不齐的情况。利用BIM协同对施工各环节的管理进行把控，形成钢筋精细化管理体系，能够有效且高效地对钢筋施工进行技术及成本的管理。预估可带来200万元经济效益。

3.4　BIM应用总结

（1）主要应用成果

施工前利用BIM进行图纸校审、清单核对等，提前解决图纸问题，为项目部实现效益最大化。

在进度方面，提供进度比对结果，为项目部进度管控提供支持。

在协同管理方面，形成以BIM为中心的沟通协调机制；由BIM统筹安排设计和专业设计进度以及质量控制。

在技术方面，利用BIM技术进行模拟和分析，提前解决问题，避免施工返工，有效节约项目成本和工期。

（2）应用效益

1）管综方案优化

本项目层高较低，原设计存在多处车位管线净高低于2.0m的情况，对方案进行综合调整，将车位净高提升至2.2m，优化共43个有效车位，预计可减少业主损失700余万元。

2）机电管线深化

调整地下室喷淋管线，将喷淋管线进行分层登高，节约连接喷头的支管，节约DN25水管共1400m。

3）虚拟现实交底

利用VR、施工模拟、节点动画、BIM三维模拟交底，提高工人施工效率，降低返工率。

4）运维平台管理

使用BIM运维平台，整合文件信息，采用可视化方式实时监管各环节信息，提高各参与方工作效率。

3A023 智造谷产业服务综合体 EPC 项目 BIM 应用

团队精英介绍

宋　超

智造谷产业服务综合体 EPC 总承包项目总协调

高级工程师

长期从事 EPC 总承包、全过程咨询项目管理，参与了浙大校友总部经济园二期全过程工程咨询、南浔古镇旅游服务配套提升项目、大洋世家海洋食品制造产业集聚区项目等项目。曾获中国联合工程有限公司先进工作者、浙江省优秀总监理工程师、钱江杯等荣誉。

余小雄

智造谷产业服务综合体 EPC 总承包单位项目经理

高级工程师

长期从事 EPC 总承包、全过程咨询项目管理，参与了维尔生物特征识别产品研发基地、浙江音乐学院等项目。曾获中国联合工程有限公司先进工作者、杭州市全过程工程咨询与监理行业协会先进咨询监理工作者等。

马涛涛

智造谷产业服务综合体项目信息化经理

助理工程师

从事项目信息化管理，参与了国家版本馆杭州分馆、智造谷产业服务综合体等项目。曾获中国联合工程有限公司优秀党员、第三届"金标杯"三等奖等。

刘　伟

智造谷产业服务综合体项目部经理

高级工程师

长期从事工业与民用建筑工程建设技术管理工作，参与了杭州奥体中心、恒鑫大厦、西斗门二期工程等项目，主管工程先后获得金钢奖、钱江杯、国家优质工程等。

李家骏

智造谷产业服务综合体项目部副经理

工程师

长期从事项目建设管理工作，参与了杭州亚运会场馆建设，亚运配套道路及隧道建设和留用地开发工作，获得西湖杯优质结构奖项及浙江省智慧工地示范项目等奖项。

石　韬

智造谷产业服务综合体项目部主任

高级工程师

长期从事项目建设管理工作，作为项目技术负责人建设了杭州奥体博览中心获得西湖杯，杭州滨江区文化中心获得钱江杯，杭州物联网感知中心、感知公园、物联网孵化器项目等多个项目获西湖杯优质结构奖项及浙江省智慧工地示范项目等奖项。

程久胜

智造谷产业服务综合体中南项目部项目经理

高级工程师

长期从事工程建设管理工作。参与了苏宁环球大厦（28 层集办公、商业、酒店一体化综合体）项目、阳明谷度假村项目、象山家园、水韵金沙、浙江建筑卫生陶瓷厂项目。项目获西湖杯等奖项。

赖汉清

智造谷产业服务综合体中南项目部技术负责人

高级工程师

长期从事项目建设管理工作，参与了杭州环翼城综合体、杭州亚运会场馆等项目，管理项目曾获得钱江杯、西湖杯、工程建设优秀质量管理小组一等奖等奖项。

杨威长

智造谷产业服务综合体中南项目部质量员

高级工程师

长期从事建筑工程现场施工管理工作，具有丰富的住宅、商住、综合体等业态项目机电安装施工管理经验，积极组织项目开展 QC 活动，积极推进工程过程创优，全过程运用 BIM 建模技术与现场施工融合，提高项目整体落地率。

杨亚朋

智造谷产业服务综合体项目 BIM 负责人

高级工程师

长期从事 BIM 技术研究，并积极推进正向设计的理论研究和落地应用，带领团队完成了多个 BIM 相关项目。曾获中国联合工程有限公司先进工作者。

新开发银行总部大楼钢结构及幕墙一体化数字建造技术

上海市机械施工集团有限公司

金伟峰　纪超超　王文杰　梁佳尉　郭荣强　张成　朱成杰　刘伟　马良　周锋

1　工程概况

1.1　项目简介

本项目（图1）位于上海世博园A区，占地1.2万 m²，总建筑面积12.7万 m²。定位为"金砖五国"创立的政府间国际金融组织；为全球首个总部落户上海的国际组织。其中钢结构1.2万 t、幕墙4.6万 m²、主楼高150m，裙房高33m。

图1　项目效果图

1.2　公司简介

上海市机械施工集团有限公司成立于1958年，是上海建工集团股份有限公司的核心企业之一，是我国现代化大型机械施工的专业队伍。集团具有房屋建筑工程和市政公用工程施工总承包双一级资质；钢结构工程、地基与基础工程、起重设备安装工程等多项专业承包一级；以及拥有特种设备安装的技术力量和基础装备。

历年荣获全国五一劳动奖状、"高新技术企业"、上海市创新型企业，全国建筑业科技进步与技术创新先进单位以及"全国模范劳动关系和谐企业"等殊荣。

1.3　工程重难点及特点

（1）群塔施工场地布置要求高

本工程塔式起重机使用率特别高，塔式起重机布置既要考虑现场土建与钢结构的施工进度，又要考虑后续塔式起重机安拆便利性。

（2）大高差悬挑结构施工难度大

主楼8层、14层、20层、26层设置四道环带桁架，使得内凹位置上方的吊顶高度距离地面21m，上方蜂窝板施工质量要求高。

（3）超大玻璃吊装困难

局部外立面采用超大超高规格玻璃幕墙，高9.6m，宽1.7m，美观程度达到峰值的同时，对施工工艺有极高的要求。

（4）幕墙系统多、节点复杂

本项目主楼采用单元式幕墙、全玻玻璃幕墙、陶板框架式等十个系统幕墙，各系统搭接节点尤为复杂。

2　BIM团队建设及软件配置

2.1　团队组织架构（图2）

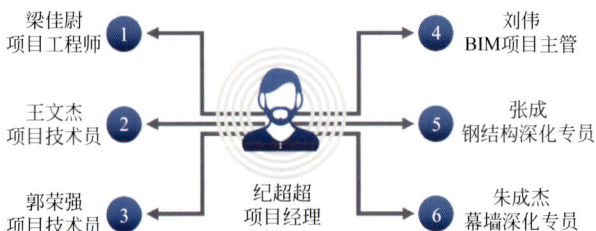

图2　团队组织架构

2.2 软件环境（表1）

软件环境　　　　　　　　　　表1

序号	名称	项目需求	功能分配
1	Tekla	钢结构建模	建筑
2	Revit	三维建模	建模
3	Navisworks	模型修改	模型修改
4	Fuzor	施工模拟	动画

3 BIM技术重难点应用

运用Tekla软件进行钢结构节点深化（图3），并将节点施工图导出进行零部件用量初步统计。

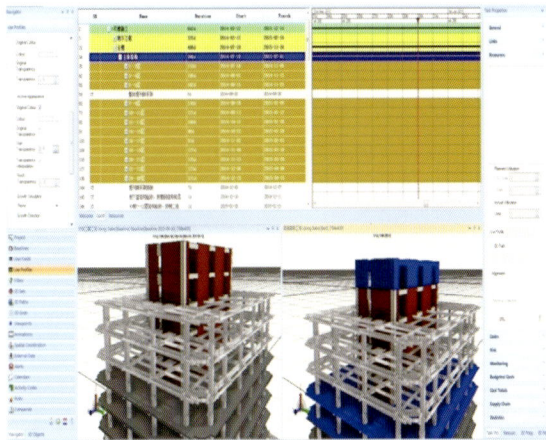

图3　钢结构模型

该工程采用混凝土核心筒-钢框架结构，提高塔式起重机的使用率，使得各专业交叉施工工序顺利进行。基于BIM场布图，考虑群塔覆盖范围及安拆便利，模拟塔式起重机平面位置布置，塔楼安装两台ZLS750，裙房安装一台ZLS650。

在BIM模型中，加入时间参数形成4D施工模拟（图4），分析多专业、多工作面施工的可行性，同时分析进度滞后原因及改进措施。

图4　施工模拟

将钢结构模型与幕墙模型进行合模，通过碰撞检查检验分析设计的合理性。以往的传统施工方式，当钢结构施工完毕后，需要幕墙进场二次放线，而一体化施工方式是深化同步设计，整体制作与安装，这种施工方式风险小、工期短（图5）。

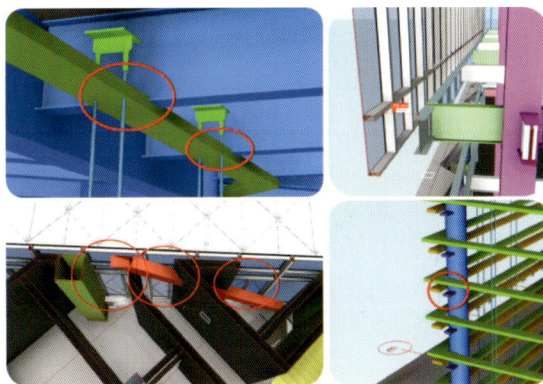

图5　钢结构幕墙设计施工一体化

幕墙在钢结构主梁投影线外，通过深化设计，在钢梁下翼缘增设悬挑钢牛腿，牛腿下方螺栓孔作为连接支承点，避免重复定位或者二次焊接。

图6　转接件预留预埋

提前确定转接件预留孔（图6），避免二次开洞产生附加应力。

处理幕墙复杂节点（图7）时，通过工艺路径，确定工艺流程、加工设备，再结合系统构造，型材附框和加强肋提高面外刚度，采用全机械连接分层次控制精度，附框与立柱间创新采用公母型通长插槽连接。

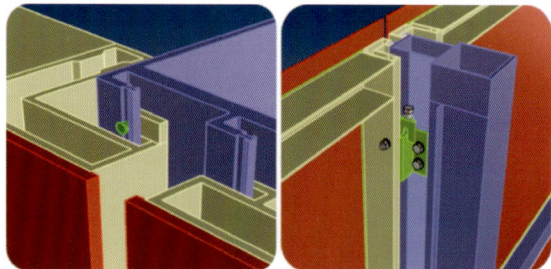

图7　幕墙复杂节点

传统施工方式需要对穿螺栓连接不锈钢板与玻璃肋，让玻璃肋开孔，导致玻璃受损。通过钛合金SGP夹胶连接，无须打孔，系统协同变形，降低玻璃肋自爆风险且美观。

超大尺寸全玻幕墙吊装易碎裂，通过自主创新设计，吊装定制托架，将多道绑带固定吊点设在托架上，保证大尺寸玻璃起吊、安装平稳（图8、图9）。

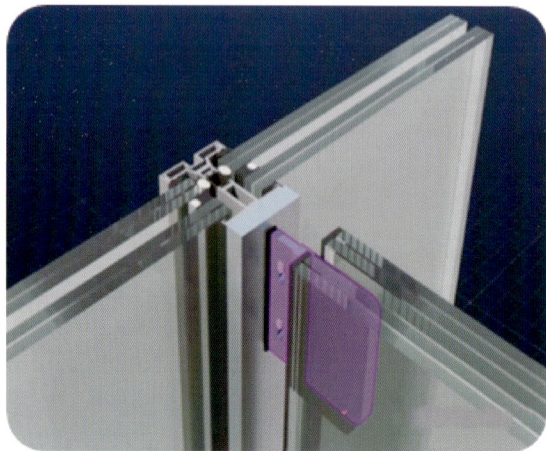

图8　全玻玻璃幕墙

图9　超大面积全玻玻璃幕墙吊装

通过BIM协同平台将任务分解，再通过无人机验证进度，与BIM模型相关联，用不同颜色标记以示区别（图10）。

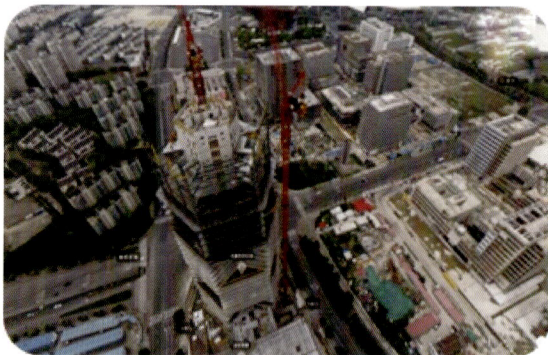

图10　无人机辅助进度校核

4　结语

本项目基于BIM技术，充分发挥设计施工一体化和钢结构幕墙一体化的专业优势，以精度控制为纽带、以工序联动为抓手，将钢结构和幕墙作为一个有机的整体进行融合和联动式施工管理，完成了新开发银行总部大楼的钢结构及幕墙工程建造，为今后超高层建筑的钢结构幕墙一体化工程实践提供了宝贵经验和可借鉴的施工技术。

3A025 新开发银行总部大楼钢结构及幕墙一体化数字建造技术

团队精英介绍

金伟峰
上海市机械施工集团有限公司项目经理

参与"超大面积大跨度超高异形曲面网壳安装技术""多边形变立面钢结构及幕墙建造技术""新开发银行总部大楼项目关键施工技术"等课题研究,荣获第十届全国 BIM 大赛综合组一等奖。

纪超超
上海市机械施工集团有限公司项目总工程师

参与"多边形变立面钢结构及幕墙建造技术""新开发银行总部大楼项目关键施工技术"等课题研究,获得机施集团科技进步奖二等奖。

王文杰
上海市机械施工集团有限公司质量工程师

参与"多边形变立面钢结构及幕墙建造技术""新开发银行总部大楼项目关键施工技术"等课题研究,获得机施集团科技进步奖二等奖。

梁佳尉
上海市机械施工集团有限公司 BIM 项目经理

参与"超大面积大跨度超高异形曲面网壳安装技术""多边形变立面钢结构及幕墙建造技术""新开发银行总部大楼项目关键施工技术"等课题研究,荣获第十届全国 BIM 大赛综合组一等奖。

郭荣强
上海市机械施工集团有限公司生产经理

参与"多边形变立面钢结构及幕墙建造技术""新开发银行总部大楼项目关键施工技术"等课题研究,获得机施集团科技进步奖二等奖。

张 成
上海市机械施工集团有限公司项目副经理

参与"多边形变立面钢结构及幕墙建造技术""新开发银行总部大楼项目关键施工技术"等课题研究,获得机施集团科技进步奖二等奖。

朱成杰
上海市机械施工集团有限公司 BIM 工程师

参与"多边形变立面钢结构及幕墙建造技术""新开发银行总部大楼项目关键施工技术"等课题研究,获得机施集团科技进步奖二等奖。

刘 伟
上海市机械施工集团有限公司 BIM 工程师

参与本项目的 BIM 与数字测绘技术的实施,累计申报并获得国家与上海市级 BIM 奖 12 项、机施集团科技进步奖 5 项,公开发表论文 2 篇,完成发明专利申请 3 项。

马 良
上海市机械施工集团有限公司 BIM 及测绘研究室主任

负责本项目的 BIM 与数字测绘技术的实施,上海市首席技师,中施企协 BIM 技术专家、上海市 BIM 技术应用推广中心专家、上海市建筑学会 BIM 专委会委员。主要参与国家级科研项目 1 项,省部级科研项目 1 项,累计申请专利 35 项,已授权 18 项;获得国家与上海市级 BIM 奖项 24 项;参编 BIM 标准 5 项。

周 锋
上海市机械施工集团有限公司副总工程师

本项目技术顾问专家,正高级工程师,注册结构工程师,现任集团副总工程师,长期从事大型复杂钢结构和幕墙工程建造技术研究与应用,先后负责中国国际博览会会展综合体、上海虹桥国际机场 T1 航站楼改扩建、上海浦东国际机场卫星厅、上海浦东足球场、上海长滩观光塔等多个重大、重点工程的建设;负责或参与国家级科研课题 1 项、省部级科研项目 5 项,累计获得国家授权发明专利 12 项,参编著作 4 部、CECS 标准 2 项、地方标准 4 项,公开发表论文 6 篇。

鲲鹏展翅 扬帆起航——BIM 在首个新区会议中心 EPC 项目全过程建设中的应用——扬子江国际会议中心建设项目

中建八局第三建设有限公司

洪盛桥 吴剑秋 成龙

1 工程概况

1.1 项目简介

（1）项目建筑概况

总建筑面积约 18.63 万 m²。地上 13.12 万 m²，分为 4 大功能区：会议宴会区和会展厅区约 6.89 万 m²；酒店共 33 层，面积约 5.84 万 m²；办公区约 0.39 万 m²。一层连体地下室，5.51 万 m²，为车库、功能机房及人防等（图 1）。

图 1 项目概况

（2）项目结构概况

支护：悬臂桩＋放坡支护形式。

地下室结构：混凝土框架形式。

地上结构：框架钢支撑结构、空间桁架结构。

1.2 公司简介

中建八局第三建设有限公司是中国建筑第八工程局有限公司的全资子公司。公司注册资本金 10 亿元。现有职工 4000 多人，其中一级建造师 326 人，高级职称人员 191 人。下设 10 个区域公司，4 个专业公司，1 个设计研究院和 1 个海外事业部。迄今已获得鲁班奖 14 项、詹天佑奖 4 项、国家优质工程 22 项。

公司成立以来已累计建设工程 1500 余项，涵盖航空航天、文体场馆、办公综合、医疗卫生、工业厂房、地铁交通、公路隧道等。公司代表性工程有酒泉卫星发射中心垂直总装测试厂房、海口财盛大厦、南京奥体中心、南京新金陵饭店、南京禄口国际机场、南京南站。

1.3 工程重难点

（1）EPC 模式下大型国际会议中心，且施工是从概念方案阶段就介入的。

（2）设计专业全、技术含量高、定位高、要求高。

（3）设计新颖、造型独特、设计施工难度大（图 2）。

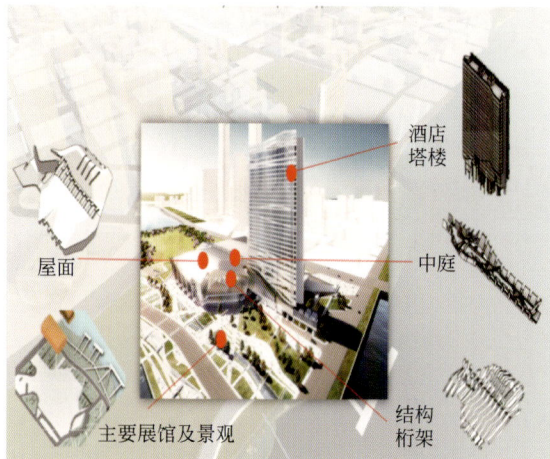

图 2 项目难点概况

2　BIM 团队建设及软件配置

2.1　EPC 项目组织架构（图 3）

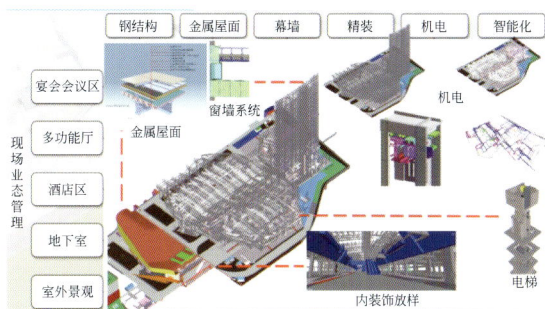

图 3　EPC 项目组织架构

2.2　EPC 项目 BIM 流程组织（图 4）

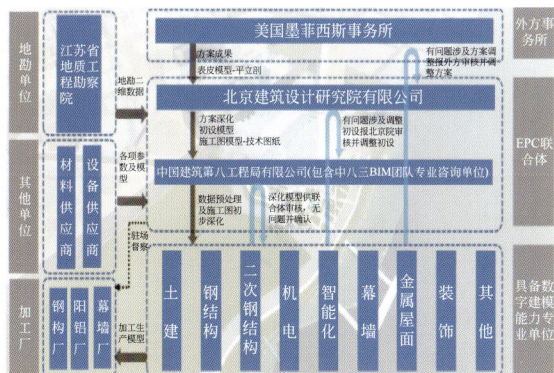

图 4　EPC 项目 BIM 流程组织

2.3　软件环境（表 1）

软件环境　　　　　　　　　表 1

序号	名称	功能分配
1	AutoCAD 2014	图纸链接及二维出图审核
2	Autodesk Revit	建筑、结构、机电专业三维设计软件
3	Revit	基础建模
4	Fuzor	VR 演示及交底
5	Tekla	模型创建
6	Lumion	模型渲染

3　BIM 技术重难点应用

3.1　常态化应用

本工程 BIM 技术应用于图纸会审、施工现场场布、基坑方案模拟、钢构方案模拟、用料统计、模型展示及漫游、质量安全巡查、结构深化模拟、方案交底、碰撞检查、精装修方案。

可实现基于统一 IFC 信息流的不规则异形通廊二次钢结构及弧形饰面的设计、点云校核、深化、加工以及安装等全流程作业。

可深度介入设计前沿，实现了基于模型的初步设计与分析。

装配式高效能源机房：运用 BIM 技术在复杂紧凑的机房里对各类管线设备进行模块化拆分、标准化设计、工业化生产，由于模组在加工厂预拼装，从而可减小现场累积误差。

3.2　BIM 应用创新案例

（1）基于 EVS 的可视化解决方案

1）EVS（地球与环境科学三维可视化）。项目根据地勘报告和三维弧线填充算法，建立趋于真实的三维地质 BIM 模型，提前发现可能存在的上层滞水，为降水方式和点位的选取提供可靠的可视化信息，解决了传统基坑多靠经验判断的不足。

2）还原地表实际状态，为地表径流及地下渗流模拟提供有效的数据。这一方案的使用很好地预判了桩基泥浆等污染物的扩散走向，确保长江生态安全（图 5）。

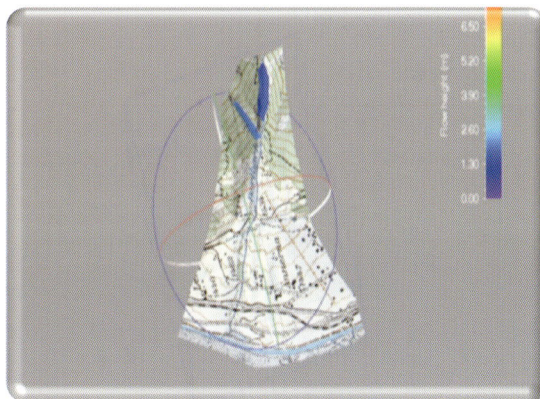

图 5　地表径流分析

（2）异形屋盖全过程BIM应用

1）外方概念模型→北京院结构选型形成主桁架线性模型→八局用Tekla进行模型深化。

2）加工厂将Tekla模型导入机床进行相贯线切割等加工→八局依据模拟方案现场施工。

3）八局三维激光扫描形成基于事实的点云→修正原有表皮→Rhino网格划分→加工（图6）。

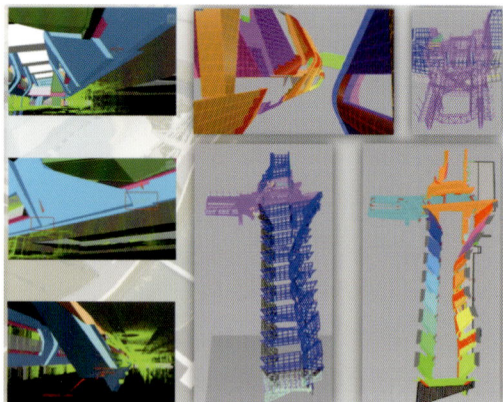

图6 实体重建模型

（3）基于BIM的结构舒适性提升

1）建筑方案提升

通过风场模拟，将"竖条格栅大V造型"换为层波叠浪横纹的造型，且在模型的风场模拟中也证实，顺着风向的波浪造型更符合空气动力学最优工况（图7）。

图7 新方案

2）结构方案优化

借助BIM分别建模算量模拟，求得各自的用钢量、投资总量、加工周期、室内使用面积等参数，多方案比选。

3）低碳方案比选

项目部从绿色可持续发展角度出发，引入"隐含碳"的概念，借助EC3 Tool计算每种方案本身碳含量，以及生产、运输、维护和最终处置、回收产生的碳排放总量（图8）。

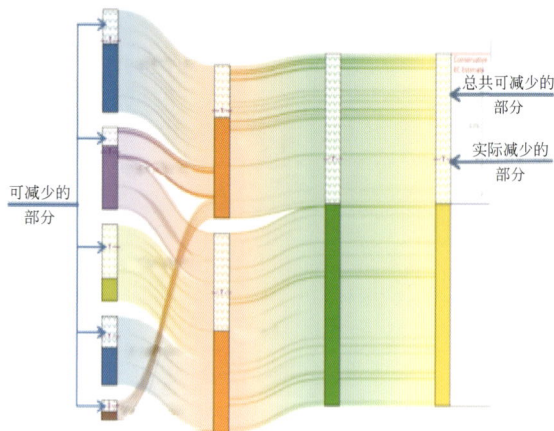

图8 低碳方案比选

4 酒店客房及物业运维系统

将BIM模型与控制系统相互关联，达到定位准确，建立所见即所得的精准酒店管理系统（图9）。

图9 酒店客房控制系统

3A029 鲲鹏展翅　扬帆起航—BIM 在首个新区会议中心 EPC 项目全过程建设中的应用——扬子江国际会议中心建设项目

团队精英介绍

洪盛桥
扬子江国际会议中心项目
项目总工

一级建造师
高级工程师

曾担任江心洲保障房项目总工，从事大型公共建筑项目管理工作10 余年，负责项目获得鲁班奖 2 项，发表专利 2 项、论文 10 篇，获工法 8 项、QC 成果 21 项、各类 BIM 奖项 12 项。

吴剑秋
扬子江国际会议中心
项目 **BIM** 总负责

先后负责南部新城医疗中心项目、南京 G05 项目的 BIM 技术管理工作；获实用新型专利 5 项，发表论文 2 篇，获省级工法 3 项、国家级 BIM 奖项 3 项。

成　龙
项目生产经理

一级建造师
工程师

先后负责江苏大剧院项目、公司技术质量部等技术管理工作；获得实用新型专利 4 项，发表论文 4 篇，获省级工法 2 项、QC 成果 4 项、国家级 BIM 奖项 2 项。

"颍河花园" 钢结构装配式 EPC 项目 ——施工 BIM 综合应用

源创谷（上海）数字科技有限公司，安徽中源建设有限公司，安徽中源环保科技有限公司

王翔　江宁　张治伦　董利平　张磊　胡慧娟

1 工程概况

1.1 项目简介

颍河花园项目位于安徽省阜阳市，地理位置优越。该项目占地约 6.5 万 m²，总建筑面积 184700m²，地上建筑面积 143000m²，地下建筑面积 41600m²，由地上 14 栋住宅和 1 栋商业楼、地下一层停车库组成。

本工程为装配式钢结构住宅 EPC 项目钢框架-支撑结构，钢结构装配率为 54%，采用预制轻质隔墙（ALC）、楼承板等预制构件达到 EPC 项目降本增效的目的，减少现场施工碳排放达到绿色施工，实现"双碳"目标做出贡献（图1）。

图 1　全专业模型示意图

1.2 企业简介

安徽中源控股集团始创于 2008 年，总资产逾十亿元，公司坐落于安徽省合肥市。拥有建筑工程施工、市政公用工程施工总承包一级资质，以及多项施工总承包和专业承包资质的大型民营企业。

安徽中源控股集团多年来引入 BIM 技术，先后经历了多个省重点工程项目的应用，在 50 余个工程建设项目实践应用的基础上积累了丰富的推广经验。

1.3 工程重难点

（1）工程体量大、项目工期紧。
（2）EPC 工程各专业交叉，图纸问题多。
（3）钢结构拼装精度、焊接质量要求高。
（4）钢梁管线开孔较多，深化设计是重点。
（5）机电综合管线排布复杂，合理布局是重点。
（6）各专业交叉施工，主体与地库平行施工，协调组织是重点。

2 BIM 团队建设及软件配置

2.1 项目 BIM 实施策划

通过建立全专方位 BIM 实施规划，以施工过程为主线，务实落地为重点的原则；实现数据协同共享、提升精细化管理、促进钢结构装配式 EPC 项目降本增效的目的、保证绿色施工、提高工程品质等目标。

为提高 EPC 项目盈利水平、降本增效目的，由伟辰钢构、上海源创谷做技术支持进行成本优化、设计管理的措施。

BIM 小组根据优化图纸进行建模深化并由各部门讨论、技术负责人确认，最终成果向分包、班组交底指导现场施工落地。

2.2 软件环境（表1）

软件环境　　　　　　　　　　　　表1

序号	名称	项目需求	功能分配
1	Tekla	钢结构深化	钢结构
2	3ds Max	模型渲染	渲染

续表

序号	名称	项目需求	功能分配
3	Midas	受力计算	计算
4	Revit	常规建模	建模
5	Fuzor	动画制作	漫游
6	Navisworks	模型整合模拟	模型整合

3 施工BIM综合应用

3.1 智能化住宅强排

在满足日照计算规则的前提，计算出高层住宅建筑在用地范围内容积率最大化的方案并快速生成绿化方案，对建筑立面进行项目综合分析。可以在最短的时间内找到方案的最优解，大幅度地提高设计效率，优化项目所需的周期及成本（图2）。

图2 日照强排

3.2 质量管控

项目目标争创"黄山杯"，装配式科技示范项目在此基础上为减少在施工过程中出现问题造成返工、延误工期、材料浪费等质量问题，通过BIM全专业协同整合，提前发现图纸错、漏、偏、碰等问题，形成问题报告于每月组织召开BIM图纸会审。对模型各类问题进行讨论，提前解决各专业不合理之处，避免质量问题（图3）。

前期创建基础深化放坡模型，出具各区域土方开挖放样图纸指导现场施工，用于过程中管理人员进行基坑实测复核。基于BIM模型提取土方填挖方量，便于土方调配，避免二次倒运增加的成本。

图3 BIM图纸会审会议

钢梁管线开孔较多，约36000个。钢结构预留洞口多，深化设计是重点，机电安装要求高、管线复杂。地下室、走廊，以及各功能区域管线交叉多，运用BIM技术进行管线综合排布，保证管线安装的合理性和美观性（图4）。

图4 消防水泵房管线综合

对脚手架施工方案的可行性及施工工艺进行模拟，通过BIM模型能够清楚查看各个施工部位及复杂节点的三维模型，确保了现场施工与技术交底一致，同时降低了施工中因理解偏差而造成返工的概率，提高质量管控。

4 创新应用

4.1 钢结构数字化工厂的智能建造

基于BIM系统进行钢结构辅助设计与制造，将建筑钢结构工程生命全周期内的各种相关信息加以整合，并进行有效管理的一种全新设计模式，产品信息能够贯穿于设计、制造、质量、物流等环节，实现产品的全生命周期管理有助于在应用过程中最大程度地实现了可持续设计与绿色设计理念。

通过 3D3S 对钢结构进行验算分析导出钢结构构件数据表格，采用 Tekla 识别表格数据快速搭建钢结构框架模型，加快钢结构深化出图。通常传统手工套料效率低、错误率高，材料利用率低，可追溯程度低。通过 Tekla 数据交换输出 NC 数控文件，导入自动套料软件，根据原材料规格自动生成排板图及数控程序（图5）。

图 5　智能钢结构数字化工厂

4.2　BIM＋信息化生产管理平台

采用中源生产平台基于 BIM 系统进行钢结构辅助设计与制造，将建筑钢结构工程生命全周期内的各种相关信息加以整合，产品信息能够贯穿于深化设计、制造流程、质量管控、物流运输等环节，实现产品的全生命周期管理（图6）。

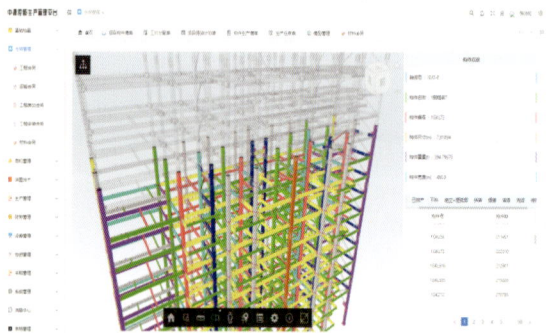

图 6　生产管理平台

4.3　基于 IFC 文件在建造中的应用

主要解决：现有三维模型轻量化过程中加载能力低和拓展性不强的问题，采用将 BIM 模型数据转化为 GlTF 数据（介质云平台解析加载速度快）。主要通过解析 Tekla 生成的 IFC 文件，并将

其中的构件信息与生产管理系统进行衔接。解决了 Tekla 生成的 IFC 模型，无法直接进行施工管理的问题。此发明，真正实现了装配式建筑当中全周期的 BIM 信息化（图7）。

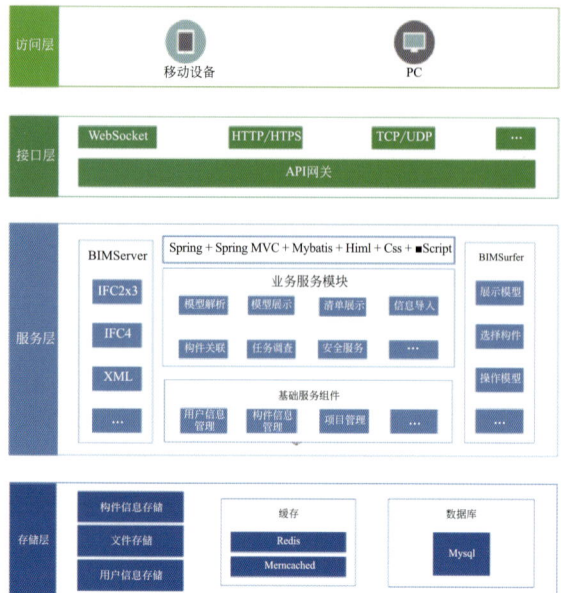

图 7　实施流程

5　结论

基于 BIM 技术在施工中的应用，发现通过住宅规划智能强排可以在最短的时间内找到方案的最优解，大幅度地提高设计效率，优化项目所需的周期及成本。

面对复杂节点、施工难度大的位置进行深化设计，通过三维可视化技术交底提高现场质量。土方开挖放样计算使项目部整体把控土方调拨，避免二次调度增加的费用。采用 BIM＋信息化生产管理平台实现产品的全生命周期管理，有助于在应用过程中最大程度地实现了可持续设计与绿色设计理念。

希望基于 BIM 技术在施工中的应用提高企业可持续化发展，继续跟随时代潮流，未来继续大力发展 BIM＋钢构工业互联网技术，为实现 BIM 全生命周期建造模式，实现"双碳"目标、绿色建筑奋勇前行！

3A034 "颖河花园"钢结构装配式 EPC 项目——施工 BIM 综合应用

团队精英介绍

王 翔
源创谷（上海）数字科技有限公司总经理

高级工程师

长期从事钢结构装配式建筑数字化创新技术研究，全国建筑业优秀企业家，发表《BIM技术在装配式建筑施工总承包项目中的应用》等论文 5 篇，拥有多项专利技术，参与编制国家标准《装配式建筑智慧工地管理标准》，并参与住房城乡建设部《装配式钢结构模块建筑技术指南》的编撰。获得"智建杯""创新杯""金协杯"等 10 余个 BIM 大赛奖项。

江 宁
安徽中源建设有限公司总经理

高级工程师

张治伦
源创谷（上海）数字科技有限公司总工程师

高级工程师

董利平
源创谷（上海）数字科技有限公司项目 BIM 负责人

助理工程师

先后负责阜阳颖河花园项目、合肥海尔冰箱整机项目、郑州海尔热水器厂房项目、合肥日日顺双层物流库等大型工业、住宅项目逾百万平方米的全过程施工管理。荣获第六届建筑信息模型（BIM）技能应用大赛综合类一等奖、"金协杯"第三届全国钢结构行业数字建筑及 BIM 应用大赛一等奖、钢结构金奖等 10 余个奖项。

先后担任宁波贝发制笔城项目经理、无锡市民中心钢结构工程技术负责人、杭州万象城技术总工、杭州东站钢结构调度负责人、兰州火车西站技术负责人、咸阳国际机场 T3 航站楼南北指廊及登机桥技术总工，参建贵州天眼时空塔钢结构外衣及火炬等大型公共建筑，参与源创谷 BIM 团队组建，担任颖河花园项目 BIM 应用总负责。

负责项目 BIM 技术的咨询、管理、实施、应用技术研究等相关工作，协调项目完成 BIM 深化及 BIM 全过程应用。获得"龙图杯""创新杯""金协杯"等 10 余个 BIM 大赛奖项，参与实施 6 余项工程。

张 磊
源创谷（上海）数字科技有限公司项目研发负责人

助理工程师

胡慧娟
源创谷（上海）数字科技有限公司 UI 设计师

助理工程师

主导开发了集团公司的生产管理系统，有效提高了整个生产流程的管理水平和数字化程度，负责集团的数字化提升工作。研发的 BIM 协同平台，能够直观地看到钢结构构件从下料生产到安装的整个过程。获得"金标杯""金协杯""智建杯"等各类 BIM 大赛奖项。

负责 BIM 项目数字化界面设计，根据项目实际需求定制管理平台，配合 BIM 及研发部门梳理全流程功能的实现，辅助完成其他 BIM 相关工作，参与项目获得"金标杯""金协杯""智建杯"等各类 BIM 大赛奖项。

长三角创新研发总部基地项目钢结构 BIM 数字孪生应用

中国联合工程有限公司

徐斌 杜东芝 王凯旋 汪超宇 时开青 袁方杰 叶关华 侯广伟 陈建银 张金鑫

1 工程概况

1.1 项目简介

长三角创新研发总部基地项目（图1）位于杭州市临平区南苑街道。总建筑面积 26 万 m^2，项目总投资估算 28 亿元，容积率 3.8，建筑密度 21.3%，绿地率≥25%，高度 119.6m，框架高度 135.25m。项目由局部 3 层地下室和 3 幢 28 层人才研发楼组成，其主要功能为商务办公、配套商业。商业商务地块位于临平新城商务核心区，结合已开发现状，体现建筑特色，提升区域整体品质，彰显核心区作为临平门户的城市形象。

图 1 项目效果图

1.2 公司简介

中国联合工程有限公司，是以原机械工业第二设计研究院为核心，联合多家国家甲级勘察设计单位组建的大型科技型工程公司，隶属于中央大型企业集团、世界 500 强企业——中国机械工业集团有限公司，总部设在杭州。

浙江振丰建设有限公司，始创于 1987 年，具有建筑工程施工总承包一级、市政公用工程、机电工程施工总承包贰级、建筑装修装饰工程专业承包一级、消防设施工程、建筑幕墙工程、钢结构工程等多项施工承包资质。

1.3 工程重难点

（1）项目进度工期紧张、施工专业交叉多，技术复杂且难度高。

（2）项目建设标准高，目标为确保钱江杯，争创鲁班奖。

（3）EPC 总包单位对项目精细化监管有需求。

（4）项目参建单位众多，沟通及协同难度高。

2 BIM 团队建设及软件配置

2.1 制度保障措施

建设单位委托 EPC 单位 BIM 信息化管理组作为项目 BIM＋智能建造总协调方，牵头组织项目 BIM＋智能建造部署建设，委派专职平台管理人员驻场，负责全参建方智能建造应用实施与协调。项目部署 BIM＋智慧工地平台，项目各参建单位确定管理应用组，结合自身分工职责，开展 BIM 智能建造应用工作。

2.2 团队组织架构（图2）

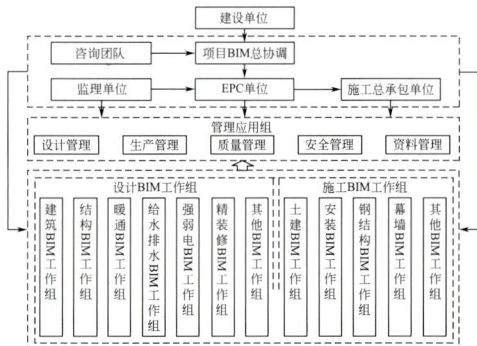

图 2 团队组织架构

2.3 软件环境（表 1）

软件环境 表 1

序号	名称	项目需求	功能分配
1	Tekla 2022	钢结构模型建造	钢结构
2	Rhino 7.0	模拟日照分析	计算
3	广联达	预算模型建造	建模
4	Midas GTS	基坑变形分析	计算
5	Revit 2018	全专业模型整合	建模
6	Fuzor 2020	施工进度模拟策划	模拟施工
7	Lumion 10.0	模型渲染	渲染

3 BIM 技术重难点应用

3.1 EPC 设计施工一体化 BIM 应用

在初步设计阶段，项目前期基于 SketchUp 建立的项目方案模型，通过 Lumion 和 3ds Max 渲染，制作出不同景观方案的初步效果，用于对比不同景观方案、精装修方案和泛光照明方案（图 3），运用 Ecotect Analysis 软件，在紧张的设计周期内高效完成日照分析审查等性能化分析工作。

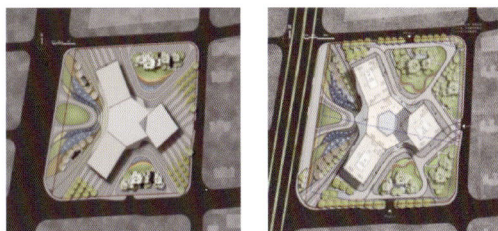

图 3 景观设计方案优化

3.2 基坑围护工程专项

在初步设计阶段和施工图设计阶段，基坑支护体系的选择尤为重要，需充分考虑随基坑开挖带来的基坑侧向位移的徐变和支撑体系抵抗侧向变形的能力。

基于 Midas GTS 的有限元分析，根据实际地质条件搭建土体模型，选取适合项目的支撑体系（本工程最终选择预应力型钢组合支撑体系）（图 4）。

预应力型钢组合支撑系统主要由围檩、三角传力件、型钢支撑梁、角度调节件、盖板及保力盒装配构成（图 5），其特点是存在大量标准构件

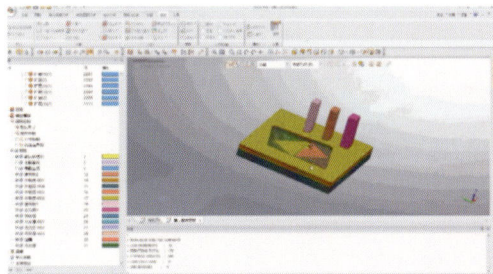

图 4 基坑开挖土体有限元分析模型

及适用于不同工程的部分非标件。基于标准件构件库，在应对不同项目的型钢组合支撑方案时，只需选取组合构件库中的标准件，配合少量非标件的模型搭建，即可快速完成模型的建立。

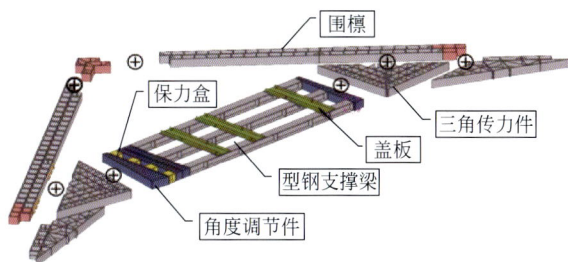

图 5 预应力型钢组合支撑各组成部品

运用 BIM 进度工况模拟，分析动态换撑工况。合理安排各专业施工资源，BIM 模拟土方、型钢支撑、地下室结构施工与基坑土体换撑界面，梳理各个交叉作业面的时空关系，协调各专业班组安全有序施工。

精细化施工界面流水策划，10 万 m^2 三层地下室土方工程、基坑支护以及 80% 地下室结构在 6 个月内完成，实现土方、基坑支护、地下室结构快速流水施工，基坑无变形（图 6）。

图 6 土体支撑与型钢支撑换撑界面

施工过程中，结合物联网应用开展 BIM 智慧化基坑监测，实时监测基坑动态数据，自动生成土体深层水平位移、地下水位等信息统计报表。同时与区域建设主管部门合作，共建浙江省在建工程智慧基坑监测创新试点区域平台（图 7）。

图 7 智慧基坑监测创新试点区域平台

3.3 钢结构工程专项

钢结构深化的关键是节点处理，包括钢管混凝土柱与钢筋连接节点、劲性钢梁与钢筋连接节点、"分叉柱"的构造、中庭采光顶钢结构、异形雨棚结构等。钢结构与土建专业配合部位需充分考虑带肋钢筋实际尺寸，精确控制保护层厚度及钢筋定位，确保实际施工的可行性；对于钢结构本身的深化节点，则需运用其他 BIM 工具辅助深化，如对于中庭采光顶结构，因其为曲面网格刚架结构，运用 Rhino＋GH 可视化编程处理，找出法线方向，使其贴合曲面方向放置构件（图 8）。

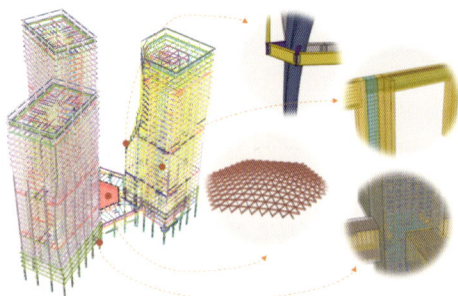

图 8 钢结构模型节点深化

钢结构施工阶段采用汽车起重机吊顶板作业。若采用满堂加固顶板，施工措施成本高，造成浪费。为优化施工成本，必须确定汽车起重机相对固定的吊装定位，精细化布置加固点位。综合考虑汽车起重机的起重量和吊装范围、钢构件的构件尺寸和单件质量、构件吊装过程中的空间逻辑关系以及吊装资源分配的合理性亦成为前期工作的重难点（图 9）。

3.4 机电安装工程专项

项目基于设计图纸，进行 BIM 三维建模校核图纸问题，开展机电多专业的管综协调深化，形成图纸问题报告，召开设计管综多专业协调会，

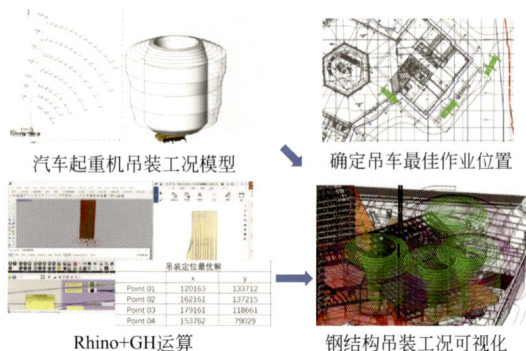

图 9 优化前顶板满堂加固范围

反馈设计图纸修改，最终确认管综施工深化模型，并基于模型，出具工程量清单和施工图，包括综合彩图、各专业图和节点详图，报 EPC 设计确认后，直接指导现场施工作业（图 10）。

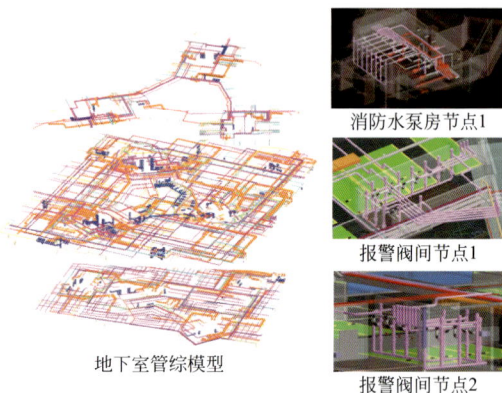

图 10 机电安装工程深化

3.5 混凝土工程专项

使用品茗 BIM 模板工程设计软件，自动智能识别超限梁板，确定超一定规模危大工程的范围。同时 BIM 技术可根据现有规范对其进行抗弯、抗剪以及挠度等方面的验算，生成用于指导施工的施工详图、节点图，快速实现合规合理并兼顾经济的专项施工方案书。最后导出料单，优化固定模数盘扣架布置与模板下料（图 11）。

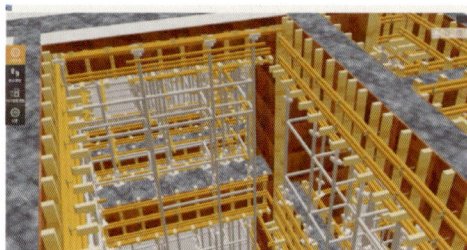

图 11 支模架模型

3A036 长三角创新研发总部基地项目钢结构 BIM 数字孪生应用

团队精英介绍

徐　斌
工程事业部总经理
第一工程建设公司总经理

高级工程师

先后担任杭州未来科技城学术交流中心 EPC 总承包项目执行总指挥、中国杭州算力小镇 EPC 总承包项目总协调，荣获嘉兴市建筑工程南湖杯奖（优质工程）、浙江省勘察设计行业优秀勘察设计综合类一等奖、中国建设工程 BIM 大赛一等奖等荣誉。

杜东芝
公司总经理助理

一级建造师
高级工程师

现任第一工程建设公司总经理助理，先后负责良渚遗址申遗项目、良渚街道勾庄农民高层公寓项目、良渚街道杜甫农民多高层公寓三期项目管理工作，长期负责工程管理、采购管理、造价管理等工作，完成多个科研业务建设和课题研究，获得多个工程总承包项目奖项。

王凯旋
BIM 中心副主任
长三角创新研发总部
基地项目副经理

工程师
BIM 高级建模师

先后参与杭州良渚新城第一小学项目、年组装 2 万套数字设备项目、长三角创新研发总部基地等项目 BIM 创新应用管理，多次荣获"科创杯"全国 BIM 大赛一等奖、浙江省数字建造创新应用大赛一等奖、"创新杯"全国 BIM 应用大赛二等奖、工程建设行业互联网发展最佳实践案例等奖项。

汪超宇
长三角创新研发总部
基地项目专业工程师

工程师
BIM 高级建模师

参建长三角创新研发总部基地项目，主要工作内容为土建、钢结构 BIM 建模、项目信息化工作以及项目装配式管理等，同时负责项目 BIM 报优及项目专利等相关工作。先后获一等奖 6 项、二等奖 2 项，实用新型专利 2 项，发明专利 1 项。

时开青
BIM 中心主任

一级建造师
高级工程师

现任第一工程建设公司 BIM 中心主任，先后参与杜甫三期项目、年组装 2 万套项目、长三角创新研发总部基地项目 BIM 数字化实施，获得"科创杯"BIM 大赛一等奖、"优路杯"BIM 大赛一等奖、浙江省数字建造一等奖、中国建设工程 BIM 大赛一等奖等荣誉。

袁方杰
公司副总工
长三角创新研发总部基
地项目经理

一级建造师
高级工程师

历任江北膜幻动力小镇客厅建设项目、临平老城区有机更新安置房、长三角创新研发总部基地等大型项目项目经理。荣获实用新型专利 2 项，发明专利 1 项，浙江省勘察设计协会工程总承包项目一等奖、杭州市"西湖杯"优质工程等。荣获浙江省数字建造创新应用大赛一等奖、"新基建杯"BIM 大赛二等奖。

叶关华
BIM 工程师
长三角创新研发总部基
地项目专业工程师

助理工程师
BIM 高级建模师

曾参与上海迪士尼、杭州 G20 主会场精装修工程、扬子科创中心、年组装 2 万套数字设备项目、余政储出【2020】25 号地块项目 BIM 技术实施与协调工作。曾获得"龙图杯"、浙江省勘察设计行业协会、"智建北"等多个 BIM 奖项，实用新型专利 4 项。

侯广伟
安全生产部副部长
长三角创新研发总部基
地项目 HSE 经理

一级建造师
高级工程师

先后荣获"2020 年杭州市'926 工匠日杯'暨'浙江三建杯'建筑信息模型技术员职业技能竞赛团体成果赛"综合应用一等奖，第三届"智建杯"智慧建造创新大奖金奖等奖项。

陈建银
长三角创新研发总部基
地项目质量经理

一级建造师
高级工程师

曾参与秀洲高新区光伏科技展示馆项目获得 2019 年度嘉兴市建筑工程南湖杯，参与的余政储出【2020】25 号地块项目，获得 2022 第五届"优路杯"全国 BIM 技术大赛三等奖。

张金鑫
长三角创新研发总部基
地项目综合经理

助理工程师

参建长三角创新研发总部基地项目综合管理、BIM 管理、智慧工地信息化管理、进度款管理等，荣获第三届"智建杯"智慧建造创新大奖金奖等奖项，实用新型专利 1 项。

BIM 技术助力文物遗址博物馆钢屋盖拆除、重建及文物保护

中建八局第二建设有限公司

李永明　梁斌　李文杰　秦世凯　焦柏涵　耿王磊　薛涛　孙金超　郭向辉　付照祥

1　工程概况

1.1　项目简介

北宋东京城顺天门（新郑门）遗址博物馆项目位于开封市夷山大街西侧、汉兴路以北。总规划用地面积：38210.10m²，总建筑面积 16483.48m²，其中地上 3 层，建筑面积 11102.33m²，地下 1 层，建筑面积 5381.15m²。工程造价 1.22 亿元。建筑分为遗址区、北瓮城、南瓮城三个区域（图 1），遗址区为主要展厅、展廊及设备用房。北瓮城区域主要功能为文创展示区、青少年活动中心、咖啡书吧、多功能厅、配套用房及设备用房；南瓮城区域主要功能为考古配套用房、管理办公、餐饮、后勤配套及设备用房。遗址区：钢结构、北瓮城：钢混结构、南瓮城：钢结构遗址现有一座钢网架屋盖防护。

图 1　项目效果图

1.2　公司简介

中建八局第二建设有限公司是世界 500 强中国建筑股份有限公司的三级子公司，是中国建筑第八工程局有限公司法人独资的国有大型骨干施工企业。公司前身为西北野战军二兵团 4 军 10 师 28 团，先后历经兵改工、工改兵、兵又改工三次转型，于 1983 年 9 月集体整编为中国建筑第八工程局第二建筑公司，2006 年 8 月改制为现企业。

公司具备"双特三甲"资质（建筑工程施工总承包特级、市政公用工程施工总承包特级、市政行业设计甲级、建筑工程设计甲级、人防工程设计甲级），以及多项工程承包与设计资质。公司总部位于山东济南，下辖 15 个分公司、6 个专业公司、1 个设计研究院和 9 家法人单位，经营区域覆盖京津冀、长三角、粤港澳、北部湾、成渝、中原及西北等 17 省 40 多个地市，并远赴海外。公司获评国家高新技术企业及主体长期信用等级 AA 级，连续多年位列中建股份号码公司前三强，荣获"山东省百强企业"，位居山东省建筑企业前五强，致力于打造"最具价值创造力"的城市建设综合服务商。

1.3　工程重难点

（1）原结构图纸丢失

原有防护结构重建模难度大，导致原有结构拆除受力分析难。

（2）新旧结构交叉多

遗址防护高度与新建结构吊挂部位存在冲突部位。

（3）遗址保护困难

施工过程中必须充分做好遗址防护措施，确保施工阶段遗址坑无渗漏、无倒灌、无管涌问题的出现。

（4）结构跨度大

遗址区钢桁架最大跨度 48.3m，遗址防护防坠措施难度大、吊装安全风险和难度大。

（5）异形钢屋面

遗址区屋面为异形金属屋面，钢结构的节点深化设计难度大，钢构件的加工和精准定位安装难度更大。

2 BIM团队建设及软件配置

2.1 制度保障措施

成立公司、分公司、项目三级 BIM 实施组织架构。分公司层面成立了 BIM 工作站，由分公司总工程师李永明统筹领导，划归技术系统；同时，分公司 BIM 工作站接受公司 BIM 中心监督与指导。

2.2 团队组织架构（图2）

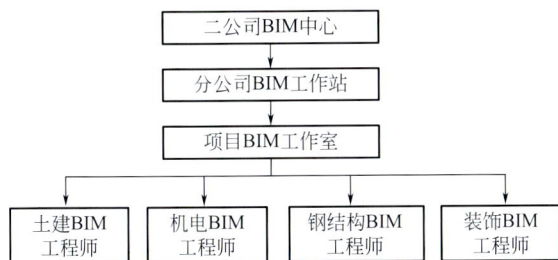

图 2 团队组织结构

2.3 软件环境（表1）

软件环境　　　　　　　表 1

序号	软件名称	功能
1	Autodesk Revit	土建、安装建模
2	Autodesk Navisworks	碰撞检测、施工进度模拟展示等
3	Tekla 20.0	钢结构设计建模软件
4	Rhino	异性曲面的建模、定位及处理
5	Autodesk 3ds Max	三维效果图、施工工艺及方案模拟
6	Lumion	效果渲染、景观效果表现
7	Midas Gen	受力分析

3 BIM 技术重难点应用

3.1 BIM 三维场布策划

应用 BIM 技术进行三维场地布置，策划施工围挡、工地大门、办公区、出入口、现场办公区、加工棚等区域位置，避免施工平面布置带来的空间不足问题，提高项目整体形象。三维场布策划立脚开封古都，设计施工围挡为仿古围墙，围挡内设计复古休息廊亭，充分发挥 BIM 三维场布的可视化优势（图3）。

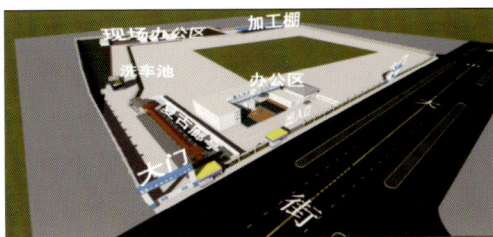

图 3 BIM 三维场布

3.2 BIM 方案比选

采用 BIM 技术对累积滑移＋整体卸载就位方案与分片吊装方案进行技术性、经济性、施工进度、场地要求、安全性进行对比分析。通过综合对比分析得知分片吊装能更好地满足工期、安全、进度与经济性的各项要求（图4）。

图 4 分片吊装方案

3.3 BIM 钢桁架拼装场地策划

场地周边红线内存在大片空地，南北两侧距离红线最小距离约 30m，可作为拼装场地及起重机行走路线。新建钢结构主桁架在展厅东侧、南侧、北侧空地上拼装后吊装，在北侧布置 2 榀拼装胎架，南侧布置 3 榀拼装胎架，在东侧布置 4 榀拼装胎架（图5）。

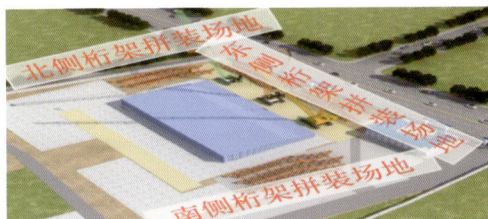

图 5 BIM 钢桁架拼装场地策划

3.4 遗址防护

为了满足遗址区防护，项目决定将原有网架

落架作为遗址区的防护结构，同时可以将原有60m×100m的网架棚，经过整体提升进行下降及拆除外围，长×宽为43m×86m，高度约6.5m，屋面为彩钢板及透明采光顶。新建钢结构完成后，原网架滑移拆除（图6）。

图6　吊挂结构施工示意图

3.5　3D激光扫描助力结构模型重建

由于现有网架图纸丢失，结构重建模难度大，无法进行拆除前的结构受力分析。通过3D激光扫描技术，对现有网架进行扫描，获取现有钢屋盖点云模型，应用3D激光点云模型进行逆向建模，形成结构验算模型，并对原有网架进行结构变形计算（图7）。

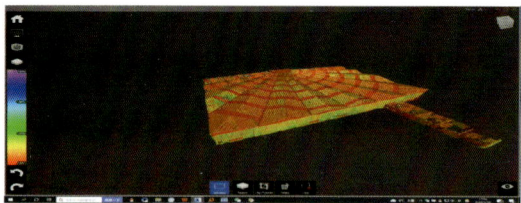

图7　3D激光扫描处理结果

3.6　3D激光扫描＋BIM助力冲突定位

利用现有网架作遗址区防护，则现有网架与新建结构存在交叉部位，遗址防护高度与新建结构吊挂部位冲突部位确定困难。使用Revit创建钢结构BIM模型，精确控制新建钢结构各个构件位置及尺寸，将3D激光扫描形成的点云模型导入Revit后与新建钢结构BIM模型进行合模，获得二者的合模模型即可进行碰撞检测，定位冲突部位（图8）。

3.7　BIM助力既有文物保护

由于遗址区不能受雨水影响，遗址保护单位要求必须确保雨天和各施工阶段遗址坑无渗漏、无倒灌、无管涌等水因素影响。项目采用将现有网架整体下降，利用现有网架结构充当遗址防雨

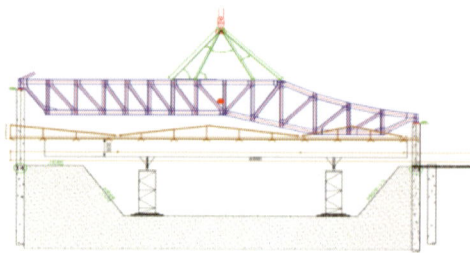

图8　冲突定位

措施，同时充分利用下落的网架充当遗址防护。

将现有的网架整体下降至提前设置的滑移轨道上，然后拆除影响桩基和结构施工的部分网架，以便新建结构施工。新建结构施工完成后，累积滑移拆除原有网架，从而解决既有文物保护的难题（图9）。

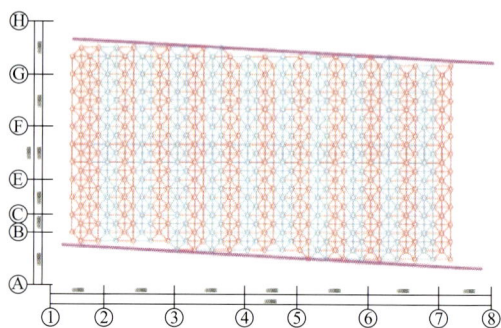

图9　滑移单元设置

3.8　BIM助力重大方案编制模拟

展厅结构最大高度27.655m，底层钢桁架跨度约48.3m，单榀桁架最大质量达118t，桁架最大吊装质量达90.8t，共计20榀，且各榀形态不一，吊装安全风险和难度较大。将展厅分为A、B、C、D四个区域进行施工，商业、办公各自为一个区域，对应施工F区和施工E区，共计6个施工区域，进行吊装作业，通过BIM技术对吊装工况进行模拟（图10）。

图10　上方框架吊装工况

3A045 BIM 技术助力文物遗址博物馆钢屋盖拆除、重建及文物保护

团队精英介绍

李永明
华中公司总工程师

一级建造师
高级工程师

负责河南公司技术质量管理、科技推广、新技术应用、工程创优、BIM 中心等工作。先后主持完成并获得多项国优金奖、鲁班奖；国际 BIM 大赛（AEC）第三名，国家级 BIM 大赛特等奖 1 项，省级以上 BIM 大赛奖项 10 余项。

梁　斌
项目总工

工程师

长期从事项目施工技术管理工作，获得鲁班奖、中国钢结构金奖、省优质工程奖。获得全球级工程建设业卓越 BIM 大赛（AEC）最佳应用奖、第七届"龙图杯"全国 BIM 大赛一等奖。

李文杰
项目经理

高级工程师

从事项目管理工作，先后担任多个项目的项目经理。获得鲁班奖、中国钢结构金奖、2020 年度华夏建设科学技术奖二等奖、中国钢结构协会科学技术奖二等奖、全球级工程建设业卓越 BIM 大赛（AEC）最佳应用奖。

秦世凯
科技管理工程师

工学学士
助理工程师

在项目上从事施工管理、技术管理等工作。先后参与过建业十八城六期项目、洛阳市奥林匹克中心项目、北宋东京城遗址博物馆的 BIM 结构模型建模工作。并曾编写综合施工技术，获得省协会二等奖、论文 3 篇、工法 2 项等。

焦柏涵
专业工程师

工学硕士
助理工程师

从事建筑施工管理、BIM 建模以及科技成果转化等工作。发表论文 1 篇，撰写发明专利 1 项并参与完成省级工法 1 项。

耿王磊
业务经理

工程师

从事 4 年 BIM 管理工作，负责公司 BIM 技术的应用与推广，先后获得多项国家级 BIM 成果，发表论文 2 篇，工法 1 项，省级 QC 成果奖 2 项。

薛　涛
业务经理

工程硕士
一级建造师
工程师

从事 BIM 管理工作 5 年，曾担任多个项目 BIM 负责人，目前负责公司 BIM 技术推广、培训、BIM 大赛成果申报。先后获得国际级、国家级、省部级、公司级 BIM 成果 20 余项。

孙金超
业务经理

工程硕士
工程师

从事 BIM 管理工作 5 年，曾担任多个项目 BIM 技术负责人，目前负责公司 BIM 技术培训、推广、应用及管理工作。先后获得国际级、国家级、省部级、公司级 BIM 成果 10 余项、发表论文 2 篇。

郭向辉
BIM 工程师

工学学士
助理工程师

从事 BIM 管理工作 5 年，曾担任多个项目 BIM 技术负责人，目前负责公司安装方向 BIM 技术培训、推广、应用及管理工作。先后获得国家级 BIM 奖项 3 项，省级 BIM 奖项 5 项，公司级 BIM 成果 2 项。

付照祥
业务经理

工学学士
工程师

从事 BIM 管理工作 8 年，曾担任多个项目 BIM 负责人，目前负责公司 BIM 技术推广、培训、应用及管理工作，先后获得国家级 BIM 奖项 3 项，省级 BIM 奖项 4 项，发表论文 1 篇。

BIM 在西安国际足球中心钢结构工程的应用

陕西建工机械施工集团有限公司

梁景玉　马秀超　刘博东　袁鑫　薛振农　胡金　杨意朋　张嘉辰　高毅　裴弈翔

1　工程概况

1.1　项目简介

西安国际足球中心项目位于沣东新城中央商务区内，大西安新中心新轴线东侧，复兴大道以东，科源一路以西，科统三路以北，科统四路以南。

本项目为 EPC 工程，用地规模约 280 亩，总建筑面积 25.12 万 m^2。结构形式为框架-钢结构，地下 1 层，地上 5 层，其中地上部分建筑面积 16.39 万 m^2，地下建筑面积 8.72 万 m^2；总建筑高度 63.9m，是一座可容纳 6 万人同时观赛的国际标准专业足球场馆（图 1）。

图 1　项目效果图

1.2　公司简介

陕西建工机械施工集团有限公司始建于 1955 年 5 月，是陕西建工集团股份有限公司所属的、具有独立法人资格的国有独资企业。集团公司具有公路工程施工总承包特级资质；建筑工程、市政公用工程施工总承包一级资质；水利水电工程、机电工程施工总承包二级资质；机场场道工程、公路路基工程、桥梁工程、地基基础工程、钢结构工程、公路路面工程、环保工程、城市及道路照明工程专业承包一级资质；隧道工程专业承包、公路交通工程专业承包公路机电工程、公路交通工程专业承包公路安全设施二级资质；工程设计公路行业甲级、轻型钢结构专项甲级资质；地质灾害防治施工甲级资质；公路工程综合乙级试验检测资质；建筑金属屋（墙）面设计与施工特级资质；网格结构专项一级、膜结构工程专项三级资质。集团公司较早通过质量、环境、职业健康安全三个管理体系的标准认证。

1.3　工程重难点

（1）施工工期短，工程质量要求高。

（2）工序工艺难度大，为世界首创。

2　BIM 团队建设及软件配置

2.1　团队组织架构（图 2）

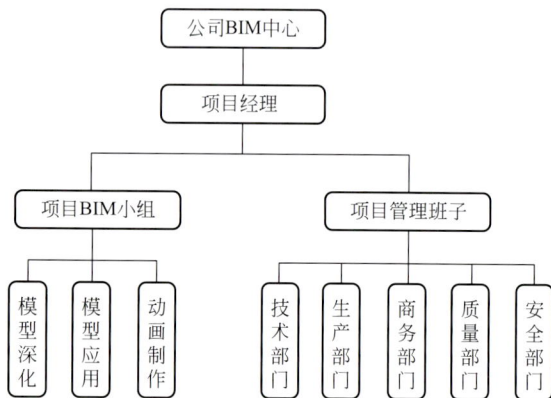

图 2　团队组织架构

2.2　软件环境（表 1）

软件环境　　表 1

序号	名称	项目需求	功能分配
1	Tekla	钢结构模型建造	钢结构
2	3D3S	力学分析	计算

序号	名称	项目需求	功能分配
3	3ds Max	流程渲染	渲染
4	Revit	三维建模	建模
5	Lumion	3D漫游	漫游

续表

3 BIM技术重难点应用

3.1 BIM技术基础应用

提前发现并解决各专业之间存在的构件碰撞、工序交叉、衔接配合等问题，减少由以上原因引起的设计变更及工程返工，为工程节约资源与工期成本；同时，为工程总体施工进度计划及钢结构专业施工进度计划提供依据（图3）。

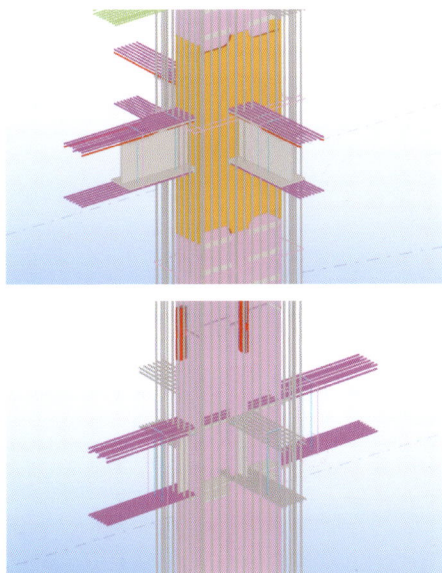

图3 钢筋节点深化

通过实体建模，保证悬挑桁架的外形满足建筑外观要求，通过对节点的实体建模，避免错漏零件，保证构件能达到设计要求（图4）。

通过索膜与索压环整体建模，发现高区位置无法固定边膜，经过深化设计讨论，决定增加绷膜管，耳板处采用弧形封边（图5）。

工厂加工按照模型编号进行构件拼装，以模型三维尺寸进行构件复核，使主体钢结构做到全过程信息化管理（图6）。

由于施工工序比较复杂，基于BIM技术进行建筑项目模型三维可视化；项目设计、建造、运

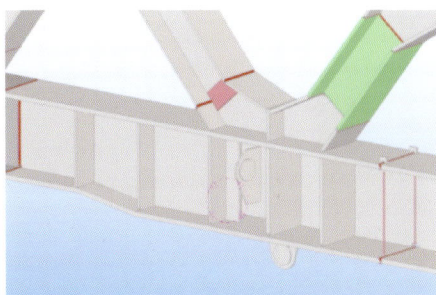

图4 悬挑桁架建模

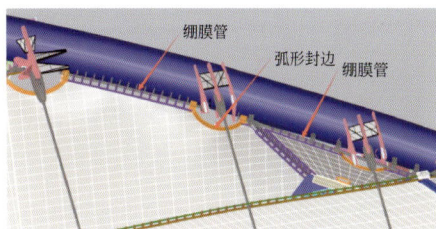

图5 膜结构深化

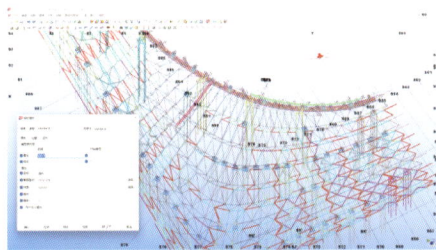

图6 数字化加工管理

营整个建设过程可视化；辅助设计施工，方便进行更好的沟通、讨论与决策。亦或指在传统交底基础上融入BIM技术，让施工提前"所见"，让现场完工"所得"。

根据施工方案确定支撑架位置，整体建模，分别对不同位置、不同型号的支撑架上下部节点精确建模，保证施工（图7）。

图7 网壳支撑架上部做法

本项目结构复杂，节点较多，造型新颖，针对此问题，BIM人员提前建立虚拟样板并制作实体，帮助技术人员交底，使施工人员快速认识并了解（图8）。

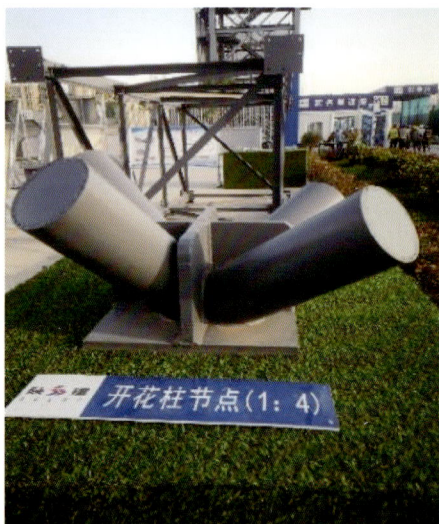

图 8　3D 实体样板引路

3.2　BIM 技术创新应用

项目通过 4D 施工模拟，统计、分析施工所需人、材、机的数据，通过开发小程序，将施工现场各区段人、材、机信息自动汇总，并与 4D 施工软件有机地关联起来，为生产管理提供数据支持，形成企业数字化资产（图 9）。

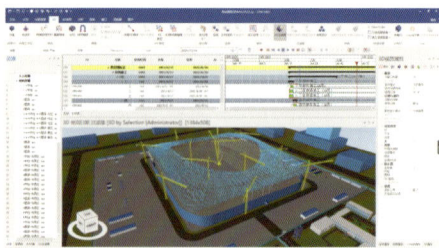

图 9　4D 进度管理

现场构件种类多、构件数量超 2 万根，生产统计与管理需要大量人力物力，为解决现场施工物料管理，我们提出了一种新式构件追踪方法：通过无人机航拍，对施工现场进度动态跟踪，即根据构件物理位置的变化过程及区域，通过对比，对构件进行追踪，从而解决构件在现场的统计管理（图 10）。

本项目工期紧张，块体焊接体量大，为保证夜间施工灯光覆盖率以及夜间施工的安全性，施工前通过 BIM 模拟，进行合理排布（图 11）。

悬臂梁的安装精度决定了下一步索结构的安装精度，所以控制悬臂梁的安装精度很关键。在所有悬臂梁安装完成后，对其进行扫描，检测分析安装误差（图 12）。

图 10　无人机拍摄

图 11　夜间施工照明模拟

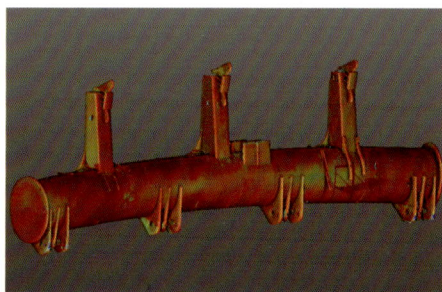

图 12　牛腿的精细扫描

考虑到索压环受温度等影响的变形因素，在特定时间内，对整个索压环整体扫描多次，将几次数据进行对比分析。

对于扫描数据可以直观地分析出整个索压环和设计模型的误差，整体数据直观可见，不仅可查看图像，还可查看点位坐标（图 13）。

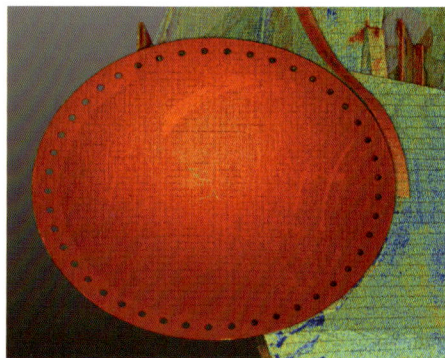

图 13　环压梁锁孔定位

3A047 BIM 在西安国际足球中心钢结构工程的应用

团队精英介绍

梁景玉
西安国际足球中心项目 BIM 负责人

本科
助理工程师

长期从事 BIM 施工技术研究及 BIM 数字化应用工作，参与了深圳机场卫星厅、西安国际足球中心、西安咸阳机场等项目，获中国建筑业协会 BIM 一等奖、"龙图杯"一等奖、陕西省"秦汉杯"BIM 大赛一等奖，授权实用新型专利等。

马秀超
陕西建工钢构集团 BIM 中心主任

本科
工程师

长期从事钢结构专业施工及 BIM 创新应用工作，参与了北三环与太华路立交项目、西安恒大童世界主城堡钢结构项目、西安咸阳机场三期扩建地下工程和钢结构项目等，多次获得"龙图杯"一等奖，中国建筑业协会 BIM 一等奖等省级、国家级奖项，多次受邀参加陕西数字建筑年度峰会、BIM 高峰论坛等。

刘博东
西安国际足球中心陕建机施项目部技术总工

一级建造师
工程师

长期从事钢结构工程施工技术研究工作，参与了安康汉江大剧院、陕西奥体中心体育馆、西安国际足球中心等项目，多个项目获得钢结构金奖、鲁班奖，曾获得多项专利及陕西省省级工法，多次获得陕西省建设工程科学技术进步奖、BIM 大赛奖等奖项。

袁 鑫
西安国际足球中心陕建机施项目部项目经理

本科
工程师

长期从事钢结构专业施工工作，曾担任咸阳奥体中心、西安航天基地空天小镇创新综合体（小镇客厅）、西安国际足球中心项目等多个大型钢构工程的项目经理，多次获得中国建筑工程钢结构金奖、中国钢结构协会科技进步二等奖、全国各类 BIM 大赛奖项等。

薛振农
西安国际足球中心陕建机施项目部深化设计

硕士
高级工程师

长期从事钢结构专业深化设计工作，参与铜川市体育馆、延安新区全民健身运动中心、西北大学体育馆、永济市体育中心、西安国际足球中心等项目钢结构深化设计，多次获得优秀设计师称号，省级、国家级 BIM 大赛奖项。

胡 金
西安国际足球中心陕建机施项目部项目副经理

本科
一级建造师
高级工程师

长期从事钢结构专业技术负责及生产管理工作；作为主要负责人，参建西安曲江万众国际项目、陕西澄城烟厂技改项目、陕西咸阳 CEC 项目、西安国际足球中心项目等，参建项目曾获钢结构金奖、鲁班奖、詹天佑奖等。

杨意朋
西安国际足球中心陕建机施项目商务部部长

助理工程师

参建的东航西安维修基地新机库钢结构工程项目荣获中国钢结构金奖；参与的上和商业广场改扩建工程 QC 小组获陕西省工程建设优秀质量管理小组二等奖。

张嘉辰
陕建钢构集团技术质量部科员

助理工程师

多次获得省级、国家级 BIM 大赛奖项。参与完成了陕西省住房和城乡建设厅课题 1 项，荣获陕西省建设工程科学技术进步二等奖 1 项；荣获 2021 年西安市 BIM 先进个人。授权实用新型专利 3 项，软件著作权 1 项。

高 毅
西安国际足球中心陕建机施项目部技术员

本科
助理工程师

长期从事钢结构专业施工工作，2019 年参建西安航天基地公共服务产业园（北地块）项目，该项目已获评陕西省建设工程"长安杯"奖，正在进行国家优质工程评选，2021 年参建西安国际足球中心项目，期间完成 2 项 QC 一类成果，2 篇省刊论文，发明专利 1 项，省级工法 1 项，目前该项目已获评陕西省建筑优质结构工程。

裴弈翔
技术员

二级建造师
助理工程师

从事钢结构安装技术工作，参与了铜川董家河标准化厂房项目、西安国际足球中心项目、陕建机施办公楼及地库改扩建工程项目。

泰山文旅健身中心一、三标段钢结构 BIM 技术应用

中建八局第二建设有限公司

刘海勇　李文图　崔绪良　韩坤杰　李锰　于美龙　张克芝　陈浩　高飞　刘丽莹

1 工程概况

1.1 项目简介

项目位于泰安市岱岳区，天平湖路以南，梅山西路以东。项目整体采用"云端望岳"的设计理念。体育中心各单体顺应地势逐级抬高，盘旋上升，并且通过自由曲线的屋面形成丰富的天际线，与泰山层峦叠嶂的山势轮廓形成良好的呼应（图1）。

场馆采用钢筋混凝土框架结构，屋盖钢结构采用轮辐式张弦梁结构。建设工期545天，属于新建大型公共建筑，质量目标为鲁班奖。该项目基于 BIM 技术，结合 BIM 设计辅助软件，使新技术在工程实体中得到充分应用，提高了工程质量，有效降低了安全风险，同时保证了工期。

图 1　项目效果图

1.2 公司简介

（1）泰安市城市发展投资

成立于2014年，位于泰安高铁新区，注册资本九千九百万元整，具有房地产开发三级资质，公司下设 7 个职能部门，设有 9 个子公司，是一家集房地产开发、项目管理等于一体的综合性企业。

（2）中建八局第二建设有限公司

成立于 1983 年，世界 500 强排名第 13 位，中国建筑股份有限公司的三级子公司，连续多年位列中建股份号码公司前三强，荣获"山东省百强企业"，位居山东省建筑企业前五名。

（3）同济大学建筑设计院（集团）有限公司

成立于 1958 年，是全国知名的集团化管理的特大型甲级设计单位。持有多项设计资质及工程咨询证书，是目前国内设计资质涵盖面最广的设计单位之一。

1.3 工程重难点

（1）钢构体量大、施工难度大

本工程钢构件用量约9800t，制作工期紧，如何保证构件的制作工期满足现场安装是本工程的重点。屋面采用张弦梁结构形式，存在大量空间扭曲构件，现场构件空间定位、吊装、张拉施工难度较大。

（2）机电管线安装复杂

本工程结构形式独特，多处设计挑空，机电系统繁多，走廊桥架 2.1 万 m，管道 6.2 万 m，风管 1.3 万 m，弧形管道区域占 80%，使用空间要求严格，综合排布施工难度大。

（3）异形幕墙施工难度大

本工程体育场设计为不规则马鞍形，幕墙设计造型复杂，属于异形幕墙工程，幕墙工程量大且面板尺寸多变，收口部分多，空间测量放线困难，施工难度大。

2 BIM 团队建设及软件配置

2.1 制度保障措施

首先，前期运用 BIM 模型对管理人员进行全

方位展示钢结构构造，并针对重难点部分进行方案探讨。

其次，通过 BIM 模拟施工，对构件吊装、悬索张拉等进行分析，制作施工模拟演示动画，辅助专项方案评审与论证。

最后，对最终方案调整模拟动画，对工人进行技术交底、指导现场施工，保证施工质量。

2.2 团队组织架构（图2）

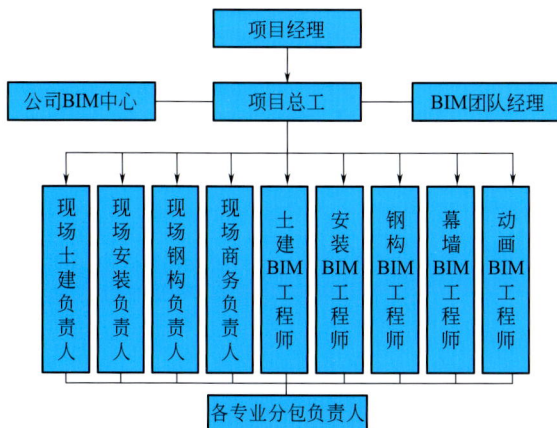

图 2　团队组织架构

2.3 软件环境（表1）

软件环境　　　　　　表 1

序号	名称	项目需求	功能分配
1	Tekla	钢结构建模	建模
2	Abaqus	分析算量	计算
3	3ds Max	视频制作	视频
4	Revit	三维建模	建模
5	Lumion	3D漫游	剪辑

3 BIM 技术重难点应用

3.1 BIM 基础应用

运用 BIM 技术对现场平面布置进行优化，直观地分析场地布置合理性；依据三维模型对现场布置进行调整，最大限度提高场地利用率，便于材料堆放，解决材料运输及堆放难题（图3）。

按照各专业图纸及企业 BIM 标准化手册相关要求，运用 Revit、Tekla、Rhino 等软件完成土

图 3　整体场布

建、安装、钢构、幕墙全专业模型创建，模型精度达到 Lod400（图 4）。

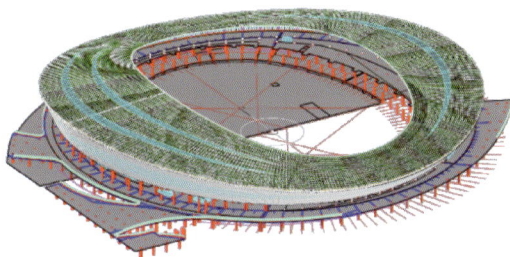

图 4　体育场幕墙模型

通过模型创建与碰撞检查，发现图纸问题共计 373 处，主要构件碰撞 76 处，运用 BIM 模型辅助完成 4 次图纸会审，图纸问题得到直观体现，会审效率提升 30%（图5）。

图 5　图纸会审

3.2 BIM 重点应用

建立钢构专业模型，体育场劲性钢柱 267 根，最大钢柱高度 42.9m，重 37t，根据塔式起重机等吊装起重设备的性能参数对劲性钢柱进行深化分解为 8 段，深化图纸经审核后加工生产，相应构件附带信息条形码，辅助生产及现场施工（图6）。

Tekla 模型可以根据不同时段要求出采购清单、加工制作清单、螺栓清单等。投标阶段可以

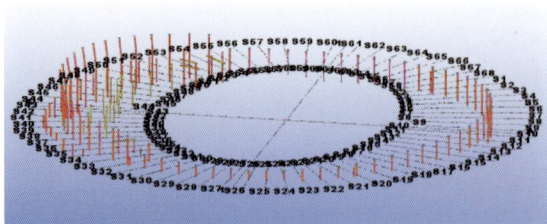

图 6　Tekla 钢柱分段

通过模型的快速建立统计工程量，加工厂加工制作阶段出材料采购清单及构件图、零件图、安装布置图清单，结算阶段出工程量净重清单及毛重清单（图 7）。

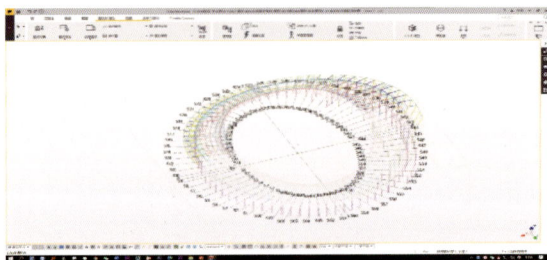

图 7　构件提取

临时支撑验算：运用 SAP2000 验算和 Midas 复核计算，屋盖张弦梁施工采用 630 型塔式起重机标准节作为临时支撑，底部采用 $\phi 325 \times 20$-Q345 热轧圆管布设在地下室底板楼面上，加设缆风绳防止倾覆，满足施工要求，架体周转循环使用，节省投入（图 8）。

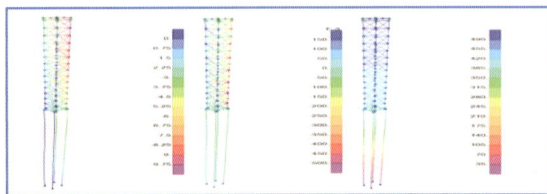

图 8　SAP2000 验算

根据施工过程分析的结果，径向索分步分批张拉完毕拆除胎架后，整体竖向变形在 $-120 \sim 82$mm 之间，最大竖向变形出现在内环短轴位置。初始态整体的变形在 $-135 \sim 68$mm 之间，最大竖向变形出现在西区看台中央位置（图 9）。

体育场钢构体量大，施工工期仅 70 天，钢结构构件约 11000 余根，在钢结构施工中，根据专项施工方案利用 BIM 技术对其过程进行模拟，通过详细的吊装顺序演示，辅助专家论证及技术交底，直观地展示出各施工工序，提升了施工效率（图 10）。

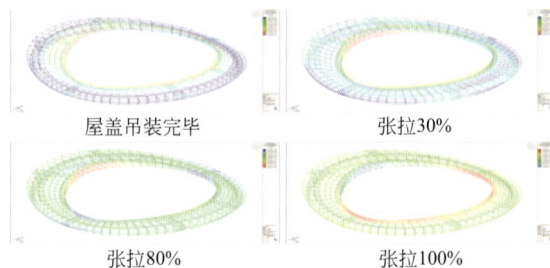

图 9　预应力钢索张拉模拟

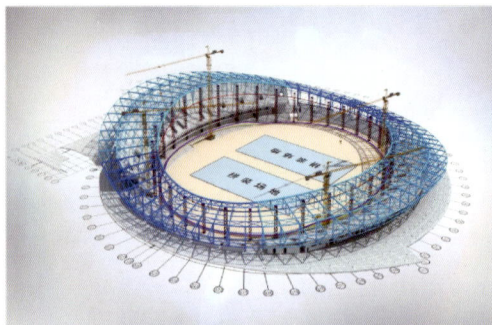

图 10　临时支架拆除

通过模型设置监测点位置，保证监测点对结构索力、变形、钢结构应力和变形等内容全面覆盖，监测数据上传至协同云平台，并将监测数据添加到对应构件，方便管理人员对每个构件数据进行查看（图 11）。

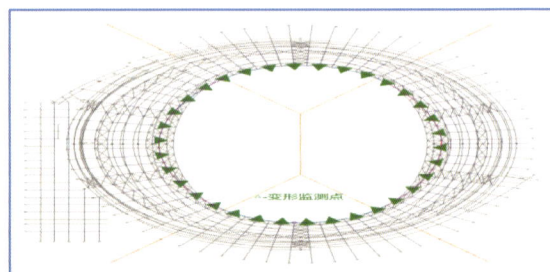

图 11　应力监测

根据设计图纸，采用 Tekla 软件对屋面钢结构建模，对超长张弦梁构件进行分段深化设计及加工，指导关键节点分析制作、圆管弯曲模具参数、相贯线下料、管口切割、检验及工厂预拼装、模拟预拼装（图 12）。

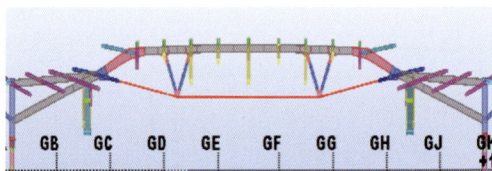

图 12　Tekla 分段深化

3A053 泰山文旅健身中心一、三标段钢结构 BIM 技术应用

团队精英介绍

刘海勇
中建八局第二建设有限公司 BIM 中心经理

注册安全工程师
工程师

从事 BIM 管理工作 7 年，先后负责济南轨道交通 R1 线、日照科技馆等多个项目的 BIM 管理工作，获得省级、国际级 BIM 大赛奖项 30 余项，发表论文 10 篇，授权实用新型专利 5 项，发明专利 1 项。

李文图
中建八局第二建设有限公司土建 BIM 工程师

工学学士
工程师

曾负责泰山文旅健身中心、山东高速智能交通产业园、绿地德州城际空间站等项目的 BIM 工作。先后获得省级、国家级 BIM 大赛奖项 20 余项，发表相关论文 4 篇。

崔绪良
中建八局第二建设有限公司土建 BIM 工程师

一级建造师
工程师

从事 BIM 工作 6 年，曾负责济南超算中心、山东黄金国际广场、济南机场综合保障楼等项目的 BIM 工作。先后获得省级、国家级 BIM 大赛奖项 20 余项，发表相关专利 2 项，论文 13 篇。

韩坤杰
泰山文旅健身中心建设项目一标段项目经理

一级建造师
高级工程师

从事建筑行业 15 年，参与的多个项目获得示范工程和多项科技成果，曾获钢结构金奖 1 项，BIM 大赛奖项 10 余项。发表论文 10 篇，专利 7 项。

李锰
泰山文旅健身中心建设项目钢结构事业部经理

工学学士
高级工程师

曾在泰安文旅体育场一、三标段和绿地国博城会展中心项目从事钢结构管理工作，任职公司钢结构事业部经理，现任济南未来畜禽种业产业园项目经理，先后获得 BIM 大赛奖项 5 项。

于美龙
泰山文旅健身中心建设项目一标段项目总工

工学学士
高级工程师

曾于日照科技文化中心、日照岚山海绵城市项目等多个项目担任总工，获得发明专利 1 项、实用新型专利 8 项、国家级 QC 成果 1 项、国家级 BIM 1 项、省部级 BIM 大赛奖项 7 项。

张克芝
中建八局第二建设有限公司安装 BIM 工程师

工学学士
工程师

参与泰山文旅健身中心、山东第一医科大学第二附属医院综合医技楼、省妇幼保健院等项目 BIM 机电管理工作，获得国家级 BIM 大赛奖项 5 项，发表论文 3 篇。

陈浩
中建八局第二建设有限公司土建 BIM 工程师

一级建造师
工程师

从事 BIM 工作 7 年，参与济南先行区安置西区、济南西客站片高铁围合等项目 BIM 土建管理工作，获得国家级 BIM 大赛奖项 10 项，发表论文 5 篇。

高飞
中建八局第二建设有限公司钢结构 BIM 工程师

工学学士
工程师

参与山东黄金国际广场、吉安娜绿地国际金融中心等多个项目的 BIM 管理工作，获得国家级 BIM 大赛奖项 10 余项。

刘丽莹
中建八局第二建设有限公司安装 BIM 工程师

工学学士
工程师

参与国际医疗大数据北方数据中心、山东大学齐鲁医院等项目 BIM 机电管理工作，获得国家级 BIM 大赛奖项 8 项，发表论文 4 篇。

莆田站基于 BIM 技术的复杂钢结构施工综合应用

中铁十二局集团建筑安装工程有限公司，中铁十二局集团有限公司

张平　左世军　张志俊　刘腾飞　武伟伟　刘东锋　梁伟　陶文金　雷飞洋　侯英龙

1　工程概况

1.1　项目简介

项目位置处于福建省莆田市秀屿区笏石镇岭美村与刘厝村交界处。建筑面积 38990.08m²，地上主体两层，局部四层，地下一层，建筑最高点标高 43.8m，结构形式为钢筋混凝土框架结构，站房候车区主体屋面为钢网架结构，进出站流线形式为上进下出，最高峰聚集人数为 2000 人（图 1）。

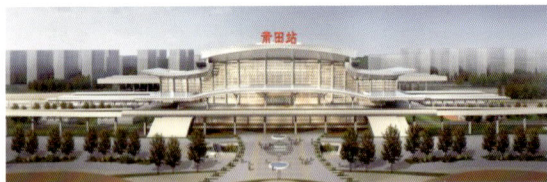

图 1　项目效果图

1.2　公司简介

中铁十二局集团有限公司是世界 500 强企业——中国铁建股份有限公司旗下综合实力最强的成员单位之一。具有铁路、公路、房建和市政施工总承包"四特级"，铁道、公路、建筑和市政行业设计"四甲级"资质。旗下一公司具有公路施工总承包特级和公路行业甲级设计资质，建筑安装公司具有房建施工总承包特级和建筑行业甲级设计资质。在册员工 14600 余名，其中各类管理技术人员超过 11000 人。企业坚持"建优质工程，树企业形象"的理念，先后荣获国家科技进步奖 10 项、鲁班奖 20 项、詹天佑奖 29 项、国优工程 58 项、省部优工程 334 项。还先后荣获全国优秀施工企业、全国守合同重信用企业、全国工程建设质量管理优秀企业、中国优秀诚信企业、全国国有企业先进基层党组织等荣誉称号。

1.3　工程重难点

（1）工程专业多，协调复杂

涵盖土建、钢结构、幕墙、信息以及客运配套设施、运营生产设备安装等 22 种专业，空间交叉作业多。

（2）施工组织难度大、风险高

新建、接长两座天桥需跨越处于营运状态的铁路线施工，且线路上方 27500V 的高压接触网距施工天桥最小距离仅有 60cm。

（3）工程工期紧张

项目从施工准备到竣工验收仅有 18 个月，而钢结构、主体、安装等专业工程又环环相扣、步步制约。

（4）创优目标高

本项目工程质量争创国家优质工程奖、中国钢结构金奖。

2　BIM 团队建设及软件配置

2.1　制度保障措施

按照现行国家标准《建筑信息模型施工应用标准》GB/T 51235，项目部先后发布关于组织实施项目信息化建设及 BIM 应用流程的指导文件。参考《铁路工程实体结构分解指南（1.0 版）》、《铁路工程信息模型分类和编码标准（1.0 版）》等 15 项铁路 BIM 标准。以模型标准、管理手段、保证措施等方面作为技术支撑，严格把控设计-施工-运维阶段的落地应用。

2.2 团队组织架构（图2）

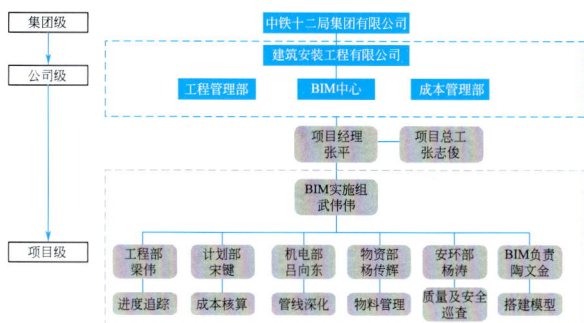

图2 团队组织架构

2.3 软件环境（表1）

软件环境　　　　　　　表1

软件名称	版本	软件功能	本项目应用
Revit	2018	模型制作	全专业建模
AutoCAD	2020	二维图纸参照	辅助建模
Navisworks	2018	碰撞检查	碰撞检查
Fuzor	2018	协同工作软件	净高分析
Midas	8.5.6	受力分析	有限元分析
3ds Max	2018	效果图制作	动画、出效果图
Lumion	8.0	场景动画演示	动画渲染、漫游

3 BIM技术重难点应用

3.1 BIM技术应用

莆田站整体钢结构概况包括钢结构网架屋盖、钢结构落客平台雨棚、钢结构新建天桥、钢结构接长天桥四个部分。其中站房屋盖采用焊接球网架结构，落客平台雨棚采用钢框架结构，新建及接长天桥采用桁架结构（图3）。

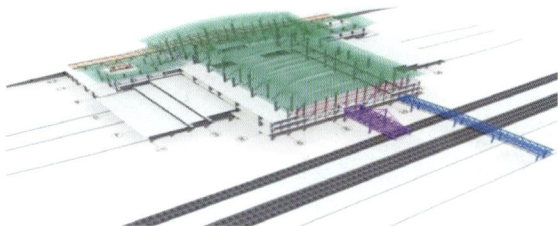

图3 屋盖钢结构示意图

本工程屋盖网架结构分为11个分区，分别为TS1～TS3三个提升分区，ZP1～ZP6六个原位拼装分区，DZ1～DZ2两个分块吊装及散拼区。TS1～TS3区结构在9.000m楼层提升拼装完成后，分块整体提升，ZP1～ZP6区网架在满堂脚手架上部原位散拼；DZ1～DZ2区采取满堂脚手架原位散拼＋分块吊装施工。整个屋盖网架分区施工顺序为：ZP1区 ZP2区→TS1区→DZ1区→DZ2区→ZP3区→ZP4区→TS2区→ZP5区→ZP6区→TS3区（图4）。

图4 网架漫游动画

钢桁架天桥在平、立面都存在弯折线形。所以在顶推施工中，天桥处于弯、扭共同作用的空间受力状态，需严格控制竖向变形。同时桁架天桥距接触网最小距离60cm，要避免其与接触网接触引发既有线故障。另外，施工时天桥处于动态运动过程，受力体系转换频繁，落梁就位精度控制难度大。

根据设计图纸和施工方案，首先分析了顶推施工在拼装支架、滑轨阶段、拼装钢桁架天桥及顶推阶段的受力和变形情况。其次通过设置位移和应力传感器对施工过程进行监测控制，保证施工的安全质量。通过建立课题研究，总结施工工艺和方法，研发相关设备和软体。其成果对今后空间双折线钢桁架小净距跨高铁营运线顶推施工具有重要指导作用（图5）。

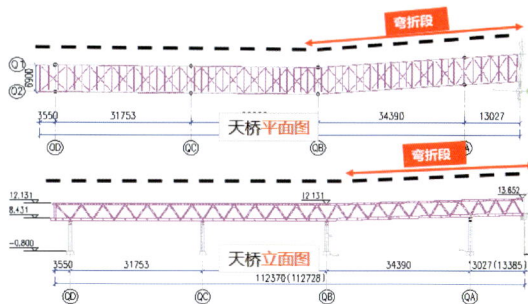

图5 图纸设计

项目自主研发基于智能云台的数字化顶推装备。通过计算机数值分析软件监控受力状态，实现天桥精细化作业。基于智能云台的数字化系统由感知层、传输层和反应层组成，通过知物云信息采集平台可全自动实现同步动作、负载均衡、姿态矫正、应力控制、操作闭锁、过程显示和故障报警等监控及操作多种功能。

项目部启用三台无人机空中动态监控，通过预推演习设置无人机点位，全方位掌握现场推进速度、人员布置、推进过程安全状态等信息。在天桥顶推单元上张贴刻度标识直观显示顶推工况，并利用4G移动通信技术把顶推工况实时传至现场指挥室大屏，把监测数据实时记录上墙，供指挥员决策。通过现场顶推工况与监测数据对比，做到了全面全过程掌控，确保了顶推施工的安全（图6）。

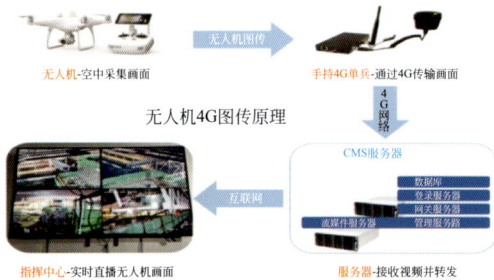

图6　无人机＋通信监控

接长天桥包括钢构件自重＋压型钢板＋栓钉＋金属屋面＋金属幕墙，运用BIM建立接长天桥全尺寸模型，通过Midas Gen 8.5.6中的施工过程有限元分析功能，对该部分结构进行拼装过程模拟，该分析考虑施工过程对结构受力的影响。最终确定采取分段式吊装，以4点吊方式分别施工（图7）。

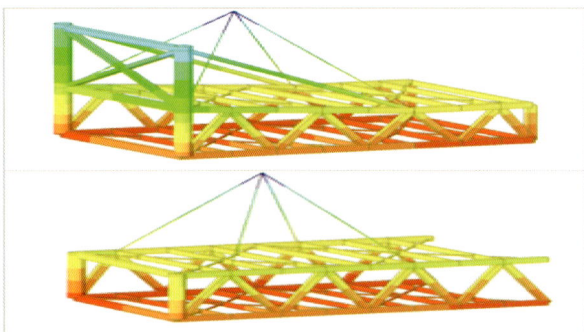

图7　形变分析计算

贯彻落实"精品工程，智能福厦"的建设主

旨，实现业主"八高九建"的建设目标。落实信息化、智能化、精细化的BIM落地管理。通过航拍正射影像、720全景，不断更新存档挂接电子沙盘，将BIM模型与工程实体紧密结合，支持查看和现场漫游，做到全方位的工程影像记录（图8）。

图8　电子沙盘模型

本工程站台雨棚为渐变曲面弧形双悬挑清水混凝土，雨棚的梁、板及加腋部分钢筋绑扎复杂，工人操作不方便，模板的加工及施工工序对现场作业极具挑战。通过BIM制作节点模型，提前处理加腋筋以及异形模板组件，形成适用于此节点生产-加工-安装的全套流程，将工序动画对班组宣贯交底，从而提高施工效率（图9）。

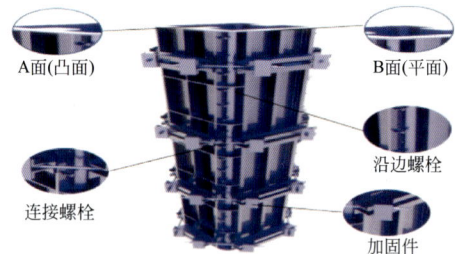

图9　异形钢模

3.2　BIM＋智慧工地应用

利用智慧工地数据决策系统，将现场智能硬件和各系统模块集成到一个平台，多维度全方面进行数据分析，并将项目关键指标通过直观图表的形式呈现在信息平台中，实现集成化、数字化、智能化管理（图10）。

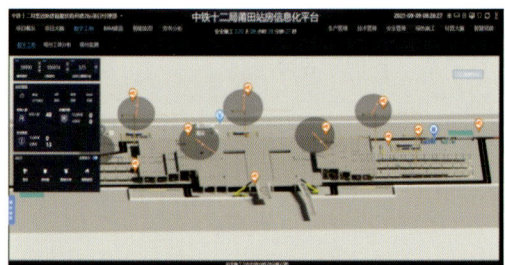

图10　生产管理系统

3A026 莆田站基于 BIM 技术的复杂钢结构施工综合应用

团队精英介绍

张 平
新建福厦铁路房建 2 标项目莆田站项目经理

一级建造师
高级工程师

主要从事工程施工技术研究，参与过广州大学城、广州动车段、重庆西站、莆田站等项目。所参与多项工程荣获鲁班奖、詹天佑奖、国家优质工程金奖、中国钢结构金奖等国家级奖项；所参与项目的 BIM 成果多次获得全国 BIM 大赛奖项。

左世军
新建福厦铁路房建 2 标项目生产经理

一级建造师
高级工程师

参与过泉州火车站、安哥拉总统小区、南龙铁路站房、新建福厦铁路站房等项目。多项工程获省级优质工程奖，发表论文 2 篇，研制专利 5 项。

张志俊
新建福厦铁路房建 2 标项目总工程师

工程师

参与过成都南站、重庆西站、徐州东站、雄安站、莆田站、福清西站等项目。发表论文 1 篇，发明专利 5 项，获 BIM 大赛成果 11 项，其中重庆西站项目、雄安站项目获得鲁班奖。

刘腾飞
新建福厦铁路房建 2 标项目副总工程师

工程师

从事工民建施工技术管理，参与过重庆西站、重庆西站综合交通枢纽（一期）、雄安站、莆田站等项目。其中重庆西站及雄安站荣获鲁班奖、安装之星，发明多项专利，发表多篇论文。

武伟伟
新建福厦铁路房建 2 标项目科技部部长

工程师

参与过南宁江湾山语城、雄安站、莆田站、福清西站等项目，主要从事施工技术管理与科技创新工作，实用新型专利 4 项，企业级工法 2 篇，获省级以上 BIM 大赛成果 12 项，参与的雄安站项目获得 2022 年度鲁班奖。

刘东锋
新建福厦铁路房建 2 标项目安全总监

高级工程师

长期从事钢结构数字化创新技术研究，参与了南龙铁路站房项目南平西站、三明南站、永南南站、徐盐铁路徐州东站、金台铁路台州站、新建福厦铁路莆田站等项目施工管理。

梁 伟
新建福厦铁路房建 2 标项目工程部部长

工程师

参与过重庆西站、日照西站、岚山西站、福清西站、莆田站等项目，主要从事施工质量管理工作。发表论文 1 篇，发明专利 1 项，企业级工法 2 篇，省级以上 BIM 大赛成果 4 项，参与的重庆西站项目获得第 17 届詹天佑奖。

陶文金
新建福厦铁路房建 2 标项目 BIM 项目经理

初级工程师

致力于项目 BIM 实施管理、技术创新等工作。参与过某新闻传播中心翻建工程、莆田站房、通州城市副中心图书馆等项目，获得中建协、中施企协、金协杯、北京市 BIM 示范工程等 20 余项 BIM 大赛奖项。

雷飞洋
新建福厦铁路房建 2 标项目 BIM 工程师

初级制冷工程师

负责公司外部 BIM 项目的实施管理、技术质量管理，先后主持西安站改扩建工程、南海子郊野公园项目、珠三角水资源项目等 BIM 工程，获第十二、第十届"龙图杯"全国 BIM 大赛施工组一等奖，其他各类 BIM 大赛奖项 30 余项。

侯英龙
新建福厦铁路房建 2 标项目 BIM 工程师

初级工程师

一直致力用 BIM 技术助力现场施工，提高施工质量。具有丰富的项目经验，参与过佛山医院、南海子郊野公园、通州城市副中心图书馆等项目，曾获"龙图杯""金标杯""优路杯"等 20 余 BIM 大奖。

悦溪正荣府 BIM 管理技术应用

中建二局第二建筑工程有限公司

陈超　邢建见　张吉祥　张衡旭　杨传党　王永峰　王平　张腾　闫天絮　邓小强

1　工程概况

1.1　项目简介（图1、图2）

序号	项目	内容		
1	建筑功能	住宅		
2	建筑特点	纯小区住宅		
3	建筑面积 (C15-1/02)	总建筑面积(m²)	59746.86		
		地下建筑面积(m²)	10866.86	地上建筑面积(m²)	48880
		标准层建筑面积(m²)	150/180		
4	建筑面积 (C16-1/02)	总建筑面积(m²)	133756		
		地下建筑面积(m²)	27170	地上建筑面积(m²)	106586
		标准层建筑面积(m²)	150/180/200		
5	建筑层数	地上	6/7/8	地下	
6	建筑层高	地下部分层高(m)	地下1层		
			地下2层		
		标准层层高(m)	3		
7	建筑高度(m)	6层	18		
		7层	21		
		8层	24		

图1　项目概况

图2　工程鸟瞰图

1.2　公司简介

中建二局二公司成立于1952年，总部设在深圳，注册资本5亿元，年施工产值在百亿元以上，是中建集团在粤港澳大湾区内第一家具有"房建＋市政""双特双甲"资质的大型建筑施工总承包企业。

公司通过了质量、环境、职业健康安全管理体系认证，先后获得国家重合同守信用企业称号、全国五一劳动奖状、全国质量安全管理先进单位、中国建筑资信百强企业、全国诚信建设优秀施工企业等荣誉。中建二局二公司始终坚持以客户为中心的理念，以打造行业、领域领先为目标，不断提升品质内涵、创新合作模式，携手各方拓展幸福空间，实现合作共赢。

公司先后承建天利中央商务广场、深圳妈湾电厂、南京扬子乙烯工程、洛界高速、郑州二七万达广场、海南会展中心、深圳华为科研中心、焦作万达等大批优质工程，所建工程荣膺1项国际大奖、3项詹天佑奖、8项鲁班奖、19项国家优质工程。

1.3　工程重难点

根据项目工程特点，决定利用BIM优势解决以下工程重难点，保证工程建设优质优效。

（1）扬尘治理严，工期紧。

（2）专业分包多，施工总承包BIM管理协调难度大。

（3）正负零以下施工工艺复杂，施工难度较大。

2　BIM团队建设及软件系统

2.1　制度保障措施

本项目依托BIM技术可视化、施工虚拟化和单位协同化等优势，在BIM策划阶段明确BIM技术应用的目的，制定相应的应用细则；在BIM实施阶段结合施工安排部署，制定BIM实施安排，确定BIM技术的应用范围；在BIM应用阶段明确各方具体任务和责任，对具体BIM应用操作人员进行专业培训和可视化交底。

2.2 BIM 组织架构

项目成立了 BIM 研究小组，针对正荣地产重庆水土项目（悦溪正荣府）的特点，配备各专业 BIM 工程师，提出更合理的设计节点与施工工艺，为建设项目顺利地实施奠定了坚实的基础（图3）。

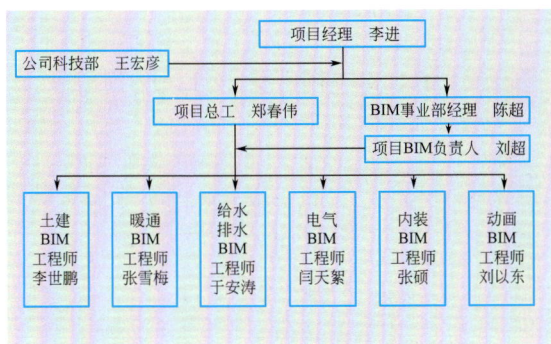

图4　土建模型

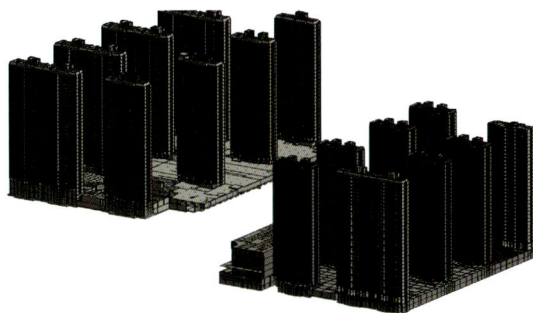

图3　项目组织架构

2.3 BIM 应用软件配置（表1）

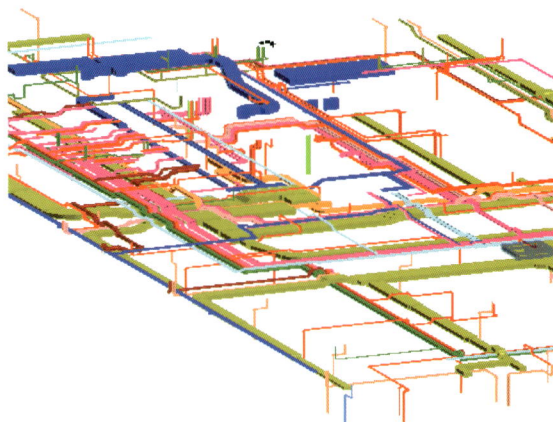

图5　机电模型

软件环境　　　　　　　　表1

软件名称	版本	软件功能	项目应用
Revit	2017	模型制作	建模
AutoCAD	2017	深化出图	辅助建模
SketchUp	2017	方案设计	制作方案
Manage	2017	数据管理	数据处理
广联达 BIM5D	2.5	技术管理	管理
Lumion	8.0	场景动画演示	动画渲染、漫游

3 BIM 技术应用情况

3.1 建立全专业 BIM 模型

根据初设图纸在 Revit 中建立建筑、结构、机电、内装模型（图4、图5）。

3.2 机电管综初步优化

将土建模型与机电模型进行整合后，对机电管综进行平面排布。减少管线交叉，使管线间距在符合规范要求的同时还能保持整洁美观（图6）。

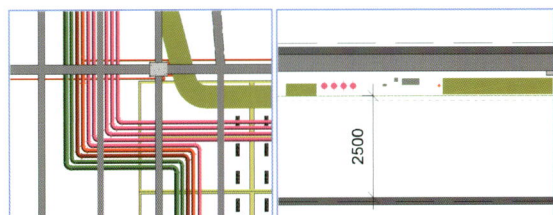

图6　管综优化设计

根据净高对管综进行立面分层排布，使管线在满足净高的情况下减少碰撞。管综有明显交叉的地方根据大管让小管、有压管让无压管等避让原则进行管线翻弯。

3.3 碰撞检测

将初步调好的管综、土建模型导入 Navisworks 中进行碰撞检测并形成碰撞报告，根据碰撞报告对管线及设备进行综合优化。对立管穿梁等不符合设计规范要求的碰撞进行标记并形成问题报告反馈给设计单位（图7）。

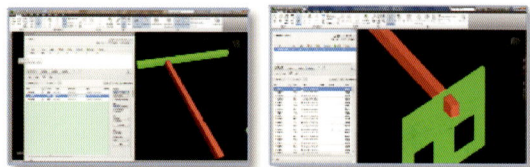

图7 土建碰撞问题

3.4 机电管综优化——支吊架深化设计

建筑、结构、机电、各专业设计优化后，根据模型出施工图，确定好现场穿插作业时的施工顺序，保证现场零拆改，无返工。

3.5 土建优化

BIM模型深化设计完成后可以确定预留套管的位置，并生成相应的平面图及剖面大样图，指导现场施工（图8）。

图8 预留套管BIM模型和墙体预留套管位置

4 BIM在施工过程管理的应用

4.1 生产管理——工程量统计

基于模型进行工程量提取，数据更加准确；项目使用BIM5D快速提取4～8层所需要的不同强度等级的混凝土量，与商务算量、实际浇筑混凝土量相对比，发现BIM5D提取的量与实际浇筑量更相近。故使用BIM5D提量可以更加精确地让现场管理人员发料，减少了混凝土的浪费，节约了成本。

4.2 安全管理——VR安全体验区布置

将项目BIM模型利用软件平台导入VR眼镜设备中，模拟建筑施工中六大安全事故，将VR技术应用于安全教育，使工人真实地体会到生死边缘的状态和内心感受，有效提高工人安全施工意识（图9）。

图9 VR安全体验

4.3 质量管理——技术交底

确保模型应用落地，由BIM工程师向现场施工班组就施工复杂部位以及工序穿插部位做技术交底。现场工程师携带手机或pad随时查阅图纸及轻量化模型，指导工人施工。

3A064 悦溪正荣府 BIM 管理技术应用

团队精英介绍

陈 超
悦溪正荣府项目总指挥
BIM 事业部副经理

工程师

先后负责羊台书苑项目、南山区科技联合大厦项目、深大艺术综合楼项目生产技术管理工作；发表论文 1 篇，获实用新型专利 3 项、省级工法 3 项、国家级 BIM 大赛奖项 12 项。

邢建见
悦溪正荣府项目 **BIM**
事业部经理

工程师

先后负责砺剑大厦项目、深圳市第二特殊教育学校项目生产技术管理工作；发表论文 3 篇，获实用新型专利 5 项、国家级 BIM 大赛奖项 8 项。

张吉祥
悦溪正荣府项目 **BIM**
事业部副经理

工程师

先后负责西丽医院改扩建代建项目、前海交易广场南区项目、成都天府万达国际医院项目生产技术管理工作；发表论文 2 篇，获实用新型专利 6 项、省级工法 3 项、国家级 BIM 大赛奖项 12 项。

张衡旭
悦溪正荣府项目 **BIM**
工程师

助理工程师

先后参与正荣观江樾项目施工总承包、朝阳西路东、薛泰路南商住项目生产技术管理工作；获国家级 BIM 大赛奖项 4 项。

杨传党
悦溪正荣府项目 **BIM**
工程师

助理工程师

先后参与前海交易广场南区项目、昆明虹桥财富中心项目生产技术管理工作；获国家级 BIM 大赛奖项 7 项。

王永峰
悦溪正荣府项目 **BIM**
工程师

助理工程师

先后参与延安万达文旅小镇项目、成都天府万达国际医院项目生产技术管理工作；获国家级 BIM 大赛奖项 5 项。

王 平
悦溪正荣府项目 **BIM**
工程师

助理工程师

先后参与汉京花园项目、武广新城项目生产技术管理工作；获国家级 BIM 大赛奖项 3 项。

张 腾
悦溪正荣府项目 **BIM**
工程师

助理工程师

先后参与深大艺术综合楼项目、南山区科技联合大厦 EPC 工程生产技术管理工作；获国家级 BIM 大赛奖项 3 项。

闫天絮
悦溪正荣府项目 **BIM**
工程师

助理工程师

先后参与深圳市第二特殊教育学校项目、深大艺术综合楼项目、生产技术管理工作；获国家级 BIM 大赛奖项 3 项。

邓小强
悦溪正荣府项目 **BIM**
工程师

助理工程师

先后参与莆田 PS 拍-2020-08 号地块、金象城商业综合体项目、项目生产技术管理工作；获国家级 BIM 大赛奖项 3 项。

临沂奥体中心钢结构工程 BIM＋数字化智慧建造综合应用

山东天元安装集团有限公司，山东天元建设机械有限公司，天元建设集团有限公司

王利东　梁荣建　王宝平　田士江　伊永强　王中伟　李安冬　陈阳　王怀鹏　王伟

1　工程概况

1.1　项目简介

临沂奥体中心项目位于西安路以北，兰州路以南，沭河路以西，孝河路以东。以柳青河为界，分为东西两区。地块总用地面积 1218 亩，总建筑面积约 47.33 万 m^2，项目总投资 76 亿元。

项目秉承绿色建筑、低碳发展理念，全方位运用海绵城市、装配式建筑、中水回收、生态驳岸、透水铺装、地源热泵系统太阳能、空气能、储能等系统、14 项绿色节能技术措施，形成较为完备的绿色低碳循环发展体系，预计每年减碳 2700t。此外，在满足承办体育赛事主体功能基础上，项目融入应急避难场地和方舱医院等功能，可同时满足 1.2 万个应急帐篷、10 万人应急避难需求，容纳 3500 个标准床位。项目建成后，将有力促进产城融合、文体商融合，成为临沂文化体育新地标（图 1）。

图 1　临沂奥体中心鸟瞰图

1.2　公司简介

天元建设集团有限公司是一家大型综合性企业集团，AAA 特级信用企业，拥有建筑工程施工总承包、市政公用工程施工总承包两个特级资质，机电安装、公路、钢结构、消防设施、装修装饰、建筑幕墙、特种设备安装改造维修（锅炉）、特种设备制造（压力容器）等近三十项国家一级资质，建筑、市政、装饰、幕墙、消防等多个设计甲级资质和建筑、市政监理甲级资质，并拥有涉外经营承包权。

山东天元安装集团有限公司成立于 1970 年，隶属于中国 500 强企业——天元建设集团有限公司，是集工业、民用建筑安装设计、施工于一体的大型企业集团。集团下设工业设备安装、消防设备安装、轻工设备安装三个分公司，集团注册资本金 1.2 亿元，资产总额 30 亿元，拥有员工 2000 余人，建造师 300 余人，具备设计、施工大型工业设备、热力工程、通风空调、消防设施、给水排水、智能化工程的专业能力。

山东天元建设机械有限公司隶属中国企业 500 强企业——天元建设集团有限公司，位于临沂市河东工业园区，为国家高新技术企业，拥有钢结构设计生产与施工、高低压成套设备与电力施工、起重机械制造、电力铁塔与通信塔、网具产品五大产业板块。被认定为山东省"专精特新企业"、临沂市建筑智能起重设备工程研究中心和"一企一技术"研发中心，获得"中国工程建设科技进步奖二等奖""河东区纳税功臣"等多项荣誉。

1.3　工程重难点

（1）超大体量钢结构"深化设计"。

（2）大跨度异形钢网架"中心支撑，分步提升"。

（3）双曲弯扭平行四边形箱形梁"精准制作"。

（4）超长梭形外弦支撑柱"精准定位"。

（5）异形双曲桁架"快速安装"。

（6）大跨度空间结构"精准合拢"。

2 BIM 团队建设及软件系统

2.1 BIM 团队组织架构（图 2）

图 2 团队组织架构

2.2 BIM 应用软件配置（表 1）

根据本工程特点及需求，对工程项目各专业建模，进行碰撞分析并模拟施工动画。

软件环境 表 1

序号	配置软件	主要用途
1	Tekla	钢结构模型创建,钢结构深化出图,钢结构材料统计,碰撞检查,效果展示等
2	CAD	设计蓝图查看和审查分析,三维模型的二维图纸出图,部分复杂模型需要 CAD 格式的转换,某些插件、应用的操作基础平台,制作复杂模型参考线形等
3	Revit	土建、机电、钢结构等模型建模,参数化设计,数据交互,工程量统计,方案优化
4	Rhino	三维造型建模,曲面模型处理,复杂节点、构件线形处理
5	Navisworks	模型整合,4D 施工模拟动画,碰撞检查,建筑及结构的可视化和仿真

3 BIM 技术应用情况

3.1 深化设计阶段应用

（1）模型创建

创建钢结构、围护结构、场布、建筑等各专业模型，深度达 LOD400，在深化设计阶段、加工制造阶段、施工阶段分别进行了大量的应用创新，实现了模型优化应用、施工平面管理优化、数据协同共享，物料追踪、质量安全管理等 BIM 技术应用（图 3）。

图 3 建筑模型

（2）钢结构节点优化

对各专业复杂节点、重难点部位、钢构件等进行 BIM 模型创建与优化，规避设计问题，深化过程将模型还原至与现场状态一致，保证优化节点既满足设计规范，也符合施工流程。优化节点共 30 余种，对工艺、现场、施工难点进行预处理 200 余处，把图纸中不宜施工和加工的节点进行优化，可以显著节约成本和缩短工期，提高项目的综合效益（图 4）。

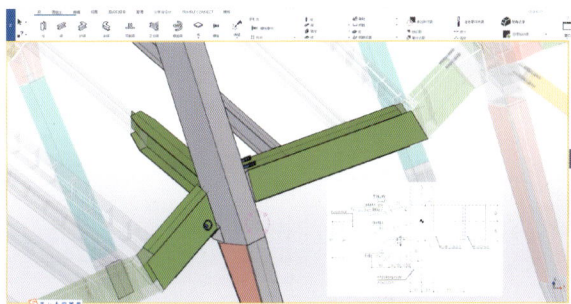

图 4 钢结构节点优化

（3）碰撞检查

创建相应专业的模型，进行模型汇总合并，在同一环境下进行碰撞检测，通过校核管理器快速定位碰撞的位置，根据碰撞报告碰撞点，对各专业图纸进行设计整改，大幅提高质量及效率。

（4）图纸会审

采用现场会议与网络会议 Web-BIM 模式相结合。在图纸会审中，为各参与方沟通和决策提供数据的直观支持，简单易懂，便于修改，避免沟通误区，提高图审效率，实现对项目难点的把控。

3.2　加工制造阶段应用

（1）BIM＋ERP 精细化材料管理

奥体中心工程量巨大，总用钢量 5 万余吨，通过 BIM 模型得到精确的材料用量，使用 ERP 管理系统制定物料采购计划、批次生产计划，去库存，提生产，降低资金占用，助力企业精益生产，降本增效（图5）。

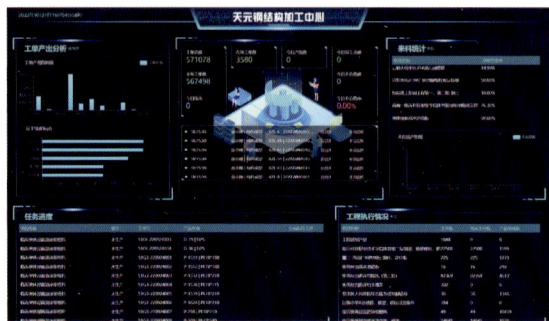

图 5　BIM＋ERP 管理中枢

（2）自动化数字集成加工

深化校核 BIM 模型后，软件自动分解零件图，将零件图汇总导入数控设备即可生成下料文件，全程自动化，无人为因素的干扰，大大减少技术员的工作量，数据准确，提升效率，提高材料的利用率 2.4％。

3.3　现场施工阶段应用

（1）施工现场平面布置

基于 BIM 模型，运用 BIM 技术进行三维施工空间布置，通过模拟优化确定现场道路、材料堆放、办公生活区、汽车起重机、塔式起重机、履带起重机等位置，为后续施工奠定基础，提高施工效率及质量（图6）。

（2）构件信息全记录

从构件下单、加工制作、出厂、运输、进场、吊装等进行物流追踪，真正实现材料溯源，闭环管理（图7）。

图 6　施工区布置

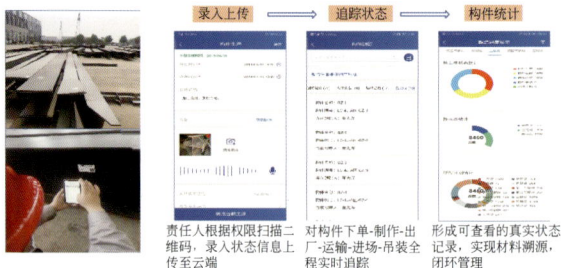

责任人根据权限扫描二维码，录入状态信息上传至云端　对构件下单-制作-出厂-运输-进场-吊装全程实时追踪　形成可查看的真实状态记录，实现材料溯源，闭环管理

图 7　构件信息记录

（3）质量安全管理

质量安全方面，项目制定了施工质量安全 BIM 管理流程，施工管理人员将现场发现的质量安全问题直接上传至云端，由相关责任人跟踪处理。同时，建立质量安全分级管理制度，实现项目质量安全管理的流程化、规范化，实行劳务质量水平考评制度，不断提高施工现场质量安全管理（图8）。

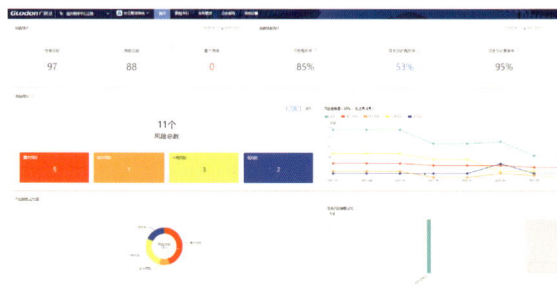

图 8　构件信息记录

（4）进度管理

将施工计划与模型关联，形成施工进度计划模拟，基于 BIM 技术的 4D 进度管理，按照时间进程动态化演示施工过程，以此为依据安排最合理的施工进度。通过实时联动，对比实际进度和计划进度，提前预警进度偏差。

3A066 临沂奥体中心钢结构工程 BIM＋数字化智慧建造综合应用

团队精英介绍

王利东
临沂奥体中心项目项目经理

高级工程师

历任青岛西客站、临沂高铁北站、济东制造等大型钢结构工程项目经理，获省部级工法 3 项、国家发明专利 3 项、中施企协科学技术进步奖二等奖、中施企协工程建造微创新大赛一等奖、中施企协会首届工程建设行业 BIM 大赛二等成果等。

梁荣建
临沂奥体中心项目总工程师

一级建造师
研究员

先后主持国家临产工业科技示范园区探沂片区、浪潮科技园 S02 科研楼等大型工程，长期负责工程技术管理、BIM 管理等，获得各类工程奖 12 项、专利 12 项、省部级工法 4 项、中建协第七届建设工程 BIM 大赛一等奖等。

王宝平
临沂奥体中心项目总工程师

高级工程师

主持"面向智能制造的钢结构装配式学校建筑成套技术研究与应用示范"等部级课题研究工作。发表核心期刊论文 6 篇，获得国家发明专利 2 项、中施企协科学技术进步奖二等奖、中施企协工程建造微创新大赛一等奖等。

田士江
临沂奥体中心项目技术部部长

一级建造师
高级工程师

主持"大跨度体育场馆高效建造关键技术研究与应用"等省级课题研究工作。长期负责工程课题研究管理等，参与的项目获得鲁班奖、泰山杯奖等工程质量奖，获得专利 10 项、省部级工法 3 项、省级工程建设 BIM 奖 10 余项等。

伊永强
临沂奥体中心项目 BIM 负责人

工程师

负责 BIM 技术标准化工作，制定实施流程，协调 BIM 组织工作。荣获省部级工法 QC 成果共 5 项、第一届山东省建设行业建筑信息模型应用竞赛二等奖、第三届山东省建设工程 BIM 应用成果二等奖等。

王中伟
临沂奥体中心项目技术员

工程师

负责项目 BIM 实施方案的落实，负责 BIM 平台端的应用和管理、三维漫游、施工工艺模拟。荣获省部级工法 QC 成果 4 项、第一届山东省建设行业建筑信息模型应用竞赛二等奖等多项 BIM 大赛奖项。

李安冬
临沂奥体中心项目技术员

工程师

负责钢结构专业技术工作，深化钢结构专业图纸，先后参建临沂市第十一中学太原路校区、全民健身中等项目。荣获中国建筑业协会工程建设质量管理小组活动二类成果及省级工法 2 项。

陈阳
临沂奥体中心项目技术员

工程师

负责项目科技创新管理工作，参与"面向智能制造的钢结构装配式学校建筑成套技术研究与应用示范"等部级课题研究工作。先后获得 4 项省部级工法、6 项专利、10 项 QC 成果奖等。

王怀鹏
临沂奥体中心项目技术员

工程师

先后参建青岛西站换乘中心及配套工程项目、临沂北站、泰盛广场城市商业综合体等工程。荣获 2021 年度山东省建筑信息模型技术应用大赛施工组单项类一等奖。

王伟
临沂奥体中心项目技术员

工程师

先后参建沂水金龙山田园综合体、芜湖轨道裕安路站、垦利区第四实验小学等项目。荣获 2021 年度山东省建筑信息模型技术应用大赛施工组单项类一等奖。

BIM 技术在 ABB 重庆两江新区变压器智能制造基地迁建项目中的应用

中冶建工集团有限公司，智辰云科（重庆）科技有限公司

敬承钱　吴斌　刘观奇　杨冲　黄鹏　李林杰　颜玉亮　应丽君　肖凡　倪培洪

1　工程概况

1.1　项目简介

ABB 重庆变压器智能制造基地迁建项目位于重庆两江新区鱼复工业园，占地面积约 12.9 万 m^2，总建筑面积约 7.5 万 m^2。由变压器厂房、油箱厂房、绝缘厂房 3 座主厂房，以及废料库及污水处理厂、危化品库、净油站及油库、食堂、综合楼、门卫室等配套建筑共 9 个单体组成（图 1）。

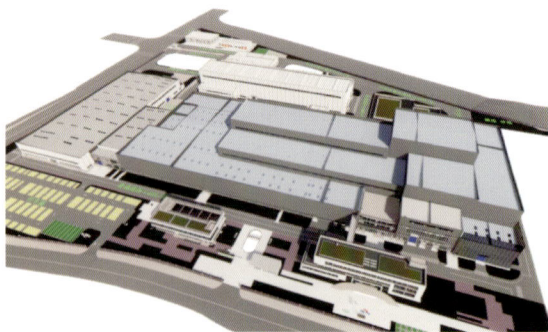

图 1　项目总体布置图

主体结构形式为单层钢结构，局部采用单层或多层钢筋混凝土框架结构，钢结构工程量约 1.1 万 t；机电工程分为电力配电、智能化、动力、电气、暖通、给水排水、消防、室外管网等分项工程，合同额占比约 34.1%。

本项目是重庆市九龙坡区、两江新区产业结构调整、区域资源整合优化的重点项目，于 2023 年 3 月整体竣工投产，并将形成以重庆为中心，辐射全国乃至世界变压器生产的配套体系。

1.2　公司简介

中冶建工集团有限公司（简称"中冶建工"）

始建于 1965 年 9 月，是世界 500 强企业中国五矿旗下重要骨干子企业，是上市公司中国中冶核心子公司，是集投资与建设于一体的综合性企业集团，为国家高新技术企业。主营业务涵盖工程施工总承包及专业承包、房地产开发、装备制造、商品混凝土生产及销售等，为用户提供项目咨询、策划、投融资、勘察设计、施工建设、运维管理等全过程、全生命周期服务。

作为重庆地区唯一"四特十甲"资质建筑业企业，中冶建工致力于先进施工技术、施工工艺的研发和应用，以管理和技术为支撑，在全国各地创造了 300 余项国家级、省部级优质工程。

1.3　工程重难点

（1）钢结构、机电管线、设备设施等专业交叉作业多，交错施工相互影响大。

（2）钢构件超重、超长，吊装作业属于危大、超危大的分部分项工程。

（3）变压器厂房各区域高低错落，金属围护排板与钢结构深度融合难度较大。

（4）管线类别多，分布复杂交错，与钢结构的碰撞问题较多，综合排布困难。

2　BIM 团队建设及软件配置

2.1　BIM 组织与团队

基于项目特点分别成立钢结构 BIM 与土建机电 BIM 应用团队，发扬中冶集团"一天也不耽误、一天也不懈怠"的企业精神，紧密结合施工实际，相互协调配合，为项目顺利实施和 BIM 技术的落地应用提供人才队伍支撑。团队组成见图 2。

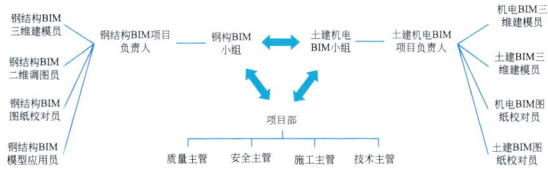

图2 团队组成

2.2 BIM 应用软件配置（表1）

软件配置情况 表1

软件名称	在项目中的作用
Tekla	建立钢结构三维模型,设计钢结构节点,钢结构、围护系统深化详图出图,生成材料清单报表,进行可视化交底
Revit	进行土建、机电专业建模和管线深化
Navisworks	多专业模型整合,进行碰撞检查,出具碰撞报告,模型漫游
3ds Max	施工模拟与动画渲染
轻筑云	轻量化平台项目安全、质量、进度信息管理

3 BIM 技术重难点应用

3.1 钢结构深化设计

（1）基于 Tekla 对钢结构开展钢结构建模与深化设计出图。深化设计内容包括钢柱、钢梁、屋架梁、钢网架、钢筋桁架楼承板、吊车梁系统、围护系统等。由于厂房面积大，功能分区多，钢结构BIM模型的建立则按照区域划分协同建模后整合（图3）。

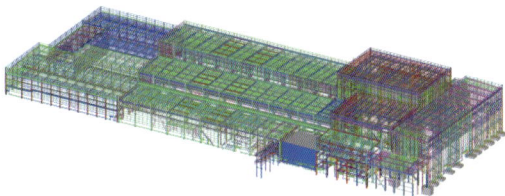

图3 变压器厂房钢结构模型

（2）钢结构节点设计与深化。对复杂节点进行三维放样和精细建模；对超重、超长构件合理设计分节分段；考虑构件安装便捷性和精度控制可行性，设计悬空锚栓固定支架和围护结构施工操作平台装配式移动桁架，保证了结构主体施工质量优良，辅助措施安全可靠（图4）。

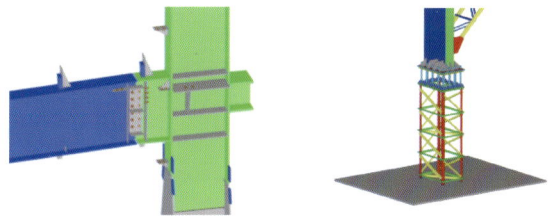

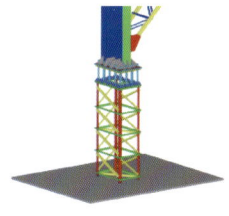

(a) 节点深化   (b) 锚栓支架设计

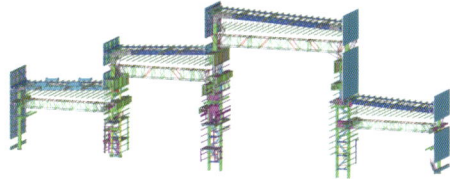

(c) 装配式移动桁架操作平台

图4 钢结构节点设计与深化

（3）围护结构深化与排板。在钢结构深化模型中进行围护系统建模排板与相关节点的深化，将围护结构深化与主体结构深化深度融合，协同考虑洞口收边收口与排板分缝的完美结合，通过模型直观查看建筑外观效果。深化后的板材由系统自动编号、分类统计，辅助现场备料与安装。

3.2 管线综合优化

（1）洞口校核与碰撞检查。机电模型中管线与钢结构预留洞口的关系直观可见，截取碰撞点位及时反馈各专业设计人员、BIM深化人员核对图纸的准确性。

（2）管线优化排布。针对各层走道等管线密集处，通过优化设备在建筑结构空间中的布置，提高设备管线的空间利用率，并提出管综优化点位总计452个，经设计单位、建设单位讨论并确认后，进行整体机电模型管综优化（图5）。

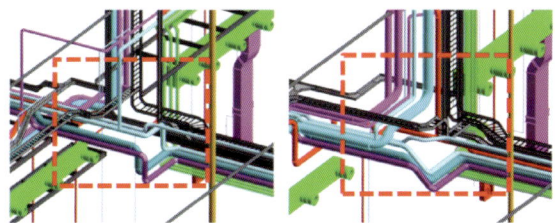

● 优化前   ● 优化后

图5 管线综合优化前后对比

（3）管线支吊架设计模型见图6。

（4）冷冻机房三维模型见图7。

图 6　管线支吊架设计模型

图 7　冷冻机房三维模型

3.3　BIM 技术综合应用

利用场地模型，对施工临建进行三维设计，场地布置模型包括临建板房、临时建筑、场区大门、道路、大型机械设备、现场监控布设等要素（图 8）。

图 8　施工场地综合布置

施工动态模拟。利用 BIM 技术对项目的关键施工过程进行动态模拟，施工方案设计人员可通过动态演示来检验钢结构和设备安装施工方案的可行性，观测到可能存在的隐患和问题，突破二维局限性，帮助管理人员寻找、优化和确定解决问题的方法，有效避免各种风险，并以此为基础指导现场作业，使工程进展更加顺利。

施工仿真分析。通过构建大跨度连续檩条与吊顶板施工的装配式移动支架模型进行模拟分析，

检验桁架结构设计的安全性，形成施工荷载下的应力、应变云图，直观呈现出对结构整个施工过程的控制并最终实现正确的形状尺寸（图 9）。

图 9　装配式移动支架仿真分析结果

复杂节点可视化交底。应用 BIM 模型可视化直观展示和阐释建筑结构、复杂节点、施工方法、工艺流程、质量要求、安全措施，有效促进机电安装工程管理人员与操作人员对交底内容的沟通与理解（图 10）。

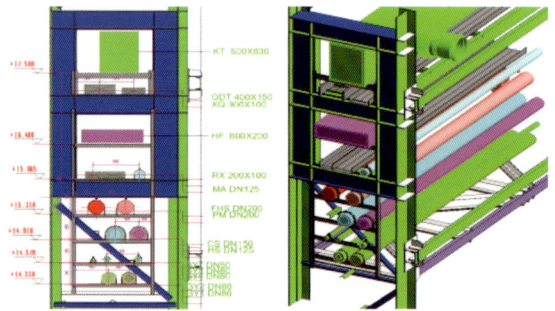

图 10　管线施工可视化交底

本项目各参建方运用筑聊智能建造平台，快速接收、发送工程文档资料、现场照片、场景视图等附件。涵盖安防安保、运行管理、日常管理三个大类，将项目施工现场质量、安全、进度的过程跟踪与管控信息整合，以 BIM 模型为载体，对现场进行实时把控，提高厂房管理效率约 30%。

4　总结

本项目应用 BIM 技术进行施工阶段的钢结构与机电专业协同深化、模拟与分析、过程跟踪管控等工作，很好地解决了项目专业交叉碰撞多、管线综合排布难度大，进度、安全、质量要求高等问题，对项目顺利实施起到极大的推动作用，提高了施工现场管理效率，减少返工，节省材料，有效保证了进度节点、质量优良、安全施工、成本控制等管理目标，实现了较好的经济效益。

3A072 BIM 技术在 ABB 重庆两江新区变压器智能制造基地迁建项目中的应用

团队精英介绍

敬承钱

中冶建工集团建筑工业公司副总经理

一级建造师
注册结构工程师
正高级工程师

负责公司的钢结构设计与技术研发、BIM 技术应用与管理工作。致力于技术创新与研发工作，着力应用 BIM 技术解决钢结构工程关键技术难题。获省部级设计奖 2 项，省部级科技成果奖 2 项，拥有专利、工法 20 项，以及多项省部级与国家级 BIM 奖项。

吴　斌

ABB 重庆两江新区变压器智能制造基地迁建项目项目经理

一级建造师
高级工程师

历任渝北移动生产楼、重庆金属材料加工中心、重庆工业职业技术学院新校区、中国移动数据中心二期、首钢空港项目（I9-1/03、I9-3/03 号地块）等大型工程项目经理。荣获多项优质工程、科学技术奖项。

刘观奇

中冶建工集团建筑工业公司设计中心主任

一级建造师
工程师

从事钢结构设计、深化设计工作，熟悉各类钢结构生产与安装工艺，为本工程 BIM 技术应用主要负责人、校审人，参与的多个项目在各类 BIM 大赛中获奖。

杨　冲

ABB 重庆两江新区变压器智能制造基地迁建项目技术负责人

一级建造师
工程师

长期负责技术管理、BIM 管理工作，获得全国冶金建设行业优质工程奖、重庆市"巴渝杯"优质工程奖、"三峡杯"优质结构工程奖、重庆市 BIM 大赛二等成果奖。

黄　鹏

ABB 重庆两江新区变压器智能制造基地迁建项目钢结构技术负责人

工程师

先后参与重庆轨道交通一号线工程、重庆大学虎溪校区体育中心项目工程等重点工程建设，获得中国钢结构金奖、重庆市第六届建设工程 BIM 大赛二等奖。

李林杰

ABB 重庆两江新区变压器智能制造基地迁建项目质量主管

助理工程师

参与的中国移动（重庆）数据中心二期建设项目工程先后荣获重庆市"巴渝杯"优质工程奖、"三峡杯"优质结构工程奖、重庆市 QC 成果二等奖；本项目荣获重庆市 BIM 大赛二等成果奖，发明专利 1 项。

颜玉亮

中冶建工集团建筑工业公司

工程师

长期从事钢结构设计、深化设计、围护结构设计工作。

应丽君

中冶建工集团建筑工业公司

工程师
BIM 高级建模师

从事钢结构深化设计和 BIM 技术建模与应用，熟悉钢结构工程的信息化、BIM 成果申报工作。

肖　凡

智辰云科（重庆）科技有限公司

助理工程师

从事机电 BIM 建模、审核、管综、出图、施工指导工作；负责本项目室内外机电建模、管综、出图、施工指导。

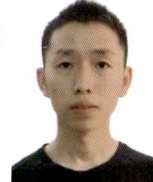

倪培洪

智辰云科（重庆）科技有限公司

BIM 高级建模师

先后参与莆田 PS 拍-2020-08 号地块、金象城商业综合体项目、项目生产技术管理工作，获国家级 BIM 奖项 3 项。

安庆经开区智慧制造产业园（二期）项目 BIM 综合应用

中建安装集团有限公司

王少华　朱家栋　冯满　卓旬　何嘉　张宏晨　牛元　赵殿磊　陈亚迪　刘彬

1　工程概况

1.1　项目简介

本项目为安庆经开区智慧制造产业园（二期）项目南地块施工项目，总建筑面积约 10 万 m²，主要包括 1 号联合厂房、联合厂房连廊等其他设施（图 1）。

工程名称	安庆经开区智慧制造产业园(二期)项目(南地块)
工程地址	安庆市经开区皖江大道以北、环城东路以西
合同范围	主要包括冲焊联合厂房、焊涂连廊、能源中心二、员工停车场、1号门、4号门、厂区工程(南)、厂区围墙(南)、厂房特构、基坑支护、110kV变电站等其他附属配套设施
合同工期	土建工期365日历天(2021.9.30至2022.09.30)
合同总价	4.3亿
总建筑面积	10万m²
建设单位	安庆新能源投资发展有限公司
使用单位	安徽江淮汽车股份有限公司
监理单位	合肥市工程建设监理有限公司
总承包单位	中建安装集团有限公司
社会影响	为安庆市经开区重点项目，推动江淮汽车新能源乘用车在安徽省内布局，同时为安庆迎江经济开发区注入新活力，为"十四五"战略发展奠定基础

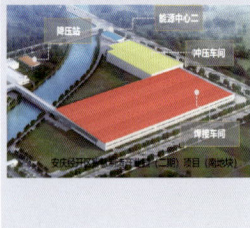

图 1　项目鸟瞰图

1.2　公司简介

中建安装集团有限公司于 1991 年 03 月 24 日成立。公司经营范围包括：电力设施承装、承修、承试（凭许可证经营）；压力管道、起重机械和锅炉安装、改造、维修；压力容器制造；工业设备安装工程、石油化工工程、市政工程、环保工程、机电设备安装工程、钢结构工程、房屋建筑工程、消防工程、管道工程、成品油储运工程、建筑智能化设计、施工、咨询；建筑机械租赁；建筑材料销售；特种设备安装、改装、维修（凭资质证书经营）；压力管道设计；压力容器设计；医药化工、石化行业、食品工业工程设计；建筑工程设计；晒图；包装材料设计；工程（化工、医药、建筑、石化）咨询；装卸、搬运（起重、吊装）；自营和代理各类商品和技术的进出口业务（国家限定公司经营或禁止进出口的商品和技术除外）等。

1.3　工程重难点

（1）安庆经开区重点项目，关注度高，项目周期紧，工程标准高。

项目业主要求采用数字创新与信息技术，工期紧急，进度要求严格，各方急需高精度高标准的模型来指导现场施工。各级领导视察指导频繁，各项高标准促使我们需要采用高效的信息化的方法和数字化的技术管理手段全方位提高施工及质量水平。

（2）专业间协调难度大。

钢结构安装阶段与土建混凝土施工同步进行或交叉进行，特别是钢柱与土建施工相当密切，钢柱的安装受混凝土施工影响较大。同一施工区域专业施工交叉较多，协调量大，专业接口及交叉作业存在于工程施工的各个阶段，各专业间交叉施工复杂、协调配合要求高、施工组织难度大。

（3）机电专业及系统较多，机电管线复杂，综合布线工作量大且要求高。机电专业包括空调水系统、空调通风系统、防排烟系统、压缩空气系统、给水排水系统、消火栓系统、消防喷淋系统、压力污水系统、综合布线系统等，专业及系统较多。本项目包含常规机电工程各类管线安装，图纸深化和施工阶段需要解决众多技术难题，其中管线交叉施工工序是控制重点。

（4）钢结构体系复杂、节点类型多。

项目包括钢柱、钢梁、主次钢桁架等结构的制作、安装，加工复杂，节点繁多。

多大跨度钢梁及桁架安装厂房跨度 170m，分为 6 跨，最大单跨宽度 30m，主桁架单榀最大重

21t，次桁架单榀最大重 7t，精度要求高，安装难度大。

2 BIM 团队建设及软件系统

2.1 制度保障措施

依据国家标准、企业标准、项目应用方案对本项目 BIM 模型进行标准化构建和应用。

2.2 项目 BIM 团队介绍

为适应本项目体量大、系统复杂、机电管线多、工期紧、模型精度要求高等特点，协同各职能部门对项目各阶段、各维度提供技术支持与管理，组建了专业深化设计团队，BIM 专业技能人员持证上岗率 85%，其中获得图学会二级证书人员占比 3/4。

2.3 BIM 应用软硬件配置

本次 BIM 设计实施分成两个小组，BIM 中心组与施工现场组。BIM 中心组主要负责总体模型的建立及一些对电脑配置要求较高的工作，例如动画模拟等；施工现场组主要针对现场变更、疑问、业主要求等的局部调整，真正做到深化与施工相结合、全员参与深化。针对不同需求点，配置多种智能设备，辅助 BIM 应用推行。

（1）专业服务器

保障数据安全提高协作效率。

（2）BIM 工作站

配备 4 台工作站，1 台移动工作站

分专业建模及过程模型维护变更，辅助各部门进行平台信息录入。

（3）移动客户端

信息化管理应用、数据采集、处理与反馈。

（4）二维码扫描器

通过二维码物资管理系统，追踪构件进场、安装计划。

（5）VR 设备

模型方案协同沟通，针对管线复杂处进行沉浸式技术方案交底。

3 BIM 技术创新应用

3.1 钢结构智能化设计软件

基于 Tekla 软件利用其开放的 API 应用软件编程接口，采用 C# 编程语言，开发形成了钢结构节点智能化设计软件，该软件可实现钢结构节点计算分析、深化建模和详图绘制的一体化、智能化（图 2）。

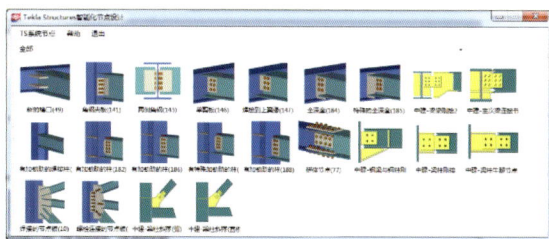

图 2　软件整体界面示意图

在节点主界面上点选需要设计的节点编号后，弹出设计界面，选择节点的必要配置参数（如螺栓直径、螺栓性能等级、螺栓连接类型、角钢材料、摩擦系数以及角钢与次构件的连接形式），输入节点内力，点击"加载节点"后点击 BIM 模型相应构件，生成节点。

3.2 企业族库平台

企业族库为中建安装特色族库，分为公有标准族库、子企业特色族库、精细化 BIM 族等（图 3）。

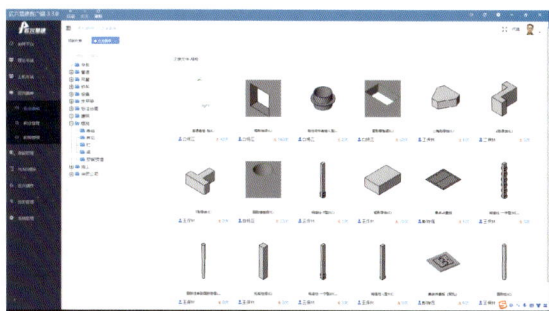

图 3　中建安装企业族库示意图

3.3 管道自动拆分插件

根据网络位置对机电模型进行切割，切割完成后，按照编码规则对模块进行编码（图4）。

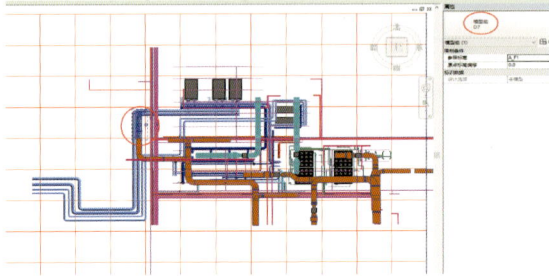

图4 管道自动拆分

3.4 支吊架自动布置插件

基于 Revit 平台开发支吊架自动布置系统，具有支吊架的计算、选型、布置、材料统计和出图等功能，能够对支吊架进行快速计算选型布置，极大提升了支吊架设置的准确性及效率（图5）。

图5 一键完成支吊架设置示意图

3.5 模型审查软件

自主研发的模型审核软件主要针对模型中的软碰撞、硬碰撞以及质量验收规范以及防火规范等国家标准要求的标准来进行审核，从而减少人为检查中的疏漏，更加高效。

3.6 企业焊接管理平台

焊接管理平台基于信息化、智能化技术，从项目信息、管线焊口信息、焊接工艺设计、焊接排产派工、焊接质量、施工进度完整环节的闭环数据关联及分析模型，实现了管道焊接的全流程信息化管理，达到了工程质量的可追溯和生产过程的精细化管理。

4 BIM 应用成果总结

（1）经济效益

1）在原有设计基础上对局部施工图进行优化设计，使原有设计更合理、更经济、更安全、更便于施工。

2）对施工组织设计（方案）进行优化，优化工艺节点、杜绝窝工、减少材料浪费等，实现对工程成本的有效控制，从而提高项目的总体经济收益。

3）施工前，通过 BIM 技术对现场管线的综合排布及装配式综合支架和标准化集成配件解决了管线凌乱的问题，直管段模型指导现场施工，大大缩短工期，约缩短工期 15 天，减少 $15 \times 3650 + 15 \times 50000 = 804750$ 元。

4）运用 BIM 技术，将地铁项目风管生成下料图，进行工厂化预制，减少了通风系统管道对施工现场场地的依赖，同时提高工效缩短工期。

5）运用 BIM 插件进行电缆建模，调整了电缆路由，优化了桥架型号，为项目节省电缆用量，节约成本约 46.8 万元。

（2）环境效益

本工程使用 BIM 技术，大量使用装配式等新技术，减少了现场作业给城市带来的负担，减少了环境污染，提高了国土资源的利用效率，为公司和社会创造了更多的财富。

3A074 安庆经开区智慧制造产业园（二期）项目 BIM 综合应用

团队精英介绍

王少华
中建安装上海公司总工程师项目总指挥

一级建造师
高级工程师
中国施工企业管理协会科技专家

长期从事数字化、智能化建造技术研究工作，曾获得国优工程 2 项，多次获得上海市优秀 QC 成果一等奖，多次获得国家级 BIM 大赛一等奖，参编出版著作 4 部，累计授权发明专利 4 项、实用新型专利 13 项，发表论文 11 篇。

朱家栋
中建安装上海公司技术质量部副经理

工程师

长期从事数字化创新技术研究工作，曾获得国际 BIM 大赛一等奖 1 项，国家级 BIM 大赛三等奖 1 项，省级以上 BIM 大赛一等奖 5 项、二等奖 2 项；累计授权发明专利 6 项，发表论文 3 篇。

冯 满
中建安装上海公司技术质量部经理

硕士研究生
高级工程师

长期从事钢结构数字化、钢结构质量管理工作，曾获上海市工程建设 QC 小组活动优秀推进者、上海市工程建设质量管理优秀经理人、上海市工程建设质量管理小组活动先进工作者等称号，发表论文 5 篇。

卓 旬
中建安装工程研究院研发工程师

一级建造师
硕士研究生
高级工程师

长期从事钢结构数字化创新技术研究工作，曾获省部级科技奖 5 项，国家级 BIM 大赛一等奖 1 项、省级 BIM 大赛一等奖 3 项，参编出版著作 4 部，累计授权发明专利 4 项、实用新型专利 13 项，发表论文 11 篇。

何 嘉
中建安装上海公司数字化建造负责人

硕士研究生
工程师

长期从事 BIM 数字化创新技术研究工作，曾获国家级 BIM 大赛一等奖 5 项、二等奖 5 项，省级以上 BIM 大赛一等奖 3 项，累计授权发明专利 6 项、实用新型专利 5 项，发表论文 3 篇。

张宏晨
中建安装上海公司 BIM 研发工程师

硕士研究生
工程师

长期从事建筑信息可视化研究工作，曾获得江苏省安装协会一等奖 1 项、新基建杯一等奖 2 项、上海建筑施工行业二等奖 3 项、江苏省安装协会二等奖 1 项、创新杯 BIM 应用大赛二等奖 1 项。

牛 元
安庆经开区智慧制造产业园（二期）南地块项目总工

工程师

从事钢结构工程施工管理工作 6 年，先后获得省级工法 1 项，QC 成果 1 项，国家级 BIM 奖项 1 项，在核心期刊发表专业论文 2 篇，主要负责项目施工管理、成本管控、BIM 应用等工作。

赵殿磊
安庆经开区智慧制造产业园（二期）南地块项目经理

工程师

从事钢结构工程施工管理工作 10 年，曾获得合肥市优质结构工程、安徽省优质结构工程、安徽省安全标准化示范工地、安徽省黄山杯、2009 年鲁班奖等。

陈亚迪
中建安装上海公司 BIM 工程师

工程师

长期从事民用建筑、工业厂房等机电 BIM 建模工作，曾获得新基建杯一等奖 1 项、苏安协一等奖 1 项、上施协二等奖 1 项。

刘 彬
中建安装 BIM 技术管理业务经理

高级工程师

作为多个国家行业协会 BIM 专家（中安协、中施企业等），参编《机电工程新技术》《中建智慧建造技术应用》等书籍，参与制定公司 BIM 制度与标准。

贵南高铁南宁北站钢结构 BIM 与信息化创新应用

云桂铁路广西有限责任公司，中铁建设集团有限公司，
中国铁道科学研究院集团有限公司电子计算技术研究所

楼捍卫　白俊　范涛　刘国伟　陈增　崔灿灿　常攀龙　王超　郭祥　李春红

1　工程概况

贵南高铁是我国规划的"八纵八横"高速铁路网中包头至海口的重要组成路段，是连接中西部两个重要省区省会城市的重要交通纽带，衔接"一带一路"陆路南北新通道的重要组成部分，具有十分重要的战略意义。建成后，将与成贵高铁、贵广高铁、渝黔高铁等共同构成川渝黔及西北地区至华南沿海地区间旅客交流的快速铁路通道，形成川渝黔及西北地区与南宁、北部湾、粤西、海南及东盟国家等地区旅客交流的便捷主通道。

南宁北站位于南宁市武鸣城区。站房为线侧＋高架式布局，采用上进下出的流线组织方式，建筑面积为 32079.6m²，站场规模为 3 台 8 线，高峰期每小时发送旅客 3000 人，为大型铁路旅客站房（图1）。

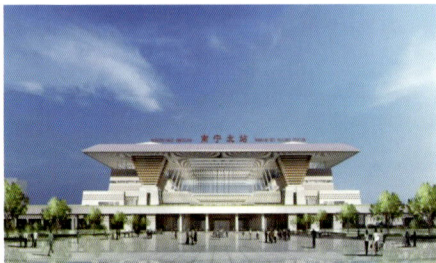

图1　项目效果图

南宁北站站房区屋盖投影尺寸为 201m×160m，最大建筑高度为 33.5m，钢结构主要包含站房钢柱、钢屋盖及高架夹层钢框架。站台区钢结构主要为站台钢雨棚，分为站台柱雨棚和无站台柱雨棚，分布在站房两侧，长度约116m。屋面钢结构形式为钢桁架＋钢网架的组合结构，屋面材料为铝镁锰金属屋面。站台区钢结构形式为"Y"形箱形截面梁框架结构，站台雨棚屋面材料为金属压型钢板（图2）。

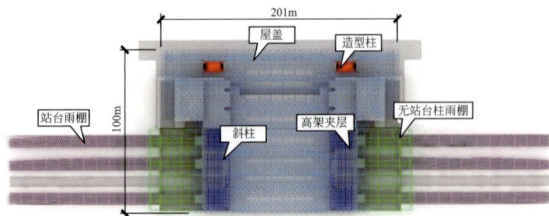

图2　项目钢结构分布图

2　BIM 团队建设及软件配置

2.1　制度保障措施

（1）建设单位：统一协调、管理项目 BIM 工作；确定各方职责，各阶段 BIM 应用范围及深度；对 BIM 成果及现场应用情况进行验收。

（2）设计单位：负责 BIM 及设计阶段的应用，包括制定各阶段 BIM 应用标准及 BIM 数据标准；基于 BIM 技术进行方案设计，制作设计阶段 BIM 模型。

（3）施工单位：全面负责 BIM 技术在施工阶段的应用，主要包括 BIM 建模及深化设计应用、BIM 施工策划应用、智慧建造平台应用等内容。

2.2　团队组织架构（图3）

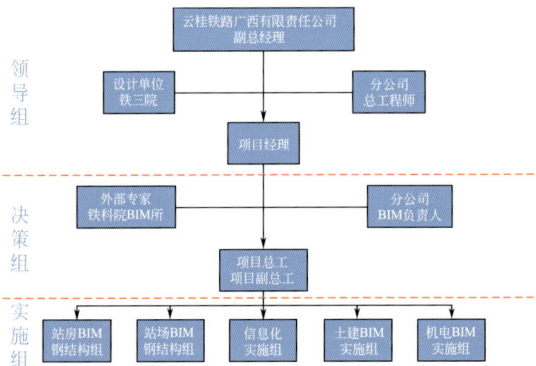

图3　团队组织架构

3 BIM 技术重难点应用

3.1 全专业 BIM 应用

南宁北站项目采用全专业 BIM 建模，包括且不限于建筑、结构、钢结构、机电、金属屋面等专业，模型精度在 LOD350 以上，并针对钢结构、机电等专业采取基于 BIM 的深化设计，出图指导现场施工（图4）。

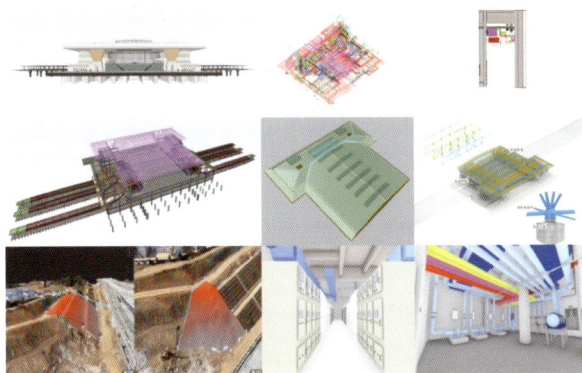

图 4　全专业 BIM 建模

3.2 钢结构专项 BIM 应用

南宁北站项目钢结构主要包含站房钢柱、钢屋盖及高架夹层钢框架。站台区钢结构主要为站台钢雨棚，分为站台柱雨棚和无站台柱雨棚，分布在站房两侧（图5）。

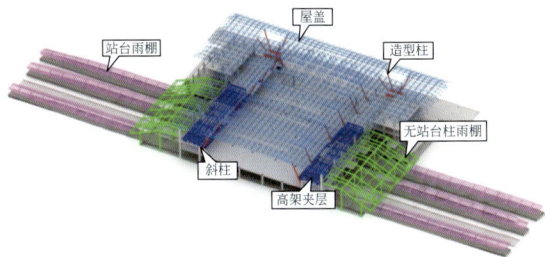

图 5　钢结构模型建模

3.3 钢结构深化设计

（1）无站台柱雨棚钢结构深化

无站台柱雨棚被高架候车厅分为左右两侧，雨棚顺轨柱距 18m，垂轨柱距为 21.85m、22.6m、11.7m、21.9m，采用钢框架结构形式，钢柱及钢梁均采用焊接箱形截面，材质 Q355B（图6）。

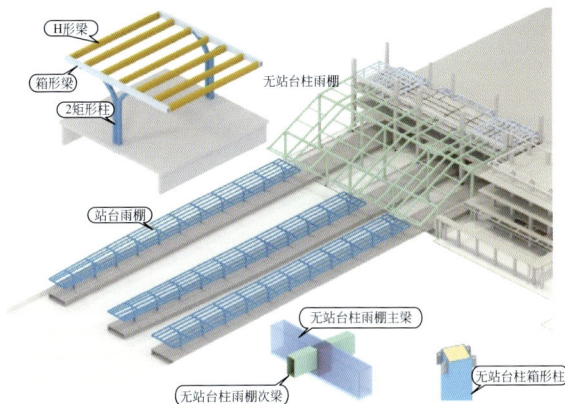

图 6　无站台柱雨棚钢结构深化

（2）屋盖钢结构深化

屋盖采用管桁架＋钢网架的组合结构，立面呈曲面造型。屋盖桁架采用倒三角桁架，最大跨度 75m，下弦支承，一部分桁架通过抗震球铰支座与混凝土柱连接，其余桁架通过销轴或钢支座与底部斜钢柱及造型柱连接。屋盖网架正放四角锥网架，采用焊接空心球节点。网架厚度为 4.1～7.4m，网架与三角桁架相连，形成屋盖整体结构（图7）。

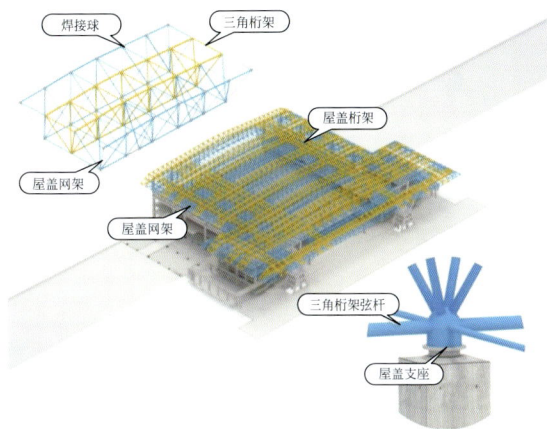

图 7　屋盖钢结构深化

4 信息化系统应用

4.1 信息化系统策划

项目信息化建设首先要解决基础数据结构的问题。对于铁路站房工程或相同形式的大型公建项目，由于施工场地有限、结构形式复杂、施工组织要求高，其普遍存在不同业务管理颗粒度不统一的情况。并且由于采用流水施工，难以提前确定工程部位划分。因此，确定基础数据结构不能采用单一的 WBS 目录树形式。

为解决上述问题，项目创新提出"网格空间"的应用概念。利用标高轴网实现网格化管理，将网格作为标准化的工程部位以及最小管理单元。结合项目 EBS 与 WBS 分解，形成项目标准分解体系，实现各类业务数据的线上互通。

南宁北站信息化创新应用主要包括以下内容：

（1）业务管理系统：深入应用信息化技术，从材料进场、试验管理、工序报验、质检评定、档案管理全流程线上应用，可替代原有线下流程，实现站房建设过程质检资料在线化；同时，基于网格空间实现试验、质检、进度等业务系统的数据联通，有效解决数据孤岛问题。

（2）电子档案管理系统：将在线业务管理系统产生的电子文件自动归档组卷，经过 CA 签章、四性检测后形成电子档案归档，力争实现工程重点档案的电子化管理与交付。

（3）BIM 集成应用系统：以国产 BIM 图形引擎为载体，通过网格空间及编码体系，以在线 BIM 模型集成业务管理系统主数据以及电子文件，实现基于 BIM 的过程管理以及数字化交付。

4.2 信息化系统应用成果

截至 2022 年底，土建专业已完成质检资料线上填报、签名签章以及电子档案归档工作，线上表单累计完成 5 千余份，节省了大量的内业工作量。目前项目正在积极开展后续装饰装修等专业的信息化系统应用工作。同时项目支撑科研课题《贵南高速铁路站房工程基于数智化的建设管理研

究》已完成前期工作，计划发表论文 5 篇，获奖 1~3 项，专利 2 项，软著 3 项，站房 BIM 信息化标准 1 套。

业务管理系统与 BIM 集成应用系统的数据对接已基本完成，可以实现业务数据与在线 BIM 引擎的数据动态关联（图 8）。

图 8　BIM 集成系统应用示意图

5　项目应用总结

随着互联网＋以及 BIM 信息化在铁路领域的发展越来越迅速，在铁路建设中，传统的建设管理思路及方式已经出现了管理水平无法满足建设管理需求的情况，在此背景下，铁路站房建设的数智化转型已迫在眉睫。

贵南高铁南宁北站工程，在项目信息化建设过程中，解决了站房工程信息化应用的多个难点，实现了质检、试验、进度等业务基于 BIM 的协同应用，为同类站房工程的信息化应用提供了一种可行的技术路线。

然而，基于信息化的管理升级任重道远，我司将继续在贵南高铁深耕项目信息化建设，为铁路站房建设的数智化转型尽绵薄之力！

3A081 贵南高铁南宁北站钢结构 BIM 与信息化创新应用

团队精英介绍

楼捍卫
南宁北站建设单位副总经理

高级工程师

全面负责南宁北站工程建设全过程的控制与管理，是项目 BIM 与信息化工作开展的牵头人。

白　俊
南宁北站建设单位信息化负责人

高级工程师

项目 BIM 与信息化工作的主要负责人，组织协调各参建单位，推动项目信息化工作落地。

范　涛
南宁北站施工单位项目经理

高级工程师

历任柳州站改扩建工程、太焦铁路山西段站房工程 2 标、贵南高铁南宁北站工程项目经理。

刘国伟
南宁北站施工单位项目总工

高级工程师

先后参与柳州站改、太焦铁路站房工程、南宁北站等工程，为项目 BIM 信息化工作开展提供支持。

陈　增
南宁北站施工单位项目总工

工程师

先后参与菏泽站、南宁北站等工程，为项目 BIM 信息化工作开展提供支持。

崔灿灿
南宁北站施工单位项目副总工

工程师

先后参与柳州站改、太焦铁路站房工程、南宁北站等工程，为项目 BIM 信息化工作开展提供支持。

常攀龙
南宁北站施工单位 BIM 信息化负责人

工程师

先后负责南阳东站、北京朝阳站、南宁北站等工程的 BIM 信息化实施工作，代表项目多次荣获"联盟杯""龙图杯"等国内主要 BIM 大赛奖项。

王　超
南宁北站施工单位 BIM 深化设计负责人

工程师

先后参与或负责北京朝阳站、中老铁路万象站、南宁北站、重庆东站等项目的 BIM 与信息化实施工作，代表项目多次荣获国内主要 BIM 大赛奖项。

郭　祥
南宁北站咨询单位

高级工程师

现任铁科院电子所站房专业 BIM 负责人，负责铁路站房、城际智能建造信息化及 BIM 关键技术研究和应用，先后参与京张高铁、京雄城际、郑万高铁、川藏铁路等铁路信息化推广应用。

李春红
南宁北站咨询单位

高级工程师

毕业于英国卡迪夫大学，商业管理硕士。负责铁路站房工程信息化的项目管理和 BIM 关键技术研究及推广工作。曾先后主持参与鲁南高铁、济莱高铁、郑济高铁、贵南站房等铁路项目的工程信息化管理工作。

山西省首例装配式钢结构高层住宅
晋建·迎曦园项目 BIM 施工应用

山西二建集团有限公司

张志　陈振海　王明清　张帆　王磊　张磊　张昊　张伟　要靖　杜海权

1 工程概况

1.1 项目简介

项目名称：晋建·迎曦园项目 1 号楼

项目地址：位于太原市小店区太榆路 80 号。

项目规模：工程为山西省首例装配式钢结构高层住宅，地下二层，地上三十四层，建筑高度 99.80m。总建筑面积 11224.02m² 。设计使用年限为 50 年，抗震设防烈度为 8 度。基础采用桩承台条基＋防水板，地下及人防部分采用混凝土结构，包括型钢外包混凝土柱（焊接箱形钢管），钢筋混凝土梁，现浇混凝土板。地上部分采用钢框架-中心支撑结构；包括钢管混凝土柱、H 型钢梁及 H 型钢支撑，钢筋桁架楼承板；楼梯采用预制钢筋混凝土楼梯。项目在 2019 年被认定为山西省第二批装配式建筑示范项目（图 1）。

图 1　项目鸟瞰图

1.2 公司简介

山西二建集团有限公司于 1981 年 9 月 25 日在山西省工商行政管理局登记成立。公司经营范围包括房屋建筑工程施工总承包一级；地基与基础工程专业承包一级等。

市场开发能力 340 亿元以上，年施工产值 150 亿元以上。施工力量遍及全国诸多地区，涉足北京、天津、辽宁、河北、内蒙古、新疆、安徽、湖北、四川、福建、云南、广东、广西、浙江、海南等地建筑市场，并涉足柬埔寨、老挝、贝宁、埃塞俄比亚等海外市场，建筑领域涉及冶金、化工、交通、商贸、文教、卫生、金融等行业。

1.3 工程重难点

（1）钢结构构件加工及安装精细度高，二维图纸对于指导构件加工及施工作用不大。

（2）钢结构构件间连接节点复杂，对于深化设计要求高。

（3）装修均采用干法作业施工，施工工序多，工艺复杂，对施工队伍技术水平要求高。

（4）钢结构施工专业性要求高，且涉及专业繁多，协同作业要求高，施工安全管理难度大。

2 BIM 团队建设及软件系统

2.1 项目 BIM 团队介绍

本项目 BIM 技术的应用由集团公司 BIM 中心负责服务指导，项目 BIM 人员负责具体实施，专业配置完整，组织层次分明（图 2）。

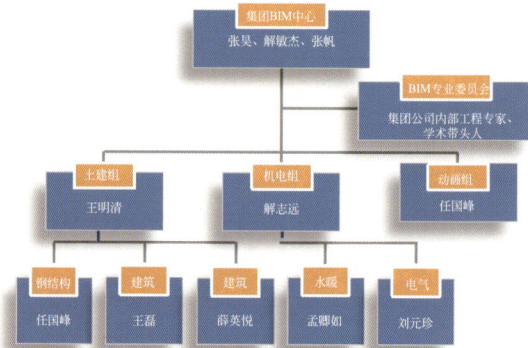

图 2　团队组织架构

2.2 BIM 应用软件配置（表 1）

软件环境　　　　　　　　　　表 1

序号	名称	项目需求	功能分配
1	Tekla	钢结构深化	建模
2	3ds Max	动画处理	动画
3	Xsteel	钢结构深化	钢结构
4	Revit	常规建模	建模
5	Fuzor	动画制作	可视化
6	Navisworks	模型整合模拟	轻量化

3 BIM 技术应用情况

3.1 标准化场地策划

采用 BIM 技术绘制施工现场布置三维模型。装配式钢结构建筑，与传统的现浇混凝土建筑相比，存在有大量的装配式构件需要运输进场，并合理堆放，这对施工现场的场地布置提出了很高的要求，尤其该项目场地狭小，如何科学合理进行场地布置，是决定施工效率的一个关键因素。对施工场地构件堆放、运输道路、加工区及起重机械等布置进行详细策划，通过可视化的方案模拟、对比，最终形成科学合理的场地布置（图 3）。

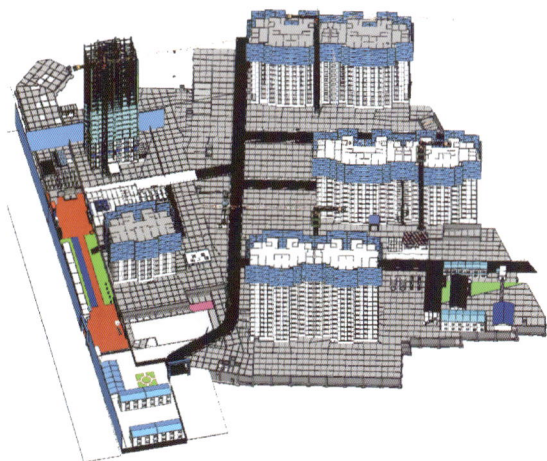

图 3　主体结构阶段 BIM 应用

3.2 钢结构深化设计

利用 BIM 技术对主体钢结构进行三维深化设计，主要采用 Xsteel 软件，生成钢结构详图，确定构件分段定位、坡口设计、焊缝收缩量、安装变形量化补偿等，经碰撞校核、节点优化完成主体钢结构二次深化设计（图 4、图 5）。

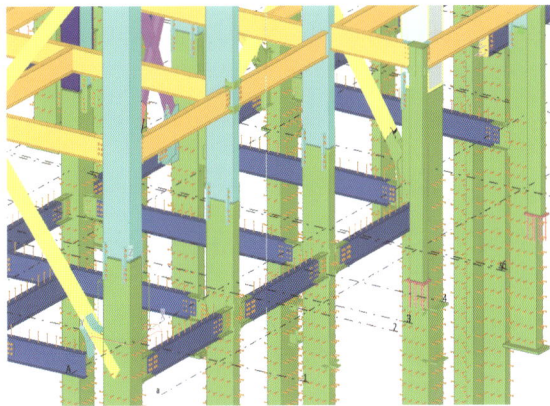

图 4　基于 BIM 技术的钢结构主体深化设计（一）

图 5　基于 BIM 技术的钢结构主体深化设计（二）

3.3 地下外包混凝土钢管柱 BIM 应用

钢管柱与外包柱钢筋交叉施工，且钢管柱外侧锚栓密度较大，箍筋安装绑扎较为困难；经过开展现场试验，优化施工方案，不仅加快了施工速度，且保证了安装质量（图 6）。

3.4 钢管柱自密实混凝土浇筑 BIM 应用

针对钢管柱内径较小，浇筑高度高，浇筑质量难以保障的难题。项目部设计研究一种漏斗装置，漏斗小巧、轻便，可人工搬运，直接放置在

图 6　地下外包混凝土钢管柱安装 BIM 方案优化

钢柱上端，辅助配合混凝土料斗浇筑，提升了施工效率，保证了浇筑质量（图 7）。

图 7　钢管柱自密实浇筑设备 BIM 方案优化

3.5　飘窗板 BIM 应用

通过对市场预制飘窗构架生产周期、成本等因素综合考察，项目部决定采用现场预制的方式制作飘窗构件，并利用 BIM 技术进行预制铝合金模具设计，实现飘窗板的现场预制，方便快捷，节约成本（图 8）。

3.6　楼梯 BIM 应用

通过基于 BIM 技术的反复方案对比，在工厂生产过程中将踏步护角提前预埋，确保楼梯质量及成品保护，减少装饰装修作业。经过反复研究试验，已成功制作出带防护条的预制混凝土楼梯，并进行了现场安装（图 9）。

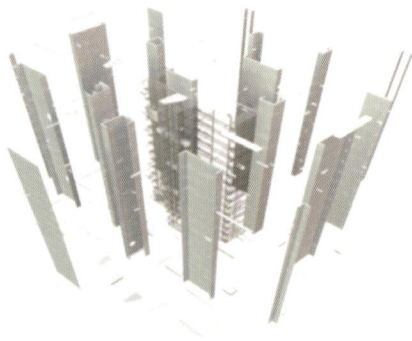

图 8　基于 BIM 的铝模飘窗板预制应用

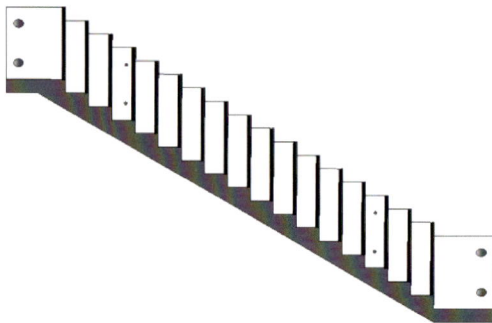

图 9　楼梯 BIM 应用

3.7　装配式装饰装修工程

以消费者需求为导向，将建筑方、装修方、家具方的工作目标统一，在建筑工业化的框架内实现住宅精装产业化，采用"山西建投 HSI 工业化装修体系"，包含快装集成供暖地面系统、快装轻质隔墙系统、快装墙面挂板系统、快装龙骨吊顶系统、快装集成给水系统、薄法同层排水系统、集成卫浴系统、集成厨房系统等（图 10）。

图 10　模型图

3A082 山西省首例装配式钢结构高层住宅晋建·迎曦园项目 BIM 施工应用

团队精英介绍

张 志
山西二建集团有限公司总工程师

正高级工程师

长期从事建筑施工技术管理工作，在绿色施工、装配式建筑、BIM 技术应用等方面具有一定研究。先后主持实施山西省首例装配式钢结构高层建筑晋建·迎曦园、潇河国际会议中心、太原工人文化宫等 70 余个项目 BIM 应用，获山西省科学技术奖 2 项，华夏建设科学技术奖 1 项，中国土木工程詹天佑优秀住宅小区金奖 1 项，省部级科技进步奖 3 项，国家授权专利 50 项，获国家行业级 BIM 成果奖 50 余项。

陈振海
山西二建集团有限公司技术中心办公室主任

正高级工程师

先后主持实施山西省首例装配式钢结构高层建筑晋建·迎曦园、山西省齿科医院、太忻双碳科技产业园等 50 余个项目 BIM 应用，获山西省科学技术奖 1 项，获华夏建设科学技术奖 1 项，省部级科技进步奖 2 项，国家授权专利 60 项，获国家行业级 BIM 成果奖 30 余项。

王明清
山西二建安广建设工程有限公司主任工程师

高级工程师

先后获得国家实用新型专利 5 项，山西省省级工法 3 项。带领 BIM 团队获得 2020 年度第三届"优路杯"全国 BIM 技术大赛铜奖、"智建杯"铜奖。在山西省首例钢结构装配式建筑迎曦园项目，组织施工难点攻关，技术创新，实施了山西省住房和城乡建设厅、科技厅示范项目 3 项。

张 帆
山西二建集团有限公司技术中心科长

高级工程师

先后参与 6 项省部级科研项目实施，参与 30 余项工程项目 BIM 技术应用及实施工作。获发明专利 2 项，实用新型专利 20 余项，各类 BIM 行业奖项 15 项，发表相关 BIM 论文 10 余篇，荣获山西省人民政府授予的"三晋技术能手"荣誉称号，山西省劳动竞赛委员会授予的"山西省一等功"。

王 磊
晋建·迎曦园项目技术负责人

工程师

参与的晋建·迎曦园项目获得三晋钢结构样板工程、中国钢结构金奖、全国质量信得过班组、汾水杯工程奖等。参与的 BIM 比赛获得一等奖 1 次、二类成果 2 次、三类成果 3 次等。

张 磊
晋建·迎曦园项目经理

工程师

项目先后获得山西省优质结构工程奖、三晋钢结构样板工程、中国钢结构金奖。团队获得了 2020 第三届"优路杯"全国 BIM 技术大赛铜奖、"智建杯"铜奖，获得 BIM 国家级"智建杯"铜奖参与工作者、山西省钢结构协会"优秀项目经理"、建投集团"优秀项目经理"。

张 昊
山西二建集团有限公司 BIM 中心负责人

工程师

获山西省建设科技成果登记 5 项，省部级科技进步奖 1 项，国家授权专利 40 项，参编 BIM 地方标准 2 部，获国家行业级 BIM 成果奖 30 余项。个人先后获得"三晋技术能手""首届工程建设行业杰出科技青年"等多项荣誉称号。

张 伟
晋建·迎曦园项目副经理

一级建造师
注册监理工程师
高级工程师

长期从事建筑工程数字化创新技术研究，参与了晋建迎曦园等山西省优秀项目，先后获得"新基建杯"、"龙图杯"、"智建杯"、第二届工程建设行业 BIM 大赛，中建协第六届建设工程 BIM 大赛等奖项。

要 靖
晋建·迎曦园项目副经理

工程师

参与了山西省首例装配式结构高层住宅晋建·迎曦园项目建设，在项目建设过程中大力推行项目 BIM 应用，保障了项目建设平稳、顺利，完成了项目既定目标任务。

杜海权
山西二建集团有限公司项目经理

一级建造师
高级工程师

先后获得"新基建杯"、"龙图杯"、"智建杯"、第二届工程建设行业 BIM 大赛、中建协第六届建设工程 BIM 大赛、中安协 BIM 技术应用大赛等 10 余个 BIM 奖项，参与多部行业、协会标准。

装配式建筑 BIM 集成应用

中建科工集团有限公司，民航机场规划设计研究总院有限公司

郝雪冬　黄志凯　唐杰　杨露　闫正怿　郝文嘉　常辉　姚璐　张浩　涂帅

1　工程概况

1.1　项目简介

昆明长水国际机场新建场务及外场指挥中心业务用房建设项目 EPC 工程总承包项目位于昆明长水国际机场飞行区核心区域，T1 航站楼北侧，H2、H3 滑行道之间，项目共建设 2 栋办公楼（图 1），配套建设室外消防水池及泵房，总建筑面积 18942m²。

新建塔台裙楼位于西侧，为地上 4 层，建筑面积为 6860m²，建筑高度为 20.15m。场务用房位于东侧，为地上 5 层，高度为 22.16m。

图 1　项目效果图

1.2　单位介绍

中建科工集团有限公司（以下简称"中建科工"）是中国最大的钢结构产业集团、国家高新技术企业，隶属于世界 500 强中国建筑股份有限公司。公司聚焦以钢结构为主体结构的工程、装备业务，为客户提供"投资、研发、设计、建造、运营"一体化或核心环节的服务。

民航机场规划设计研究总院有限公司（以下简称"民航总院"）前身为 1954 年组建的民用航空主管部门场建处设计科，是中国民航机场建设集团有限公司的成员单位。60 余年来随着我国民用机场建设的发展而成长壮大，始终致力于不断地探索创新，着力于市场开拓和技术传承，在行业内享有盛誉。

1.3　工程重难点

（1）传统二维设计成果缺陷多。本工程为施工图设计 EPC 总承包，招标阶段图纸缺、漏项多，专业之间碰撞多，无法直接体现项目特点。

（2）装配式构件众多。本工程拟采用钢结构装配式建筑完成 2 栋办公楼建造，其中主体结构采用钢框架-屈曲约束支撑结构体系，楼板采用钢筋桁架楼层板组合楼板，围护结构采用 ALC 板。大量预制部品部件的合理匹配是工程顺利实施的关键，也是本工程重难点之一。

（3）机电系统众多、管线复杂，项目含 4 个机电系统，20 个子系统。公共走道 2.2m 宽范围内集成排烟、新风、电气桥架、砌体灭火管道、弱电桥架等各类型管线，空间小，要求高。

（4）幕墙节点特殊。项目采用玻璃幕墙、铝板幕墙和真石漆组合的外立面装饰做法。因 ALC 板采用内嵌方式安装，将主体结构包在墙体内，幕墙幕墙龙骨需要穿过 ALC 板与主体结构连接。在保证幕墙美观的同时保证节点质量是本工程重难点之一。

（5）维保查询难度大。本工程位于飞行区内，项目完工后，将拆除不停航施工建设的专用道口及施工通道，进场需要通过机场安检进入，后期维保难度大。需要在交付前完成完善的 BIM 模型，以供后期运维单位快速查询响应。

2　BIM 团队建设及软件配置

2.1　项目简介

根据本工程实际情况，在总包管理层建立 BIM 中心，并由公司 BIM 技术中心提供后台支撑。本工程 BIM 中心设置 1 名 BIM 负责人，各专业设置负责人负责建模与协调，中建科工负责协调各专业分包 BIM 实施（表1）。

单位	姓名	职位
中建科工	郝雪冬	技术总工
中建科工	黄志凯	设计总监
中建科工	唐 杰	技术员
中建科工	杨 露	BIM 负责人
民航总院	闫正怿	设计负责人
民航总院	郝文嘉	建筑负责人
民航总院	常 辉	电气负责人
民航总院	姚 璐	给水排水负责人
民航总院	张 浩	暖通负责人
民航总院	涂 帅	结构负责人

2.2 软件环境

为满足项目 BIM 搭设要求，项目配备高性能电脑用于建模，并按实际需求配置各项软件（表2）。

软件环境配置表　　　　表 2

序号	名称	项目需求	功能分配
1	Revit	三维建模	建筑、建模
2	Autodesk Civil 3D	三维建模	建立场地模型
3	Autodesk CAD	制图软件	成果出图
4	Navisworks	轻量化软件	模型轻量化、协同、分析

3 BIM 技术重难点应用

3.1 设计 BIM 集成引用

本项目分别建立建筑、钢结构、基础结构、机电、室内精装、幕墙、室外管线、室外场道专业 BIM 模型，集成一个整体模型（图2）。以整体模型为基础展开各专业的设计协调工作，并且随着后续的施工不断更新调整。

以整体模型为基础进行三维审图，并进行多专业碰撞分析，验证图纸施工可行性，并提出设计优化建议。其中，三维审图提出施工图错漏碰

缺问题 52 条，提出优化建议 15 条，在施工图设计阶段大量优化设计问题，避免后期施工整改造成工期延误和费用增加。

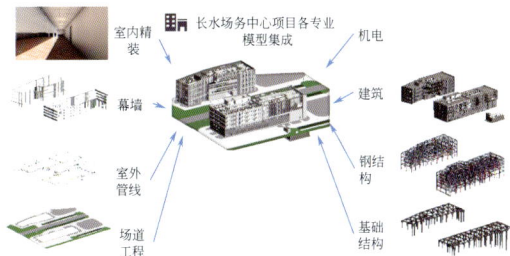

图 2　BIM 模型集成

3.2 常规施工 BIM 集成应用

（1）施工管理方面

依据 BIM 整体模型和现场施工方案进行施工进度模拟和施工组织设计方案模拟，明确各专业施工搭接顺序、消除专业之间施工空白区、协助解决各专业交接界面间冲突问题、验证施工方案合理性。

（2）施工进度控制方面

通过将 BIM 与施工进度计划相链接，将 BIM 集成模型的空间信息与施工进度计划的时间信息整合为可视的整体模型中，直观、精确地反映整个施工过程和虚拟形象进度。通过及时调整资源配置和工序穿插，以达到缩短工期和降低成本的目的，顺利完成工期节点目标。

（3）施工质量控制方面

在施工期间，根据现场施工要求，对不同专业工作交接范围机电冲突碰撞进行协调，完成公共走道区域 15～20cm 的净高优化；室外管线走线优化，减少开挖工程量；过程完善设备数据库，统计并校核共计 1801 个设施设备的设计信息、施工信息、运维信息等，形成设备运维数据库，支撑后期智慧运维数据信息的搭建，提高运维管理效率和品质。

3.3 装配式构件 BIM 集成应用

项目墙体主要采用 ALC 板，为方便现场施工顺利高效，施工前利用 BIM 模型对 7545 块 ALC 板进行布置及校核，消除 ALC 板与主体结构、机电系统等各专业错漏碰缺等问题。

项目机电系统众多、管线复杂。大型排烟风

管、新风风管、电气桥架等区域穿墙需要预先在ALC板位置进行开洞加固,特别涉及门窗洞口区域,洞口集中进一步削弱墙体稳定性。通过BIM集成分析,对机电管线穿墙位置进行调整,保证大型洞口加固措施有效,保证墙体牢固。

调整完成后确定洞口位置,输出二维图纸,提供至预制厂,在ALC板安装前提前进行洞口预留,减少现场二次切割作业,提高施工效率(图3)。

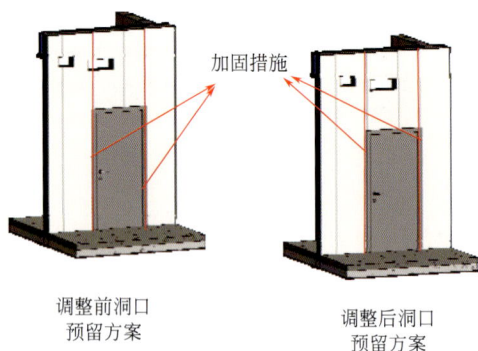

加固措施

调整前洞口
预留方案

调整后洞口
预留方案

图3　ALC洞口布置验证

针对幕墙龙骨穿ALC板连接主体结构问题,通过建立完成幕墙龙骨BIM模型与主体建筑、结构专业进行集成分析,优化节点形式,加强幕墙龙骨连接件,ALC板与目前龙骨做二次连接加强节点方式解决碰撞难题(图4)。

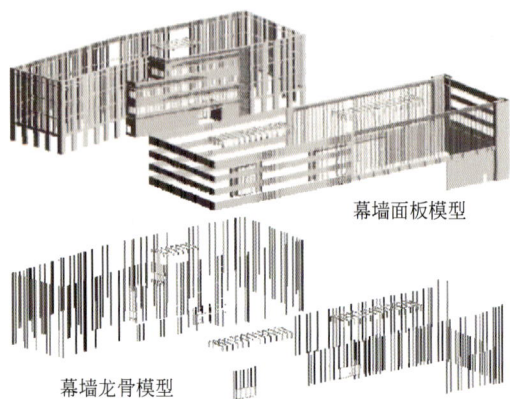

幕墙面板模型

幕墙龙骨模型

图4　幕墙模型图示

3.4　竣工成果BIM集成交付

经过施工调整完善,形成最终竣工BIM模型,并进行轻量化处理。运营单位可通过轻量化模型进行查看、排查等提高运行效率,又可在竣工模型基础上二次开发应用,提高运营管理品质。

4　创新亮点

(1)全过程BIM集成管理

在项目实施设计、施工、运维阶段均进行BIM集成管理,提高图纸质量、施工效率、运维品质。

(2)装配构件BIM集成管理

通过BIM对预制构件进行虚拟布置验证,减少设计误差,优化材料用量,提高施工效率。

(3)仿真成果集成交付

提供模型和实际高度一致的BIM竣工模型,保证竣工资料有据可查。

5　应用心得总结

本项目在基于BIM技术的常规施工与装配式施工相结合方面做了尝试,解决了常规施工管线布置、净高控制等问题,同时通过多专业、多构件设计集成及优化,消减了设计缺陷,提高了施工精细作业水平,为施工过程质量、安全生产管理提供了便利。总体来说,本项目通过BIM应用,对建设品质及施工工期的保障起到一定程度的作用,充分凸显出"BIM+装配式"在建设品质和工期方面的优势。

3A090 装配式建筑 BIM 集成应用

团队精英介绍

郝雪冬
昆明机场场务用房项目总工

工程师

主持项目技术工作，负责项目技术管理、科技工作，以及 BIM 管理、科技创新管理等工作。从业 8 年，先后参与肇庆大桥改扩建工程、湛江保障房、昆明机场场务用房项等项目。获得专利 18 项、省级工法 2 项。

黄志凯
昆明机场场务用房项目设计总监

工程师

先后参与大理滇西物流商贸城-家居建材城、大理滇西物流商贸城-国际陆路港、梦云南温泉山谷国际网赛中心项目、昆明机场场务用房项目，荣获云南省第二届 BIM 技术应用大赛一等奖。

唐 杰
昆明机场场务用房项目设计总监

助理工程师

广西大学毕业，项目技术员，先后参加桂林高端装备制造产业园、昆明机场新建场务及外场指挥中心业务用房建设项目。

杨 露
昆明机场场务用房项目 BIM 工程师

工程师

先后参与昆明机场 S1 卫星厅、昆明机场 T1 航站楼增容改造等项目，获云南省 BIM 技术应用大赛一等奖、"龙图杯"BIM 大赛优秀奖、云南省"山茶杯"BIM 应用技能大赛综合组二等奖。

闫正怿
昆明机场场务用房项目弱电/工艺设计师

工程师

先后参与北京大兴机场航站区及信息工程、昆明机场改扩建配套空管工程、昆明机场航站区及 GTC 信息弱电工程、广州白云机场三期扩建工程等项目设计。

郝文嘉
昆明机场场务用房项目建筑设计师

高级工程师

先后参与北京新机场东航航线维修及运行保障用房项目，济南遥墙国际机场航站区扩建北指廊工程，北京新机场工程助航灯光工程 1 号、2 号、4 号灯光站项目、北京大兴机场项目。

常 辉
昆明机场场务用房项目电气设计师

高级工程师

先后参与昆明新机场项目、重庆江北国际机场空管工程项目、青岛新机场工程、北京新机场工程空管工程项目北、哈尔滨太平国际机场改扩建工程等项目设计。

姚 璐
昆明机场场务用房项目给水排水设计师

高级工程师

先后参与昆明新机场项目、青岛新机场工程、天津滨海国际机场二期扩建工程设计工作。

张 浩
昆明机场场务用房项目暖通设计师

工程师

先后参与天津滨海国际机场三期改扩建工程、兰州中川国际机场三期扩建空管工程、广州白云机场国内货运区工程。

涂 帅
昆明机场场务用房项目结构设计师

工程师

先后参与广州白云机场三期扩建工程、呼和浩特白塔机场过渡期提升改造工程、湖北鄂州民用机场、贵阳龙洞堡机场三期扩建工程、成都新机场四川航空公司基地工程等工程设计。

武广新城项目 BIM 综合应用

中建二局第二建筑工程有限公司

姜磊　张吉祥　邢建见　陈超　艾杰　秦冬　王永峰　杨传党　刘超　符正

1　工程概况

1.1　项目简介

该项目位于湖南省长沙市雨花区黎托街道川河村 D-09 地块，北侧为阳青东路东北侧为金桂路，东南侧为川河路及浏阳河，西侧为 27 号路（图 1）。

图 1　项目效果图

本工程总建筑面积 510742.5m²，其中地下建筑面积：93626m²，地上建筑面积：417116.51m²。工程包括 29 栋高层住宅、多层商业、小配套幼儿园和配套用房及地下室。高层住宅共 51 个单元，地上 34 层地下 1 层，建筑高度约 99.28m，高层住宅、多层商业和小区配套用房共用一层地下室，局部 1~7 栋相关范围内地下室为甲 6 级和甲 5 级二等人员掩蔽部。

1.2　公司简介

中建二局二公司成立于 1952 年，总部设在深圳，注册资本 5 亿元，年施工产值在百亿元以上，是中建集团在粤港澳大湾区内第一家具有"房建＋市政""双特双甲"资质的大型建筑施工总承包企业（图 2）。

图 2　公司照片

公司通过了质量、环境、职业健康安全管理体系认证，先后获得国家重合同守信用企业称号、全国五一劳动奖状、全国质量安全管理先进单位、中国建筑资信百强企业、全国诚信建设优秀施工企业等荣誉。中建二局二公司始终坚持以客户为中心的理念，以打造行业、领域领先为目标，不断提升品质内涵、创新合作模式，携手各方拓展幸福空间，实现合作共赢。

公司先后承建天利中央商务广场、深圳妈湾电厂、南京扬子乙烯工程、洛界高速、郑州二七万达广场、海南会展中心、深圳华为科研中心、焦作万达等大批优质工程，所建工程荣膺 1 项国际大奖、3 项詹天佑奖、8 项鲁班奖、19 项国家优质工程。

2 BIM团队建设及软件配置

2.1 制度保障措施

（1）建设单位：统一协调、管理项目BIM工作；确定各方职责，各阶段BIM应用范围及深度；对BIM成果及现场应用情况进行验收。

（2）设计单位：负责BIM及设计阶段的应用，包括制定各阶段BIM应用标准及BIM数据标准；基于BIM技术进行方案设计，制作设计阶段BIM模型。

（3）施工单位：全面负责BIM技术在施工阶段的应用，主要包括：

1）BIM模型深化：基于设计模型，在施工过程中逐步深化BIM模型，竣工时提交竣工模型。

2）基于BIM的施工阶段深化设计应用及现场实施，包括土建、装饰、机电、钢结构等专业。

3）BIM施工应用：包括BIM场地布置、算量、样板策划、进度模拟等应用。

4）创新BIM应用：包括智慧平台、BIM+GIS综合应用、VR虚拟样板间、可视化监测等应用。

（4）专业分包：包括装饰、机电、钢结构专业分包，负责本专业BIM深化设计及现场实施工作，在总包统一管理下开展BIM与信息化应用。

2.2 团队组织架构（图3）

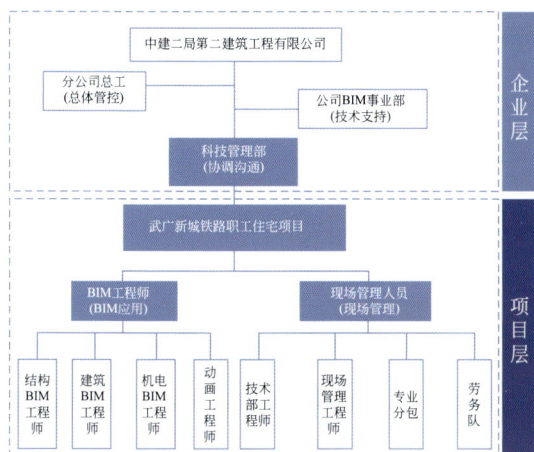

图3 团队组织架构

2.3 软件环境（表1）

软件环境 表1

序号	名称	项目需求	功能分配
1	3ds Max 2018	动画表现	动画
2	Navisworks	碰撞检测	模型
3	橄榄山快模	模型应用	建模
4	品茗智慧工地云平台	信息化施工管理	管理
5	Revit 2018	模型创建	建模
6	Fuzor 2018	实时建筑表现	模拟施工

2.4 工程重难点

（1）工程各项目标要求高

各方对本工程重视程度较高，项目建设过程中需严格控制各分部分项工程施工质量。

（2）工期紧张，一次性投入大

工期紧张，预售、封顶、竣工时间节点紧。

（3）专业分包多，交叉作业频繁

本工程单体建筑面积较大，工程分包、供应商较多，交叉作业量大，施工管理难度较大。

（4）现场安全文明施工要求高

现场周转材料多，场地狭窄，平面规划、安全文明施工要求高，难度大。

3 BIM技术重难点应用

3.1 审查图纸

对发现的图纸问题分专业整理汇总（图4），整理土建图纸问题92条，机电图纸问题340条，合计432条。与设计院进行沟通，减少设计变更及后期拆改，避免人、材、机的浪费。

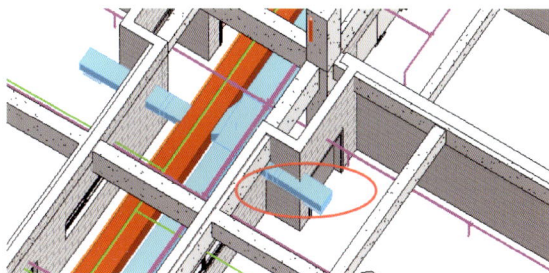

图4 审查图纸

3.2 碰撞检查

BIM 模型审查设计意图。完善图纸精度。通过整合后的 BIM 模型快速准确地发现各专业的错、漏、碰、缺等图纸问题，并形成问题报告反馈给设计院及施工现场，提前做出解决方案（图5）。

图5 钢结构模型碰撞检查

3.3 支吊架深化

对于多层管线部分布置综合支吊架，并根据模型复核支吊架称重，导出安装点位及支吊架材料表便于现场施工。

3.4 设备机房优化

应用 BIM 技术对楼层管线、设备机房、管道井等复杂部位进行深化设计，为后期施工提供准确的数据信息，确保管线整体排布合理、美观。借助 BIM 可视化特点，建立管廊管线密集部位综合排布模型，通过对不同布置方案的对比与优化，确定最终实施方案，指导现场施工（图6）。

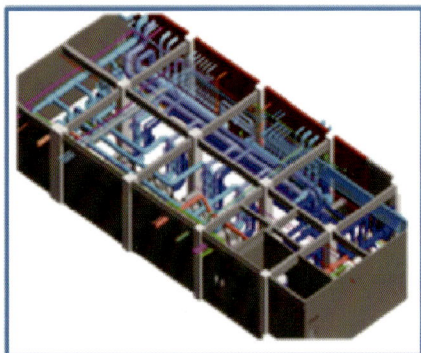

设备机房深化

图6 设备机房优化（一）

生活水泵房深化

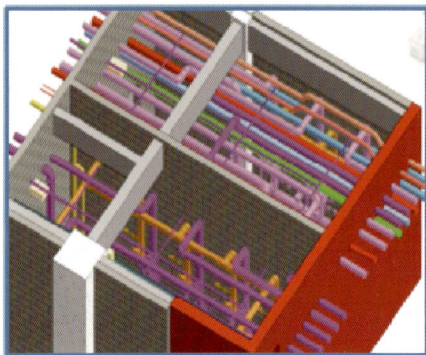

报警阀间深化

图6 设备机房优化（二）

3.5 管综排布出图

整理各个专业平面图出图，BIM 管线综合图纸归档汇总（图7）。

图7 BIM 管线综合图纸

3A062 武广新城项目 BIM 综合应用

团队精英介绍

姜　磊
武广新城项目
项目总指挥
助理工程师

从事 BIM 管理工作 12 年，先后负责周口开元万达广场项目、悦溪正荣府项目、负责项目获得鲁班奖 1 项，发表专利 5 项、论文 3 篇，获国家级 BIM 大赛奖项 13 项。

张吉祥
武广新城项目 BIM 事业部副经理
工程师

先后负责西丽医院改扩建代建项目、前海交易广场南区项目、成都天府万达国际医院项目生产技术管理工作；获得实用新型专利 6 项，发表论文 2 篇、省级工法 3 项，获国家级 BIM 大赛奖项 12 项。

邢建见
武广新城项目 BIM 事业部副经理
工程师

先后负责砺剑大厦项目、深圳市第二特殊教育学校项目生产技术管理工作；发表论文 3 篇，获得实用新型专利 5 项、国家级 BIM 大赛奖项 8 项。

陈　超
武广新城项目 BIM 事业部副经理
工程师

先后负责羊台书苑项目、南山区科技联合大厦项目、深大艺术综合楼项目生产技术管理工作；发表论文 1 篇，获得实用新型专利 3 项、省级工法 3 项、国家级 BIM 大赛奖项 12 项。

艾　杰
武广新城项目 BIM 动画组工程师
助理工程师

先后参与羊台书苑项目、翔安正荣府项目、深大艺术综合楼项目生产技术管理工作，获国家级 BIM 大赛奖项 8 项。

秦　冬
武广新城项目 BIM 工程师
工程师

先后参与肇庆万达国家度假区规划展示中心、延安万达文旅小镇项目、成都天府万达国际医院项目生产技术管理工作，获国家级 BIM 大赛奖项 7 项。

王永峰
武广新城项目 BIM 工程师
助理工程师

先后参与延安万达文旅小镇项目、成都天府万达国际医院项目生产技术管理工作，获国家级 BIM 大赛奖项 5 项。

杨传党
武广新城项目 BIM 工程师
助理工程师

先后参与前海交易广场南区项目、昆明虹桥财富中心项目生产技术管理工作，获国家级 BIM 大赛奖项 7 项。

刘　超
武广新城项目 BIM 工程师
助理工程师

先后参与前海交易广场南区项目、羊台书苑项目、砺剑大厦项目生产技术管理工作，获国家级 BIM 大赛奖项 7 项。

符　正
武广新城项目 BIM 工程师
助理工程师

先后参与深圳市第二特殊教育学校项目、南山区科技联合大厦项目生产技术管理工作，获国家级 BIM 大赛奖项 3 项。

BIM 技术在武汉华润葛洲坝珺瑜府项目的模拟建造

中国建筑第八工程局有限公司

王燕桂　田浩　肖洲洋　朱肖　牛少强　袁智辉　程阳　周海　汪玉鹏　何涛

1 工程概况

1.1 项目简介

项目位于武汉市洪山区，关山大道以东，鲁阳路以南，创业街以北；生活区位于施工现场 3.3km 外。

项目概况：包含一栋超高层写字楼及周边商业裙房（图1）。总建筑面积 14.7 万 m^2，地上建筑 10.9 万 m^2，地下 3.8 万 m^2，单层建筑面积 2000m^2。建筑高度 221.25m。地下 3 层，地上 51 层。钢结构地下三层至地上 16 层，为十字形钢柱。

图 1　整体效果图

建设单位：武汉华润置地葛洲坝置业有限公司。

勘察单位：中南勘察设计院（湖北）有限责任公司。

设计单位：中南建筑设计院股份有限公司。

监理单位：武汉土木工程建设监理有限公司。

施工单位：中国建筑第八工程局有限公司。

项目为光谷时代的城市人文综合体。光谷之于武汉而言就相当于南山之于深圳，硅谷之于美国。光谷是国家自主创新示范区，有四大特色：科技新城，产业重城，融合乐城，创业热城，是年轻人的追梦之地。

1.2 公司简介

中建八局先后荣获"全国用户满意企业""全国质量效益型先进施工企业""全国重合同守信用企业""中国诚信经营企业""全国思想政治工作优秀企业""全国优秀施工企业""全国企业文化建设先进单位""全国国有企业创建四好领导班子先进集体"和"全国五一劳动奖状"等称号。2009 年 10 月获得全国质量奖。创造了一大批地标性建筑精品，迄今创建省部级优质工程奖 650 项，鲁班奖 98 项，国家优质工程奖 83 项，詹天佑土木工程大奖 13 项。近三年荣获 10 项鲁班奖，占全国鲁班奖比率为 3.6%，稳居中建系统第一名，被中国建筑业协会授予"创鲁班奖工程特别荣誉企业"。2011 年中建八局获得中国建筑业企业双百强第一名。2013 年 12 月中建八局被评为"国家高新科技企业"，八局迄今共培育形成了 545 项专利技术，其中 30 项整体达到了国际先进或领先水平。

2 BIM 团队建设及软件配置

2.1 团队组织架构（图2）

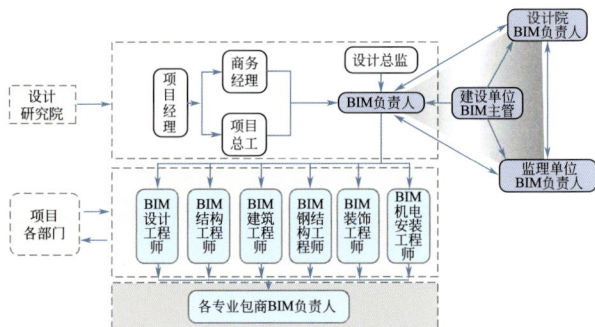

图 2　团队组织架构

2.2 人员概况（图3）

图3 人员概况

2.3 软件环境（表1）

软件环境　　　　　　　　　表1

序号	名称	项目需求	功能分配
1	Revit	建模建立	建筑、建模
2	Civil 3D	土方平衡计算	计算
3	Tekla	钢结构模型深化	钢结构
4	Navisworks	模板轻量化	模型轻量化
5	Fuzor	施工模拟	漫游

3 BIM 应用及效果

3.1 钢结构概况

本项目钢结构总量约 1000t，由主楼周边 20 根十字形钢柱组成，存在于－3 层～16 层。四周 8 根角柱为 KZ1，截面尺寸 1300mm×1300mm，剩余 12 根柱子为 KZ2，截面尺寸 1500mm×1500mm（图 4）。

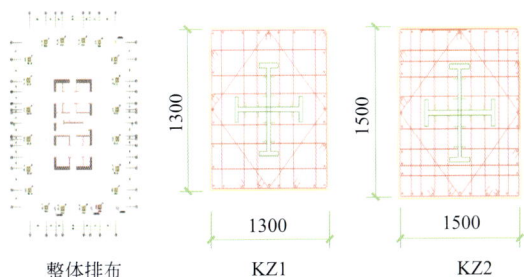

图4 钢结构概况

3.2 钢结构优化

原设计图纸中箍筋需要穿过十字形钢柱，箍筋大面间距 10cm，现场安装复杂，十字形钢柱加工过程中需要开设约 2.7 万个孔洞，对十字形钢柱本身性能存在一定的破坏。

优化背景：

原设计图纸箍筋形式需要穿孔，钢结构图纸设计不明确，总包合同约定优化效益甲乙双方各得一半。

优化内容：

（1）争取图纸深化权益，首次优化仅针对项目钢柱本身，先优化复杂钢柱重计量确认量，再优化施工困难钢柱重计量，之后重新深化，减少钢材用量。

（2）二次钢结构深化节约钢结构 105.69t；重计量后对箍筋排布形式进行设计优化，节约箍筋用量 219.79t，避免开孔，有利于施工，单根单层柱节约加工时间约 25h，节约箍筋施工时间约 4 小时，整体减少施工时间约 11020h。

优化实施：

图纸深化确认完成，现场正在实施。

优化效益：

预计经济效益 189.3 万元。

经过反复对比优化，多方协商变更，利用 BIM 三维进行建模调整，修改箍筋形式，调整为开口箍形式，规避箍筋与十字形柱腹板的相交情况出现，三维图中清晰可见（图 5）。

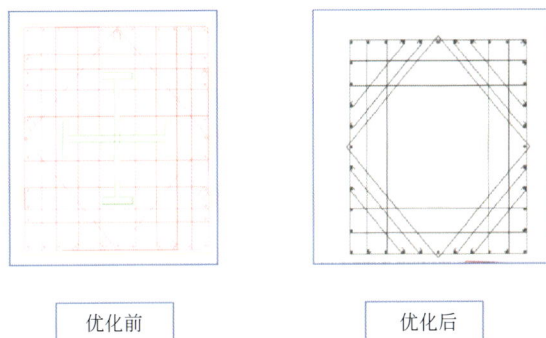

图5 钢结构优化

3.3 钢结构交底应用

加工前利用 BIM 技术进行三维交底，如变截面处钢板调整位置及变换形式，直观有效（图 6）。

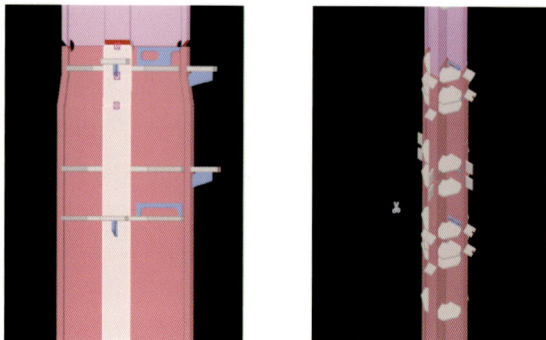

图6　加工前三维交底

吊装前利用 BIM 技术进行三维交底，如按三维形状及编号对应控制型钢柱的位置及朝向，有效避免钢柱错位或方向错误（图7）。

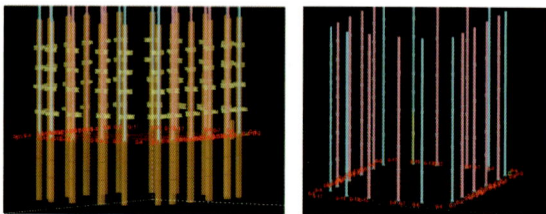

图7　吊装前三维交底

施工前利用 BIM 技术进行三维交底，如变截面处直观显示钢筋插入形式，直观感受钢筋变截面形式，插筋4角到中间层用网片，其余直锚（图8）；如梁柱节点位置钢筋排布及加工场需开洞位置调整，以三维图纸促进现场实施（图9）。

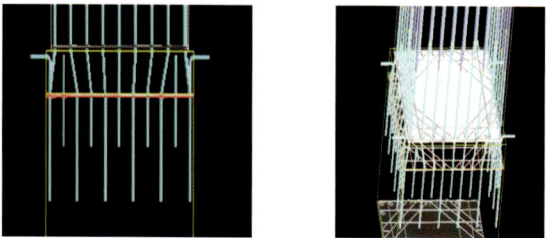

图8　施工前对钢筋三维交底

3.4　钢结构创新

进行梁柱节点连接方式创新，模型建立、排

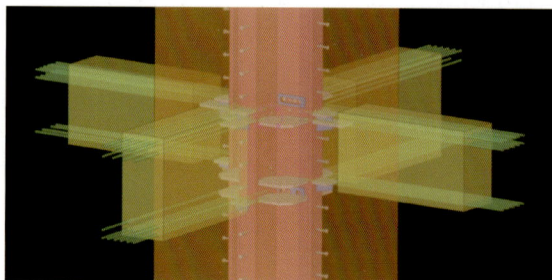

图9　施工前对梁柱节点位置交底

布钢筋、连接选型、节点优化，减少安全隐患，减少质量问题，缩短工期，节约成本。保留梁柱交接位置贯穿孔，传统的开孔方式是最直接的贯通方式，是传力效果最好的方式。

焊接板能够减少现场施工误差，单个节点能够节省1天，保证工期（图10）。

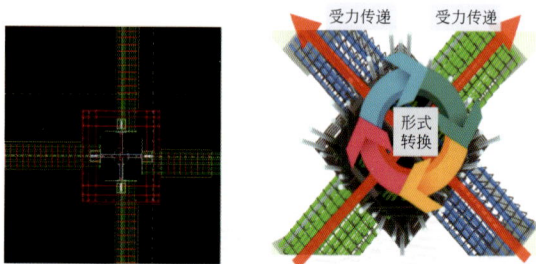

图10　钢结构交底应用

4　下一步举措

（1）完善项目 BIM 平台建设

将幕墙、机电等专业分包持续纳入项目 BIM 建模，完善项目 BIM 模型建设。

（2）持续 BIM 深化融合工作

融合 5G、VR、AR 等技术，打造项目"BIM＋"标杆工程，助力项目生产施工。

（3）加强团队建设

以项目 BIM 建模为载体，培养 BIM 人才，打造顶级 BIM 团队。

3A110 BIM 技术在武汉华润葛洲坝琨瑜府项目的模拟建造

团队精英介绍

王燕桂

武汉华润葛洲坝琨瑜府项目经理

高级工程师

历任紫光芯云中心建设工程一期施工总承包、金山集团武汉总部、武汉华润葛洲坝琨瑜府项目等大型工程项目经理，荣获省部级工法2项、发明专利2项、中建协BIM成果一等奖等，发表论文6篇。

田 浩

武汉华润葛洲坝琨瑜府项目总工

工程师

先后主持武汉华润葛洲坝琨瑜府、长沙惠科主厂房、宜昌夷陵万达等工程，负责技术质量管理、BIM 管理、创新创效工作，获各类奖项7项（含全国 QC 成果金奖）、专利5项、多项全国各类 BIM 大赛奖项等，发表论文8篇。

肖洲洋

武汉华润葛洲坝琨瑜府项目技术工程师

工程师

先后参与南京鲁能 G01 项目、长沙惠科主厂房、武汉华润葛洲坝琨瑜府等工程建造，主要负责 BIM 模拟建造及 BIM 综合应用，获各类奖项3项、专利2项、多项全国 BIM 大赛奖项等，发表论文1篇。

朱 肖

武汉华润葛洲坝琨瑜府项目质量总监

工程师

先后参建郑万高铁、华为光工厂、长沙惠科主厂房、合肥地铁三号线、武汉华润琨瑜府项目等大型工程。协调完成 BIM 模拟建造及 BIM 综合应用，获得"龙图杯"、"创新杯"、中建协、中施企等多个 BIM 成果奖项目。

牛少强

武汉华润葛洲坝琨瑜府项目质量工程师

工程师

先后参与国家存储器项目、阜阳新城吾悦广场、武汉华润琨瑜府等项目，参与 BIM 技术在武汉华润葛洲坝琨瑜府项目的模拟建造，协调完成 BIM 模拟建造及 BIM 综合应用，并获得中建协 BIM 成果一等奖等成果。

袁智辉

武汉华润葛洲坝琨瑜府项目商务工程师

助理工程师

参与华润葛洲坝琨瑜府超高层建筑建设，荣获湖北省 QC 成果一等奖1项、湖北省 QC 成果三等奖2项、安徽省 QC 成果三等奖1项。

程 阳

武汉华润葛洲坝琨瑜府项目商务工程师

BIM 工程师

先后参与滨州市人民医院、鲁南高铁站房、华润葛洲坝琨瑜府等项目的 BIM 建模、施工信息化工作。获山东省 QC 成果二等奖；获得国家专利授权1项；获湖北省 BIM 大赛一等奖1次、二等奖2次、三等奖1次。

周 海

武汉华润葛洲坝琨瑜府项目责任工程师

助理工程师

先后参与京沈客专、杭州阿里云计算总部、长沙惠科厂房，华润葛洲坝琨瑜府超高层建设，曾参与建筑学研究前沿-超高层泵送混凝土施工技术应用编辑，荣获中建协、中施企协、"龙图杯"等数个奖项。

汪玉鹏

武汉华润琨瑜府项目安全总监

工程师

主要从事施工现场安全管理工作，擅长将 BIM 技术应用于安全管理培训教育，参与合肥中国人保财险华东中心一期项目、合肥滨湖高速公馆项目 BIM 科技馆创建工作，并协助项目完成全国 AAA 安全文明标准化工地及省标准化安全文明工地创建。

何 涛

武汉华润葛洲坝琨瑜府项目安全工程师

工程师

先后参与通修高速、武汉华润葛洲坝琨瑜府等工程的建造，擅长将 BIM 技术与安全管理相结合，荣获省 QC 成果二等奖1次、专利1项，发表论文1篇。

商丘火车站核心绿轴项目钢结构 BIM 技术应用

中建七局安装工程有限公司

史泽波　张祥伟　王晓娟　李彦超　冯丙玉　杨阳　范帅昌　宋华峰　张荣冰　杜新红

1　工程概况

1.1　项目简介

商丘火车站核心绿轴项目，是商丘完善城市功能、提升道北区域发展动能的重点工程，建成后将成为商丘市又一地标性建筑，为近千万商丘市民和到访商丘的旅客提供高端的城市环境和丰富的文化享受（图 1）。项目地上南北两端头建筑，南侧为会议展览中心，北侧为文化活动中心，为钢结构工程，总建筑面积 21556m²，建筑高度 39.2m，为两栋公共建筑。钢结构总钢量约为 8000t，创优目标为中国钢结构金奖。

图 1　项目效果图

1.2　公司简介

中建七局安装工程有限公司，注册资金 3 亿元。公司于 2013 年成立 BIM 技术中心，主要负责 BIM 技术推广应用。2015 年在技术中心基础上成立 BIM 设计院，下设 BIM 设计一所、BIM 设计二所、钢结构设计所、BIM 运维管理所，整体形成了"公司 BIM 设计院-分公司 BIM 工作室-项目 BIM 工作小组"的三级管理体系。目前 BIM 持证在岗人员 280 人。公司先后获得 26 项国家级 BIM 奖项、30 余项省部级 BIM 奖项。

2　BIM 团队建设及软件配置

2.1　团队介绍（图 2）

中建七局安装工程有限公司绿轴项目钢结构工程BIM团队			
人员	职务	职责	工作年限
史泽波	分公司总工程师	总指挥	工作25年
张祥伟	公司设计研究院总工程师	策划指导	工作15年
王晓娟	分公司部门经理	应用策划	工作12年
李彦超	分公司总经济师	商务管理	工作12年
冯丙玉	分公司执行经理	效果检查	工作6年
杨阳	分公司执行经理	视频制作	工作8年
范帅昌	项目经理	现场策划实施	工作12年
宋华峰	BIM工程师	BIM建模	工作10年
张荣冰	BIM工程师	BIM建模	工作12年
杜新红	BIM工程师	现场实施	工作10年

图 2　BIM 团队

2.2　软件环境（表 1）

软件环境　　　　　　　　　　　　　　表 1

序号	名称	项目需求	功能分配
1	Tekla	三维建模	建筑、建模
2	3D3s	公司设计研究院	节点优化、受力分析
3	Midas Gen	施工过程	受力分析校核
4	3ds Max	成果动画	动画制作渲染

2.3 基于 BIM 的工作协同策划（表 2）

基于 BIM 的工作协同策划 　表 2

	准备阶段	施工阶段	竣工阶段
公司技术质量部	审核策划，指导过程	指导过程工作	指导成果汇总与整理工作
公司设计研究院	策划审核，过程指导	指导过程工作	技术深度支持
项目技术质量部	技术措施实施	具体操作与实施	成果整理，汇总
项目工程管理部	共同策划应用点，实施点	过程资料收集与整理	资料汇总
项目安全管理部	文明施工策划与 BIM 应用点策划	BIM 应用结合现场文明施工	安全文明成果整理

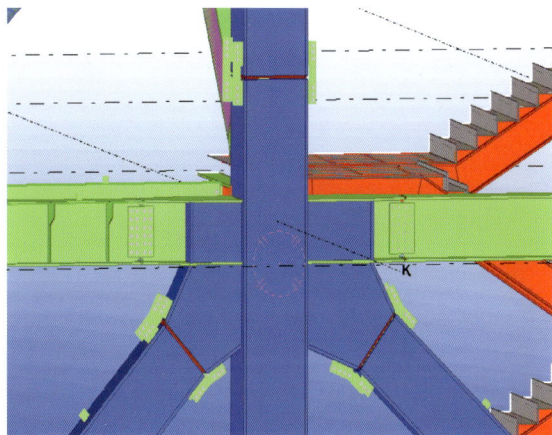

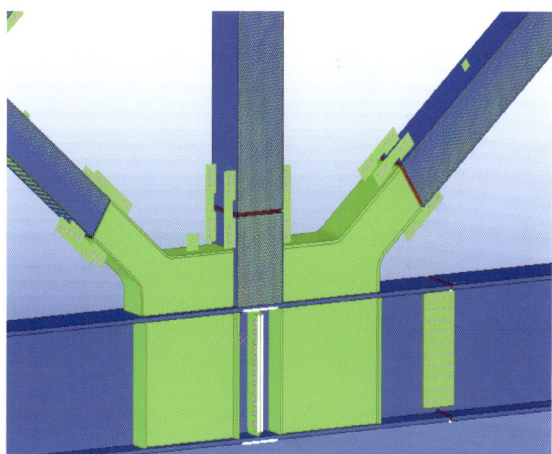

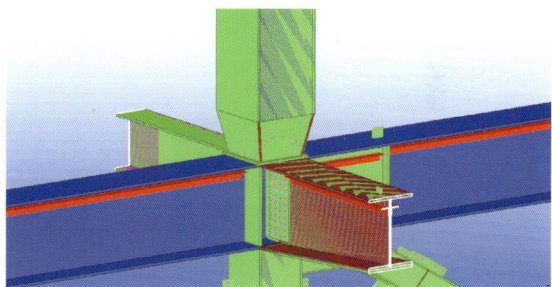

3　BIM 技术应用重难点分析

本钢结构工程造型立体感强、结构类型复杂多样，其中包含：钢框架-屈曲约束支撑结构、钢框架结构、回字形钢桁架空中连廊、环形大悬挑屋檐。端头建筑地下二层为型钢混凝土结构，钢柱截面最大截面规格为 $\square$900mm × 900mm × 40mm×40mm，每米质量 1.08t，钢柱与基坑边最大距离距为 32m，吊装施工难度大（图 3）。

本工程施工工况复杂：

（1）端头建筑物中间桁架以及桁架上方的钢柱和钢梁，其正下方为地下室，安装和吊装工况复杂。

（2）交叉作业过多，端头建筑物地下两层与其余建筑连通，施工作业交叉，起重设备作业面狭小（图 4）。

4　创新亮点

（1）基础顶面－0.150m 均为型钢混凝土柱，为保证混凝土浇筑质量，在柱脚新增两个直径 100mm 的溢浆孔（图 5）。

（2）X 向 3-4、3-7 轴钢支撑立面布置示意图中箭头所指的节点按照结施 D-13 箱形支撑与箱形柱连接节点，但经放样采用此节点构件宽度 3.4～3.6m 超宽（常规运输车允许宽度 2.8m），经节

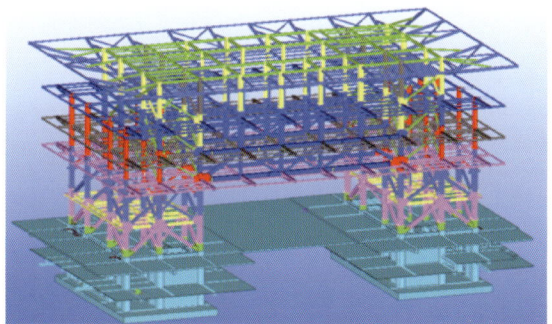

图 3　节点多样

图 4　施工工况复杂

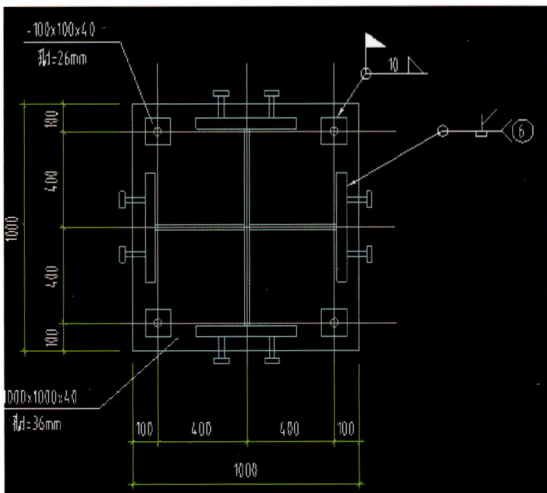

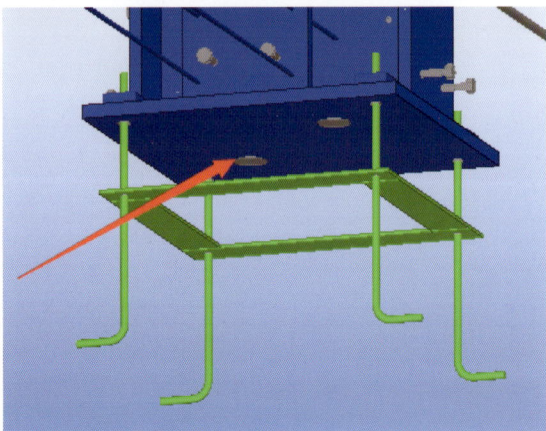

图5 设计节点优化

图6 设计节点优化

点重新复核和技术核定，将宽度优化为 2.8m 以内，避免超宽运输。

（3）节点优化：按设计图要求变坡≤1：4，如图 6 所示，长度为 800mm，导致钢柱宽度过宽，优化后：变坡比例按照 1：2 变坡，避免超宽运输。

（4）隅撑由螺栓连接更改为直接现场焊接，减少了加工厂冲孔以及定位不准的弊端。

本钢结构工程立体感强，节点多样，为保证施工质量，对原设计图纸进行 1：1 放样，建立三维施工模型，并出具加工图纸及安装图纸，经原设计单位确认后，直接指导现场施工。

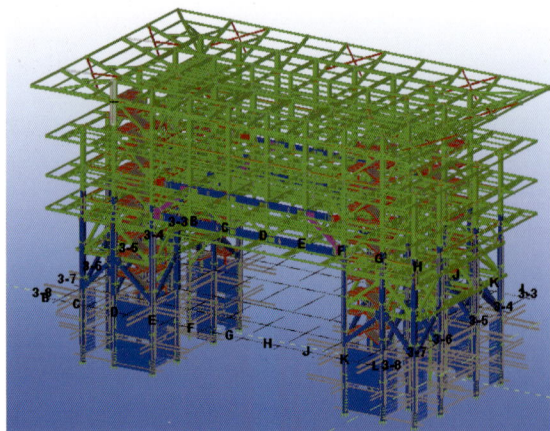

回字形钢桁架及上部结构，跨度 33.6m，截面标高 16.2～39.2m，总体质量 900t，单榀桁架段最大质量达到 16t，纵横结构交错、施工过程步骤多，且已有塔式起重机无法满足现场吊装需求。项目利用 BIM 技术优化吊装方案，使施工过程可视化。采用在地下室顶板上设置拼装胎架，然后桁架分段拼装，再进行桁架上部结构安装，形成整体结构后，利用桁架两端钢柱设计吊架，整体同步提升。

5 应用心得总结

本钢结构工程通过 BIM 技术应用解决以下事项：

1）运用 Revit、Tekla 等技术手段，对设计施工蓝图进行数据化翻模、虚拟建造，解决各专业间的相互冲突问题，其中：检索碰撞点 32 处，优化设计节点 24 处。

2）梳理各专业层次间关系，解决各工序穿插施工顺序，紧密结合加快进度。

3）优化环境，科学布置施工现场，提高施工场地利用率。

4）三维激光扫描，可视化交底、精准放样，提高施工质量及施工效率，降低施工成本。

3A102 商丘火车站核心绿轴项目钢结构 BIM 技术应用

团队精英介绍

史泽波

中建七局安装工程有限公司钢结构分公司副总经理、总工程师

一级建造师
高级工程师
河南省钢结构协会专家
河南省建筑业协会专家

长期从事技术管理及科技研发工作，先后主持创建钢结构金奖工程 6 项，获得省部级科技进步奖 6 项，省部级工法 10 余项，授权发明专利 8 项，实用新型专利 20 余项，发表论文多余篇，国家级及省部级 BIM 奖 8 项。荣获河南省建筑施工优秀项目总工程师和全国建筑施工优秀项目总工程师。

张祥伟

中建七局安装工程有限公司设计研究院副院长、总工程师

一级建造师
高级工程师

先后发表 SCI 论文 2 篇，专利 35 项（发明 6 项），省部级科技进步奖 6 项（一等奖 2 项），省级工法 7 项，BIM 大赛国际奖 2 项（一等奖 1 项）、国家级 16 项（一等奖 4 项）、省级 5 项（一等奖 3 项），省级 QC 成果 2 项，参编专著 1 部。

王晓娟

中建七局安装工程有限公司钢结构分公司质量管理部经理

工程师

获省级 QC 成果 11 项，省级工法 5 项，专利 10 项，省部级及国家级 BIM 奖项 11 项，获得河南省级住房和城乡建设厅科学进步奖一等奖 1 项，中建七局科学技术奖一等奖 1 项，中国建筑金属协会科学技术奖 1 项，参编专著 2 部，发表论文 2 篇。

李彦超

中建七局安装工程有限公司钢结构分公司副总经理

二级建造师
工程师

长期从事钢结构施工管理相关工作，发表论文 1 篇，发明专利 3 项，实用新型专利 3 项，国家级 BIM 奖项 1 项。

冯丙玉

中建七局安装工程有限公司钢结构分公司质量管理部执行经理

助理工程师

主要从事科技管理和 BIM 相关工作，获得省部级工法 2 项，专利 3 项，省部级 BIM 奖 3 项，发表论文 2 篇。

杨 阳

中建七局安装工程有限公司钢结构分公司

BIM 工程师

长期从事钢结构 BIM 工作，先后获得发明专利 1 项，实用新型专利 4 项，省部级 BIM 奖 5 项，省部级 QC 成果 3 项。

范帅昌

中建七局安装工程有限公司商丘绿轴钢结构项目经理

一级建造师
工程师

获得中国安装协会科技进步一等奖 1 项，发明专利 1 项，实用新型专利 3 项，论文 6 篇，国家级 BIM 奖项 1 项，获省级工法 3 项，省部级 QC 成果 7 项。

宋华峰

中建七局安装工程有限公司商丘绿轴钢结构项目总工

工程师

长期从事钢结构施工技术工作，先后获得发明专利 1 项，实用新型专利 1 项，省部级 BIM 奖 1 项，省部级工法 1 项，省部级 QC 成果 4 项。

张荣冰

中建七局安装工程有限公司商丘绿轴钢结构技术部经理

一级建造师
高级工程师

长期从事钢结构施工及钢结构 BIM 工作；先后发表论文 4 篇；省级工法 1 项，实用新型专利 1 项，国家级 QC 成果 1 项；省部级 QC 成果 5 项，省级 BIM 成果 1 项。

杜新红

中建七局安装工程有限公司商丘绿轴钢结构工程部经理

工程师

长期从事钢结构施工及钢结构 BIM 工作；先后发表论文 2 篇；发明专利 1 项；实用新型专利 3 项，国家级 BIM 奖项 2 项，省部级工法 1 项，省部级 QC 成果 6 项。

大型机场航站楼改扩建项目智慧建造 BIM 综合技术应用

中建八局第三建设有限公司

周胜军　葛军　熊赛江　蒋文翔　朱海　谈虎　孙洪飞　殷欣　马怀章　呆晓

1 工程概况

1.1 项目简介

南京禄口国际机场 T1 航站楼改扩建工程位于南京市江宁区,是江苏省十大重点工程之一,工程涵盖 T1 航站楼主楼技术改造连廊及指廊扩建等。总投资 37.18 亿元,航站楼综合体总面积约 21.5 万 m²。工程主要包括了航站楼主楼和指连廊,设计建筑面积约 16.1 万 m²,地下主要为功能机房及后勤办公区,一层、二层为到达层,三层、四层为出发层,五层为办公层。改扩建完成后的禄口机场 T1 航站楼将拥有 32 个近机位,设计年旅客吞吐量达 1800 万人次(图 1)。

图 1　项目效果图

1.2 公司简介

中建八局第三建设有限公司是中建八局全资子公司。现有职工 5000 余人,其中一级建造师 790 人,造价工程师 127 人;具有高级职称人员 330 人,中级职称人员 932 人。目前下设 9 个区域分公司、4 个专业分公司、1 个设计研究院和 1 个海外分公司,形成房屋建筑、市政基础、设备安装、装饰装修、设计研发五大业务板块,打造

主业强势、专业突出、内外联动、科学发展的战略格局。

1.3 工程重难点

(1) 原机场设计团队相关技术资料缺失,图纸不全,相关结构尺寸无法实际测量复核。

(2) 建筑图纸与结构图纸冲突,实体结构与建筑墙体不一致。

(3) 钢结构与多专业相连,各专业界面交叉繁杂。

(4) 候机楼、连廊及南北指廊为钢结构屋盖,拆除作业工作量大,拆除顺序是施工安全管控难点。

(5) 屋盖的拆除需要保证对称和屋盖受力要求,防止屋盖的整体坍塌。

(6) 候机厅三层以上混凝土及屋盖结构为新建结构,新老结构的连接定位是设计图实施的关键。

(7) 标准规范的更新,原 T1 主楼屋盖受力已经不满足要求,需进行重新加固且设计团队不提供技术指导图纸,需项目部提供方案进行分析。

(8) T1 主楼出发大厅新增檐口提前闭水原因,支撑钢柱顺作法方案施工时间无法满足要求。

(9) 南指廊基础部分为地铁 18 号线预留部分,桩基顶部布置十字钢骨柱,钢骨柱均为地下结构,其安装定位标高控制难度较大。

(10) 指廊屋盖为索拱结构,大梁跨度 35m,钢梁总长度 52m,大梁安装方式和安装精度要求。

2 BIM 团队建设及软件配置

2.1 制度保障措施

依据公司企业 BIM 策划实施方案、实施细则等标准,制定本项目 BIM 实施方案和深化方案,

保证 BIM 应用顺利实施。制定严格的 BIM 管理流程和 BIM 实施流程，每个流程清晰合理，为支撑项目 BIM 应用提供有力保障（图 2）。

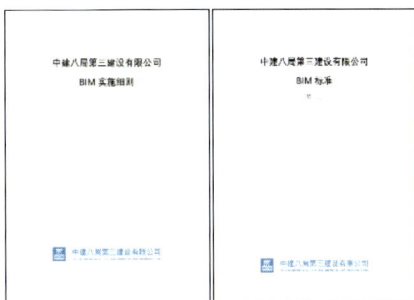

图 2　公司 BIM 标准

2.2　软件环境（表 1）

软件环境　　　　　　　表 1

序号	名称	项目需求	功能分配
1	Revit	三维建模	建筑、建模
2	Tekla	三维建模	建模、动画
3	Midas Gen	结构计算	结构计算
4	CAD	深化出图	图纸处理
5	Navisworks	碰撞检测	碰撞检测
6	Lumion	模型渲染	模型渲染
7	Ansys	节点计算	计算

2.3　团队架构

为保证项目实现 BIM 应用下的精细化管理，我们组建了公司、项目两级 BIM 工作团队；公司 BIM 技术中心负责技术攻关、难点突破、人才培养；项目 BIM 工作站负责 BIM 应用具体运行，核心成员均具有专业的 BIM 技能和丰富的施工管理经验（图 3）。

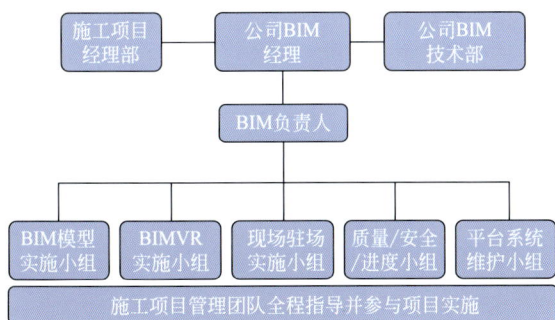

图 3　团队架构

3　BIM 技术重难点应用

3.1　图纸碰撞检查

通过 BIM 模型的创建，检查钢结构与土建、幕墙、金属屋面的碰撞检查，通过图纸会审形式明确做法要求，避免施工造成的返工浪费（图 4）。

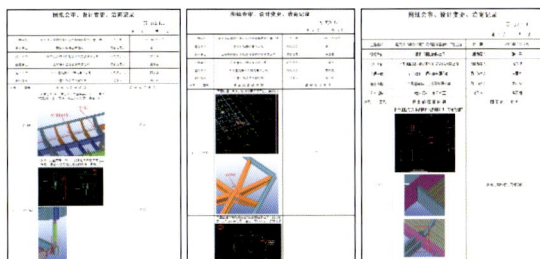

图 4　图纸碰撞检查及反馈

3.2　基于 BIM 模型快速出图

基于钢结构深化模型，出具详细加工图，指导加工厂加工，加快了工作效率，提升了加工进度。本项目钢结构目前累计出图总数达 6832 张（图 5）。

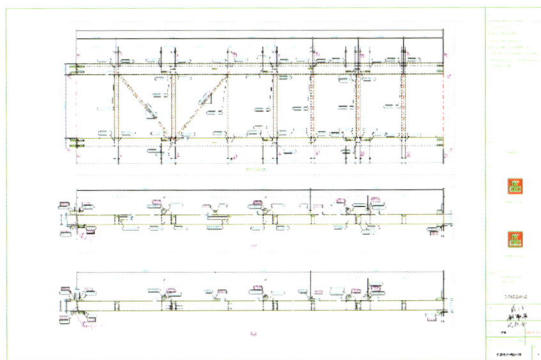

图 5　快速出具深化图纸

3.3　机电管综深化

建立建筑、结构、专业模型，通过管线综合、调整，合理分布各专业管线位置（图 6）。

3.4　BIM 工况分析优化

作为国内首例大型机场航站楼综合改造加固工程，利用 BIM 围绕工程施工重难点开展技术攻关，结合 Revit、犀牛、Ansys、Abaqus 等 BIM、有限元分析软件对现场工况进行分析，为现场施

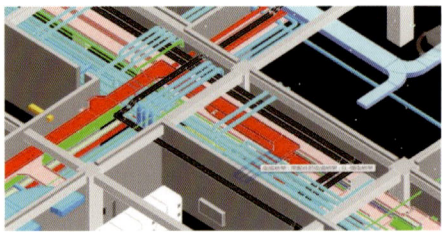

图 6 机电管综优化

工提供技术支撑与指导（图 7）。

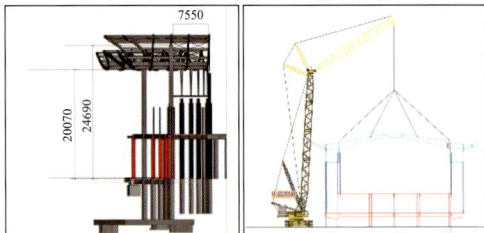

图 7 工况分析

3.5 3D 扫描技术＋BIM 逆向导图

老航站楼存在图纸不全、不符等问题，采用三维扫描＋BIM 技术获得原结构的点云数据，通过扫描的结果与点位，逆向生成图纸，优化模型，为钢屋盖加固方案提供依据（图 8）。

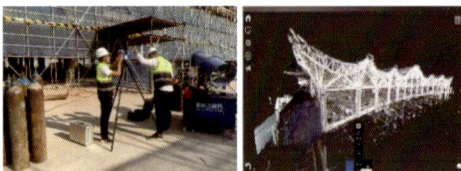

图 8 3D 扫描

3.6 3D 扫描技术＋BIM 模型优化

通过三维激光扫描仪得到的现场钢结构三维模型点云数据，精度控制在毫米级。通过三维点云管理的应用软件，具有浏览、编辑、分析、拼接、逆向工程等功能。以点云为基准建出实景模型。优化原设计方案不足之处。与 BIM 相结合，依据设计图纸完善基层和面层模型（图 9）。

图 9 模型优化

4 创新亮点

4.1 BIM＋辅助深化设计

桁架梁及核心筒钢柱等异形零件多、牛腿多、牛腿空间角度定位难度大，给加工制造、运输及现场拼装带来了很大的难度。根据构件的实际加工及安装流程，采用 Tekla Structure 软件进行三维建模，输出零件图下料图、构件加工详图、构件安装详图、构件外形长宽高尺寸表等，指导构件加工制造、运输及现场预拼装（图 10）。

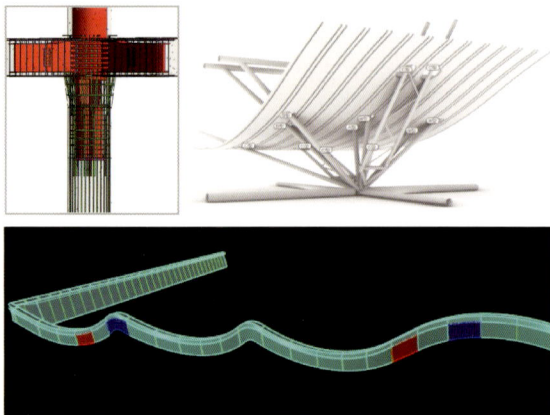

图 10 辅助设计

4.2 BIM＋模块化机房

在建立本工程制冷换热机房系统标准模型后，经过严格计算与合理规划，通过 BIM 技术制作相互配套且精度较高的模块。本次设计将制冷换热机房内 5 台制冷机组、30 台循环水泵、8 台水处理设备、约 800m 大型管道整合成 21 个循环泵组模块（7 种形式）、若干预制管段及设备（图 11）。合理利用法兰分段，方便管道场外预制及运输、实现现场安装无焊接操作。

图 11 模块化组装

3A114 大型机场航站楼改扩建项目智慧建造 BIM 综合技术应用

团队精英介绍

周胜军

南京禄口国际机场 T1 改扩建项目钢结构项目经理

工程师

担任多个大型场馆项目总工，南京禄口国际机场和绿都大道跨秦淮新河项目经理，参与的项目多次获得鲁班奖、国家优质工程及中国钢结构金奖，多次获得省级工法和多项发明、实用新型专利，发表论文数篇，获得中国钢结构金属协会科技成果一等奖，中国钢结构协会科技成果二等奖，中国安装协会科技成果三等奖，江苏省安装协会科技进步奖一等奖等。

葛 军

南京禄口国际机场 T1 改扩建项目技术主管

工程师

长期从事绿色施工、智慧建造、BIM 综合应用等创新技术研究工作，参与的多个项目，均获得国家优质工程奖。获得省级协会科技成果一等奖、二等奖、三等奖各 1 项，全国各类 BIM 大赛一等奖、二等奖多项，发表论文数篇、工法多项。

熊赛江

南京禄口国际机场 T1 改扩建项目钢结构项目总工

工程师

参与了多个大型公建项目，多次获得国家级质量奖项，获得省级工法、发明、实用新型专利多项，发表论文数篇，获得省级协会科技成果一等奖、二等奖各 1 项，科技进步奖一等奖。

蒋文翔

南京禄口国际机场 T1 改扩建项目总包项目总工

工程师

参与了多个公司重点项目，从事数字化建模、BIM 综合应用及智慧建造等创新技术研究工作，参与的项目多次获得国家级质量奖项，多次获得省级工法、发明、实用新型专利，发表论文数篇、科技成果数篇，获全国各类 BIM 大赛奖项多项。

朱 海

科技部业务经理

工程师

参与了多个公司重点项目，从事数字化建模、BIM 综合应用及智慧建造等创新技术研究工作，参与的项目曾获得国家级质量奖项，已受理发明专利 1 项、实用新型专利 2 项，省级工法 1 篇，获得国家级 BIM 奖 6 项。

谈 虎

南京禄口国际机场 T1 改扩建项目 BIM 负责人

工程师

多次参与 BIM 技术研究及科学技术课题研发工作，多次获得省级工法和多项发明、实用新型专利，发表论文数篇，获得省级协会科技成果一等奖、二等奖各 1 项，科技进步奖一等奖。

孙洪飞

南京禄口国际机场 T1 改扩建项目总包项目经理

工程师

参与了多个公司重点项目，参与的项目多次获得国家级质量奖项。多次获得省级工法和多项专利，发表论文多篇，获得科技成果 3 项、全国各类 BIM 大赛奖项多项。

殷 欣

南京禄口国际机场 T1 改扩建项目 BIM 负责人

高级工程师

参与了多个大型公建项目，多次获得国家级质量奖项，获得工法、专利及科技成果数项。

马怀章

南京公司副总工

高级工程师

长期从事科技研发、BIM 综合应用及智慧建造等创新技术研究工作，获得多项国家级 BIM 奖。

杲 晓

南京禄口国际机场 T1 改扩建项目 BIM 主任

高级工程师

长期从事数字化建模、BIM 综合应用及智慧建造等创新技术研究工作，获得工法、专利及科技成果数项。

三、二等奖项目精选

上海体育场钢屋盖改造数字更新技术

上海市机械施工集团有限公司

周锋　武诣霖　严斌　罗建冬　李显松　刘伟　马良

1　工程概况

1.1　项目简介

上海体育场于 1997 年投入使用，是中国第八届全运会的主会场，总面积约 13 万 m²，直径约 300m，建筑标高约 70.8m，可容纳观众约 56000 人（图 1）。

图 1　场地概况

原钢屋盖结构为空间管桁架体系，由 32 榀径向桁架＋四圈环向桁架组成，最大悬挑 65m。

现改建诉求为接待区域整体功能升级、场馆容纳人数达六万人、前排观众尽量贴近场地、屋盖投影面对看台全覆盖、西馆东亚酒店升级改造看台提升并对场地下挖、取消田径跑道扩充场馆、屋盖悬挑向内延展 16.5m（图 2）。

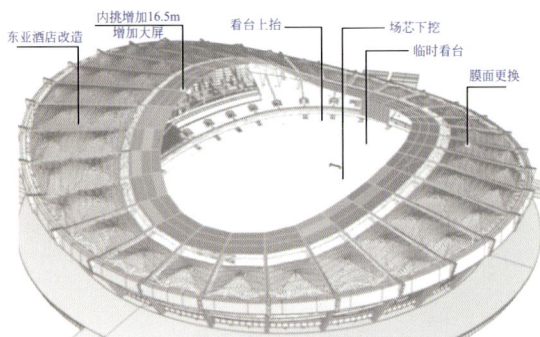

图 2　改建计划

建设方案为利用原结构的南北向外环桁架和东西向中环桁架，通过增加局部杆件，形成一个闭合的受压环桁架。同时在原结构内环桁架下增加一圈环索，环索顶部设置 V 字形飞柱，分别连接内环桁架和新增内挑结构，环索与受压环间设置径向拉索，形成一道封闭的力流。

1.2　公司简介

上海市机械施工集团有限公司成立于 1958 年，是上海建工集团股份有限公司的核心企业之一，是我国现代化大型机械施工的专业队伍。集团具有房屋建筑工程和市政公用工程施工总承包双一级资质；钢结构工程、地基与基础工程、起重设备安装工程等多项专业承包一级资质；以及拥有特种设备安装的技术力量和基础装备。

历年荣获全国五一劳动奖状、"高新技术企业"、上海市创新型企业、全国建筑业科技进步与技术创新先进单位以及"全国模范劳动关系和谐企业"等殊荣。

1.3　工程重难点

（1）加工精度高

既有结构存在节点坐标偏差、杆件长度偏差等几何缺陷，因此结构的几何位形与原设计图存在差异。

新增轮辐式索网体系对几何位形十分敏感，因此不仅需要消化既有空间管桁架体系的几何缺陷，还要保证关键节点的精确定位。

（2）测量精度要求高

节点加固要求主管、支管的外套管与既有屋盖节点紧密贴合。

节点加固的核心是提升两根支管之间区域的强度，因此该区域主管、外套管的精度至关重要。

经过实测，既有结构主管、支管的空间相贯关系与理论图纸不尽相同，需针对每个节点特点进行深化设计、加工。

2 BIM 团队建设及软件配置

2.1 制度保障措施

在项目设立之初进行综合评定，选择进行 BIM 应用的相关专业。建立 BIM 团队，由项目总工担任 BIM 团队总负责，并统筹协调各专业 BIM 工作。BIM 专业工程师建立对应专业的 BIM 信息模型，基于 BIM 模型进行专业的综合深化设计、施工方案、施工进度、工程量计算等一系列实施内容。在施工前、施工中、施工后三阶段对项目管理提供技术支持。

2.2 团队组织架构（图3）

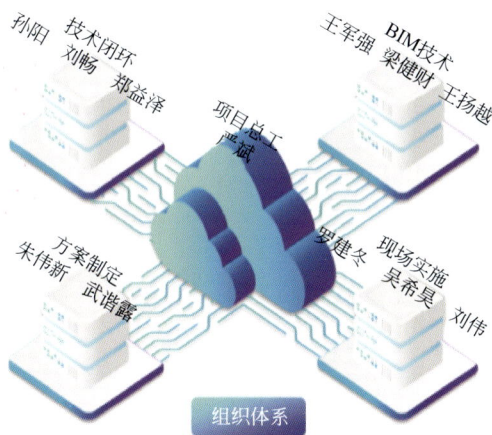

图 3　团队组织架构

2.3 软件环境（表1）

		软件环境	表 1
序号	名称	项目需求	功能分配
1	Revit	三维建模	建筑、建模
2	Tekla	三维建模	建模、动画
3	Navisworks	施工管理	项目管理
4	AutoCAD	深化出图	图纸处理
5	Cyclone	三维扫描	点云分析

3 BIM 技术重难点应用

本环向索无法按竣工图的理论位形深化与下料，既有钢屋盖服役已超 20 余年，节点坐标难免偏离理论位形。

3.1 钢结构深化设计

创建钢结构三维模型，采用最小二乘法线性回归拟合杆件模型的中心线建立结构加固深化模型。结合 Tekla 与 Revit 导入 Navisworks 得出碰撞报告。

钢结构深化过程中，将 LED 天幕与新增钢结构进行碰撞检测，依据碰撞点，优化 LED 灯条分段，预先调整电路，留好洞口，避免现场施工时的大量返工（图4）。

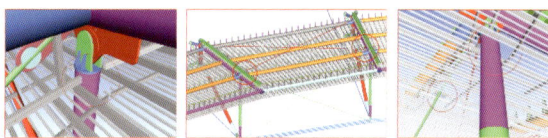

图 4　碰撞检测

3.2 技术路线

本项目技术路线如图 5 所示。

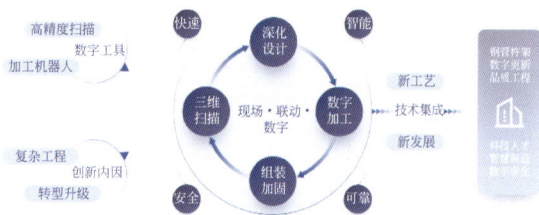

图 5　技术路线

3.3 参数设计

非接触式的空间坐标数据。利用快速采集、建模、分析的数字测绘技术扫描获取现状圆管杆件点云数据。

由于现场环境造成的扫描俯仰角限制，无法获得整个圆管杆件的全部点云数据，须通过在仅有的 1/4 或 1/2 圆的点云数据自动推导拟合出整个圆管杆件三维模型（图6）。

基于 Rhino＋Grasshopper 参数化快速获取杆件中心线的建模方法。将点云自动拟合的圆管杆件模型导入 Rhino，通过调用 GH 中 Pipe Center Curve 命令，快速获取既有圆管杆件模型的中心线。根据竣工资料中壁厚和材质等信息，将中心

图 6　基于点云的自动建模

线模型转入 Tekla 中完成深化设计（图 7）。

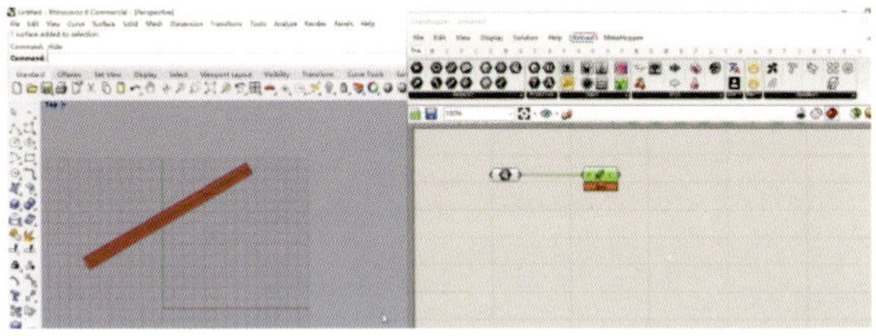

图 7　参数设计模拟

3.4　质量校核

采用手持式三维扫描仪对机加工索夹进行验收。

环索索夹是索网结构的重要节点之一，通过一体式机加工，结合数控机床铣出所有构型。其索道呈弧线形状态，精度要求高，如索道凹槽部分达不到设计要求，索夹可能会存在破断风险。首件构件检验后，数据反馈修正通体机加工行进路径偏差值（图 8）。

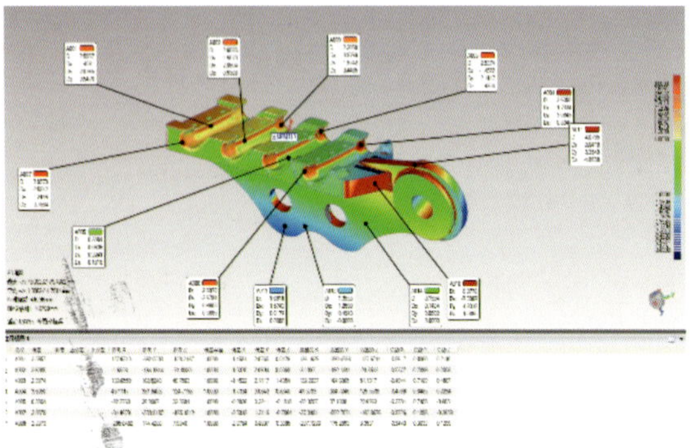

图 8　索夹的首件校核

3.5　检测平台

施工过程中，在结构关键位置布置应变、温度、风速、位移、加速度、索力等多种传感器，并接入信息化监测平台。

在结构施工、运营全生命周期中动态监测结构响应，为各方掌握结构受力状态提供数据支撑（图 9）。

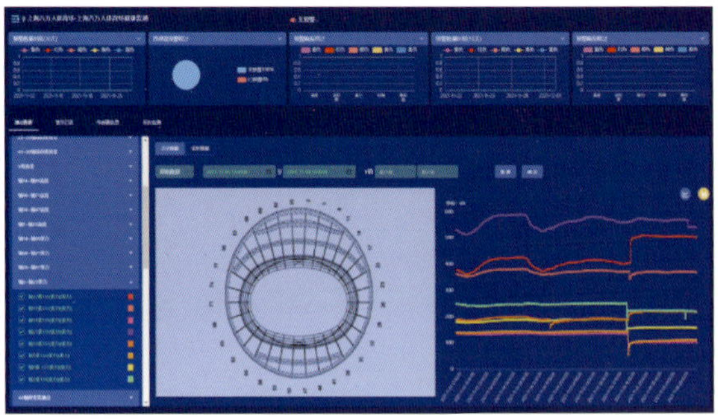

图 9　检测数据

4　应用心得总结

BIM 的综合应用与投入的最新装备技术，例如，全站扫描、手持扫描、参数化设计、加工机器人、3D 打印等，形成了一套完整的可复制的既有钢屋盖管桁架体系的数字更新技术，使得传统的二维图纸变成可视化的三维模型。三维模型不但可以用于各专业之间碰撞检查、效果图及深化图的生成，更重要的是，使得建造、运营过程中的沟通、讨论、决策都在可视化的状态下进行，可更直观地确保建设质量，提高施工速度，助力建设数字场馆示范案例。

3A005 上海体育场钢屋盖改造数字更新技术

团队精英介绍

周　锋
上海市机械施工集团有限公司

副总工程师

本项目技术顾问专家，正高级工程师，注册结构工程师，现任集团副总工程师，长期从事大型复杂钢结构和幕墙工程建造技术研发与应用工作，先后负责中国国际博览会会展综合体、上海虹桥国际机场 T1 航站楼改扩建、上海浦东国际机场卫星厅、上海浦东足球场、上海长滩观光塔等多个重大、重点工程的建设；负责或参与国家级科研课题 1 项、省部级科研项目 5 项，累计获得国家授权发明专利 12 项，参编著作 4 部、CECS 标准 2 项、地方标准 4 项、公开发表论文 6 篇。

武诣霖
上海市机械施工集团有限公司

项目副经理

长期从事施工技术研发与管理工作，参与"群塔支承单层钢铝组合自由曲面网壳建造技术""中心城区既有体育场屋盖结构改造升级施工技术"等重大科研课题研发工作，发表科技论文 5 篇，曾荣获上海钢结构行业 BIM 技术大赛一等奖。

严　斌
上海市机械施工集团有限公司

项目总工程师

参与并负责"超大面积建筑群大跨度钢结构工程施工研究""超大面积大跨度超高空异形曲面网壳安装技术研究""大型体育场翻新改造技术研究及信息化应用"等科研课题研究工作，获得上海建筑施工行业第九届 BIM 技术应用大赛三等奖、上海钢结构行业 BIM 技术大赛一等奖等相关奖项。

罗建冬
上海市机械施工集团有限公司

项目工程师

参与"上海体育场钢屋盖改造数字更新技术研究""大跨度空间结构体育场馆增容及功能升级技术研究"等科研课题研究工作，获得上海建筑施工行业第九届 BIM 技术应用大赛三等奖等相关奖项。

李显松
上海市机械施工集团有限公司

BIM 工程师

参与"上海体育场钢屋盖改造数字更新技术研究""大跨度空间结构体育场馆增容及功能升级技术研究"等科研课题研究工作，获得上海建筑施工行业第九届 BIM 技术应用大赛三等奖等相关奖项。

刘　伟
上海市机械施工集团有限公司

BIM 工程师

参与本项目 BIM 与数字测绘技术的实施，累计申报并获得国家与上海市级 BIM 奖 12 项、集团科技进步奖 5 项，公开发表论文 2 篇，完成发明专利申请 3 项。

马　良
上海市机械施工集团有限公司

BIM 及测绘研究室主任

负责本项目的 BIM 与数字测绘技术的实施，上海市首席技师，中施企协 BIM 技术专家、上海市 BIM 技术应用推广中心专家、上海市建筑学会 BIM 专委会委员。主要参与国家级科研项目 1 项，省部级科研项目 1 项；累计申请专利 35 项，已授权 18 项；获得国家与上海市级 BIM 奖项 24 项；参编 BIM 标准 5 项。

BIM 创效，智慧建赋能——硅谷小镇 A-A 地块商业综合体局部悬挑超重钢结构连廊提升施工 BIM 应用

中国建筑第七工程局有限公司

彭稳榜　金国光　陈雨庆　刘学胜　陈佳媛　徐世安　贾陆锋　武丰杰　赵鑫宗　史鹏磊

1 工程概况

1.1 项目简介

该工程位于武汉东湖高新科技开发区高新大道以南、未来三路以东的未来科技城内。由 4 栋主楼及地下室组成，其中 1 号楼 18 层、2 号楼 13 层（局部 18 层）、3 号楼 4 层（局部 13 层）、4 号楼 8 层，下设一二层地下室，总用地面积约为 28030.2m²，总建筑面积约为 104357.91m²，地库建筑面积约为 37323.57m²。

2021 年 1 月 10 日开工，2022 年 4 月 30 日前完成所有土建安装工程，总工期 475 日历天。项目于 2022 年 12 月建成交付（图 1）。

图 1 项目效果图

1.2 公司简介

中国建筑第七工程局有限公司最早成立于 1952 年，经历工改兵、兵改工的跨越性转变，逐步发展成为一个现代先进的核心区域行业领军企业。

公司荣获房屋建筑工程施工总承包特级资质和建筑行业（建筑工程）甲级设计资质，集设计施工于一体，可承接房屋建筑、公路、市政公用、铁路、水利水电、港口与航道各类别工程的施工总承包、工程总承包和项目管理业务，以及开展相应设计主导专业人员齐备的施工图设计业务的最高级别资质，同时具有机电安装工程施工总承包一级资质，桥梁、装饰、钢结构、公路路基、地基与基础工程 5 个专业承包一级资质。

施工足迹遍布全国 20 多个省市区，以及非洲和东南亚等地区；先后承建的国家重点工业与民用建筑工程、公共和基础设施项目达数万项，施工领域涉及能源、交通、石化、电子、机械、轻纺、建材、住宅、商贸、行政、医疗、体育、文化教育设施等各个行业。荣获多项鲁班奖和国家优质工程奖，多项全国建筑工程装饰奖和国家级专利、工法和行业标准，创省部级以上优质工程数百余项；被评为国家级"守合同、重信用"企业、国家级质量安全管理先进单位，"全国优秀施工企业"，"AAA"级信用示范企业，高新技术企业，全国五一劳动奖状。

1.3 工程重难点

（1）钢结构施工安装质量大，加工难度高，焊接难度大。

（2）钢结构、幕墙、精装修、机电、门窗、景观、绿化等多专业交叉，协调难度大。

（3）主楼核心筒与外框架连接节点复杂。

（4）连廊施工复杂，安全风险高。

2 BIM策划

2.1 组织架构

项目各参与方提供BIM技术支持，协助建设单位提升项目品质；组织、协调、监督本项目的BIM工作实施，提高参与方成果质量；搭建整个项目模型，整合包装、设备等成果，出具优化意见；对碰撞报告、净高控制、虚拟动画等应用优化设计；对全场机电管线综合调整，指导设计为后续施工创造有利条件；整合设备、土建、场布模型，对设备运行空间分析，确保设备运行安全；搭建维护项目管理平台，实现多方数据协同，提高项目管控效率；对项目塔式起重机模拟、施工模拟，辅助现场交底，规避施工风险；基于模型导出构件明细表，辅助甲方进行工程量统计及招标投标；跟踪复核施工变更，加快签证进程确保项目工期；对各参建方进行BIM及平台应用培训，共同提升项目质量。

2.2 实施目标

运用BIM实施实现钢构全生命周期应用，实现钢构深化设计，钢结构设计加工安装一体化施工流程。

运用BIM实施达到多专业深化设计，实现现场安装质量安全、可控。

运用BIM实施实现钢构件材料资源精细化节约，优化物料及现场堆场安装步骤，利用钢结构进行空间优化再进行砌体排布。

3 BIM技术重难点应用

（1）底部架空式分配梁精确定位支撑体系

1号连廊质量达1200t。

本工程钢结构连廊跨度比较大，且高度很高，若采用常规的吊装方案，需要大量的高空作业及较大吨位的起重机，不但施工难度大，而且存在较大的质量、安全风险。为保证施工现场质量安全，可将连廊正下方地下室顶板进行拼装，再利用"超大型液压同步提升施工技术"将其整体提升到设计标高，再进行对口处的杆件焊接，最后拆除临时结构。由于连廊提升作业危险系数大，

连廊提升前提升路径内的外架需提前拆除；地下室顶部考虑承载问题需进行回顶，以免对原结构造成扰动；拼装时，立面上禁止交叉作业，在屋面设置两台二级配电箱，电缆从一级箱引入，以保证液压泵站电压稳定（图2）。

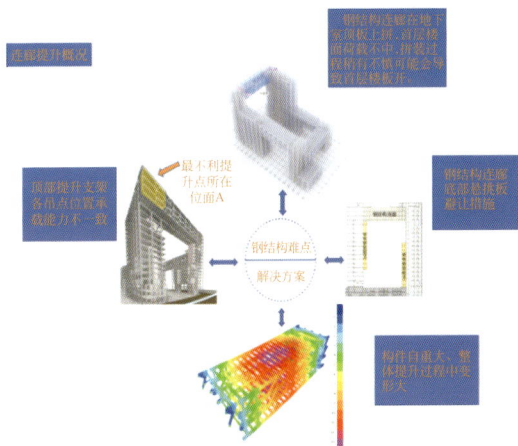

图2 连廊提升概况

（2）连廊拼装基础设计

根据连廊施工特点，连廊在正投影下方地下室顶板面组装完成，利用连廊正投影下方顶板对应的地下室钢筋混凝土柱作为受力点（地下室结构采用满堂架反顶支撑），安装钢支墩，钢支墩用膨胀螺栓固定在楼面上；拼装胎架分为钢支墩、胎架主梁、胎架次梁。在连廊主梁每个接点位置焊接定位板，作为连廊主钢梁拼装定位基准，同时，利用定位板使连廊主钢梁起拱。以1号连廊为例，在1号连廊正投影下方，依据连廊结构形式，胎架采用框架形式布置，根据土建混凝土柱布置支墩，胎架材料采用工字梁组成连廊拼装胎架（图3）。

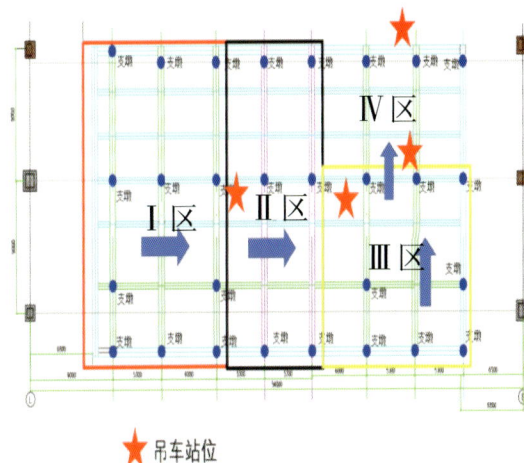

★ 吊车站位

图3 连廊拼装基础设计

4 创新亮点

搭建智慧工地平台（图4）。

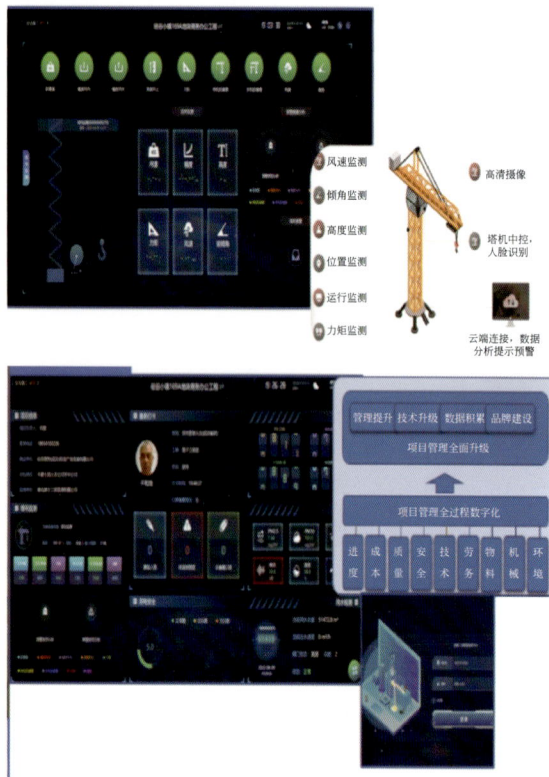

图4 智慧工地平台

通过搭建数字化智慧建造平台，项目各参与方可进行项目协调，利用平台进行技术、质量、安全、物料等智能化管理，同时结合数字化技术，提高项目协同管理效率。

通过大数据管理进行塔式起重机安全备案管理、塔基和附着设计与施工、塔式起重机运行全过程监控记录、塔式起重机安装拆除过程防倾覆控制、群塔防碰撞的监控系统，目的是帮助施工项目成为安全生产、文明施工的信息化管理工程。

对于硅谷小镇项目各专业交叉作业协调难度大以及建设管理系列要求，对施工现场质量、进度、安全、成本等功能进行全面开发，实现项目的全周期管理。

5 应用心得总结

工作全过程采用同一数据，打通了设计界面，实现了数据互通，利用BIM模型整合所有设计成果，指导设计人员与施工人员极大地优化了工作成果。完成学术论文3篇，优秀施工组织设计（方案）1份，技术总结1份，专利2项，施工工法1篇（图5）。

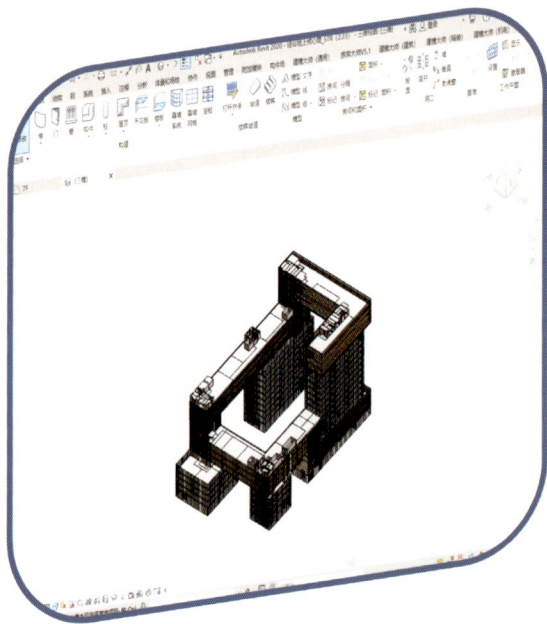

图5 数据互通

3A006 BIM 创效，智慧建赋能——硅谷小镇 A-A 地块商业综合体局部悬挑超重钢结构连廊提升施工 BIM 应用

团队精英介绍

彭稳榜
武汉硅谷小镇项目经理

中建七局土木公司"工匠之星"获得者

获得专利授权 3 项，其中发明专利 1 项，省级工法 1 项，局级工法 1 项；获湖北省 BIM 技术应用优秀奖。2020 年 9 月荣获"中国建筑业协会 QC 二类成果"。

金国光
武汉硅谷小镇项目质量总监

一级建造师
BIM 战略规划师

主持参与武汉 CFD 时代财富中心项目创国优活动，该项目获国家优质工程奖。参与了硅谷小镇智慧工地活动并获得了"江城优秀智慧工地"奖。获得发明专利 2 项，省级工法一等奖 2 项，获全国 QC 成果专业级奖，国际 QC 成果推荐奖。

陈雨庆
中建七局土木公司华中分公司经济师

工程师

参加局级科研课题 2 项，获得专利授权 6 项，其中发明专利 2 项，省级工法 3 项，局级工法 2 项；获 BIM 奖项 15 项。

刘学胜
中建七局土木公司华中分公司技术质量部执行经理

工程师

长期从事建筑信息领域工作，完成省级工法 1 篇，获软件著作权 3 项、专利 4 项，发表论文 3 篇，获得各类 BIM 奖 30 项。

陈佳媛
中建七局土木工程公司华中分公司技术质量部工程师

BIM 工程师
环境艺术设计学士

长期从事建筑信息领域工作，参与赤壁体育中心、硅谷小镇、世贸云锦等 20 个项目，先后发表论文 5 篇，专利 5 篇，参编标准 4 部，获得相关 BIM 奖项 10 项。

徐世安
中建七局中建七局土木工程公司智慧建造中心工程师

助理工程师
BIM 高级建模师

长期从事建筑信息领域工作，参与实施硅谷小镇、襄阳世贸云锦等十余个大型工程，获相关 BIM 奖项 10 项。

贾陆锋
中建七局中建七局土木工程公司智慧建造中心工程师

先后参与湖北工程职业技术学院新校区、武汉硅谷小镇 A-A 地块、襄阳世茂云锦等项目的 BIM 实施应用，获得"优路杯""新基建杯"等奖项 6 项。

武丰杰
中建七局土木工程公司BIM 负责人

工程师

长期从事建筑信息领域工作，负责并参与多项 BIM 相关课题研究及创优报奖工作。

赵鑫宗
中建七局土木工程公司华中分公司技术管理部副经理

二级建造师
工程师

参与完成实用新型专利 4 项，发表论文 3 篇，参加局级科研课题 2 项及企业智慧建造平台建设，获得 BIM 奖 15 项，软件著作权 1 项。

史鹏磊
中建七局土木公司华南分公司

工程师

从事技术质量研究工作，主持完成省级工法 8 项，发表论文 4 篇，授权实用新型专利 4 项，局级科研课题 2 项，获得 BIM 奖 10 项，软件著作权 2 项，荣获省级科技成果 3 项。

韵达全球科创中心项目，BIM 技术在建筑工程中的管理与应用

浙江大东吴建筑科技有限公司

娄峰　郑文阳　杜俊豪　贾伟朋　李伟斌　柳跃强　卻谍　周勇　李慧　王珊珊

1 工程概况

1.1 项目简介

韵达全球科创中心项目，位于桐庐县富春未来城城市之心 B 地块，项目北临 320 国道，西临东兴路，南接石珠路。项目建设用地面积 1.9 万 m²，总建筑面积 16.6 万 m²，地上建筑面积 11.5 万 m²；塔楼地上 47 层，地下 3 层，屋面建筑高度 210.50m；裙楼地上 4 层，地下 3 层，屋面建筑高度 27.50m。一类高层建筑，地上耐火等级一级，地下室耐火等级一级。建筑安全等级为二级，使用年限为 50 年；塔楼集办公、酒店、公寓于一体；裙房为商业用房（图 1）。

图 1　项目效果图

1.2 公司简介

浙江大东吴建筑科技有限公司，作为集钢结构建筑与绿色装配式建筑研发、设计、制造、施工于一体的集成科技公司，建筑产品已覆盖大型场馆、住宅、学校、医院、办公、酒店，以及工业建筑和新农村建筑等领域，拥有成熟的钢结构建筑技术与经验积淀，以完整的全产业链资源管理优势，增强各环节的同构效应，为客户建筑项目提供 EPC 总承包服务，以持续创新实现企业高质量变革发展。

1.3 工程重难点

（1）时间紧、面积大，体形复杂，建筑功能需求多样化；建筑、结构、幕墙、装修、景观、机电等 10 多个专业，80 多个系统需同步设计。

（2）设计阶段的 BIM 模型需进一步深化为加工图，同时各业施工单位根据现场的要求，提出建议意见，尽最大可能把问题消化于深化阶段。

（3）41 天完成 8 万 m³ 土方外运及桩基施工；43 天完成 1.3 万 t 钢结构加工及安装；103 天完成幕墙安装、装修及景观等。10 多个专业，80 多个系统在场地狭小的情况下 202 天完成施工作业，项目管理协调难度大。

2 BIM 团队建设及软件配置

2.1 制度保障措施

（1）项目 BIM 例会

由项目经理牵头，建筑总工及机电总工负责组织周例会，各分包单位班组、BIM 小组成员参与，布置会议任务及落实情况。共计 27 次（图 2）。

（2）安全技术培训

由安全主管联合 BIM 小组成员组织安全技术培训 7 次，培训时长 14 学时（图 3）。

（3）BIM 管理平台培训

BIM 应用及平台使用培训 8 次，共计 45 人次，总时长 16 学时（图 4）。

图2　项目BIM例会

图3　安全技术培训

图4　BIM管理平台培训

（4）图纸会审

由项目经理牵头，建设单位、设计单位、施工单位及 BIM 小组成员参与全专业图纸会审，共计 7 次（图5）。

图5　图纸会审

2.2　团队组织架构（图6）

部门	主管人员	职责
项目总协调	娄峰	负责协调、组织落实、检查项目总牵头
项目设计BIM总负责	周荣富	负责BIM设计阶段进度安排，模型正向出图及平台应用
项目生产BIM总负责	柳跃强	负责BIM生产进度安排，BIM对接生产智能平台应用
项目施工BIM总负责	贾伟鹏	负责BIM施工阶段进度安排，模型施工深化及平台应用
东吴云管控平台总负责	郑文阳	负责设计、生产、施工平台创建及日常维护

图6　团队组织架构

2.3　软件环境（表1）

软件环境　　　　　　　　　表1

序号	名称	软件厂商	软件功能
1	CATIA	达索	建模
2	Abaqus	达索	进行有限元分析
3	Tekla	Tekla	钢结构支架建模
4	Delmia	达索	施工模拟仿真
5	Revit	Autodesk	建模
6	Realworks	Trimble	点云处理软件
7	Geomagic	Geomagic	点云逆向建模
8	Polyworks	InnovMetric	高密度点云处理软件
9	东吴云数字化协同管理平台	建筑科技	平台管理

3　BIM 技术重难点应用

3.1　三维协同结构设计

韵达全球科创中心项目北侧靠临湖观景台，悬挑跨度达到 21.5m，为本工程最大的结构设计难点。为满足建筑造型及功能需要，采用纯悬挑桁架、斜柱＋悬挑桁架、斜柱＋悬挑钢梁三种结构方案，分别采用 Midas Gen 及盈建科结构计算软件进行悬挑区域计算分析。软件分析计算结果见图7～图10。

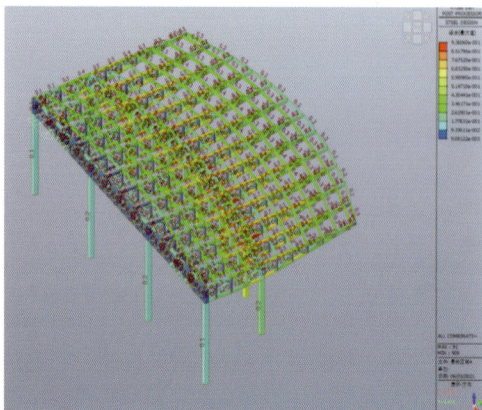

图 7   纯悬挑桁架计算结果 1

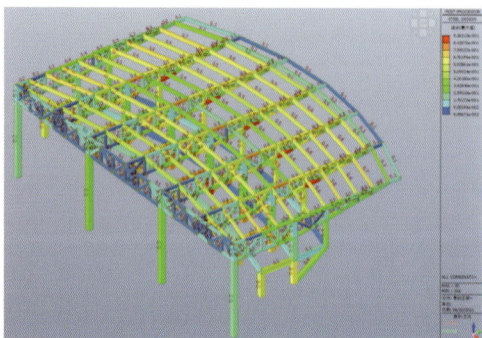

图 8   纯悬挑桁架计算结果 2

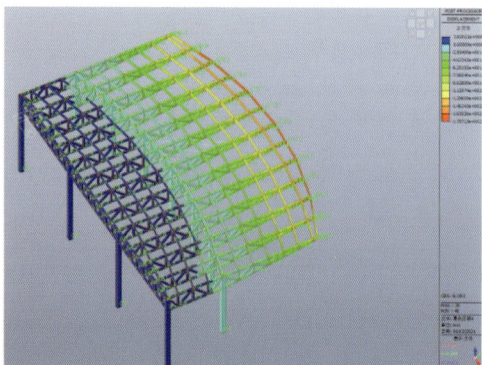

图 9   斜柱＋悬挑桁架计算结果 1

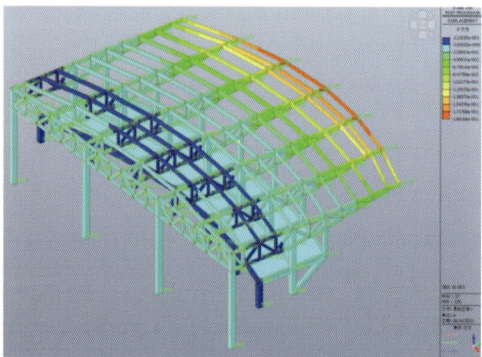

图 10   斜柱＋悬挑桁架计算结果 2

3.2   钢结构数字逆成形检测系统

"钢结构 3D 扫描检测"利用精度达 0.085mm 的工业级三维激光扫描仪，对实际钢构件扫描，通过对扫描模型的测量实现构件测量；在虚拟环境通过扫描模型与理论模型拟合对比分析，通过彩色图谱的形式反映实际偏差（图 11）。

图 11   应用情况

3A010 韵达全球科创中心项目，BIM 技术在建筑工程中的管理与应用

团队精英介绍

娄　峰
韵达全球科创中心项目公司总工程师、副总经理

正高级工程师

长期从事钢结构设计、施工技术及装配式技术的工作与研究，2015 年获国家科学技术奖励二等奖、2017 年获广东省土木建筑学会科学技术奖励一等奖、2019 年获广东省技术发明奖一等奖、2019 年获浙江省湖州市 1122 人才。

郑文阳
韵达全球科创中心项目 BIM 所所长

本科
二级建造师

从事 BIM 技术与钢结构数字化创新等技术工作 13 年，主持开发了东吴云协同管理平台。获首届浙江省数字建造创新应用大赛二等奖、第三届工程建设行业 BIM 大赛二等奖、第十一届"龙图杯"二等奖等。

杜俊豪
韵达全球科创中心项目 BIM 技术应用主管

本科

长期从事 BIM 技术与钢结构数字化创新等技术工作 8 年，参与了杭州新农都项目、湖州南太湖项目等多个项目。曾获第六届"龙图杯"三等奖、浙江省数字建造创新应用大赛二等奖、第三届工程建设行业 BIM 大赛二等奖等。

贾伟朋
韵达全球科创中心项目公司副总监

一级建造师
高级工程师

长期从事建筑钢结构工程施工管理工作，参与国家体育场（鸟巢）、北京大兴国际机场等重大工程，获钢结构金奖 9 项、"鲁班奖" 3 项、空间结构奖（施工金奖）1 项等国家奖项，第五届"中原杯"BIM 大赛一等奖等。

李伟斌
韵达全球科创中心项目

BIM 工程师
助理工程师

长期从事钢结构数字化创新技术研究工作，参与了德清运动中心韵达全球科创中心等项目。曾获第二届工程建设行业 BIM 大赛三等奖、2020 年首届全国钢结构行业数字建筑及 BIM 应用奖等全国各类 BIM 大赛奖项。

柳跃强
韵达全球科创中心项目

一级建造师
高级工程师

长期从事钢结构、装配式建筑建造技术研究工作，参与了广州新电视塔、开封体育中心、东升和府 10 号楼等项目。曾获中国钢结构协会科学技术奖一等奖、绍兴市科学技术奖一等奖，多次获得全国各类 BIM 大赛奖项等。

卻　谍
韵达全球科创中心项目

一级造价师
一级建造师
工程师

长期从事装配式建筑机电专业领域的研发、设计、施工技术支持等工作，参与了东升和府 10 号楼项目，湖州二中食堂重建项目，浙江省数字建造创新应用大赛二等奖——南太湖办公楼项目。

周　勇
韵达全球科创中心项目机电安装主管

大专

从事机电安装管理工作 25 年，参与德清农商银行大楼（国优）、杭州农都、东升和府 10 号楼（钱江杯）、德清会展中心、德清亚运会三人篮球馆等项目机电安装工作。

李　慧
韵达全球科创中心项目

工学硕士
工程师

从事装配式建筑结构体系创新技术研究工作，完成 PEC 结构及构件验算研发及开发计算程序、新型装配式楼板及外墙板研发。曾获浙江省数字建造创新应用大赛二等奖等。

王珊珊
韵达全球科创中心项目

工学硕士
工程师

长期从事装配式建筑材料的研究工作，参与了东升和府 10 号楼、湖州市第二中学食堂重建工程等项目。授权发明专利 2 项，实用新型专利 1 项，发表核心期刊论文 2 篇。

西安曲江文创中心超高层项目钢结构施工阶段 BIM 智慧建造与实践

中铁城建集团第一工程有限公司，中铁城建集团有限公司，
中冶（上海）钢结构科技有限公司

杨建　杨建军　刘克田　令杰　李挺　侯维　刘配宁　杨军　郝帅　魏美博

1　工程概况

1.1　项目概况

西安曲江文创中心（图1）1、2号超高层及其附属地下室工程位于西安市曲江新区。本工程分三、四标段分别为1号楼、2号楼，五标段为地下车库及裙楼部分。本工程总建筑面积22.11万 m²。

1号楼、2号楼超高层建筑高度均为238.1m，地上42层，地下3层，主体结构形式为钢框架＋混凝土核心筒体结构，基础埋深21.6m，基础形式为桩基＋防水板。

裙楼部分地上2层，地下3层，主体结构形式为钢桁架结构，基础埋深19m，基础形式为桩基＋防水板。

图 1　工程概况

1.2　公司简介

中铁城建集团第一工程有限公司系世界500强企业——中国铁建的骨干成员单位，是中铁城建集团的全资子公司，拥有建筑工程施工总承包特级资质；市政公用工程施工总承包、机电工程施工总承包贰级；钢结构工程、建筑机电安装工程、地基基础工程、建筑装修装饰工程、建筑幕墙工程、消防设施工程专业承包一级等资质；工程设计建筑行业甲级、建筑装饰工程专项设计甲级、建筑幕墙工程专项设计乙级资质。营业范围涵盖房建、市政、深基础、钢结构、装饰装修、机电设备安装等工程施工和工程设计众多领域（图2）。

图 2　中铁城建集团第一工程有限公司

1.3　工程重难点

深基坑支护施工；超厚、超大基础底板混凝土的浇筑；超高混凝土泵送；超厚核心筒墙体施工；复杂钢结构的吊装和焊接，尤其是桁架层钢结构与塔冠安装。

2　BIM 团队建设及软件配置

2.1　制度保障措施

项目采用"全过程、全方位、全专业"应用

BIM 的模式，总包牵头，将各参建单位纳入一体的 BIM 应用团队中（图 3）。

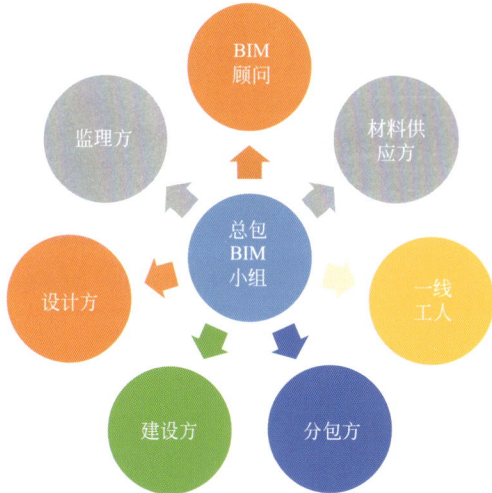

图 3　制度保障措施

2.2　团队组织架构（图 4）

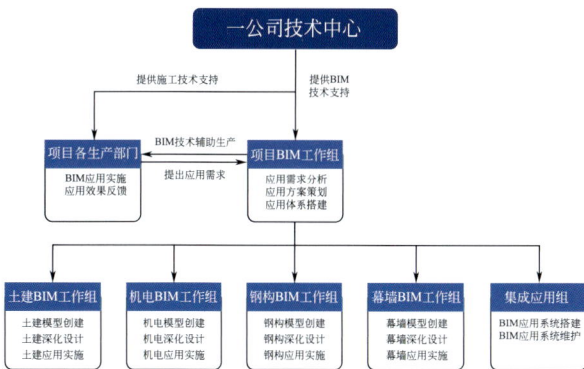

图 4　团队组织架构

2.3　软件环境（表 1）

软件环境　　　　　　　　　　　表 1

序号	名称	软件厂商	软件功能
1	Revit	Autodesk	建模
2	Navisworks	Autodesk	三维设计模型
3	Fuzor	KallocStudios	可视化 4D 施工模拟
4	Tekla	Tekla	钢结构支架建模
5	Lubansoft	鲁班软件	三维建模
6	Lumion	Act-3D	三维建模

3　BIM 技术重难点应用

3.1　场布优化

利用 Revit 软件实现施工场地模拟布置，后期通过专业软件渲染，进行周边环境漫游，通过不同角度查看建筑物整体情况，使现场加工区、物料堆放区、临时道路更加直观，优化场地布置方案（图 5）。

图 5　场布优化

3.2　避难层核心筒钢筋排布

塔楼避难层内部核心筒包含钢骨柱、钢骨梁、钢板墙，钢筋节点复杂，通过 BIM 钢筋建模，生成三维钢筋骨架图，直观地进行三维交底，高效指导了现场施工，钢筋绑扎成型效果显著（图 6）。

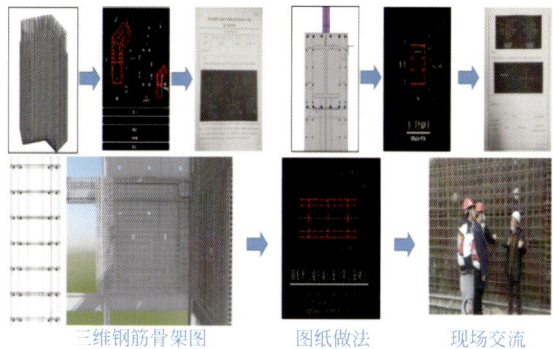

三维钢筋骨架图　　图纸做法　　现场交流

图 6　具体步骤

3.3　型钢剪力墙模板施工工艺优化

核心筒内剪力墙中间设计有钢骨柱，剪力墙的墙厚 1.25m。在使用木模加固时，钢骨柱区域对拉螺杆无法穿透，不能保证模板加固牢固。通过 BIM 建模，对原有施工工艺进行优化，在钢骨柱上隔 300mm 设置套筒一个，然后将对拉螺杆一头设置成可套丝接头，与套筒连接，穿入镀锌钢管控制截面，实现型钢混凝土自加固，提高了混凝土成型质量。

剪力墙模板合模后，将传统砂浆封堵优化成在模板根部外侧放置角铁，而后进行剪力墙模板加固，使加固、封堵一次成活，避免了砂浆堵缝的二次用工，缩短了工期，提高了封堵质量（图 7）。

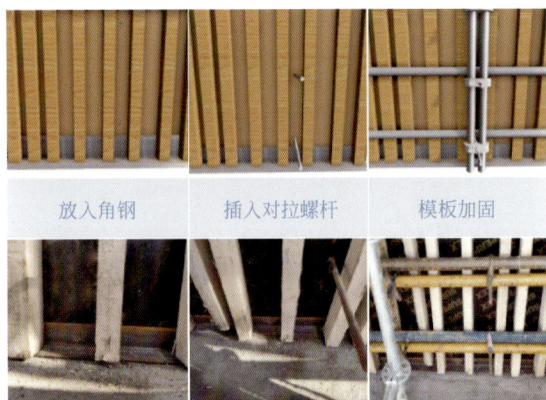

图 7　施工过程

3.4　超高层外框楼承板预埋连接钢筋施工

该 BIM 施工方法采用了钢筋节点优化及加工技术、核心筒檐口模板节点优化、檐口混凝土施工技术、檐口剔凿、预埋钢筋调直等技术。能够有效解决混凝土浇筑振捣时预埋钢筋易位移、直接剔凿钢筋弯折区时钢筋损伤严重、墙体混凝土强度高且预埋区钢筋密集剔凿困难等问题，并且挑檐混凝土作为上部外墙模板的支撑减少了 K 板配置，可降低工程造价、缩短工期，综合效益显著提高（图 8）。

4　BIM 科技创新

4.1　4D 模拟

在 BIM 平台上关联计划进度和实际进度信息，进行施工进度模拟。已完工的部分采用模型本身的颜色进行表述、未完工的部分采用半透明的形式表述，直观体现项目目前完工状态与未来

图 8　施工步骤

各时间点的完工状态（图 9）。

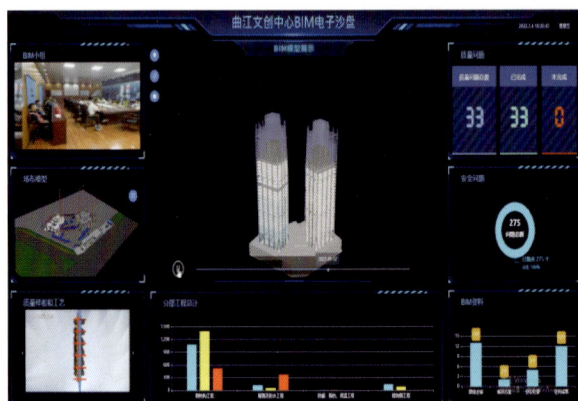

图 9　4D 模拟

4.2　BIM＋AR 增强现实技术

通过在现场放置 AR 模型与现场实际构件比对，使施工管理人员可轻易地检查构件是否按照设计规划准确布置，方便验收。通过模型在现场的还原，也能提前发现设计存在不合理的部位，及时反馈到建设单位和设计院并做出调整，避免了可能出现的设计变更和返工（图 10）。

图 10　现实与 AR 对比

3A014 西安曲江文创中心超高层项目钢结构施工阶段 BIM 智慧建造与实践

团队精英介绍

杨 建
西安曲江文创中心项目经理

一级建造师
高级工程师

先后参加济南西客站及站前广场工程、西宁站改及相关工程、青藏铁路公司车辆运用检修工程及西宁站改补强工程等项目。项目曾获得中国铁道建设总公司科学技术奖一等奖 2 项；主持参与完成省部级工法 4 项，授权实用新型专利 5 项、发明专利 1 项。

杨建军
西安曲江文创中心项目总工程师

高级工程师

先后担任银川绿地中心超高层项目、成都地铁 6 号线项目总工程师；获得实用新型专利 5 项、省级工法 1 项、国家级 BIM 奖项 3 项。

刘克田
西安曲江文创中心中冶项目经理

一级建造师
高级工程师

先后参与西安曲江文创中心、扬州体育场、苏州体育场、榆林市体育场等工程，多个项目获得中国钢结构金奖、金禹奖。

令 杰
西安曲江文创中心项目副总工

工程师

在西安泾河智谷项目（一期）EPC 工程总承包二标段项目担任技术负责人，先后获得工法、论文、专利等 10 余项。

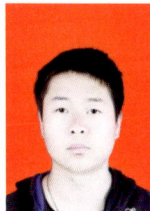

李 挺
西安曲江文创中心项目副经理

先后参加西宁站改及相关工程、青藏铁路公司车辆运用检修工程及西宁站改补强工程等项目，获得实用新型专利 4 项、国家级 BIM 奖项 1 项。

侯 维
西安曲江文创中心工程部副部长

一级建造师
工程师

曾参加银川绿地中心超高层项目并担任 BIM 工程师，从事 BIM 工作 5 年，先后获得多项国家级 BIM 奖项，发表相关论文 3 篇，2019 年被评为公司"城建青年"。

刘配宁
西安曲江文创中心技术员

曾在《科学技术创新》期刊发表过 BIM 学术论文 1 篇，获得国家级 BIM 奖项 3 项、省级 BIM 大赛奖项 2 项，2022 年被公司评为 BIM 应用先进个人。

杨 军
西安曲江文创中心工程部副部长

先后参与西宁站改、任留新家园项目；获得国家级 BIM 奖项 2 项、省级工法 1 篇、专利 5 项。

郝 帅
西安曲江文创中心工程部副部长

先后参与融创外滩壹号、重庆中铁建大渡口项目西派宸越一期项目；获得实用新型专利 2 项、国家级 BIM 奖项 1 项。

魏美博
西安曲江文创中心中冶技术负责人

参与"空间双曲多变大直径厚壁钢管结构成套施工技术研究及应用"课题研究，获得中国钢结构协会科学技术进步奖。主持并发布 QC 成果，获得中国冶金建设协会二等奖。

深圳优必选大厦超高层全钢结构装配式 BIM 技术深度应用

中建三局第二建设工程有限责任公司

陈钰明　佘志刚　姚建忠　李科　周志刚　左程燕　刘超　秦东辉　李楠　李小东

1 工程概况

1.1 项目简介

深圳优必选大厦基础及主体工程位于深圳市南山区留仙洞总部基地，项目建筑面积为 9.39 万 m²，建筑功能包括研发用房、配套商业、食堂、配套宿舍、车库、设备房等。结构形式为带转换的钢框架-中心支撑筒结构，地下 3 层，地上塔楼 43 层，裙楼 5 层，其中塔楼高度 210.15m（图 1）。

图 1　项目效果图

项目为全钢结构楼栋，钢结构总用量为 2.8 万 t，整个建筑造型独特，其中地下室为钢骨组合结构，1～9 层为转换桁架，9 层以上为钢框中心支撑筒标准层。竖向构件由 16 根外框箱形钢管柱和 4 根中心支撑筒箱形钢管柱组成，水平结构主要为辐射 H 型钢梁，将外框柱和中心筒连接。项目钢板厚度大，厚板主要为 60、70、80、90、100mm，材质为 Q345GJ、Q355B。

1.2 公司简介

中建三局第二建设工程有限责任公司（以下简称"公司"）是世界 500 强中国建筑股份有限公司的重要骨干企业之一。公司拥有省级企业技术中心，下设 6 个专业分中心，科技研发人员达一百余人。

在超高层建筑施工、复杂空间钢结构建筑安装、工业建筑精准施工、机电高品质建造等方面达到国内和国际先进水平；在特大型桥梁施工、生态修复及环境治理施工、现代医院工程总承包建造、智慧社区及绿色建造等方面具有独特优势。

公司建立规范、标准、科学的全面质量管理、安全生产管理和环境管理体系，发布全面管理体系文件；按照"互联网＋"思维以及"云＋网＋端"架构，打造"业务线上办、统计自动算、评价系统看"的信息化管理系统，先后构建了协同办公平台、项目集成系统、企业微信移动端、云筑互联等信息化管理平台，具备企业现代化先进管理水平（图 2）。

图 2　中建三局第二建设工程有限责任公司

2 BIM 团队建设及软件配置

2.1 制度保障措施

（1）深化设计管理

完成 BIM 模型的建模、出图，深化过程中疑问的跟踪和处理。

（2）各专业协调管理

完成专业 BIM 模型后，与其他专业整合，根据整合结果，定期或不定期进行审查。由审查结果反推至目标模型，对图纸问题进行处理和完善。

（3）BIM 数据共享管理

收集并集成包括模型、图纸、设备信息等 BIM 相关的数据，并按照一定的规则进行分类，尽可能将数据与模型进行匹配，达到利用模型来查找数据的目的。

实时进行 BIM 平台数据的提供与更新，并反馈图纸中出现的问题，将数据在平台上进行共享。

定期对数据进行检查，并将模型信息、施工信息及其他信息进行定期发布，供各分包进行查阅与修正。

（4）BIM 集成及拓展管理

BIM 平台运维管理，集成主流 BIM 软件设计模型成果；集成管理系统中清单、材料、合同、成本、进度、计量结算、变更等业务数据。

2.2 团队组织架构（图3）

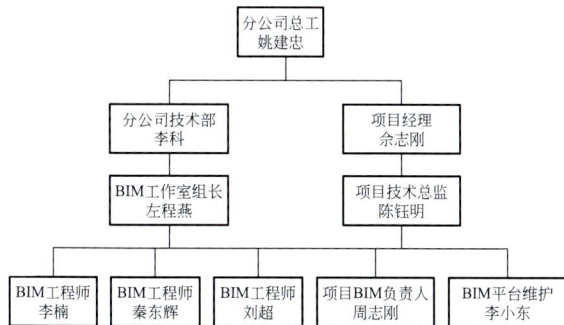

图 3　团队组织架构

2.3 软件环境（表1）

软件环境　　　　表 1

序号	名称	软件厂商	软件功能
1	Tekla	Tekla	建模
2	Revit	Autodesk	建模
3	CAD	Autodesk	出图
4	3ds Max	Autodesk	模拟仿真
5	Navisworks	Autodesk	模拟仿真
6	Lumion	Act-3D	模拟仿真

3　BIM 技术应用

3.1 BIM 价值点应用分析

优必选项目构件复杂，拆分和制作难度大，此外，项目为全钢结构建筑，构件数量多，场地狭小，施工进度管控难，在 1～9 层存在 36m 高巨型转换桁架，构件为多对接口偏心异形构件，安装控制难度大，且施工阶段存在倾斜悬臂阶段，结构安全控制要求高。针对工程存在的施工重难点，项目 BIM 团队利用管理平台优势，整合资源，提出三大 BIM 应用价值点，一是基于 BIM 的结构优化与施工模拟，二是基于 BIM 的深化与方案管理，三是基于 BIM 的可视化管理，每个解决对策下形成各具特色的应用点（图4）。

图 4　BIM 价值点应用分析

3.2 BIM 优化设计

（1）结构模型优化

通过对结构计算模型分析，分析各种工况下结构受力，包络不利情况下构件的状态，形成计算文件并提供设计复核，对结构受力较小的部位进行截面优化，减少钢材用量。

（2）复杂节点构造优化

首层转换节点将 L 形十字巨柱转换为三个箱形柱，节点内部构造复杂，属于多腔体组合构件，通过三维放样，发现设计节点未考虑的制作和安装因素，需要进行二次优化。

通过 3ds Max 和 Tekla 建模技术对 108t 的转换节点进行拆分，分析组合构件的组装顺序、焊接空间和坡口朝向。对狭小位置、焊缝交叉位置优化，确保节点的可实施性。

3.3 复杂节点仿真模拟与拆分

1～9 层外立面为巨型转换桁架，节点 1 和节点2处在转换桁架关键位置，节点的整体性非常重要。由于构件截面尺寸及板厚大，导致节点1和节点2质量达66t，构件尺寸为6.6m×5.3m，已远超构件可运输的条件，因此需要对节点进行拆分，为保证拆分位置的合理性，对关键节点采用Abaqus进行计算分析，在节点受力较小部位进行深化拆分，保证节点的完整性及受力性能（图5）。

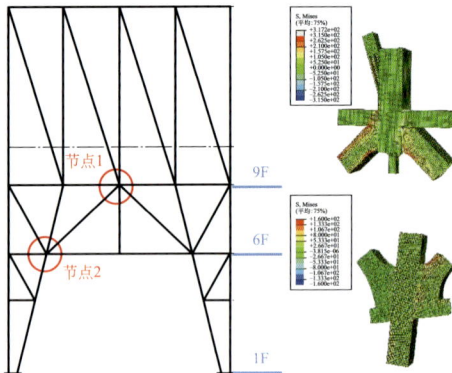

图5　关键节点

3.4　施工过程模拟分析

工程外立面转换桁架约5720t，需逐层逐段施工，塔楼四个角部因楼层无连接，施工阶段存在悬臂倾斜情况，施工应力超出设计允许值。通过Midas软件对施工阶段进行模拟分析，采取相应的支撑体系将应力、变形值控制在设计范围内，得到设计和专家论证的认可（图6）。

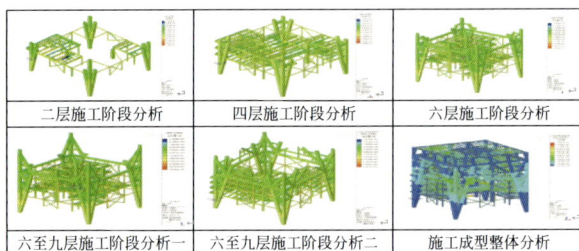

图6　施工过程模拟

施工阶段通过门式刚架对称支撑体系，将倾覆水平分力抵消，首层转换节点应力从超出设计值15%至满足设计要求，通过BIM实施，工程施工质量和安全可控。

3.5　3D施工平面管理

利用BIM软件和无人机航拍建立三维场布模型，将周边道路、场地环境、平面布置三维立体

化，根据施工进度对地下室施工阶段、塔楼施工阶段、裙楼施工阶段进行动态模拟，形成各阶段场地布置方案，以充分高效利用现有狭小场地，减少二次转运，提高现场安全文明施工形象（图7）。

各阶段三维场平布置　　　　　无人机航拍图

图7　施工平面管理

4　BIM创新应用

（1）轻量化浏览和图纸管理

生成网页模型链接，全员可查看，辅助现场施工。将电子版图纸上传至云平台共享，利用手机CAD快速、随时查看图纸。复杂异形构件进场验收时，零件板位置及数量查阅更清晰，还可根据验收需要随时增加尺寸测量，确保进场构件精度。

（2）智慧工地管理

通过云筑智联平台，综合运用BIM、物联网、大数据、移动互联网等信息技术与施工生产过程结合，对现场管理进行改造，提高生产效率、管理效率、决策能力，助力工地的数字化、精细化、智能化管理。项目建立云指挥系统，纳入进度、安全质量、BIM模型、工程图纸、视频监控、塔式起重机监控和环境监测管理，实现对建筑工地施工的在线监控、自动监督、远程监管（图8）。

项目云指挥中心　　　　　作业人员实时动态

远程监控　　　　　功能面板示意图

图8　智慧工地管理

3A016 深圳优必选大厦超高层全钢结构装配式 BIM 技术深度应用

团队精英介绍

陈钰明

深圳优必选项目

钢结构技术总监

工程师

先后参建广州恒基中心、佛山宗德服务中心、深圳优必选大厦等工程，荣获中国钢结构金奖 2 项，粤钢奖 2 项，省部级工法 3 项，实用新型专利 2 项，省部级 QC 成果 2 项，2022 第五届"优路杯"全国 BIM 技术大赛优秀奖，第三届工程建设行业 BIM 大赛二等成果，"龙图杯"优秀奖等奖项。

佘志刚

深圳优必选项目

钢结构项目经理

工程师

历任佛山宗德项目、深圳优必选项目等大型工程项目经理，荣获中国钢结构金奖 1 项，粤钢奖 1 项，省部级 QC 成果 2 项，省部级工法 2 项，第十一届"龙图杯"全国 BIM 大赛优秀奖，第三届工程建设行业 BIM 大赛二等成果，2022 第五届"优路杯"全国 BIM 技术大赛优秀奖。

姚建忠

中建三局钢结构

事业部副总工程师

一级建造师

高级工程师

先后主持空间异形双向斜交曲面网壳结构安装关键技术的研究与应用、多种复杂工况条件下钢结构综合施工技术研究与应用、超高物流仓储库钢结构施工关键技术研究与应用，获发明专利 1 项、实用新型专利 10 项，参与编写专著 2 部，获中国施工技术企业协会、中国建筑金属结构协会科学技术奖 4 项，获省级工法 4 项。

李 科

中建三局钢结构

技术部副经理

一级建造师

高级工程师

先后参建安徽广电中心、合肥华润万象城等工程，主持"大型场馆钢结构综合施工技术研究与应用"科研课题研究，参编专著 2 部，先后获 3 项钢结构金奖，省级工法 8 篇，发明专利 1 项，实用新型专利 2 项，发表论文 3 篇，科技进步奖 2 项，BIM 全国竞赛奖 3 项，其中金奖 1 项，二等奖 2 项。

周志刚

深圳优必选项目

BIM 负责人

助理工程师

先后参建佛山市妇女儿童医院、佛山宗德服务中心、深圳优必选大厦等工程，荣获省部级工法 1 项，2022 第五届"优路杯"大赛优秀奖，第三届工程建设行业 BIIM 大赛二等成果，第十一届全国 BIM 大赛施工组优秀奖等奖项，参建的佛山宗德项目获得粤钢奖、中国钢结构金奖。

左程燕

BIM 工作室组长

助理工程师

主要从事土建、钢结构 BIM 建模、施工信息化工作。参建项目获得中国钢结构金奖 2 项，粤钢奖 2 项。参与的武汉华润项目获得湖北省建筑结构优质工程，参与优必选项目超高层全钢结构关键施工技术课题研发。先后获得全国类 BIM 奖项 2 项，专利论文多项。

刘 超

深圳优必选项目

BIM 工程师

助理工程师

先后参建深圳简上体育综合体、深圳优必选大厦等工程，荣获第九届与第十一届"龙图杯"全国 BIM 大赛优秀奖，获得省部级 QC 小组活动成果奖 2 项。

秦东辉

深圳优必选项目

BIM 工程师

助理工程师

先后参建深圳简上体育综合体、广州白云文化酒店、深圳优必选大厦等工程，荣获第九届与第十一届"龙图杯"全国 BIM 大赛优秀奖，2020 年第三届"优路杯"全国 BIM 技术大赛三等奖，省部级 QC 小组活动成果奖 1 项。

李 楠

深圳优必选项目

BIM 工程师

助理工程师

先后参与天津阿里巴巴、北京 E06 项目、深圳优必选项目，负责 BIM 技术的咨询、实施及 BIM 全过程应用。先后获得天津钢结构金奖、北京市结构长城杯银奖、中国钢结构金奖等。

李小东

深圳优必选项目

BIM 工程师

助理工程师

先后参建武汉世界军运会系列工程、深圳国际会展中心、优必选大厦项目，作为项目的骨干精英先后获得过北京市结构长城杯金奖、中国钢结构金奖，参与的 BIM 比赛获得一等奖 1 次、二等奖 2 次。

技师学院新校区建设工程 BIM 技术应用

江苏邗建集团有限公司

杨歆　徐方舟　张科　胡磊　牛海涛　巫峡　童伟　耿国庆　裴昊晨　许正欣

1　工程概况

1.1　项目简介

技师学院新校区项目校园空间从东入口徐徐展开，东片区为教学区，西片区为共享生活区，南侧为书香绿园、体育公园，北侧以科创基地、宿舍区为主。东部中心设有大型水域，规划水系面积 14970m²，并通过线型水系与西侧及南侧的城市景观衔接，水系充沛，动静结合（图1）。

图1　项目效果图

1.2　公司简介

江苏邗建集团有限公司是集设计、科研、施工、安装、房地产开发于一体，跨行业、跨地区、跨国境经营的大型多元化建筑企业集团。具有房屋建筑工程施工总承包特级，市政安装、机电安装、水利水电工程等多项总承包及专业承包一级施工资质。集团公司高度重视质安管理和科技创新，始终坚持"用我们的汗水和智慧向社会奉献精品"的质量方针，"坚持人文、营造绿色、追求和谐"的环境方针，先后创鲁班奖、国优奖、中国安装之星、全国建筑工程装饰奖工程、中国钢结构金奖25项、省优工程100余项，被授予"国

优工程三十周年突出贡献单位""全国工程建设质量管理优秀企业"等荣誉称号；江苏邗建集团现下辖分公司21个，拥有10个参股公司，足迹遍布全国30多个省、自治区、直辖市以及中东、非洲、东南亚等海外市场（图2）。

图2　公司照片

1.3　工程重难点

（1）工期紧、任务重

受疫情影响，项目工期滞后，为保证项目按时按质完成必须在土建主体结构施工前完成整体项目建筑结构及机电管线系统的建模，进行碰撞检查并优化管线综合设计，提供模型并漫游。

（2）安装专业复杂协调工作难度大

机电安装工程专业众多，涉及建筑、结构、给水排水、消防、电气、通风空调与智能化等全专业，空间控制高，需要协同作业。

（3）钢结构专业复杂

本项目钢结构与安装及精装修专业交叉多，BIM深化工作量大，对钢结构部门与各专业的协同要求高。

（4）工程质量要求高

本工程的质量目标要求高，为确保工程鲁班奖目标顺利实现，确定在项目建设中采用BIM技术进行管理，以期在建筑节点优化、管线综合平

衡布置、预留预埋等方面模拟施工，确保现场施工正常有序进行。

2 BIM 团队建设及软件配置

2.1 制度保障措施

项目 BIM 团队由集团 BIM 中心及项目各专业管理人员组成（图 3）。在总承包管理体系下，设置建筑、结构、给水排水、暖通、电气、装饰、钢构等相关专业工程师，作为 BIM 技术开展过程中的具体执行者，负责将 BIM 成果应用到具体的工作过程中。

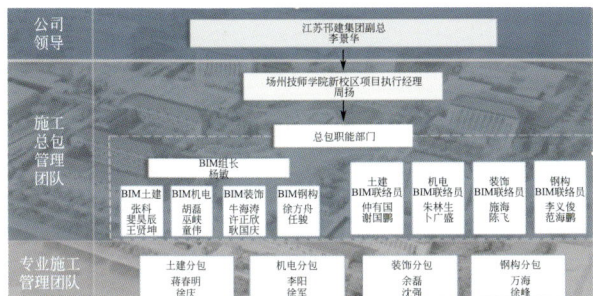

图 3　团队组织架构

2.2 软件环境（表 1）

软件环境　　　　　　　　　表 1

序号	软件名称	软件功能
1	Autodesk Revit 2019	各专业三维模型搭建
2	Autodesk Navisworks 2019	动画漫游、碰撞检测等
3	Autodesk CAD 2019	电子图纸查看、编辑、交底、归档等
4	Autodesk 3ds Max 2019	工艺动画制作、效果图渲染等
5	Fuzor	净空分析、模型浏览漫游等
6	Lumion	动画漫游渲染
7	Tekla	钢结构三维模型搭建，钢结构
8	Visual Studio 2017	Revit 插件二次开发
9	广联达—BIM5D	项目的综合管理应用
10	广联达—数字项目平台	实现文档共享、任务流程、BIM 协作与团队沟通

3 BIM 技术重难点应用

3.1 安全措施施工模拟

对现场高支模区域进行模板和脚手架的建模，进行高支模区域的梁、板、柱模板和脚手架施工措施的三维交底，让施工班组更加清晰地掌握施工的内容和技术要求（图 4）。

图 4　模拟施工

3.2 图纸问题审查

总包单位协调各专业，召开图纸审核会议，应用模型直观展示图纸问题，进行设计成果冲突检测。各方提出图纸修改意见，提前解决设计存在的问题 48 处，加快问题沟通效率（图 5）。

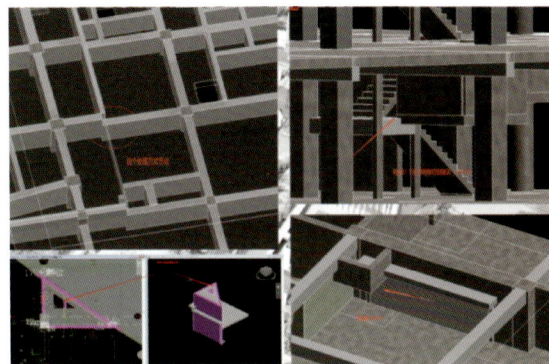

图 5　有问题的图纸

3.3 土建节点模拟与交底

项目在负一层地下室顶板位置使用埋入式钢结构柱脚，由于负一层地下室顶板降板数量众多，且埋入式柱脚结构复杂，给项目技术人员数据辨识带来很大的困扰，这里通过三维节点深化模型，将三维细部展示出来，让现场技术人员了解该节点的具体空间特征（图6）。

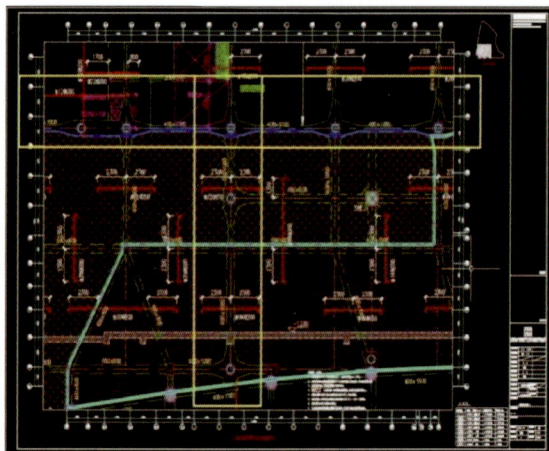

图6　交底出图

3.4　土建二次墙体留洞

根据深化后的机电模型创建和调整好墙体留洞模型后，发现管道穿墙洞口的位置与原图纸相比发生了很大变化，通过二次墙体模型留洞给现场施工人员指明了新的穿墙洞口（图7）。

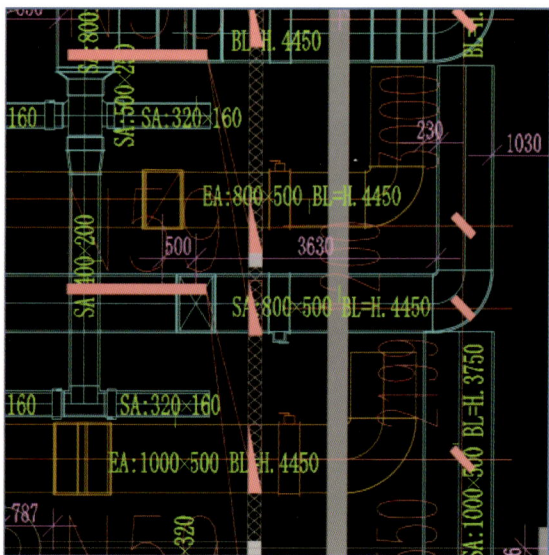

图7　留洞出图

3.5　机电专业综合深化图纸出图

为了满足施工需求需要进行管线深化设计，并根据深化设计模型进行二维图纸生成，做好版本跟踪，先后交付综合平面图、专业平面图纸、剖面图、大样图共计约350张，对安装团队进行技术交底（图8）。

图8　深化图纸出图

3.6　数字化5D平台应用

疫情期间为了减少人员接触，保证项目进度按时完成，BIM中心将三维模型上传云平台，可以用手机、网页进行查看，将图纸交底转移至5D平台，提高了人员读图识图效率，项目图纸沟通效率大幅度提高。同时将图纸、变更、各种资料上传云文档，项目纸质资料与电子版资料同步更新，根据施工方案制作工艺库，所有人员随时可以通过手机查看，方便现场施工管理。

3A019 技师学院新校区建设工程 BIM 技术应用

团队精英介绍

杨 歆
江苏邗建集团有限公司 BIM 中心主任
江苏省五一创新能手，省技术能手
江苏省住房城乡建设系统技能标兵

从事 BIM 工作 12 年，担任 BIM 项目经理，负责协调各专业完成 BIM 技术的落地应用。项目获得多项国家及省级大奖。
2021 年被评为公司"劳动模范"。获得国家级 BIM 大赛一等奖 2 项、二等奖 3 项，省级 BIM 大赛一等奖 3 项。

徐方舟
江苏邗建集团有限公司 BIM 中心 BIM 工程师

一级建造师
BIM 高级建模师
一级造价师

从事 BIM 近 6 年 BIM 管理工作，负责公司 BIM 技术推广与培训，参与 1 项鲁班奖工程创建，2 项国优工程创建，获得多项国家级 BIM 成果、QC 成果与科学技术奖。

张 科
江苏邗建集团有限公司 BIM 中心小组组长

一级建造师

从事 BIM 管理和技术工作，25 年施工现场的工作经验，先后参与多个国家、省市级获奖项目的现场技术和 BIM 管理工作，发表各类技术论文 6 篇，获奖 QC 论文 1 项，获得国家和省部级 BIM 大赛奖项 4 项。

胡 磊
江苏邗建集团有限公司 BIM 中心 BIM 工程师

一级建造师 BIM 高建师（设备专业）

从事 BIM 机电安装工作 4 年，先后获得国家级 BIM 成果 2 项、省级 BIM 成果 1 项、省级 BIM 技能竞赛优秀选手。

牛海涛
江苏邗建集团有限公司 BIM 中心小组组长

一级建造师
BIM 建模工程师
广联达特聘金牌讲师

从事 BIM 工作 6 年，参与中国大运河博物馆、扬州顾和医疗中心等 BIM 工作，先后荣获国家级 BIM 大赛一等奖 2 项、二等奖 1 项，省级 BIM 大赛一等奖 1 项，参加广联达数字建筑大奖赛获数字项目巅峰优胜奖。

巫 峡
江苏邗建集团有限公司 BIM 中心 BIM 工程师

BIM 建模师（设备专业）

从事近 10 年机电施工管理。参与扬州华懋购物中心电气深化施工、参加中国大运河博物馆机电安装深化施工等。先后荣获国家级 BIM 奖 2 项、省级 BIM 奖 1 项、QC 成果 2 项，发表论文 2 篇。

童 伟
江苏邗建集团有限公司 BIM 中心 BIM 工程师

一级建造师
BIM 建模工程师
一级造价师

从事 BIM 建模工作 6 年，参与中国大运河博物馆、扬州顾和医疗中心等项目 BIM 应用工作，先后荣获国家级 BIM 大赛一等奖 1 项、二等奖 2 项、优秀奖 1 项。

耿国庆
江苏邗建集团有限公司 BIM 中心 BIM 工程师

BIM 建模师

从事 BIM 工作 2 年，先后参与中国大运河博物馆、扬州颐和医疗中心等项目 BIM 应用工作，荣获国家级 BIM 成果 1 项。

裴昊晨
江苏邗建集团有限公司 BIM 中心 BIM 工程师

BIM 建模师

从事 BIM 土建建模工作 3 年，参与中国大运河博物馆、扬州顾和医疗中心等项目 BIM 应用工作，先后荣获国家级 BIM 大赛一等奖 1 项、二等奖 1 项、优秀奖 1 项。

许正欣
江苏邗建集团有限公司 BIM 中心 BIM 工程师

二级建造师
BIM 建模工程师

从事建筑装饰装修工作 11 年，从事 BIM 建模工作 5 年，参与中国大运河博物馆、扬州顾和医疗中心等项目 BIM 应用工作，先后荣获国家级 BIM 大赛一等奖 1 项、二等奖 1 项、优秀奖 1 项。

深圳市大鹏新区人民医院项目钢结构工程基于 BIM 技术的高效智慧建造

郑州宝冶钢结构有限公司

钟芳凯　王雄　秦海江　王杜恒　张斌　李红山　赵文君　耿成路　王志辉　蒋雨志

1 工程概况

1.1 项目简介

项目地点位于大鹏新区葵涌街道葵新社区，项目效果图见图1。

图1 项目效果图

该项目共分为四部分：地下室、裙房、塔楼及附属用房。北塔楼屋面以上采用钢结构，其中6层及以上为装配式钢结构，主体采用钢框架-混凝土剪力墙结构，柱为箱形截面，梁为轧制或焊接H形截面；楼板采用钢筋桁架楼板，共计18层，总高度86.950m。

1.2 公司简介

上海宝冶集团有限公司隶属国资委下属的五矿集团，为中国中冶王牌军，始建于20世纪50年代，是拥有建筑工程、冶金工程施工总承包特级，以及多项施工总承包和专业承包资质的大型国有企业。中国建筑企业500强，中国建筑业竞争力200强企业，荣获钢结构金奖80项，鲁班奖43项，詹天佑奖7项，省部级质量奖117项，国家有效专利1303例。上海宝冶自2005年率先引入BIM技术以来，先后经历了试点项目应用（2010）、示范工程引领（2012）和企业全面推广（2015）三个阶段，在200多个工程建设项目实践应用的基础上积累了丰富的推广经验。2017年底，上海宝冶发布了《2018—2020年企业BIM发展中长期规划》，明确了"领跑中冶、领先行业、打造一流"的BIM发展目标。

1.3 工程重难点

深圳市大鹏新区人民医院住院楼为钢混结构，用钢量13000多吨，工程体量大，连接节点多。主体结构多为弧梁，四周为双曲构件，数量多，加工难度大。连廊为异形结构，异形弧梁与生命之树交织，节点深化复杂。生命之树为圆管截面交织相贯，异形双曲结构，安装难度大。

2 BIM 团队建设及软件配置

2.1 制度保障措施

公司建立以团队负责人为BIM应用第一责任人的管理机制，集团公司BIM中心为项目BIM实施提供咨询和技术支持，促进BIM实施应用。

项目具体由项目组长负责推进，依据上海宝冶集团有限公司企业标准，编制BIM策划实施方案、钢结构深化方案等，制定严格的BIM工作流程，为支撑项目BIM应用提供有力保障。BIM团队共分为仿真模拟、深化建模、深化调图3个小组，负责BIM模型的创建、维护和深化工作，确保 BIM 应用在项目落地应用实施（图 2）。

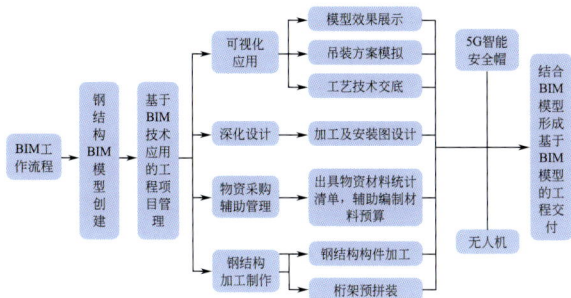

图 2　BIM 工作流程

2.2　团队组织架构（图 3）

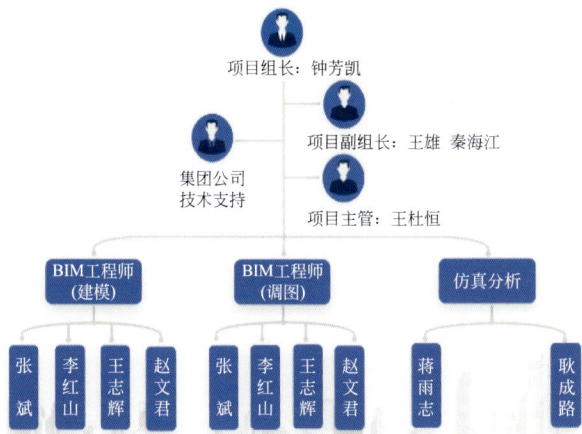

图 3　团队组织架构

2.3　软件环境（表 1）

软件环境　　　　　　　　　　表 1

序号	名称	项目需求	功能分配
1	AutoCAD	绘图	制图
2	Tekla	建模	模型创建及深化
3	插件	建模	辅助建模
4	Revit2018	建模	模型创建
5	剪映专业版	动画	视频编辑

3　BIM 技术应用与创新

3.1　BIM 应用——特点

（1）3D 设计建模

构件定位、搭建、复杂节点深化设计。

（2）智能仿真优化

节点有限元分析、吊装过程模拟、安装过程模拟。

（3）数字化施工辅助

一站式信息化管理、施工动画模拟分析、施工模拟辅助。

3.2　BIM 应用——目标

（1）利用 BIM 模型，进行钢结构深化设计。

（2）基于 BIM 技术，提供进度及成本管理依据。

（3）基于 BIM 技术，实现数字化加工等辅助施工。

（4）利用 BIM 模型完善优化施工方案。

（5）通过建模实现可视化审图，交底现场应用。

3.3　BIM 应用——钢结构异形梁

住院楼存在异形梁 574 个，弧形梁 3955 个，利用 Tekla 建模可有效地合并相同截面形状的构件号数量，为加工提供技术支持，提高加工和安装效率（图 4）。

图 4　异形钢梁

3.4　BIM 应用——钢结构节点设计

住院楼钢柱 850 根，钢梁 11420 根，节点数量约 30000 个。利用 Tekla 建模软件可快速对钢结构主体模型节点进行搭建（图 5）。

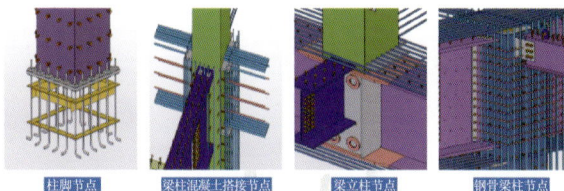

图 5　典型钢结构节点

3.5 BIM 应用——生命之树

生命之树由圆钢管呈喇叭花状交织而成，利用 Tekla 建模软件及插件结合犀牛模型进行模型搭建（图 6）。

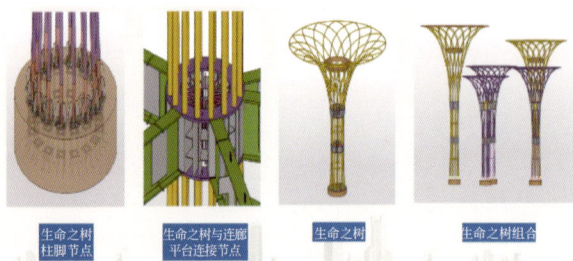

图 6 生命之树

3.6 BIM 应用——碰撞校核

通过钢结构 Tekla 三维模型创建，结合 Revit 创建的土建结构模型；通过 Import From Tekla To Revit 插件实现相互导入，进行碰撞校核，生成碰撞检测报告，以联系函的形式对问题进行梳理总结，并及时反馈设计，确保问题提前解决（图 7）。

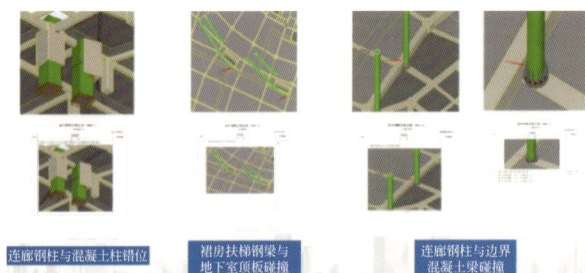

图 7 碰撞解决

3.7 BIM 应用——出图

使用 Tekla 软件"创建模型—深化设计—设计审核—现场复核—各专业协调—出图"一体化出图流程，合计出图 15390 张。基于 Tekla 软件进行自动出图，大大提高了出图质量，与传统出图相比出图效率提高 40%。

3.8 BIM 应用——清单报表创建

通过 Tekla 创建完整的三维模型、利用其一键输出工程量功能，对钢板、型材等材料的各个参数进行快速统计且数据精确，可对材料采购规避浪费，有效加工起到有力保障。

3.9 BIM 应用——有限元分析

利用 Midas Gen 2020 对构件按梁单元模拟、增加的措施杆件按照桁架单元模拟。模型建立：钢柱采用较小截面，箱形柱 500mm×500mm×24mm；楼板荷载施加（不考虑楼板刚性对水平力的贡献、施加计算后荷载）；活荷载施加（塔式起重机节点荷载，采用较大扶臂荷载分析），整体最大应力比 0.67；满足《钢结构设计标准》GB 50017—2017 要求（图 8）。

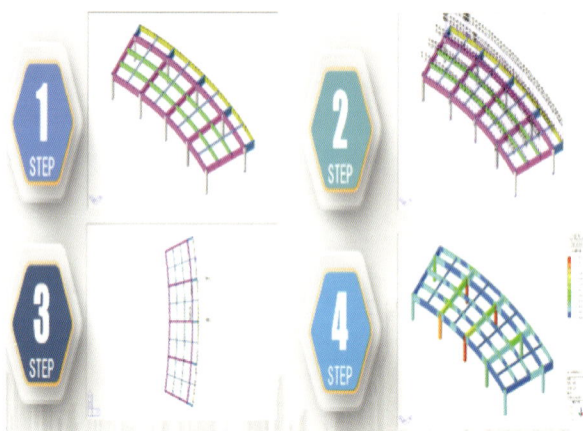

图 8 有限元分析

3A049 深圳市大鹏新区人民医院项目钢结构工程基于 BIM 技术的高效智慧建造

团队精英介绍

钟芳凯

上海宝冶钢结构工程公司，郑州宝冶钢结构有限公司副总经理

高级工程师

长期从事钢结构、施工管理工作。先后参加和主持了上海宝冶焦化一氧化碳与甲醇扩建工程项目、上海宝冶郑州国际会展会议中心钢结构工程、上海宝冶佛山世纪莲体育场钢结构工程及上海宝冶贵阳市轨道交通 2 号线二期的管理工作。

王 雄

上海宝冶钢结构工程公司，郑州宝冶钢结构有限公司总工程师

BIM 建模师

先后参与 10 余项企业级重大研发项目，获得国家级工法 1 项，省部级科技进步奖 5 项，专利 10 余项，对外发表多篇学术论文；先后被聘为福建省综合性评标专家库专家，河南省钢结构协会专家委员会专家，中国建筑金属结构协会钢结构专家委员会专家，中国钢结构协会空间结构分会专家委员会专家，在钢结构行业具有较高的技术水平和行业影响力。

秦海江

上海宝冶钢结构工程公司，郑州宝冶钢结构有限公司设计研究院院长

高级工程师

长期从事结构专业设计工作，主持设计了大型工业厂房、超高层写字楼、大型商场、高层住宅、高耸结构、学校建筑等各类建筑多项，具有丰富的设计经验。

王杜恒

郑州宝冶钢结构有限公司深化设计主管

二级建造师
工程师

先后主持或参与宝钢矿石二标段、三标段大修，江阴兴澄钢铁高炉，安阳文体中心体育馆、游泳馆，郑州中欧班列集结调度指挥中心，中兴通讯总部大厦项目等深化设计工作。

张 斌

郑州宝冶钢结构有限公司深化设计工程师

工学学士
助理工程师

长期从事钢结构深化详图工作，主要从事钢结构深化设计工作，参与了首都博物馆东馆、商丘三馆一中心、武汉新建商业服务业设施和绿地等项目。

李红山

郑州宝冶钢结构有限公司深化设计工程师

工程师

长期从事钢结构深化设计工作，参与完成首都博物馆东馆、深圳第二儿童医院、苏州科技馆巨型桁架等深化设计，发表论文 2 篇。

赵文君

郑州宝冶钢结构有限公司深化设计工程师

工学学士
助理工程师

长期从事钢结构详图深化设计工作，参与项目有：安阳文体中心体育馆、游泳馆，郑州中欧班列集结调度指挥中心，中兴通讯总部大厦，以及兰州石墨化车间等。

耿成路

郑州宝冶钢结构有限公司深化设计工程师

工学学士
助理工程师

主要从事钢结构深化设计、建筑信息化模型建立等工作，参与建设了首都博物馆东馆、珠海横琴台商总部大厦、苏州科技馆、湖北鄂州民用机场转运中心工程项目等各种建筑样式的项目。

王志辉

郑州宝冶钢结构有限公司深化设计工程师

工学学士

主要从事钢结构深化设计、建筑信息化模型建立等工作，参与建设了商丘三馆一中心、安阳文体中心游泳馆、广东顺德区德胜体育中心工程二期体育场、苏州科技馆等项目。

蒋雨志

上海宝冶钢结构工程公司，郑州宝冶钢结构有限公司钢结构设计研究院院长助理

二级建造师
高级工程师

长期从事钢结构深化设计工作，先后参与公司多个重大深化设计项目的组织与策划工作。

基于 BIM 的数字化建造在上饶市云碧峰大桥项目中的应用

浙江中天恒筑钢构有限公司

崔凤杰　段坤朋　章宝林　孙得军　卢玉　李子豪　蔡国一　余佳远　李超群　任鹏霏

1　工程概况

1.1　项目简介

上饶市云碧峰大桥横跨江西省上饶市信江之上，位于云碧峰公园北侧，为信江湿地公园主要出入口，南侧连接信江湿地公园出入口和东岳路，北侧连接三清江西大道，是上饶市区云碧峰和信江湿地公园的重要工程。云碧峰大桥项目桥梁工程由主桥、引桥、联络道、梯道四部分组成，全长 783m，人行栈桥 991m。其中主桥全长 250m，主桥面宽 8m；东西辅桥同长，辅桥面宽 4.5m，辅桥与主桥净间隔在 5~15m 之间。主跨为 65m+120m+65m 斜腿钢构钢桁架连续梁桥（图 1）。

图 1　云碧峰大桥效果图

1.2　公司简介

浙江中天恒筑钢构有限公司是一家集施工总承包、钢结构设计、制造、安装、专业技术服务于一体的大型企业。业务范围广泛，涉及厂房、高层、场馆、桥梁、化工、钢结构住宅、栈道、建筑小品等类型。

中天恒筑钢构践行中天集团"每建必优、品质为先"的理念，其中，包商银行商务大厦获得中国建设工程鲁班奖（国家优质工程），福州城市森林步道获第十九届中国土木工程詹天佑奖，黄骅明珠大桥、保利威座大厦、中远船务 2 号船体车间和熊猫电子液晶屏幕阵列厂房、包商银行商务大厦工程钢结构工程荣获中国建筑钢结构金奖（国家优质工程）。

1.3　工程重难点及解决措施

难点：桥梁施工环境复杂，临时措施较多。

措施：在 Revit 模型中建立钢结构桥与临时措施模型，进行吊装模拟。

难点：项目构件规格大、质量大、数量多，吊装安全性的控制难度大。

措施：无人机巡逻、实时监控。

难点：钢桁架节点复杂。

措施：利用 Tekla 进行深化建模、优化设计，对复杂节点和工序提前模拟。

难点：网状钢支腿柱定位难度大，安装精度要求高。

措施：利用 Revit 进行钢支腿临时支架放样定位，确定钢支腿位置。

难点：钢桁架桥整体长度长，分段多，现场焊接量大。

措施：利用 Tekla 进行深化设计，合理设置分段。

2　BIM 团队建设及软件配置

2.1　制度保障措施

（1）人才培养体系化

培养 BIM 技术人才，提升企业 BIM 技术的应用能力，使其掌握相关 BIM 应用点的实施要点，提升项目部技术实力。

（2）图纸内容数字化

通过 BIM 技术的应用，对整个项目施工超前规划，提前深化设计缺陷，将资源优化组合，减少返工，严格控制工程质量，提高生产效率。

（3）工程管理精细化

通过精细化管理，提高项目质量、安全，降低成本风险，加快施工进度，避免返工拆改，提升总承包项目精细化管理能力，提升项目盈利能力。

（4）平台应用智慧化

通过智慧工地平台的应用，实现集成化数字工地，全方位进行生产、质量、安全、进度管理，通过 AI 智能处理，做到数据统计的自动化、数字化。

2.2　团队组织架构（图2）

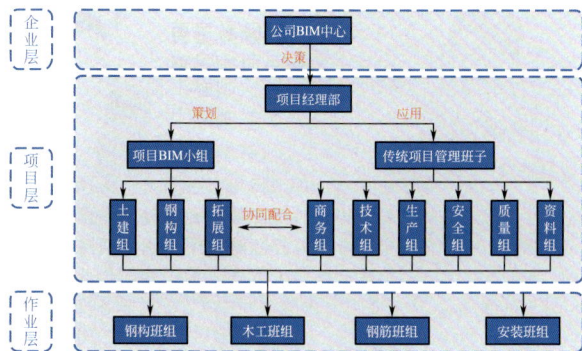

图2　团队组织架构

2.3　软件环境（表1）

软件环境　　　　　　　　　　　表1

序号	名称	软件厂商	软件功能
1	Tekla	Tekla	建模
2	Revit	Autodesk	建模
3	CAD	Autodesk	出图
4	3ds Max	Autodesk	模拟仿真
5	Navisworks	Autodesk	模拟仿真
6	Lumion	Act-3D	模拟仿真

3　BIM 技术重难点应用

3.1　施工场地布置

针对现场施工区域，利用 BIM 技术建立栈桥阶段、钢结构主桥安装阶段、完成阶段等 BIM 模

型，并针对堆场、大型机械、临时设施等主要内容进行策划（图3）。

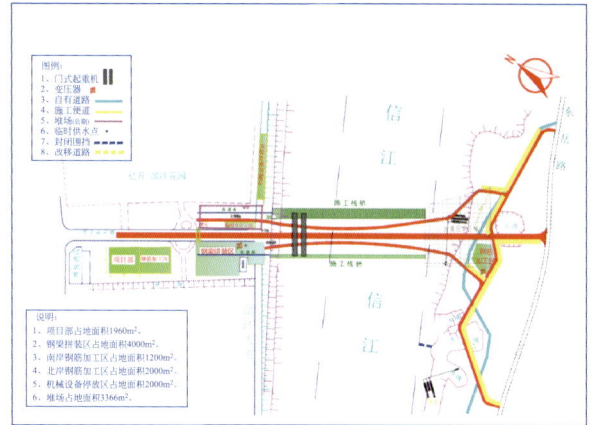

图3　施工场地布置

3.2　超大密肋承压板深化

项目承压板厚度 100mm，预埋开孔板连接件厚度 25mm，各板及牛腿相互之间需全熔透焊接，焊接难度大。建立 BIM 模型，进行力学分析计算，特制工艺流程，指导现场制作焊接，确保成型质量（图4）。

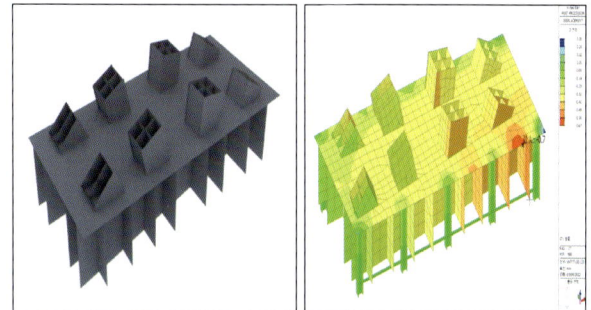

图4　承压板 BIM 模型及力学模型

3.3　网状钢支腿柱定位

网状钢支腿柱安装时需进行临时支撑，临时支撑架安装定位难度大，利用 BIM 模型进行支撑架的精准定位，便于支撑架出图、下料，提高现场安装精度（图5）。

3.4　钢桁架单元拼装

项目钢桁架构件规格大、质量大。通过对钢桁架 BIM 模型深化，将钢桁架结构单元化，确定桥体钢桁架的分段组成，导出深化图纸和材料单，

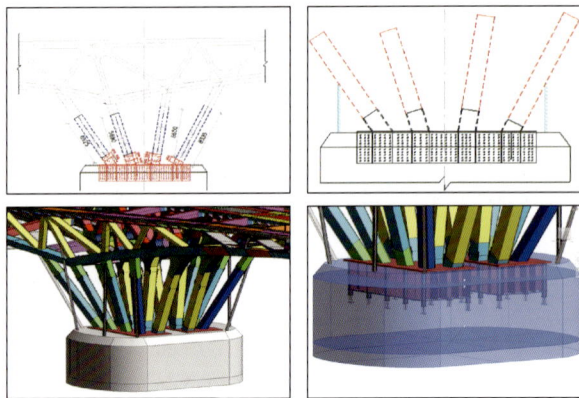

图 5　网状钢支腿柱图纸及模型

设计加工制作流程，用于指导工厂制作，提高钢桁架的制作精度（图 6）。

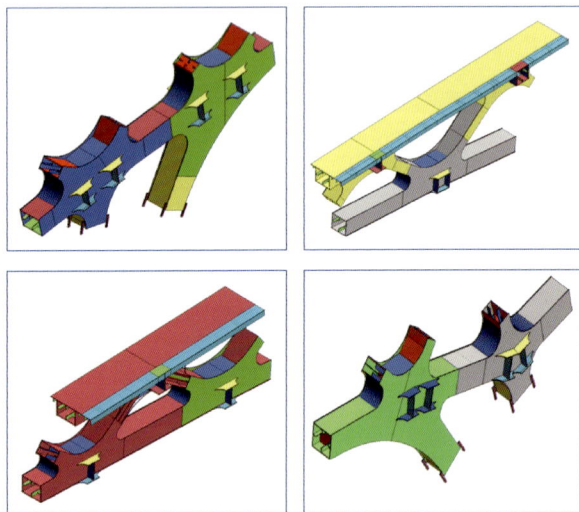

图 6　桥体钢桁架分段 BIM 模型

3.5　钢桁架焊接

钢桁架桥整体长度长、分段多、现场焊接量大是本工程的一大重点，通过 BIM 模型深化设计，制定特定的施工方案、焊接工艺流程以及检验标准保证现场焊接的精度与质量。

3.6　空间变高钢桁架结构预拼装

云碧峰主桥上部结构采用空间变高钢桁结构，主桥的空间造型和桁架精度控制是本工程的一大重难点。通过制作相应的胎架，采用在分配梁上部设置短柱的方法来调整局部高度，利用 BIM 模型进行预拼装模拟，来保障空间变高造型的拼装质量（图 7）。

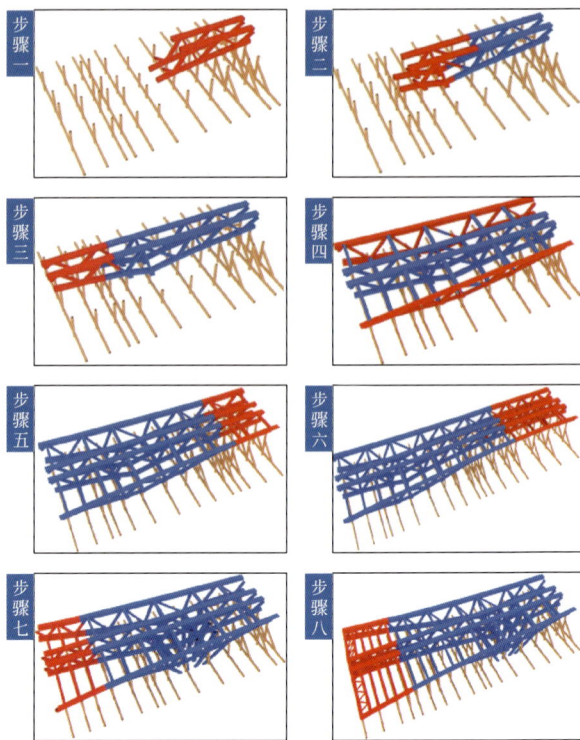

图 7　分步骤拼装图

3.7　桥梁线型控制

大桥主跨跨中、边跨跨中倾斜面与竖直面夹角 40°，在中墩墩顶倾斜面与竖直面夹角 25°，在边墩墩顶倾斜面与竖直面夹角 40°，沿桥长方向呈圆弧曲线形，桥梁线形控制难度大。对该桥进行整体放样，并对各节点进行三维放样，对全桥统一建立 BIM 模型计算预拱度。

3.8　钢桁架吊装

钢桁架吊装顺序复杂，须严格按安装方案执行。根据方案拼装顺序，利用 BIM 模型进行施工模拟，制作相关施工动画，进行可视化三维交底。

3A033 基于 BIM 的数字化建造在上饶市云碧峰大桥项目中的应用

团队精英介绍

崔凤杰
浙江中天恒筑钢构有限公司
工程师

从事钢结构施工二十余年，负责的福州城市森林步道获詹天佑奖，多个项目获中国钢结构金奖，获实用新型专利 6 项，发明专利 1 项，发表论文 3 篇。

段坤朋
浙江中天恒筑钢构有限公司
一级建造师
高级工程师

主要负责钢结构施工技术及研发工作，承担浙江省建设科研项目 1 项，获省部级科学技术奖 8 项、全国 BIM 大赛奖项 4 项，获省级工法 2 项，申请专利 28 项，获中国建筑金属结构协会行业工匠称号。

章宝林
浙江中天恒筑钢构有限公司
助理工程师

主要从事钢结构 BIM 深化设计工作，负责项目有常山县滨江一期人行景观桥建设项目、黄骅明珠大桥、中天大厦、凤凰山公园（香山湖段）三期项目、宁波鄞州曼哈顿大厦项目、深圳光明森林公园项目，其中多个项目获中国钢结构金奖。

孙得军
浙江中天恒筑钢构有限公司
一级建造师
工程师

进入钢结构行业二十年，主要负责深化设计和 BIM 深化设计，负责的奇瑞量子汽车有限公司焊接车间和涂装车间、佛山市顺德第一人民医院易地新建项目、浠水县杂技馆三个项目获浙江省建筑钢结构金刚奖，发表论文 5 篇。

卢 玉
浙江中天恒筑钢构有限公司
二级建造师
助理工程师

主要从事钢结构施工技术及 BIM 技术应用，获得国家级 BIM 大赛奖项 1 项，省级 BIM 大赛奖项 2 项，实用新型专利 7 项，发明专利 1 项，工程建设科学技术进步奖 1 项，发表论文 2 篇。

李子豪
浙江中天恒筑钢构有限公司
助理工程师

曾参与鄂州花湖机场项目并为 BIM 深化环节提供软件技术支持，作为 BIM 技术人员在软件建模的基础上深入研究编程工作，并持有多项软件著作权。

蔡国一
浙江中天恒筑钢构有限公司
助理工程师

长期从事项目施工 BIM 技术应用工作，获得国家级 BIM 大赛奖项 1 项，省级 BIM 大赛奖项 2 项，实用新型专利 3 项。

余佳远
浙江中天恒筑钢构有限公司
助理工程师

主要从事项目施工 BIM 技术应用及视频动画制作工作，获国家级 BIM 大赛奖项 1 项，省级 BIM 大赛奖项 2 项。

李超群
浙江中天恒筑钢构有限公司
一级建造师
工程师

主要从事技术创新、BIM 管理、课题研究、工程创优等工作，先后参与海亮科研大厦、云碧峰大桥等项目，发表 ESCI 论文一篇，全国钢结构 QC 一类成果，获多项专利，发表多篇论文。

任鹏霏
上饶市云碧峰大桥项目
施工员

主要从事钢结构工程施工，参建的福建福州森林景观栈道、杭州三墩龙湖商业中心、亚运工程配套桥梁公望大桥、上饶市云碧峰大桥等工程获得浙江省钢结构金刚奖、中国钢结构金奖。

丽水市水阁卫生院迁建工程 EPC 总承包 BIM 技术及智慧化平台应用

浙江精工钢结构集团有限公司，浙江绿筑集成科技有限公司，比姆泰客信息科技（上海）有限公司

黄洪君　金军　乔彩霞　喻浙坪　尤存先　吕国超　朱伊娜　林上幸　单红峰　赵切

1　工程概况

1.1　项目简介

建设地点：项目位于丽水市南城水阁经济开发区，地块东侧为骨伤医院，南侧为南一路，西侧为东五路，北侧为住宅建筑。

总建筑面积：总建筑面积约 5.88 万 m^2，地上面积为 3.75 万 m^2，地下面积 2.13 万 m^2。地上建筑 9 层，地下 2 层，总投资约 5.5 亿元。

结构体系：地下部分为钢筋混凝土框架体系，地上为钢框架体系，采用装配式墙板，整体装配率达 60%（图 1）。

图 1　项目效果图

1.2　公司简介

浙江精工钢结构集团有限公司成立于 1999 年，是一家集国际、国内大型建筑钢结构、钢结构建筑及金属屋面墙面等的设计、研发、销售、制造、施工于一体的大型上市集团公司。

浙江绿筑集成科技有限公司作为精工钢构集团的全资子公司，现为"国家装配式建筑产业基地""浙江省建筑工业化示范企业""浙江省建筑工程总承包试点企业"，为"浙江省钢结构装配式集成建筑工程技术研究中心"的依托单位和"上海装配式建筑技术集成工程技术研究中心"联合依托单位。公司积极开展绿色装配式集成建筑的研发，现已形成住宅、公寓、学校、医院、办公的 PSC（钢-混凝土组合）装配式集成建筑产品体系与成套技术，"全系统、全集成、全装配"的建筑技术已达到国内领先水平。作为发展绿色装配式集成建筑的重要产业，公司已建设完成并投产的绿筑集成建筑科技产业园华东基地（一期），以及正在筹建中的华北基地（保定）和计划建设的华南基地、华中基地、西南基地、西北基地，最终将形成年产 800 万 m^2 装配式集成建筑产品的规模。

比姆泰客信息科技（上海）有限公司是一家专注于建筑业信息化管理的科技互联网公司，融合精工 20 余年的行业经验，以精工绿筑完整的装配式产业链与 EPC 项目为实践支撑，结合 BIM 技术、二维码、物联网、大数据、GIS、云计算等科技，不断创新，积极求变，为钢结构加工及施工企业、装配式生产企业、总包企业、设计院等单位提供专业的 BIM 咨询、智慧生产、项目管理、EPC 总承包管理等服务，助力传统建筑业开启"互联网＋"的新未来。

1.3　工程重难点

（1）安排工期紧凑，建筑单体平面面积大，交叉协同作业节点多，质量安全管理难度大。

（2）地下部分为钢筋混凝土框架体系，地上为钢框架体系，采用装配式墙板，整体装配率达 60%，深化设计要求高。

（3）医院项目对医疗设备的布置有很多要求，对机电系统的要求都不同，对项目部机电施工人员需进行针对性的交底，避免日后因机电管线安装原因而影响医疗设备的使用。

（4）机电系统复杂，机电设计施工图过程调整量大，机电工程深化设计所涉专业多，量大，覆盖面广，与其余专项工程交叉点多，需协同单位多。

2 BIM 团队建设及软件配置

2.1 制度保障措施

在满足现场施工进度的前提下召开 BIM 会议并提供驻场服务。组织两种不同形式、不同频率的会议，保证 BIM 各方工作沟通协调能够顺畅、及时（图 2）。

图 2 制度保障措施

2.2 团队组织架构（图 3）

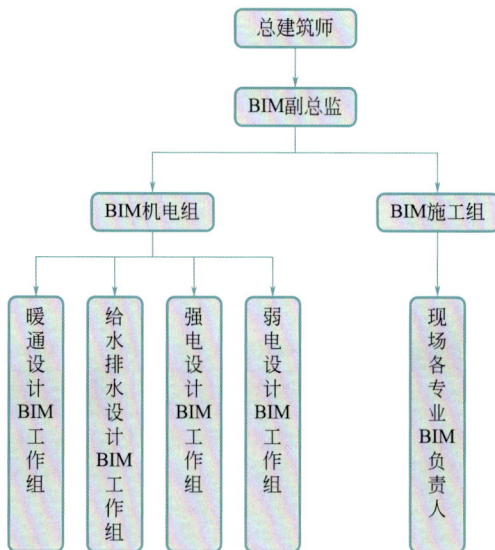

图 3 团队组织架构

2.3 软件环境（表 1）

	软件环境		表 1
序号	名称	项目需求	公司
1	Revit2016	三维建模	Autodesk
2	Tekla structure2016	三维建模	Trimble
3	CAD2014	三维建模	Autodesk
4	Navisworks 2016	可视化	Autodesk
5	Lumion10	可视化	ACT-3-D
6	HiBIM 机电	协调管理	品茗

3 BIM 技术重难点应用

（1）参数化驱动：颠覆传统建模方式，极大地提高了建模效率和质量。

（2）高效快捷：利用 BIM 参数化建模技术可以高效地创造多种方案模型供选择。

（3）以形找力，以力选形：模型可以直接导入结构分析软件，依据建筑造型进行结构选择及优化构件尺寸，提高建筑与结构专业沟通效率。

3.1 三维协同设计

本项目三维协同设计流程为专业内采用工作集方式，专业间采用链接文件方式，加强了各专业间的技术交流与沟通，提高了设计的准确性，减少设计错误，避免设计错误流入施工阶段，提高项目效率及经济性（图 4）。

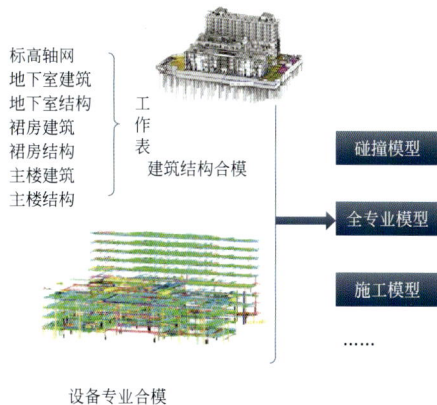

图 4 三维协同设计

3.2 正向设计

应用 BIM 技术，在项目中，一处设计改动，

BIM 模型各处即时更新、自动调整。避免人为错误发生，同时大幅提高出图效率，保证设计进度。

建筑信息模型创建：快速、精确、编辑简单。

建筑信息模型推敲：建筑平、立、剖面视图自动生成并相互关联。

建筑信息模型修改：所有相关视图自动更新，修改一步到位（图5）。

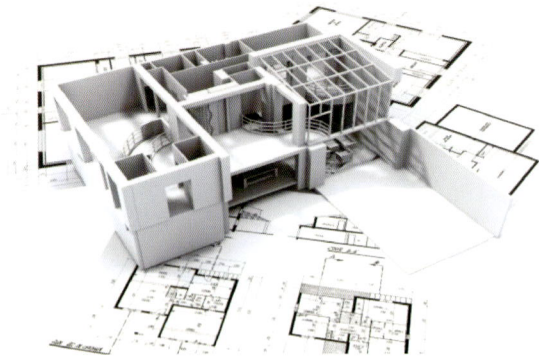

图5　正向设计

3.3　专业深化—钢结构深化

钢结构深化设计内容包括柱脚、埋件、柱对接节点、梁梁节点、梁柱节点的细部尺寸、焊缝坡口尺寸、螺栓排布的深度设计以及合理的杆件分段等，进而直接导出相应工程量统计清单，指导工厂进行预制加工，深化设计后模型深度LOD400～LOD500（图6）。

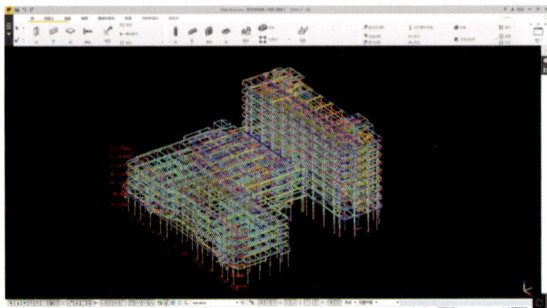

图6　专业深化—钢结构深化

3.4　专业深化—机房深化

根据机房系统及建筑构造对机房进行了BIM深化设计，出具机房剖面图指导机房施工（图7）。

3.5　无支撑体系

根据公司规范，本项目板跨大于施工阶段最

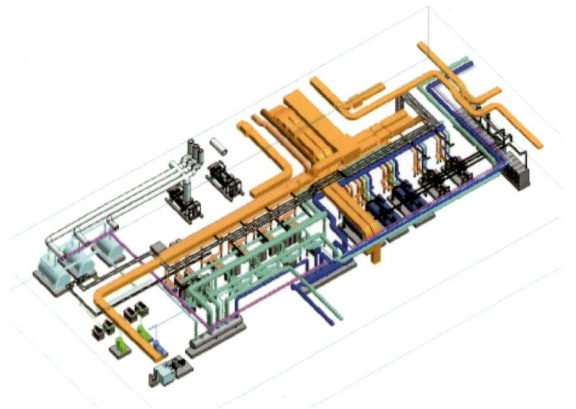

图7　专业深化—机房深化

大无支撑跨度时应在跨中加设一道临时支撑，为保证项目快速推进，通过BIM设计，增加小钢梁以减少楼承板下施工支撑搭设（图8）.

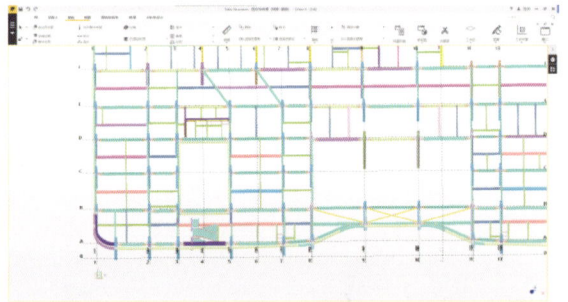

图8　无支撑体系

3.6　EPC 管理平台

本项目运用公司自主研发的EPC项目管理平台，有利于对整个项目的统筹规划和协同运作，使得施工方案中的实用性、技术性、安全性、经济性之间的矛盾得以解决。同时，业主的投资和工程建设周期相对明确，利于费用和进度把控（图9）。

9	8	30+	2
国际先进成果	省市级研发课题	发明专利及软件著作权	实用新型专利

图9　EPC 管理平台

3A037 丽水市水阁卫生院迁建工程 EPC 总承包 BIM 技术及智慧化平台应用

团队精英介绍

黄洪君
项目总工
高级工程师

获得"龙图杯"、"创新杯"、"优路杯"、中建协、东南网架杯等多个 BIM 奖项。

金 军
项目经理
高级工程师

获得多项省级优质工程、省级工法和 BIM 奖项。

乔彩霞
设计管理部副总监
总建筑师
一级注册建筑师
一级注册结构工程师
高级工程师

从事工作 30 余年，负责项目整体实施及建筑协调、审核整体 BIM 效果。

喻浙坪
机电及 BIM 总监
高级工程师

从事工作 15 年，先后负责绍兴市科技馆、柯桥万达、绍兴国际会展中心、丽水市水阁卫生院迁建工程等项目的机电设计管理及 BIM 实施与协调工作。

尤存先
工学学士
BIM 工程师

先后从事给水排水/暖通设计 5 年，后从事 BIM 工作 6 年，有着多个大型项目的设计经验及 BIM 经验，获得国家级 BIM 奖项 3 项，省级 BIM 奖项 4 项。

吕国超
BIM 技术负责
BIM 工程师

西安建筑科技大学本科学历，从事 BIM 工作 6 年，先后负责绍兴国际会展中心、棒垒球馆、丽水市水阁卫生院迁建工程的 BIM 工作，获得国家级 BIM 大赛奖项 2 项，省级 BIM 大赛奖项 5 项。

朱伊娜
BIM 技术负责
BIM 工程师

从事 BIM 设计工作；曾获得国家级 BIM 大赛奖项 5 项，其中 1 项获全国 BIM 大赛特等奖，2 项获全国 BIM 大赛一等奖。

林上幸
助理工程师

主要从事钢结构设计深化工作 20 年，参与丽水市水阁卫生院迁建工程，负责绍兴市妇幼保健院建设项目、西安咸阳机场项目等。

单红峰
二级建造师
BIM 工程师

主要从事土建、机电设计工作，先后参与了丽水市水阁卫生院迁建工程、绍兴市妇幼保健院建设项目、vivo 全球 AI 研发中心项目。

赵 切
工学学士
二级建造师

主持或参与的技术研发成果获得科技成果 1 项；获得浙江省科学技术奖 1 项，省级工法 1 项，国家级 BIM 大赛奖项 5 项。申请发明专利、实用新型专利共计 12 项，发明专利授权 3 项。

BIM 技术助力南山区科技联合大厦 EPC 工程全专业高效智慧建造

中建二局第二建筑工程有限公司

沈朗　邢建见　陈超　张吉祥　蒋权　李功磊　张雪梅　邓小强　李资涵　郑兰

1　工程概况

1.1　项目简介

项目位于深圳市南山区留仙洞总部基地 02 街坊北部，城市主干道留仙大道与同发南路交会处东南侧。四层地下室（局部三层），裙房共四层（中设夹层），结构高度 23.7m，地面以上共 67 层，结构高度 307.2m。项目是深圳市积极探索产业用地机制改革的先行示范，也是深圳市在高强度开发城区集约高效利用土地空间走出的一条"南山路径"（图 1）。

图 1　项目效果图

1.2　公司简介

中建二局第二建筑工程有限公司成立于 1952 年，总部设在深圳，注册资本 5 亿元，年施工产值在百亿元以上，是中建集团在粤港澳大湾区内第一家具有"房建＋市政""双特双甲"资质的大型建筑施工总承包企业。

公司先后获得国家重合同守信用企业称号、全国五一劳动奖状、全国质量安全管理先进单位、中国建筑资信百强企业、全国诚信建设优秀施工企业等荣誉。中建二局二公司始终坚持以客户为中心的理念，以打造行业、领域领先为目标，不断提升品质内涵、创新合作模式，携手各方拓展幸福空间，实现合作共赢。

公司先后承建深圳妈湾电厂，南京扬子乙烯工程、洛界高速、郑州二七万达广场、海南会展中心、深圳华为科研中心、羊台书苑、深圳大学艺术楼、前海交易广场、白云机场物流园等大批优质工程，所建工程荣膺 1 项国际大奖、3 项詹天佑奖、8 项鲁班奖、19 项国家优质工程（图 2）。

图 2　公司照片

1.3　工程重难点

（1）外圈钢柱在避难层转换四次，斜柱的空间测量定位、安装校正、焊接变形控制难度大。

（2）柱间支撑构件密集、空间狭小，施工顺序选择、质量把控是难点。

（3）专业分包多，统一协调管控难度大；参与单位多，配合难度极大，机电管线排布难度大，预留预埋多。

（4）图纸变更多，版本统一更新难；工程浩大，结构复杂，专业繁多。

（5）施工场地狭窄，地下室边线紧邻规划红线，场地内可用施工场地紧缺，超高层工程材料用量多，不同阶段平面布置及交通组织是重点和难点。

2 BIM团队建设及软件配置

2.1 制度保障措施（图3）

项目根据不同的应用流程，制定了各项BIM实施应用标准及方案，各标准及方案均最终与各方达成共识。

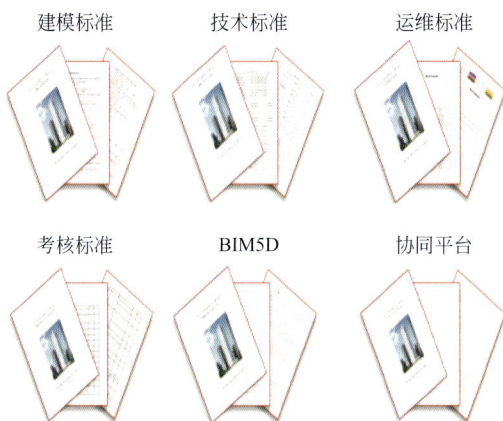

图3 制度保障措施

2.2 团队组织架构（图4）

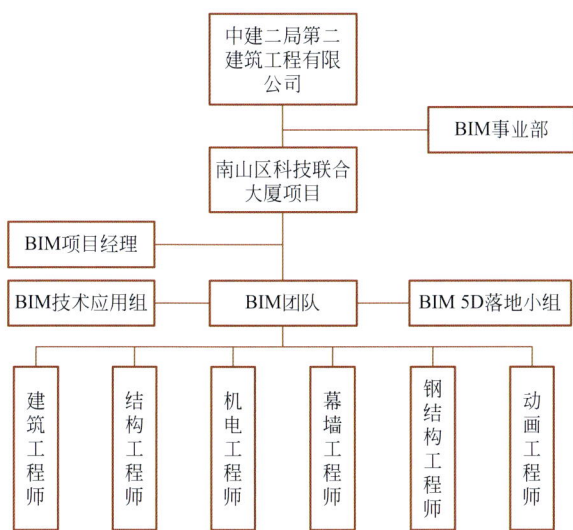

图4 团队组织架构

2.3 软件环境（表1）

	软件环境		表1
序号	名称	项目需求	功能分配
1	AutoCAD	建模	深化出图
2	Tekla	钢结构深化	模型创建及深化
3	Fuzor	施工模拟	辅助建模
4	Revit	建模	模型创建
5	Navisworks	施工模拟	模拟施工
6	3ds Max	地形创建	建模

3 BIM技术重难点应用

3.1 钢结构深化

综合考虑构件工厂预制化、运输、安装等多个环节，利用BIM软件建立与工程实际相符的3D全真模型，对构件进行分段分节，生成制作、安装详图。3D节点可以非常直观地显示出节点的细节，工程师可以根据设计师的要求，增加所需节点或者构件，同时也可以很好地避免扭剪型螺栓或者高强度螺栓在安装过程中空间不够的问题（图5）。

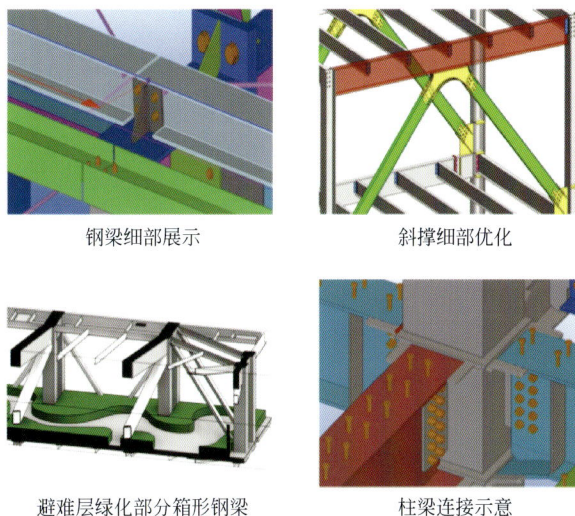

钢梁细部展示　　　　　斜撑细部优化

避难层绿化部分箱形钢梁　　　柱梁连接示意

图5 钢结构深化

3.2 管综深化

传统的二维管综，无法直观详细地表达各管线之间的空间关系；通过BIM模型，不仅可以准确地表达管线及管线与土建之间的空间关系，还能通过管综模型自动开洞，和导出轴测图，进行动画模拟交底（图6）。

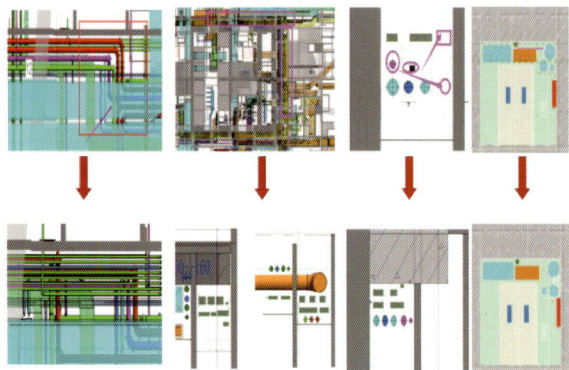

图6　管综优化

3.3　大直径钢筋绑扎

通过 BIM 模型提前进行精确定位，避免出现主筋碰托板的情况。利用模型对柱与梁相交处的梁纵向钢筋进行放样模拟，确定了每根梁钢筋的处理方法，直径较大钢筋从腹板的洞口穿出，现场人员可根据模型直接进行柱、梁钢筋的放样（图7）。

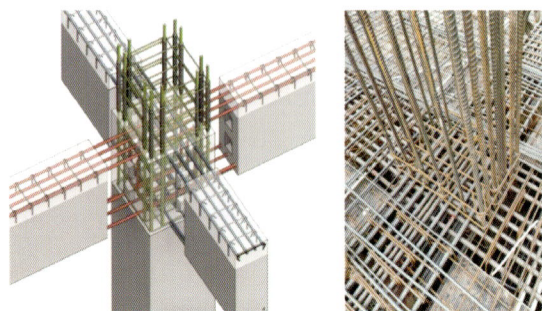

梁柱连接钢筋模型　　梁柱连接现场拍照

图7　大直径钢筋绑扎

4　BIM 创新应用点

4.1　BIM＋装配式机房＋RFID 定位

运用 BIM 技术在复杂紧凑的设备机房里对各类管线设备模块进行标准化拆分、标准化设计、工业化生产。精细化的 BIM 模型，在安装前解决误差，装配阶段无需图纸便可安装（图8）。

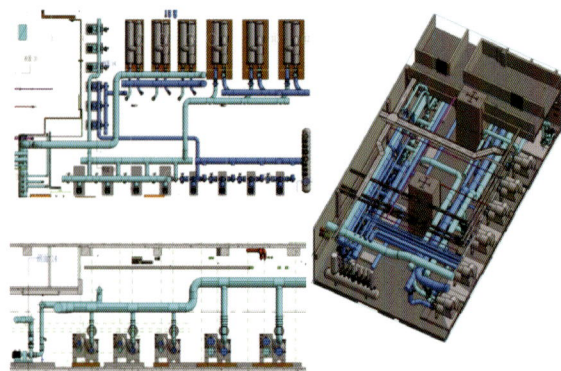

BIM施工

图8　BIM＋装配式机房＋RFID 定位

4.2　BIM 施工管理平台应用

将项目资料分部门管理，各部门将资料上传至 BIM 平台，方便管理人员在现场随时查看。现场管理人员不需要将技术方案和图纸带到现场，可以直接在手机端进行方案及图纸查看（图9）。

图9　图纸照片

3A044 BIM 技术助力南山区科技联合大厦 EPC 工程全专业高效智慧建造

团队精英介绍

沈 朗
南山区科技联合大厦项目总工

工程师

先后负责肇庆万达广场 1 号地块项目总工程师、南山区科技联合大厦项目总工程师；取得发明专利 1 项、实用新型专利 14 项、省级工法 5 项、省级科技奖 2 项。

邢建见
南山区科技联合大厦项目 BIM 事业部经理

一级建造师
工程师

先后负责砺剑大厦项目、深圳市第二特殊教育学校项目生产技术管理工作；发表论文 3 篇，获得实用新型专利 5 项、国家级BIM 奖项 8 项。

陈 超
南山区科技联合大厦项目 BIM 事业部副经理

一级建造师
工程师

先后负责羊台书苑项目、南山区科技联合大厦项目、深大艺术综合楼项目生产技术管理工作；发表论文 1 篇，获得实用新型专利 3 项、省级工法 3 项、国家级 BIM 奖项 12 项。

张吉祥
南山区科技联合大厦项目 BIM 事业部副经理

工程师

先后负责西丽医院改扩建代建项目、前海交易广场南区项目、成都天府万达国际医院项目生产技术管理工作；发表论文 2 篇，获得实用新型专利 6 项、省级工法 3 项、国家级BIM 奖项 12 项。

蒋 权
南山区科技联合大厦项目技术部长

工程师

先后负责深圳中国国有资本风投大厦，肇庆万达广场，长沙武广新城以及深圳科技联合大厦项目技术管理工作；发表核心论文 1 篇，获得实用新型专利 7 项、省级科技鉴定 2 项、省级科学技术奖 2 项、省级工法 4 项。

李功磊
南山区科技联合大厦项目 BIM 工程师

助理工程师

先后负责羊台书苑项目、深大艺术综合楼项目生产技术管理工作，获得国家级 BIM 奖项 5 项。

张雪梅
南山区科技联合大厦项目 BIM 工程师

助理工程师

先后参与羊台书苑项目、悦溪正荣府项目生产技术管理工作，获得国家级 BIM 奖项 3 项。

邓小强
南山区科技联合大厦项目 BIM 工程师

助理工程师

先后参与莆田 PS 拍-2020-08 号地块、金象城商业综合体项目、项目生产技术管理工作，获得国家级 BIM 奖项 3 项。

李资涵
南山区科技联合大厦项目技术部长

助理工程师

先后负责中建二局第二建筑工程有限公司科技与设计管理部科技成果管理工作、南山区科技联合大厦工程施工总承包技术管理工作；获得实用新型专利 5 项、省级工法 3 项、科技奖 2 项。

郑 兰
南山区科技联合大厦项目技术员

助理工程师

从事施工管理 2 年，先后负责金科柳叶和园项目、科技联合大厦项目生产技术管理工作；在核心期刊发表专业论文 3 篇，SCI 论文 2 篇。

济南市历城区市民中心项目"阳光谷"双曲率异形空间钢结构 BIM 技术应用

中建八局第二建设有限公司，山东方垠智能制造有限公司

刘雄　刘壮　孙世鹏　刘海勇　崔绪良　徐洲　程琳　焦雪松　党文涛　刘长陈

1　工程概况

1.1　项目简介

项目位于山东省济南市历城区世纪大道以南，文苑街以北，唐冶东路以西，历城体育场以东。规划设计一期、二期两组建筑，布局为裙房加高层塔楼的模式，两组建筑之间通过两层体量的连廊进行连接。南侧一组建筑为一期——综合文化中心，布置 4 层裙房及两侧高层塔楼，东北侧塔楼层数为 23 层，西南侧塔楼层数为 14 层；北侧一组建筑为二期——文化档案中心，布置 3 层裙房及两层高层塔楼，两栋塔楼为 7 层。东侧临靠唐冶东路，开设车行主入口；南侧分设场地次要车行口；东南角部位设置人行主入口，人车分流（图 1）。

图 1　项目整体效果图

阳光谷整体平面呈椭圆形，最大长轴长度为 47.0m，短轴长度 39.0m，立面呈树冠形。幕墙总面积 2300m²，龙骨采用氟碳喷涂钢龙骨，面材为三角形玻璃，共计 2356 块异形三角玻璃，最大板块尺寸 3851mm×1105mm，最小尺寸 580mm×533mm。

1.2　公司简介

中建八局第二建设有限公司，总部位于山东济南，具备"双特三甲"资质（建筑工程施工总承包特级、市政公用工程施工总承包特级、市政行业设计甲级、建筑工程设计甲级、人防工程设计甲级），以及多项工程承包与设计资质。公司获评国家高新技术企业及主体长期信用等级 AA 级，连续多年位列中建股份号码公司前三强，荣获"山东省百强企业"，位居山东省建筑企业前五强，致力于打造"最具价值创造力"的城市建设综合服务商。

1.3　工程重难点

（1）双曲造型复杂：本工程造型复杂，树冠部分跨度大，最大跨度 31.5m，树冠部分造型整体为双曲面，每根杆件定位难度大，测量精度控制要求高。

（2）构造节点复杂：树冠部分质量大，占总体工程量的 67.7%，采用单根分段吊装，高空焊接，高空焊接作业量大，且主次管相贯连结，相贯节点 3834 个。

（3）吊装施工难度大：树冠部分，构件长度大，单根杆件侧向刚度弱，吊装计算需考虑构件吊装过程工况及就位后工况，吊装工况较为复杂。

此外，树冠部分，构件为倾斜状态，采用 2 点起吊，吊点位于小单元上部中心位置并且要吊点布置确保起吊后小单元处于稳定状态，因此吊点布置要求高。

（4）曲面幕墙施工难度大：造型双曲面多，斜柱斜梁多，空间测量放线多，借助各种先进的测量设备进行精准定位。

（5）材料计划提取异常复杂：幕墙形状尺寸各不相同，异形面材及框架需要借助模型参数化对材料进行编码和加工放样，形成 BOM 清单表。

2 BIM 团队建设及软件配置

2.1 制度保障措施

（1）项目 BIM 培训制度。
（2）项目管理平台功能开发例会制度。
（3）BIM 辅助现场巡检制度。

2.2 软件环境（表1）

软件环境　　　　　　　　　　　　　表1

序号	名称	项目需求	功能分配
1	GH	参数化设计	编程
2	Tekla	钢结构深化	模型创建及深化
3	YJK	建筑设计	建筑
4	Revit	建模	模型创建
5	Trimble	测绘	施工测绘
6	DesignX	逆向建模	建模

3 BIM 技术重难点应用

3.1 项目 BIM 技术的应用

本项目通过 BIM 可视化技术，在项目初始阶段建立三维模型，依据客户需求设计多套方案以供比较选择。后期修改时，协调修改方便，可及时将思维及产品与客户沟通交流，最终实现设计最优效果，快速精准出具钢结构多方案对比。

数字 BIM 设计，每次进行模型的调整，可快速导出精准的中心定位线，然后钢结构专业的人可快速地拾取线稿建立结构模型并测算。高效便捷，数据精准，将结果快速反馈给方案人员，进行方案调整和决策（图2）。

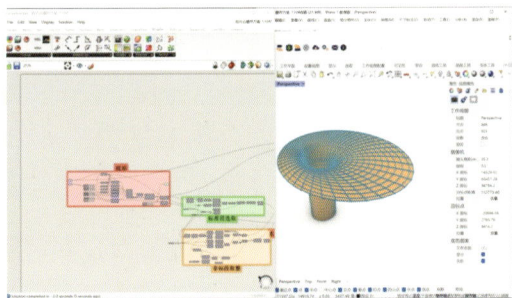

图2 BIM 参数化方案设计

对钢结构进行 BIM 参数化深化，通过变换 BIM 模型构件尺寸等参数，确定结构最优参数，实现钢结构构件的一体化深化出图。谷形桁架钢结构构造复杂，单元类型多样，通过 BIM 模型对桁架整体进行拆分简化，分为树冠部分、环桁架部分以及直线段部分，为小单元组装、吊装和定位提供了参考，极大提高了施工的效率（图3）。

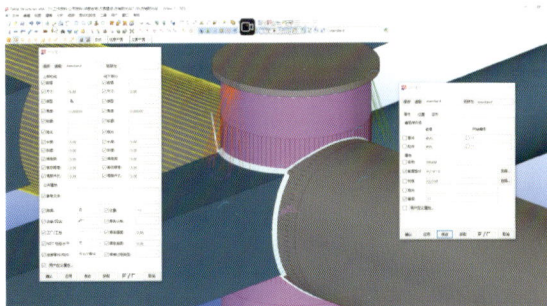

图3 BIM 参数化深化

3.2 工程 BIM 创新应用

谷形桁架树冠部分的径向杆件为多曲率弧形杆件，其加工难度大，各段曲率不宜把控，通过 Tekla 软件对杆件各部分进行了深化分解，精准确定了各段杆件的曲率，形成了深化图纸，指导了工厂的加工生产（图4）。

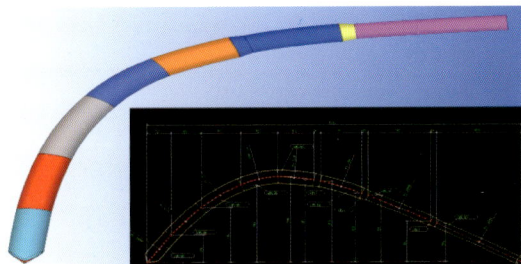

图4 深化出图指导加工

3.3 工程 BIM 技术的示范应用

应用 BIM 技术对桁架复杂小单元进行了拼装模型建模，确定了拼装过程中桁架可能出现的问题，完善了构件拼装方案，指导了钢结构的现场生产工作。

将模型导入 Midas Gen 2019 进行吊装分析，合理确定各单元的吊装点位置，并模拟吊装时各单元承受的应力，指导了拼装单元的吊装工作，保证了吊装工作的安全性。

利用 Midas Gen 2019 进行谷桁架拼装模拟，模拟拼装时桁架整体承受的应力，确定桁架整体的薄弱点，并采取相应措施，保证桁架安装精度的同时，提高桁架钢结构拼装过程的整体安全性。

谷桁架杆件单元复杂繁多，简单的定位方式很难实现所要求的精确度，通过土建基础图纸坐标结合 BIM 技术，转化为钢结构三维坐标，并利用放样机器人，实现杆件单元的精准定位，满足结构的整体精度要求（图 5）。

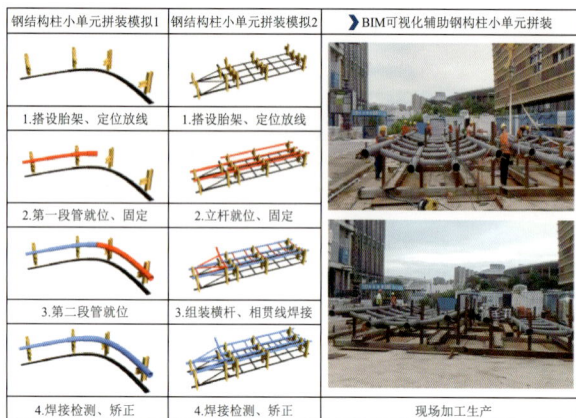

图 5　BIM 可视化拼装模拟

3.4　项目 BIM 工作的成果

获取三维点云数据后，通过对点云配准并分割处理，得到现场钢结构点云，利用 Geomagic DesignX、Mesh2Surface 等逆向软件，对点云进行逆向 BIM 建模，得到现场实际钢结构模型（图 6）。

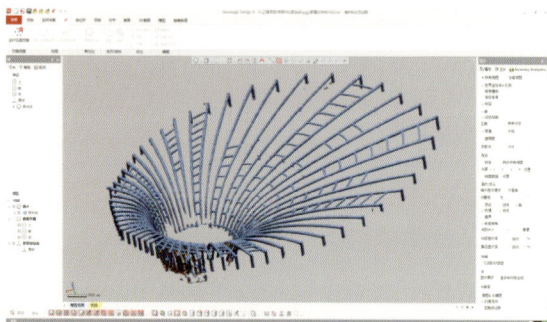

图 6　实体逆向建模

为了更好更快地实现本工程 BIM 模型的创建，特开发了 5 个电池组，代码总计 1083 行。目前开发的 Grasshopper 插件"Wolf"共有 10 类 115 个电池组，代码共计 3 万多行（图 7）。

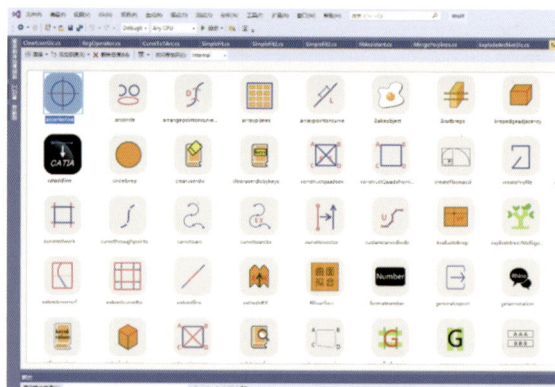

图 7　软件二次开发编程

本项目面板规格多，传统提料方法无法满足生产进度要求，故采用参数化方法对材料信息进行批量提取，自动化方式生成加工图，节省大量设计提料周期及加工时间。BIM 模型传递至加工，并导出数据，作为数控机床的驱动参数，实现自动化加工（图 8）。

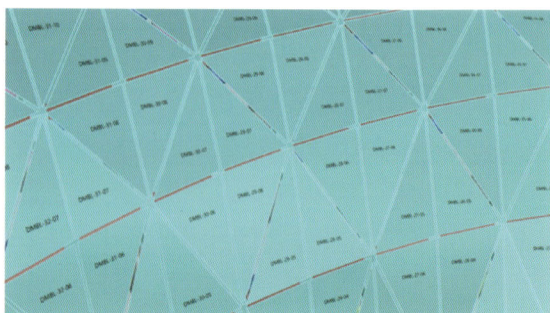

图 8　构件提取与数控加工

3A048 济南市历城区市民中心项目"阳光谷"双曲率异形空间钢结构 BIM 技术应用

团队精英介绍

刘 雄
济南市历城区市民中心项目项目总指挥

一级建造师
高级工程师

历任济南埠东安置房、齐河妇幼保健院等工程项目经理,从事大型公共建筑项目管理 20 余年,负责项目获得鲁班奖 5 项,发表专利 37 项、论文 29 篇、工法 12 项、QC21 项、BIM 类奖项 12 项。

刘 壮
济南市历城区市民中心项目项目经理

一级建造师
高级工程师

先后负责山东省省会文化艺术中心项目、山东高速广场超高层项目、山东电信济南通信枢纽楼项目生产技术管理工作;获得实用新型专利 6 项,发表论文 2 篇,省级工法 3 项,国家级 BIM 奖项 1 项。

孙世鹏
济南市历城区市民中心项目项目总工

一级建造师
工程师

先后负责北京 1430 项目、山东第一医科大学项目、公司技术质量部等技术管理工作;获得实用新型专利 4 项,发表论文 4 篇,省级工法 2 项,QC4 项,国家级 BIM 奖项 2 项。

刘海勇
济南市历城区市民中心项目 BIM 中心经理

注册安全工程师
工程师

从事 BIM 管理工作 7 年,先后负责济南轨道交通 R1 线、日照科技馆等多个项目 BIM 管理工作,获得省级、国家级 BIM 奖项 30 余项,发表论文 10 篇,授权实用新型专利 5 项,发明专利 1 项。

崔绪良
济南市历城区市民中心项目土建 BIM 工程师

一级建造师
工程师

从事 BIM 工作 6 年,曾负责济南超算中心项目、山东黄金国际广场项目、济南机场综合保障楼等项目的 BIM 工作。先后获得省级、国家级 BIM 奖项 20 余项,发表相关专利 2 项、论文 13 篇。

徐 洲
济南市历城区市民中心项目设计师

工程师

从事数字建筑设计 12 年,负责复杂建筑数字系统搭建,掌握 BIM 参数化设计、衍生应用关键技术,获得 BIM 奖项 26 项、发明专利 2 项。

程 琳
济南市历城区市民中心项目钢构 BIM 工程师

一级建造师
工程师

从事钢结构 BIM 行业 11 年,负责钢结构项目的技术管理,技术团队能力培养。先后获得省级、国家级 BIM 奖项 5 项,取得发明专利 2 项。

焦雪松
济南市历城区市民中心项目装饰幕墙负责人

工程师

先后负责济南地铁一号线项目、中科院一期装饰项目、济钢森林公园地下商业幕墙项目生产技术管理工作;取得发明专利 3 项,省级工法 4 项,QC 成果 7 项。

党文涛
济南市历城区市民中心项目钢构负责人

一级建造师
高级工程师

从事钢结构工程管理工作 20 余年,先后取得发明专利 2 项,省级工法 1 项,QC 成果 1 项,核心期刊发表专业论文 3 篇,长期从事大型钢结构工程管理工作,负责公司所有钢结构项目的实施策划工作。

刘长陈
济南市历城区市民中心项目钢构负责人

工学学士
工程师

从事钢结构工程的施工管理 6 年,先后获得省级工法 1 项,QC 成果 1 项,国家级 BIM 奖项 1 项,核心期刊发表专业论文 2 篇,主要负责项目施工管理、成本管控、BIM 应用等工作。

BIM 在中兴通讯总部大厦项目钢结构工程中的应用

郑州宝冶钢结构有限公司

唐兵传　王雄　秦海江　王杜恒　张斌　李红山　赵文君　刘俊杰　闫宇晓　蒋雨志

1　工程概况

1.1　项目简介

项目地点：该项目位于深圳湾超级总部总体规划入口，十字中轴线上，毗邻深圳湾地铁站，共有三个地块。中兴通讯总部大厦是中兴通讯公司总部的办公大楼，将打造成生活、工作、自然结合体的涟漪花园式办公环境。

项目概况见图 1。

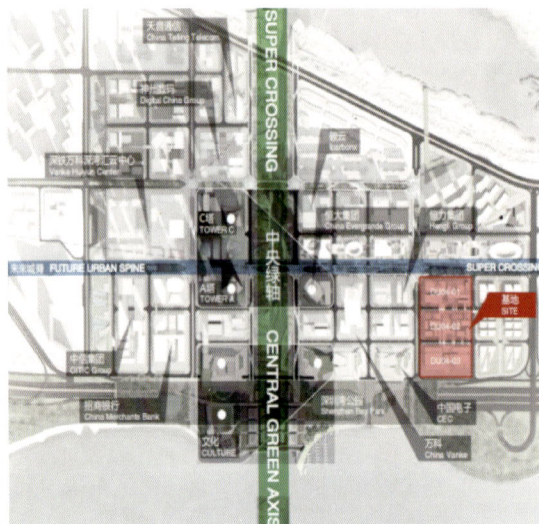

图 1　项目概况

钢结构概况：中兴通讯总部大厦 5 栋建筑面积约 5 万 m²，高度 60m，总用钢量近 13000t。地下二层，地上七层，局部九层。结构形式为：多筒＋大跨转换桁架体系，屋顶及西大堂采用水滴状涟漪不规则曲面网壳结构；具有大、重、曲等特点。

1.2　公司简介

上海宝冶集团有限公司隶属国资委下属的五矿集团，为中国中冶王牌军，始建于 20 世纪 50 年代，是拥有建筑工程、冶金工程施工总承包特级，以及多项施工总承包和专业承包资质的大型国有企业。中国建筑企业 500 强，中国建筑业竞争力 200 强企业，荣获钢结构金奖 80 项，鲁班奖 43 项，詹天佑奖 7 项，省部级质量奖 117 项，国家有效专利 1303 例。

上海宝冶自 2005 年率先引入 BIM 技术以来，先后经历了试点项目应用（2010）、示范工程引领（2012）和企业全面推广（2015）三个阶段，在 200 多个工程建设项目实践应用的基础上积累了丰富的推广经验。2017 年底，上海宝冶发布了《2018—2020 年企业 BIM 发展中长期规划》，明确了"领跑中冶、领先行业、打造一流"的 BIM 发展目标。

1.3　工程重难点

（1）施工工期紧张、涉及盲点多

项目为三边工程，图纸版本多、变更多，项目设计、施工总工期为 663 天，工期紧张，设计盲点多。

（2）多种结构体系、深化设计难度大

核心筒、桁架巨型节点复杂多样，水滴网壳空间异形曲面深化是难点。

（3）高强度厚板比较多，节点复杂，加工难度比较大

最大板厚 100mm，材质 Q460GJC；最大节点质量 40t。

（4）桁架数量多，跨度大，结构自重大，预拼装难度大

11 榀桁架形成支撑体系，高 9m，长 140m，中间跨度 60m，悬挑跨度 23m。

（5）桁架，水滴网壳安装难度大

桁架大跨度，水滴网壳异形曲面，控制施工变形是难点。

（6）异形结构多，施工困难

核心筒、水滴网壳为异形空间曲面，空间定位难。

2 BIM团队建设及软件配置

2.1 团队组织架构（图2）

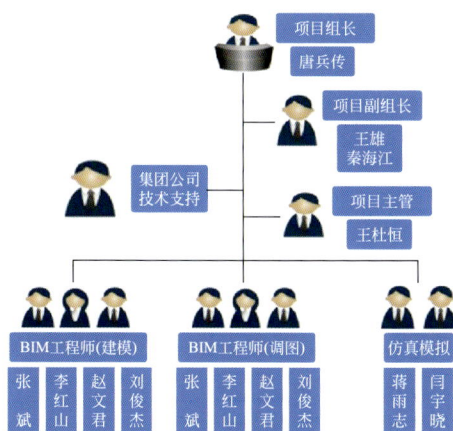

图2　团队组织架构

2.2 技术路线

项目具体由项目组长负责推进，依据上海宝冶集团有限公司企业标准，编制BIM策划实施方案、钢结构深化方案等，制定严格的BIM工作流程，为支撑项目BIM应用提供有力保障。BIM团队共分为仿真模拟、深化建模、深化调图3个小组，负责BIM模型的创建、维护和深化工作，确保BIM应用在项目应用实地。

2.3 软件环境（表1）

软件环境　　　　　　　　　表1

序号	名称	项目需求	功能分配
1	AutoCAD	绘图	制图
2	Tekla	建模	模型创建及深化
3	插件	建模	辅助建模
4	Revit2018	建模	模型创建
5	剪映专业版	动画	视频编辑
6	Rhinoceros	建模	曲面结构深化
7	Midas Gen	计算	结构计算
8	Ansys	计算	有限元分析

3 BIM技术重难点应用

3.1 深化设计阶段

（1）BIM应用——Tekla钢结构深化（核心筒）

中兴通讯总部大厦钢结构为多核心筒结构，核心筒四周对角处设置劲性钢柱，劲性钢柱截面形式为箱形、H形、日形，通过钢板剪力墙相连。利用Tekla软件进行核心筒钢结构搭建（图3）。

图3　核心筒深化

（2）BIM应用——Tekla钢结构深化（桁架）

中兴通讯总部大厦塔楼共计11榀转换桁架，最大跨度为141m，高度9m，穿插三个核心筒通过钢板相连。利用Tekla软件对桁架部分快速建模。由于桁架部分形成支撑体系，结构质量、幕墙挂载、设计载荷等因素会使结构存在下挠，为抵消结构稳定后下挠值，利用Tekla软件将桁架模型解体为若干弦、腹杆，通过模型对上下弦进行分段（图4）。

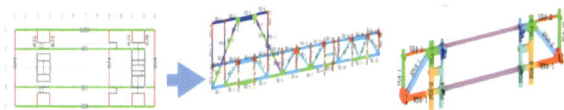

图4　模型搭建

（3）BIM应用——Tekla钢结构深化（框架）

塔楼主体为钢框架结构，长141m，宽度48m。利用Tekla软件对框架部分和节点模型进行快速搭建（图5）。

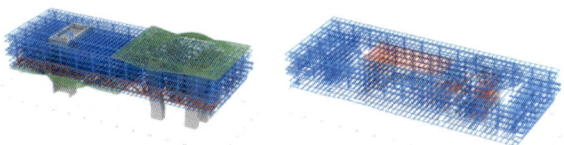

图5　模型搭建

3.2 生产加工运输阶段

（1）BIM应用——数字追溯

由于传统的构件，在运输倒运过程中会导致构件编号模糊不清，现场吊装无法识别。通过BIM模型上传一站式智能制造信息管理系统，对每个构件进行二维码标识管理，使得构件出入库皆有记录可查，以保证构件的追溯管理（图6）。

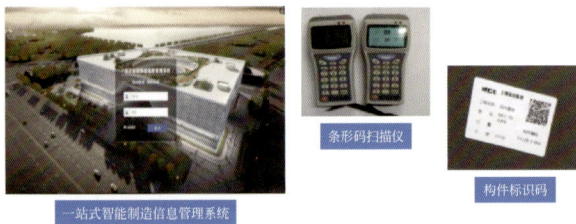

图6 一站式智能制造信息管理系统

（2）BIM应用——远程管理

基于5G智能安全帽及无人机航拍技术，对施工工序管理、现场人员管理钢构件吊装监控，辅助管理人员进行现场施工。并通过航拍照片形式结合BIM模型描述本周实际施工进度（图7）。

图7 远程管理

3.3 现场管理阶段

中兴通讯总部大厦项目处于深圳湾超级总部和滨海大道中的重要位置，是集团公司的重点项目，需要重点进行宣传；因此基于BIM技术对项目制作效果图、动画漫游视频等对外展示本项目可视化效果，配合项目宣传（图8）。

图8 可视化宣传

（1）BIM应用创新-智能生产线

宝冶钢构智能生产线（六中心）打造国内首条的钢结构智能生产示范线（图9）。

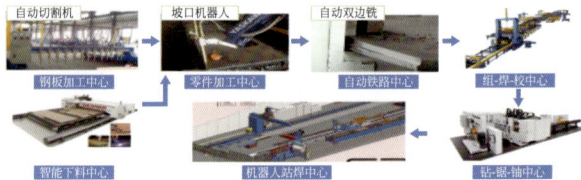

图9 智能生产示范线

（2）BIM应用创新-5G智能钢构实验室

宝冶钢构携手河南移动，建立5G智能钢构实验室。结合宝冶钢构智能化生产线，发挥中国移动"网络能力＋平台能力＋应用能力"三大能力，实现钢结构运营智能化、制造数字化、装备智联化，推广应用数字化技术、系统集成技术、智能化装备，实现少人甚至无人工厂。

3.4 交付运维阶段

BIM应用经验总结——深化设计

面对多种结构体系的钢结构，在深化时，首先要充分理解设计图纸，明白设计意图，了解项目的构造，材料，焊接等技术要求。深化项目在多人协作情况下，要提前交底，统一标准。其次依据工厂焊接规范去搭建模型及节点，结合项目吊装方案进行分段分区。最后做好对工厂和项目部关于深化详图的技术交底。

（1）核心筒结构

深化时，应考虑配合土建钢筋在钢构件上做好穿筋孔及搭接、焊接问题。

（2）桁架结构

要考虑尽可能避免仰焊、薄厚板对接坡口，以及现场拼接分段问题。

（3）框架结构

深化时要考虑超长钢梁分段、起拱、结构标高以及降梁降板等问题。

（4）水滴网壳结构

深化时要考虑壳体结构表面的拟合以及节点参数化快速搭建方法。

3A050 BIM 在中兴通讯总部大厦项目钢结构工程中的应用

团队精英介绍

唐兵传
上海宝冶钢结构工程公司总经理、郑州宝冶钢结构有限公司董事长

正高级工程师

《钢结构》第十二届理事会常务理事长，《钢结构（中英文）》第十四届理事会常务理事，中国建筑金属结构协会专家，《中国建筑金属结构》杂志社理事会常务理事，中国建筑业协会石化建设分会、中国化工施工企业协会、中国石油工程建设协会、中国电力建设企业协会、中国冶金建设协会、中国建筑业协会核工业建设分会吊装工程专家，全国建筑业企业优秀项目经理、全国优秀建造师。

王　雄
上海宝冶钢结构工程公司、郑州宝冶钢结构有限公司总工程师

一级建造师
正高级工程师

先后参与10余项企业级重大研发项目，获得国家级工法1项，省部级科技进步奖5项，专利10余项，对外发表多篇学术论文；先后被聘为福建省综合性评标专家库专家，河南省钢结构协会专家委员会专家，中国建筑金属结构协会钢结构专家委员会专家，中国钢结构协会空间结构分会专家委员会专家，在钢结构行业具有较高的技术水平和行业影响力。

秦海江
上海宝冶钢结构工程公司、郑州宝冶钢结构有限公司设计研究院院长

高级工程师

长期从事结构专业设计工作，主持设计了大型工业厂房、超高层写字楼、大型商场、高层住宅、高耸结构、学校建筑等各类建筑多项，具有丰富的设计经验。

王杜恒
郑州宝冶钢结构有限公司深化设计主管

二级建造师
工程师

先后主持或参与宝钢矿石二标段、三标段大修，江阴兴澄钢铁高炉，安阳文体中心体育馆、游泳馆，郑州中欧班列集结调度指挥中心，中兴通讯总部大厦项目等深化设计工作。

张　斌
郑州宝冶钢结构有限公司深化设计工程师

工学学士
助理工程师

长期从事钢结构深化详图工作，主要从事钢结构深化设计工作，参与了首都博物馆东馆、商丘三馆一中心、武汉新建商业服务业设施和绿地等项目。

李红山
郑州宝冶钢结构有限公司深化设计工程师

工程师

长期从事钢结构深化设计工作，参与完成首都博物馆东馆、深圳第二儿童医院、苏州科技馆巨型桁架等深化设计，发表论文2篇。

赵文君
郑州宝冶钢结构有限公司深化设计工程师

工学学士
助理工程师

长期从事钢结构详图深化设计工作，参与项目有：安阳文体中心体育馆、游泳馆，郑州中欧班列集结调度指挥中心，中兴通讯总部大厦，以及兰州石墨化车间等。

刘俊杰
郑州宝冶钢结构有限公司深化设计主管

一级建造师
助理工程师

长期从事钢结构深化详图工作，主持或参与国家会议中心二期、兖州文化中心、金湖体育中心等项目深化工作。

闫宇晓
郑州宝冶钢结构有限公司深化设计工程师

工学学士
助理工程师

长期从事钢结构深化设计、BIM管理工作，先后参与首都博物馆东馆、合肥蔚来汽车、国家信息大厦钢结构深化管理工作。

蒋雨志
上海宝冶钢结构工程公司、郑州宝冶钢结构有限公司钢结构设计研究院院长助理

二级建造师
高级工程师

长期从事钢结构深化设计工作，先后参与公司多个重大深化设计项目的组织与策划工作。

湖心正荣府施工总承包工程
BIM 应用成果汇报

中建二局第二建筑工程有限公司

张吉祥　邢建见　陈超　刘珊　李功磊　王永胜　张衡旭　邹伟伟　刘超　王平

1　工程概况

1.1　项目简介

本工程位于莆田市荔城区明珠路与荔浦路交叉口。总建筑面积约 6.88 万 ㎡，局部地下 2 层，地上 39 层，建筑最高高度为 121.2m，是一个集合了住宅及教育为一体的多功能小区。

本项目是我公司积极探索 BIM 技术在精细化施工和降本增效中的应用典范，通过 BIM 技术对图纸排查、管线综合、三维可视化施工交底等方面进行了深入应用，将信息化技术与现场施工管理深度结合，在成本、计划、质量方面综合应用 BIM 技术，优化传统项目管理模式，从而实现施工管理水平提效（图 1）。

图 1　湖心正荣府施工总承包工程

1.2　公司简介

中建二局二公司成立于 1952 年，总部设在深圳，注册资本 5 亿元，年施工产值在百亿元以上，是中建集团在粤港澳大湾区内第一家具有"房建＋市政""双特双甲"资质的大型建筑施工总承包企业。

公司先后承建天利中央商务广场、深圳妈湾电厂、南京扬子乙烯工程、郑州市地下综合管廊项目、青岛维多利亚湾、海南会展中心、深圳华为科研中心、前海深港青年梦工场、周口开元万达等大批优质工程，所建工程荣获鲁班奖 8 项，国家优质工程 19 项，詹天佑奖 3 项，中国安装工程优质奖 1 项，省市级奖项 100 多项（图 2）。

图 2　代表工程

1.3　工程重难点

（1）设计图纸变更频繁，协调困难

项目从施工准备阶段到地下施工主体完成，方案变更很大，需要及时利用 BIM 模型统计更新方案变更点，为保证项目部协同和工程施工质量，需反复地修改和优化 BIM 模型，带来了很大的工作量。

（2）各专业管线较多，系统复杂

地下车库管线较多，共设有排风机房 22 处，消防泵房出口行车道处，管线排布密集，常规施工管线排布杂乱，无法控制净高要求。

（3）工期紧，协调难度大。

项目工期安排特别紧张，为了按时完成工期目标，各专业协调施工、物资供应、质量控制、现场安全文明管理等工作压力较大，通过引进 BIM5D 管理平台，增加了项目的管理质量和效率。

（4）装配式结构，施工水准要求高

地上住宅主楼结构包括装配式预制楼梯、预制叠合板，施工前需要通过 BIM 模型进行楼层各类管线管道的优化。

2 BIM 团队建设及软件配置

2.1 项目标准制定

根据公司 BIM 标准和项目特点制作项目 BIM 样板文件，对模型显示、模型深度、优化原则进行规范定义。

2.2 项目软件介绍

Revit 2016：各专业建模、机电深化、成果出图。

Fuzor：虚拟漫游、施工模拟、场景布置

Navisworks：碰撞检查、施工模拟、三维动画。

Lumion6.0：漫游动画、建筑动画、样板间表现。

3ds Max：投标视频、交底动画、三维场地布置。

3 BIM 技术重难点应用

3.1 项目 BIM 技术的应用

根据公司标准化手册制作三维动画，详细明了的交底方式带来工艺和质量的双效提高（图3）。

图 3　剪力墙、梁施工样板

本项目采用上拉式短支悬挑架，根据 BIM 结构模型，进行脚手架设计，确定各部位悬挑长度、预埋位置，较传统脚手架，节省了大量物料资源。保护了梁、板混凝土的完整性，提高工程结构质量，缩短工期进度。

通过三维模型引导现场标化临时设施布置，落地执行公司《施工现场标准化实施手册》。

预先建模，配合项目现场验收叠合板，保证拼装正确，优化线管路径。

通过三维模型搭建消防泵房模型，对泵房排布进行分专业分系统优化。

通过插入管道阀门发现图纸隐性问题，规避安装空间不够等情况，减少返工（图4）。

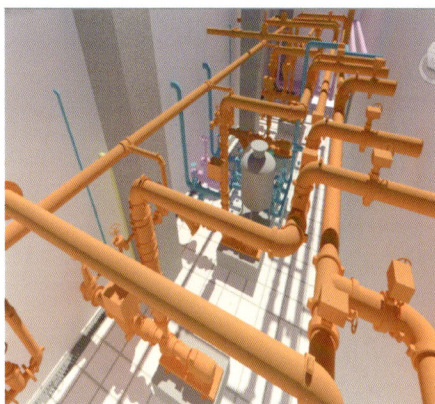

图 4　消防泵房效果图

3.2 工程 BIM 创新应用

BIM5D 协同管理。总承包管理通过搭建项目各参建方文档、任务协同平台和 BIM5D 云应用平台，在管理平台中通过 BIM 模型将项目各参与方进行协同管理，确保整个实施过程 BIM 数据管理的有效传递最大限度地发挥 BIM 实用价值，做到项目的精细化、集成化管理（图5）。

图 5　协同管理

3.3 工程 BIM 技术的示范应用

通过 BIM5D 一键排砖功能进行二次结构墙体排布，施工现场各二次结构作业面张贴轻质隔墙排布图，按图领料，在严格把控现场轻质隔墙损耗率的基础上，提高二次结构的施工质量（图6）。

图 6 把控现场

3.4 项目 BIM 工作的成果

正荣南京 G64-A 地块基于 BIM 技术的探索应用，取得了一定的成果，从成本、工期、质量、安全四个维度辅助项目的精细化、标准化管理。同时对于 BIM 技术的落地应用，仍需要不断的探索和尝试，基于本项目 BIM 应用的经验和总结，提出下一步工作计划（图7）。

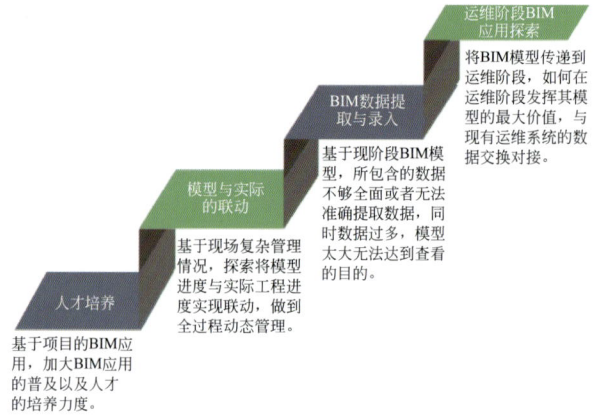

人才培养
基于项目的BIM应用，加大BIM应用的普及以及人才的培养力度。

模型与实际的联动
基于现场复杂管理情况，探索将模型进度与实际工程进度实现联动，做到全过程动态管理。

BIM数据提取与录入
基于现阶段BIM模型，所包含的数据不够全面或者无法准确提取数据，同时数据过多，模型太大无法达到查看的目的。

运维阶段BIM应用探索
将BIM模型传递到运维阶段，如何在运维阶段发挥其模型的最大价值，与现有运维系统的数据交换对接。

图 7 下一步计划

3A057 湖心正荣府施工总承包工程 BIM 应用成果汇报

团队精英介绍

张吉祥

湖心正荣府施工总承包工程项目总指挥

BIM 事业部副经理

工程师

先后负责西丽医院改扩建代建项目、前海交易广场南区项目、成都天府万达国际医院项目生产技术管理工作；获实用新型专利 6 项，发表论文 2 篇，获省级工法 3 项、国家级 BIM 奖项 12 项。

邢建见

湖心正荣府施工总承包工程 **BIM** 事业部经理

工程师

先后负责砺剑大厦项目、深圳市第二特殊教育学校项目生产技术管理工作；获实用新型专利 5 项，发表论文 3 篇，获国家级 BIM 奖项 8 项。

陈 超

湖心正荣府施工总承包工程 **BIM** 事业部副经理

工程师

先后负责羊台书苑项目、南山区科技联合大厦项目、深大艺术综合楼项目生产技术管理工作；获实用新型专利 3 项，发表论文 1 篇，获省级工法 3 项、国家级 BIM 奖项 12 项。

刘 珊

湖心正荣府施工总承包工程 **BIM** 工程师

助理工程师

先后参与汉京花园项目、朝阳西路东、薛泰路南商住项目生产技术管理工作；获国家级 BIM 奖项 3 项。

李功磊

湖心正荣府施工总承包工程 **BIM** 工程师

助理工程师

先后负责羊台书苑项目、深大艺术综合楼项目生产技术管理工作；获国家级 BIM 奖项 5 项。

王永胜

湖心正荣府施工总承包工程 **BIM** 工程师

助理工程师

先后参与中原文旅城欢乐世界（雪世界）项目、攀枝花万达广场项目生产技术管理工作；获国家级 BIM 奖项 4 项。

张衡旭

湖心正荣府施工总承包工程 **BIM** 工程师

助理工程师

先后参与正荣观江樾项目施工总承包、朝阳西路东、薛泰路南商住项目生产技术管理工作；获国家级 BIM 奖项 4 项。

邹伟伟

湖心正荣府施工总承包工程 **BIM** 工程师

助理工程师

先后负责联投东方国际大厦、联投东方世家花园项目、湖心正荣府施工总承包工程生产技术管理工作；获国家级 BIM 奖项 7 项。

刘 超

湖心正荣府施工总承包工程 **BIM** 工程师

助理工程师

先后参与前海交易广场南区项目、羊台书苑项目、砺剑大厦项目生产技术管理工作；获国家级 BIM 奖项 7 项。

王 平

湖心正荣府施工总承包工程 **BIM** 工程师

助理工程师

先后参与汉京花园项目、武广新城项目、生产技术管理工作；获国家级 BIM 奖项 3 项。

新疆新华书店物流基地项目 BIM 应用

九冶建设有限公司

罗长城　马鹏亮　张鹏翔　邵楠　李永波　吴海洋　王付洲　何重技　延敏　许嘉铭

1　工程概况

1.1　项目简介

新华书店物流基地项目位于乌鲁木齐市，工程由新疆新华书店发行公司投资建设，新疆维吾尔自治区建筑设计研究院设计，九冶建设有限公司施工，建筑面积 7 万多平方米，本工程是集大型仓储物流、综合办公、餐饮、地下人防多种功能于一体的综合建筑体，结构形式为钢结构柱、梁。钢筋混凝土现浇板的组合框架结构。地上三层，地下一层；主楼高度 23.5m。项目效果图见图 1。

图 1　项目效果图

1.2　公司简介

九冶建设有限公司成立于 1965 年，是国家高新技术企业，拥有国家级企业技术中心研发平台，下辖 8 个分公司、2 个事业部、2 个控股公司，业务遍及国内 20 余个省、自治区、直辖市和海外 10 余个国家。

近年来，公司先后承建了一大批事关国计民生的重点项目，获得鲁班奖、国家优质工程奖、安装之星、钢结构金奖、省部级优质工程奖百余项，并连年获得全国和陕西省守合同重信用企业、全国优秀施工企业、中国施工企业 AAA 级信用企业、对外承包工程 AA 级信用企业、陕西省先进建筑业企业等称号，为社会经济发展做出了较大贡献！

2　BIM 团队建设及软件配置

2.1　项目组织架构（图 2）

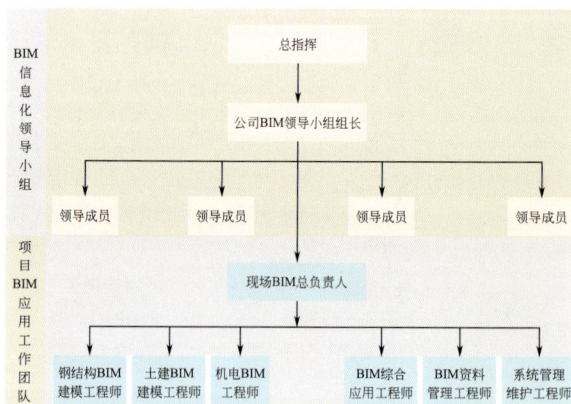

图 2　项目组织架构

2.2　项目团队组建

本项目实施初期，公司高层从全局考虑组织协调组成精干的 BIM 团队，团队分为两大部分，第一部分由安装公司组成 BIM 信息化领导小组，全力指导、配合项目上的 BIM 应用工作，第二部分为项目 BIM 应用团队，由经验丰富的年轻 BIM 技术应用人员组成。

2.3　BIM 实施方案及标准

针对新疆新华书店物流基地项目特点，编制了项目 BIM 应用策划指导书，除此之外，项目还参考国家 BIM 应用相关标准，使 BIM 工作开展有章可循。指导用书及相关标准见图 3。

图 3　指导用书及相关标准

2.4　软件清单（表 1）

软件环境　　　　　　　　　　　表 1

序号	软件名称及版本	软件完成的工作
1	鲁班大师土建	土建模型
2	鲁班大师钢筋	钢筋优化配模
3	鲁班大师安装	管道碰撞检查
4	鲁班场布	三维场地布置
5	鲁班排布	砌体排布优化
6	Revit 2016	节点建模
7	Tekla	钢结构模型
8	广联达系列软件	土建、钢筋算量

3　BIM 应用内容

3.1　BIM 模型搭建（图 4）

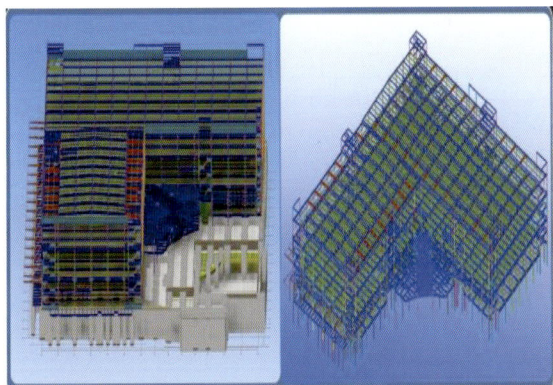

图 4　建筑 BIM 模型

3.2　管综碰撞检查（图 5）

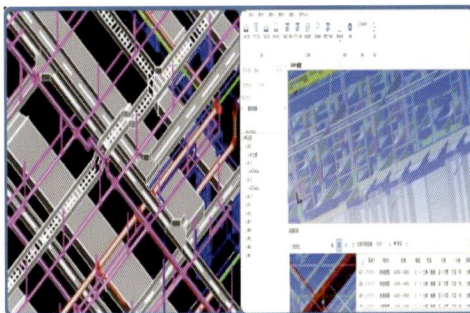

图 5　管综碰撞检查结果

3.3　三维场地布置（图 6）

图 6　三维场地布置效果图

3.4　二维码应用技术（图 7）

图 7　二维码应用技术展示

4　BIM 应用亮点

4.1　虚拟预拼装技术（图 8）

主体结构采用 Tekla 建立三维模型进行深化设计，将主体结构具体拆分至每个构件，利用构件模型进行预拼接提前发现问题，在构件生产前消除设计缺陷。展示图片详见图8。

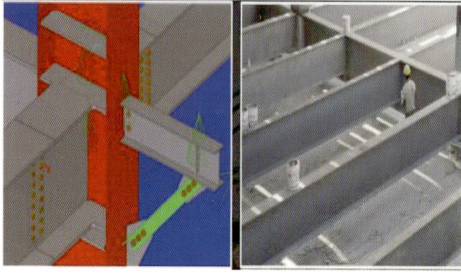

图8 虚拟预拼装技术展示

4.2 BIM 节点优化 （图 9）

采用 Tekla 软件优化钢柱截面，减少钢柱焊接变形，减轻钢柱自重，方便运输与吊装，降低了钢柱制作成本和运输吊装成本。节点优化成果见图9。

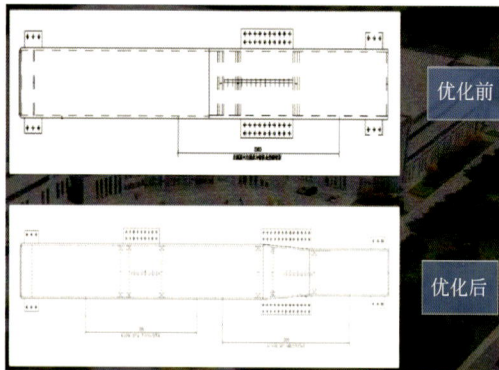

图9 利用 BIM 进行箱形柱变截面节点优化

5 主要成果与效益

5.1 主要成果 （图 10）

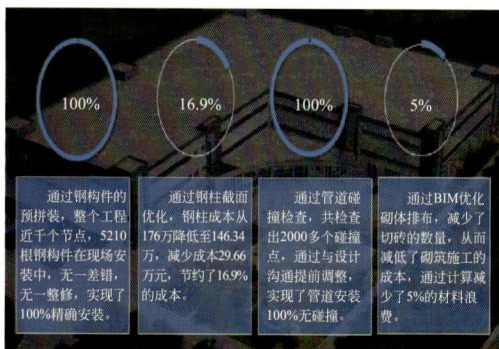

图10 BIM 主要成果分析

5.2 经济效益分析 （表 2）

经济效益分析 表 2

序号	应用点	发现点	BIM优化点	经济效益	备注
1	图纸问题	65 处	电气:31 处	节约成本 21 万元	
			给水排水:13 处	节约成本 14.5 万元	
			暖通:6 处	节约成本 4 万元	
			消防:5 处	节约成本 5 万元	
			弱电:10 处	节约成本 8.5 万元	
2	专业碰撞	2073 处	复杂点:21 处	节约成本 35 万元	
3	预留洞口	6 处	6 处	节约成本 3 万元	
4	管线综合	16 处	16 处	节约成本 26 万元	
5	合计			117 万元	

6 项目获奖

（1）2021 年荣获乌鲁木齐市第十九届建筑施工"安全文明标准化工地"。

（2）2021 年荣获乌鲁木齐市房屋建筑优质结构工程。

（3）2022 年荣获第十五届"中国钢结构金奖"。

（4）2022 年荣获乌鲁木齐市优质工程"亚心杯"奖。

7 经验总结

通过新疆新华书店物流基地项目 BIM 技术的应用实施，工程在进度、质量、成本等方面取得了显著的成效，钢结构 5210 个安装节点实现了 100% 精确安装，箱形变截面柱通过 BIM 节点优化节约成本近 30 万，利用 BIM 模型进行管综碰撞检查，实现了管综安装 100% 无碰撞等。同时，新疆新华书店物流基地项目通过 BIM 技术支撑获得省部级工法一项，2022 年被新疆维吾尔自治区住房和城乡建设厅评审为"建筑业新技术应用示范工程"。

3A068 新疆新华书店物流基地项目 BIM 应用

团队精英介绍

罗长城
九冶安装公司总经理
党委副书记

一级建造师
高级工程师

曾担任多个大型施工项目的项目经理，施工经验丰富，有多年的公司 BIM 应用管理经验。

马鹏亮
九冶安装公司副总经理，总工程师，安全总监

一级建造师
高级工程师

曾担任多个施工项目的项目经理，区域项目总经理，管理经验丰富。

张鹏翔
九冶安装公司副总经理，本项目项目经理

一级建造师
高级工程师

先后负责羊台书苑项目、深大艺术综合楼项目生产技术管理工作；获国家级 BIM 奖项 5 项。

邵 楠
九冶安装公司工程部（技术中心）经理，河南省钢协专家库专家

一级建造师
高级工程师

有多年的 BIM 技术应用实战经验，曾参与公司多个海内外大型项目，如安康高新中学项目、郑州西京花园项目等。

李永波
冶金工业工程造价专家，河南省 BIM 专家库专家

一级建造师
一级造价工程师
注册安全工程师
高级工程师

负责 BIM 应用策划指导和 BIM 方案审核。

吴海洋
工程师
中国图学会 BIM 一级建模师

先后参与中原文旅城欢乐世界（雪世界）项目、攀枝花万达广场项目生产技术管理工作；获国家级 BIM 奖项 4 项。

王付洲
二级建造师
工程师

有多年的大中型项目施工经验和 BIM 应用经验，参与过新疆新华书店物流基地项目、安康高新中学项目等工程。

何重技
一级建造师
BIM 建模师
高级工程师

从事 BIM 应用工作多年，曾参与过新疆新华书店物流基地项目、郑州高新区工大学科技园项目，负责本项目的钢结构 BIM 建模和管综碰撞检查。

延 敏
二级建造师
工程师

从事 BIM 应用工作多年，有着丰富的 BIM 应用经验，参与过新疆新华书店物流基地项目、潍坊棚户区改造项目等，负责本项目的三维场地布置等工作。

许嘉铭
华北水利水电大学学生

BIM 建模师

精通 pr、必剪等视频编辑类软件，熟悉 CAD 等建模软件。

大跨度铝钢结构拱架施工 BIM 技术应用

九冶钢结构有限公司，九冶建设有限公司工程设计研究分公司

姚兵　陈军武　岳曼　李乐天　李亮　王嘉睿　万宇　张炜　黄超莹

1　工程概况

1.1　项目简介

考古篷房项目位于陕西省西安市临潼区，总建筑面积 16020m² （图1）。

东南西北四侧棚子：跨度44m，结构棚顶高度13m，柱距5m；中间大棚：跨度70m，结构棚顶高度20m，柱距5m。大棚结构柱选用矩形钢管混凝土柱，钢材为 Q355B，混凝土为 C45 普通混凝土，钢材采用氟碳漆防腐。大跨度拱架（44m棚、70m棚）选用 AI6061- T6 弱硬化铝合金的双腹板 H 形结构，以便于长效防腐并减轻结构质量。檩条和结构支撑部分全部采用镀锌的 Q235 钢制作，降低结构成本和利于防腐。其他钢桁架构件和抗风柱等均采用 Q355B 钢材，外涂氟碳漆防腐。

图 1　项目效果图

1.2　公司简介

九冶钢结构有限公司是九冶建设有限公司下属专业从事钢结构建筑加工制造的钢结构企业。公司主营项目为钢结构产品加工制造，经过十余年的提升与完善，产品结构形式由单一的 H 型钢发展到格构、箱形、十字形等多种钢结构产品，是目前西北地区专业化程度高、技术力量雄厚、工艺先进、设备精良、生产能力强的钢结构生产企业之一。目前主要经营建筑钢结构、路桥钢结构.高层钢结构、电力钢结构及非标钢结构等建筑物的加工制作。

1.3　工程重难点

（1）项目进场外道路狭窄，运输构件长度要求不超过10.5m，导致构件数量多，现场拼接工程量大。

（2）中间拱架为铝合金结构，70m 拱架截面为 H500mm × 350mm × 12mm × 16mm（双腹板），44m 拱架截面为 H500mm × 220mm × 12mm × 12mm，截面在国内近乎最大开模尺寸（图2、图3），且铝合金阳极氧化条件要求高。为了控制成本，减少大料种类，需要精准的构件断开放样。

（3）现场施工作业面情况复杂且要求严格，70m 跨拱架安装需采用顶推滑移安装。

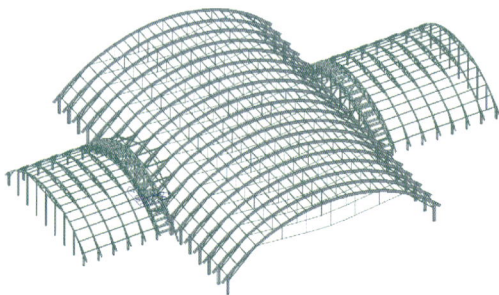

图 2　项目南北大棚中间钢结构模型

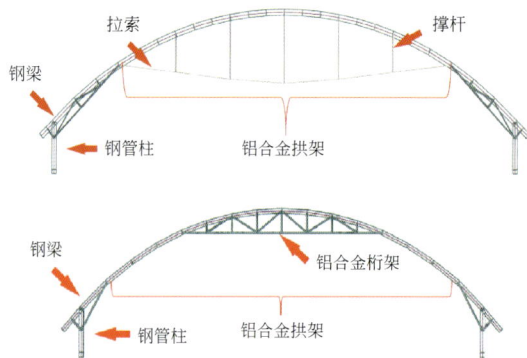

图 3　70m 拱架与 44m 拱架结构

（4）铝合金与钢结构连接过渡需采用特殊材料。

2　BIM团队建设及软硬件配置

2.1　制度保障措施

（1）组织保障体系

按照 BIM 组织架构表成立 BIM 工作室及 BIM 管理领导小组。由项目 BIM 负责人全权负责 BIM 系统管理和维护，由总工程师任组长，组员包括公司 BIM 负责人、项目领导班子、设计及 BIM 系统各专业负责人等，定期沟通，保证能够及时、顺畅地解决问题。

（2）建立沟通机制

制定相关参与方例会制度，及时解决各方提出的问题；确定沟通形式，以邮件或者微信等沟通，以便日后查阅及责任划分。

（3）BIM 模型质量保证措施

建模开展前对各单位 BIM 实施人员进行相关培训，保证建模质量；对各参与方内部进行质量控制，设立质量检查机制；各阶段交付前需组织相关审查。

2.2　团队组织架构（图4）

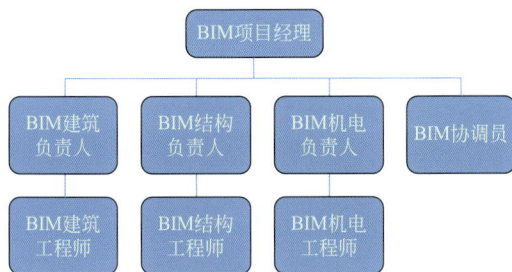

图 4　团队组织架构

2.3　软件环境（表1）

软件环境　　　　　　　　　　表1

序号	名称	功能
1	Tekla 2019	钢结构建模深化
2	Midas	结构分析软件
3	YJK	
4	Lumion	动画渲染、效果展示
5	SketchUp	场地建模

3　BIM技术重难点应用

（1）场地分析

利用无人机等设备软件进行场地实地分析，建立场地模型，制定施工方案（图5）。

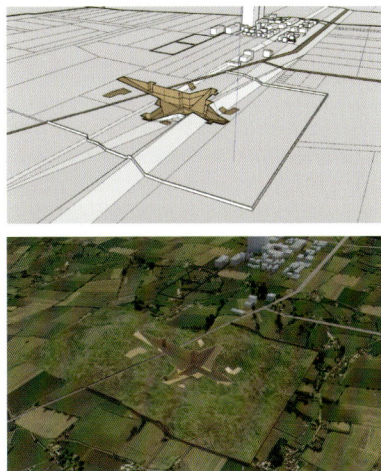

图 5　场地模拟分析

（2）结构设计优化

根据结构分析，最终确立 70m 预应力大跨铝合金拱架，由铝合金拱架和下弦拉索构成，下弦拉索中预应力的引入优化结构整体受力性能。因此，预应力大跨铝合金拱架比桁架拱梁具有更强的抗变形能力，拱架应力分布均匀且不易超限，加工简单，位移很容易得到控制，综合费用比较低（图6、图7）。

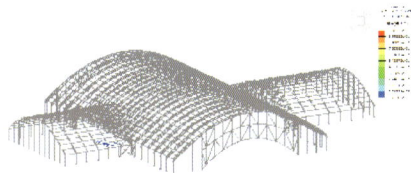

图 6　初版桁架拱整体模型

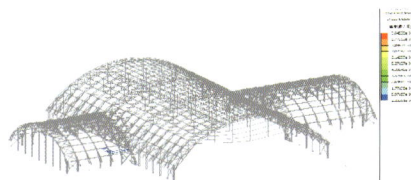

图 7　优化后预应力大跨铝合金拱架整体模型

（3）通过深化模型优化施工方案

利用 BIM 技术，在模型深化过程中，通过不断的放样、确认，最终确定构件断开位置（图8）；利用BIM技术，在模型深化过程中，同时深化设计多个临时支架进行结构临时支撑（图9～图12）。

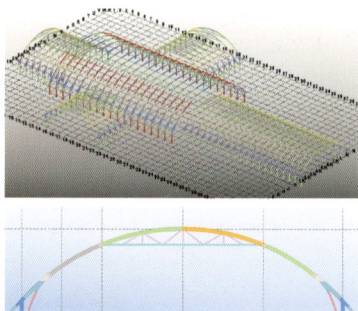

图8　整体模型与拱架断开位置示意

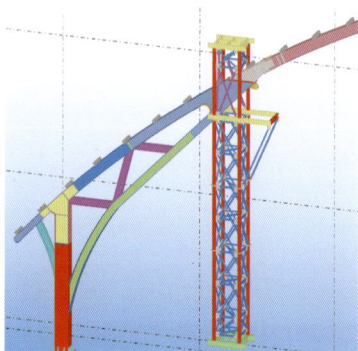

图9　钢柱支架

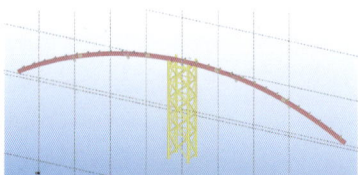

图10　拱架拼装支架

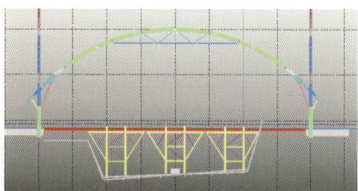

图11　滑移轨道支架

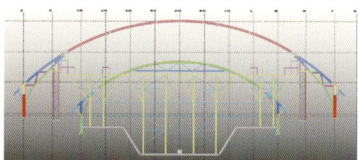

图12　临时支架放样模型

（4）拉索结构设计优化

通过与设计院及专业拉索、滑移施工团队共同讨论，完成适合本项目的拉索节点、索夹、固定工装等的深化设计（图13），在符合设计强度要求的同时进一步方便现场施工安装。

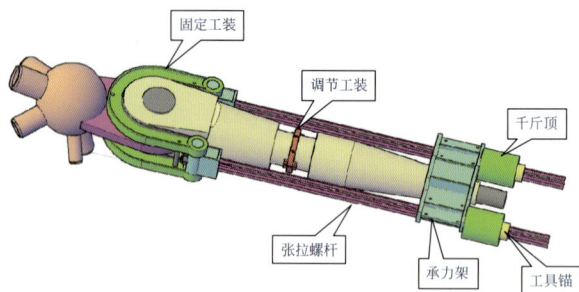

图13　拉索节点深化

4　BIM应用经验总结

（1）前期根据项目实际情况及特点，与设计院共同深化图纸，确认主体结构形式，建立Tekla模型，逐步进行拆解分析，解决施工难题。采用复杂节点三维可视化、关键工艺施工模拟、方案预演等多种三维手段，提前进行交底＋模拟的方式，及时考虑场地周边实际情况，解决现场构件拼装安装、70m拱架安装、临时支撑胎架下料制作等一系列问题，为项目施工提供了有力的技术支持，保证施工一次到位，使得大跨度拱架合龙计划顺利实施。

（2）通过BIM技术的应用对钢、铝工程量进行准确统计，有助于材料采购；同时优化铝合金拱架的构件断开长度，减少开模数量，降低成本。利用BIM技术进行施工方案模拟后，优化方案，合理穿插施工，有效缩短施工工期7～10天。

（3）结合自身BIM优势基础，聚焦专业领域BIM的创新应用，拓展创新加快成果转化落地。通过BIM技术的推广应用，加快项目精细化、信息化建设进程，更好地降低成本投入，盘活人材机资源，增强企业核心竞争力。通过参加省、市级各类BIM大赛、交流会等，吸收先进BIM应用经验，学习行业成熟BIM经验。结合公司实际情况，对公司BIM技术应用制度流程进行深化，调动公司优势资源，服务优化项目管理方式，提高工程质量，降本增效。

3A071 大跨度铝钢结构拱架施工 BIM 技术应用

团队精英介绍

姚 兵

九冶钢结构有限公司副总经理

总工程师

高级工程师

长期从事钢结构施工工作，先后参与和负责完成了西安天人长安塔、华山喜来登酒店、华山阿特艾斯室内滑雪场等多项大型公建施工，获冶金行业优质工程奖 2 项、专利 20 余项，发表论文 3 篇。

陈军武

九冶建设有限公司工程设计研究分公司总经理兼总工程师

高级工程师

从事建筑结构设计工作 30 年，作为项目负责人完成大中型工程项目设计 30 余项，共获得国家专利 6 项，其中，发明专利 4 项，实用新型专利 2 项。

岳 曼

九冶钢结构有限公司技术部部长

高级工程师

长期从事钢结构技术创新工作，负责公司技术研发、工法编制等工作，获发明专利 3 项、实用新型专利 11 项，发表论文 3 篇。

李乐天

九冶钢结构有限公司技术部副部长

BIM 中心负责人

工程师

BIM 二级工程师

主要负责 BIM 技术应用，负责公司钢结构、电气等多专业建模、BIM 平台应用、动画制作等工作，多次获得各类 BIM 大赛奖项、实用新型专利 6 项。

李 亮

九冶钢结构有限公司技术部副部长

高级工程师

长期从事钢结构 BIM 技术应用工作，负责公司钢结构项目详图深化，完成各类钢结构项目建模 70 余项，获专利 5 项，发表论文 4 篇。

王嘉睿

九冶建设有限公司工程设计研究分公司 BIM 建模员

工程师

BIM 二级工程师

负责公司土建、钢筋项目建模及场布建模工作，负责多个项目漫游动画、视频渲染，完成吊装演示动画、顶推动画、管道安装动画等各类项目 20 余项，获得多项 BIM 大赛奖项、专利 4 项。

万 宇

九冶建设有限公司工程设计研究分公司 BIM 建模员

BIM 工程师

长期从事 BIM 全专业建模、管综调整、漫游动画、BIM 平台应用、详图深化、建筑模型翻模等工作，完成全专业建模 20 余项。

张 炜

九冶钢结构有限公司技术部技术员

工程师

BIM 二级工程师

负责公司土建、安装项目建模，完成各类项目建模 10 余项，获得多项 BIM 大赛奖项、专利 2 项。

黄超莹

九冶钢结构有限公司技术部技术员

工程师

BIM 一级工程师

负责公司钢结构项目详图深化，土建、钢筋项目建模及技术研发工作，完成各类项目建模 40 余项，获实用新型专利 5 项，发表论文 2 篇。

洛宁县体育活动中心项目 BIM 应用成果汇报

中国电建市政建设集团有限公司，清华大学建筑设计研究院有限公司，江苏欧美钢结构幕墙科技有限公司

罗涛　张松华　郎永尚　王文彬　刘培祥　段鹏磊　张卫华　付婧

1　工程概况

1.1　项目简介

游泳馆、全民健身馆为地上三层，地下二层。总建筑面积 17008.88m²，地上建筑面积 8298.66m²，地下建筑面积 8710.22m²，总高度 23.92m。主要功能为地下游泳馆，地上全民健身馆，主体结构采用钢筋混凝土框架结构，屋盖结构采用空间单层网壳结构。

体育馆总建筑面积 13405.8m²，总高度 24.5m，主要功能为可容纳 4000 人的乙级体育馆及配套用房，主体结构采用钢筋混凝土框架结构，屋盖结构采用空间单层网壳结构。

室外平台总建筑面积 2097.88m²，总高度 5.3m。主体结构采用钢筋混凝土框架结构。

体育场看台总建筑面积 8539.53m²，看台结构高度 22.3m，罩棚最高点 31.0m。主要功能为 6004 人体育场看台、配套用房及罩棚。主体结构采用钢筋混凝土框架结构，屋盖结构采用空间钢管桁架结构。

洛宁县全民健身体育活动中心项目施工总承包合同工期为 774 日历天，开工时间为 2021 年 3 月 28 日，完工时间为 2023 年 5 月 11 日（图 1）。

图 1　项目效果图

1.2　公司简介

中国电建市政建设集团有限公司（简称"中国电建市政集团"）是世界 500 强企业——中国电力建设集团有限公司旗下特级企业、中国电力建设股份有限公司控股子公司，是一家具备大型基础设施投资建设、工程承包与运营管理能力的央企建筑集团。公司总部位于天津滨海高新区，注册资本金 30 亿元，总资产 281 亿元，2022 年度营业收入超过 214 亿元。

公司具有市政公用工程施工、水利水电工程施工总承包特级资质，建筑、公路、机电工程施工总承包一级资质，以及钢结构、公路路面、公路路基、地基基础工程等专业承包一级资质和铁路、电力等多项工程施工总承包资质，通过了质量、环境和职业健康安全管理体系认证。

1.3　工程重难点

类似于鸟巢的蛋壳型体育场看台网壳、层罗密布的游泳馆和体育馆空间网格结构以及大跨度缓粘结预应力空心楼板结构是本工程的重点，钢网壳曲面结构、线性多样、受力复杂、多点相贯是本工程的难点。

（1）大跨度空间网壳钢结构施工。难点在于：

1）网架构件安装精度及焊接质量的控制；

2）空间网壳结构的精确定位；

3）采用整体提升法吊装难度大，技术含量高。

（2）新月状钢桁架施工。难点在于：

1）桁架及网壳杆件地面拼装安装精度要求高；

2）十字节点板焊接工程量大，桁架加网壳结构安装过程中的变形控制。

（3）大跨度预应力空心楼板。难点在于：

1) 应用工程比较少，对轻质填充泡沫空心箱体安装定位要求高；

2) 缓粘结预应力筋安装及张拉质量要求高；

3) 空心楼板混凝土浇筑抗浮措施。

2 BIM 团队建设及软件配置

2.1 制度保障措施

为了保证 BIM 技术能够满足工程项目的使用要求及条件，项目部依托于国家和地方标准，编制了实施方案及建模规范，保证后续工作有依据、有制度、有保障。

2.2 团队组织架构（图2）

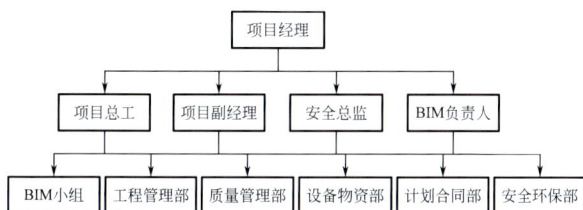

图 2　团队组织架构

2.3 软件环境（表1）

软件环境　　　　　　　　　　　　表 1

序号	名称	项目需求	功能分配
1	BimFilm	施工动画制作	施工模拟
2	Tekla	钢结构建模	模型创建
3	Navisworks	可视化	仿真
4	Revit	三维建模	模型创建
5	广联达 GTJ	计算钢筋混凝土工程量	计算
6	Twinmotion	渲染视频	渲染

3 BIM 技术重难点应用

3.1 项目 BIM 技术的应用

积极参与业主方的运维实施管理策划，对本工程大量的后期运维要求提供支持，为业主交付满意的竣工模型。在项目管理中场地布置的策划、技术方案的交底、质量安全的管理、物料管控、

平台化管理，提高了项目的管理水平。通过创建土建、机电专业的 BIM 模型，将图纸问题得以直观地展现出来，共发现、反馈结构图纸与建筑图纸不相符、水电预埋预留位置与结构梁冲突、不同专业管线走向冲突等问题 58 项，及时反馈设计方并及时解决，提前发现设计遗漏，避免因图纸问题造成停工、返工，帮助项目提高效率、节约成本。

由于空间布局复杂、系统繁多，对设备管线的布置要求高，设备管线之间或管线与结构构件之间容易发生碰撞，给施工造成困难，无法满足建筑室内净高，造成二次施工，增加项目成本。基于 BIM 技术可将建筑、结构、机电等专业模型整合，再根据各专业要求及净高要求将综合模型导入相关软件碰撞检查，根据碰撞报告结果对管线进行调整、避让，对设备和管线进行综合布置，从而在实际工程开始前发现问题（图3）。

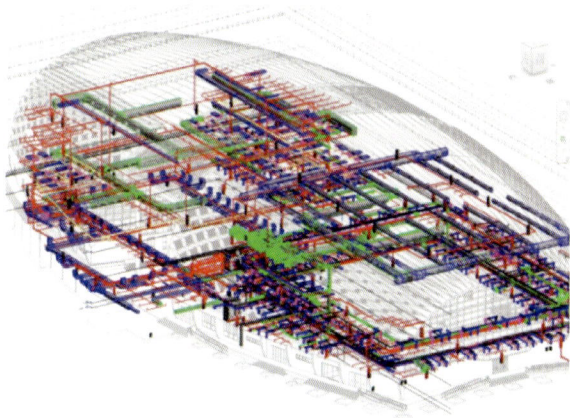

图 3　图纸审查

将各专业模型进行整合，使用 Navisworks 进行碰撞检查，出具碰撞检查报告。检查出碰撞点 319 项，优化 319 项。

3.2 工程 BIM 创新应用

使用 Revit 对体育馆、游泳馆、体育场看台标准层砌体进行深化排布，出具施工图与材料量，指导现场集中加工，按图砌筑，管理人员根据砌体排布手册及现场张贴的排布图，对现场进行验收。

通过 BIM 实施提升设计质量，为加快体育活动中心设计方案确认，图纸落地，利用 BIM 技术可直观表达出方案意图，提供定性、定量分析数据，便于充分论证决策；直观对比分析方案的优劣，为非专业人员参与决策提供支持。

运用广联达软件对场馆主体结构精确建模（图4）及算量。汇总计算各型号混凝土 20393.81m³、钢筋 3412.32t、各类钢结构构件 2200t。通过软件算量与现场实际用量做对比，有效了解钢筋消耗量有无超标，实现对成本的有效管控。自动统计每次需浇筑区域内墙、柱、梁、板各强度等级的混凝土用量，与实际用量进行三算对比，经多次比较三方算量差别均在 5％以内，供项目部对混凝土用量进行管控，效率得到极大的提高。

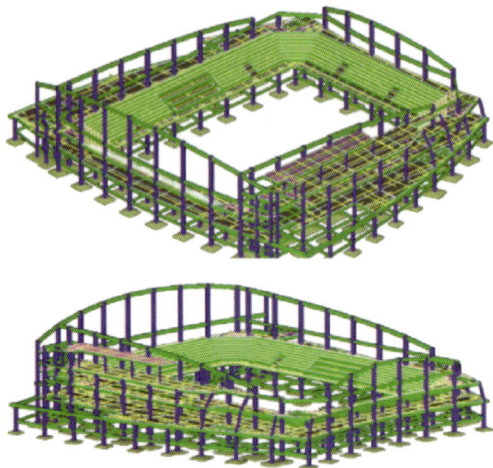

图 4 精确建模

3.3 工程 BIM 技术的示范应用

AI 远程监督管理。项目部在施工现场各个区域实现远程高清视频监控，相关信息数据与 BIM＋智慧工地平台互联互通。并在 BIM 模型上精准定位每个视频监控点位，实现直观展现分析。同时可登录手机 App 进行监控视频实时查看，通过 AI 智能算法对现场不安全行为自动识别并发出警告，有效地对工作面施工情况进行实时监控（图 5）。

图 5 AI 远程监督管理

3.4 项目 BIM 工作的成果

洛宁县全民健身体育活动中心项目的建成既是响应国家"加快体育强国建设，促进全民健身发展"的号召，也是为了更好地服务于当地人民的文娱生活，促进当地体育事业的发展。该场馆建成后将成为洛宁县的地标性建筑物，给洛宁县人民带来了一处集健身、娱乐、游玩于一体的综合性健身场馆（图 6）。

图 6 场馆图

3A077 洛宁县体育活动中心项目 BIM 应用成果汇报

团队精英介绍

罗　涛
中电建市政集团环境分公司副总经理兼总工程师

高级工程师

参与了雄安启动区管廊项目、雄安千年秀林二期提升、深圳市龙岗调蓄池等 BIM 项目。参与的洛宁县体育活动中心项目 BIM 技术应用和雄安启动区 1210 二期综合管廊、市政道路、给水排水工程 BIM 技术获得"优路杯"优秀奖。

张松华
中电建市政集团洛宁体育中心项目经理

一级建造师
高级工程师

曾获 2022 年第五届"优路杯"全国 BIM 技术大赛优秀奖、企业级工法 3 项、河南省省级工法 2 项，申请国家专利 10 余项，获省部级 QC 优秀成果 6 项。

郎永尚
中电建市政集团洛宁体育中心项目副经理

高级工程师

负责实施洛宁项目大跨度空心预应力板施工、钢结构安装等工作，曾获河南省省级工法 1 项、实用新型专利 6 项。

王文彬
中电建市政集团洛宁体育中心项目总工

工程师

荣获 2022 年第五届"优路杯"全国 BIM 技术大赛优秀奖、专利 10 余项、省级工法 2 项、省部级 QC 优秀成果 6 项。

刘培祥
清华大学建筑设计研究院结构专业所副所长

一级注册结构工程师
高级工程师

获得教育部、全国优秀工程勘察设计奖等省部级奖项 20 余项；申请国家专利 20 余项。

段鹏磊
郑州分公司总经理

二级建造师
工程师

参与过濮阳市体育馆项目网架钢结构及屋面工程、天津广和管桩重钢厂房项目等。申请国家专利 20 余项、软件著作 10 余项。

张卫华
副总经理

二级建造师
工程师

参与过澳门氹仔码头项目钢结构工程、上海汇京广场钢结构工程等项目。申请国家专利 10 余项。

付　婧
中电建市政集团洛宁体育中心项目科员

参与洛宁县体育活动中心项目、湖光城二期建设工程、龙岗河流域下游及观澜河流域雨污分流项目，曾获得"优路杯"优秀奖、河南省省级工法 1 项、省部级 QC 成果 2 项。

汉京花园项目 BIM 综合应用

中建二局第二建筑工程有限公司

邢建见　陈超　张吉祥　刘珊　艾杰　李世鹏　姜磊　张硕　桂文超　闫天絮

1　工程概况

1.1　项目简介

汉京花园项目位于深圳市前海自贸区南侧，南山区小南山和大南山自然景观轴线上，总建筑面积为 54.36 万 m²，包括 13 栋高层建筑及 1 栋幼儿园。

工程开工时间为 2016 年 5 月 1 日，竣工时间为 2017 年 11 月 20 日，总工期 558 天。本工程为大型商业综合体建筑。建筑设计造型新颖独特，综合了国内外著名建筑元素，建成后将成为郑北颇有影响力的商业地标性建筑（图 1）。

图 1　项目图

1.2　公司简介

中建二局第二建筑工程有限公司始建于 1952 年，公司具有房屋建筑、机电安装工程施工总承包一级资质，市政公用工程总承包叁级资质，地基与基础工程、钢结构、电梯安装、起重设备安装、建筑装修装饰工程等专业承包一级资质。公司现有员工 3344 人，其中教授级高级工程师 10 人，高级工程师 190 余人，中级职称管理人员 420 余人，一级注册建造师 120 余人。

公司先后通过质量、环境、职业健康安全三合一整合型管理体系认证，公司信用等级常年保持 AAA。荣获鲁班奖 8 项，国家优质工程 19 项，詹天佑奖 3 项，中国安装工程优质奖 1 项，省市级奖项 100 多项。

公司始终保持着在电厂建设、超高层建筑、大组团工程等方面的施工管理优势，在施工管理上趋于标准化、精细化。2011 年公司引入 BIM 技术，截至目前组织公司级 BIM 培训 5 次，培训人数 300 余人次，成功大广场项目、深圳汉国城市商业中心项目、长沙北辰三角洲项目、深圳深业上城项目、西双版纳国际旅游度假区傣秀剧场项目等多个项目先后获得十余项 BIM 大赛奖项，长沙华远·金外滩项目荣获中建总公司 BIM 示范工程。

1.3　总体概况（图 2）

图 2　总体概况

2 BIM 组织介绍

2.1 组织架构（图 3）

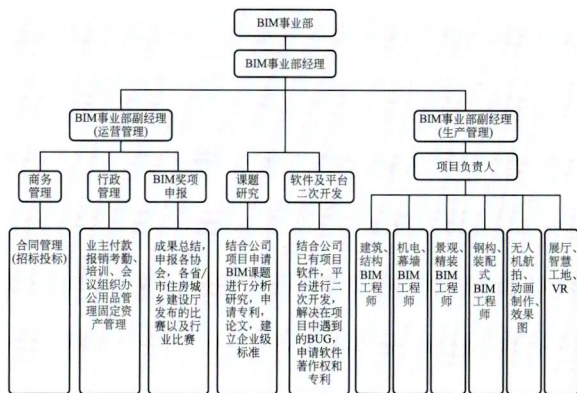

图 3 组织架构

2.2 BIM 管理工作流程（图 4）

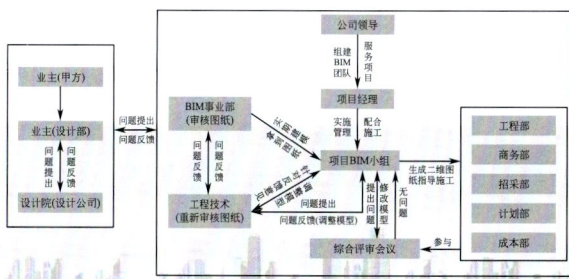

图 4 工作流程

2.3 BIM 深化设计流程

深化设计——准备阶段。
总体布局——确认阶段。
深化设计——建模阶段。
深化成果——审批阶段。
深化实施——跟踪阶段，见图 5。

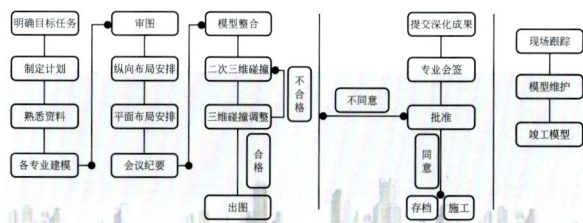

图 5 设计流程

2.4 软硬件配置（表 1）

软件环境　　　　　　　　　表 1

序号	名称	项目需求	功能分配
1	CAD	结构模型	建模
2	Ansys	有限元分析	有限元
3	BIM5D	施工现场跟进	动画
4	Revit	三维建模	模型创建
5	Lumion	装饰设计优化	漫游
6	Fuzor	信息查询	漫游

3 BIM 模型管理

3.1 模型管理

颜色设定：为便于模型统一管理，易于区分系统，我们从建模开始就约定了各专业模型构件和系统的颜色（图 6）。

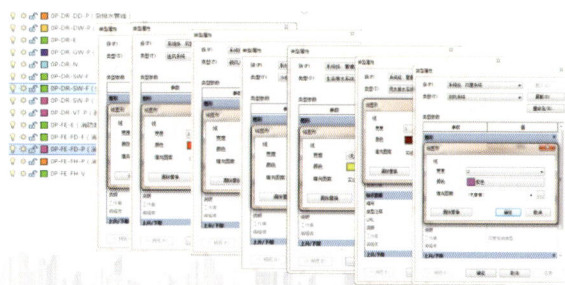

图 6 颜色设定

3.2 构件名称命名管理

我公司建立了统一的构件命名标准，使模型更加规范，为后期工程预算做了良好的铺垫（图 7）。

图 7 命名标准

3.3 中心文件工作集的划分管理（图8）

图8 划分管理

4 BIM综合应用

4.1 BIM建模与深化设计

BIM审图：项目在深化设计阶段利用BIM审图取代传统的二维审图方式，以三维模型为基础，利用BIM技术，结合图集规范及项目管理人员经验，快速、全面、准确地发现全专业的图纸问题，并能一键返回建模软件，快速修改，自动核审，提升施工图质量，最大限度降低返工率。

将BIM审图发现的问题进行分层分专业整理汇总，发往设计院沟通协调，对图纸问题进行追踪，确保每一项问题落实处理（图9）。

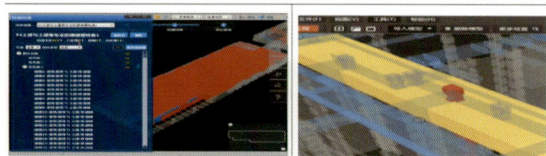

图9 审图

4.2 BIM技术与现场运用

三维场地布置：利用广联达三维场地布置软件，为项目提供现场布置规划方案，解决设计时因考虑不周全带来的绘制慢、不直观、调整多以及环保、消防、安全隐患等问题。

施工模拟：通过BIM模型结合进度计划进行四维的模拟建造，展示关键工期节点施工工况，主要用于投标、对业主监理的施工部署汇报及项目施工组织设计和施工策划交底。BIM辅助铝合金模板施工：通过利用BIM技术辅助，使施工交底更加清晰简洁，铝合金模板使用效率大幅提高，节约了成本，混凝土成型质量好。

BIM辅助现场质量安全管理：利用BIM5D移动端进行质量安全问题记录追踪，通过拍照、录音和文字记录，关联模型，协助相关人员对质量安全问题进行直观管理。相关信息通过服务器实现移动端与电脑数据同步，以文档图钉的形式在模型中展现现场实际情况，实现跟踪留痕。

在土建模型中识别临边、洞口等危险源，快速建立安全防护体系并由第三人进行漫游论证；利用模型交底指导现场安全防护布置；管理人员利用移动端对现场危险源逐一检查，保证对危险源的全面控制；结合施工进度，统计各阶段安全防护设施需用计划，用于现场提量和加工。

在BIM5D平台中进行"三端一云"（移动端、PC端、网页端和BIM云）的综合应用，实现BIM云端的数据存储和共享以及PC端造价信息、成本数据等信息的集成与查询，满足项目施工方的施工过程管理应用和建设方对项目的监控（图10）。

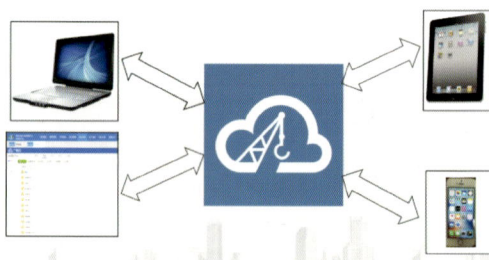

图10 集成与查询

4.3 施工图

使深化完的三维模型达到LOD500，并利用模型生成剖面图、平面图，最大限度减少误差。出图的专业包括暖通、电气、给水排水、消防等。图纸提交业主、设计院审核，形成书面材料签字盖章。本项目共出具400余张施工图（图11）。

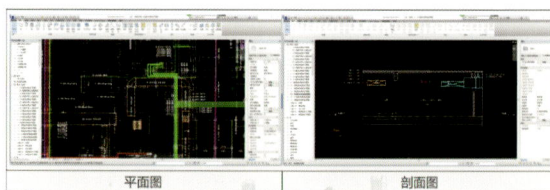

图11 施工图

3A056 汉京花园项目 BIM 综合应用

团队精英介绍

邢建见
汉京花园项目总指挥
BIM 事业部经理

工程师

先后负责砺剑大厦项目、深圳市第二特殊教育学校项目生产技术管理工作；获实用新型专利 5 项，发表论文 3 篇，获国家级 BIM 奖项 8 项。

陈 超
汉京花园项目 BIM 事业部副经理

工程师

先后负责羊台书苑项目、南山区科技联合大厦项目、深大艺术综合楼项目生产技术管理工作；获实用新型专利 3 项，发表论文 1 篇，获省级工法 3 项、国家级 BIM 奖项 12 项。

张吉祥
汉京花园项目 BIM 事业部副经理

工程师

先后负责西丽医院改扩建代建项目、前海交易广场南区项目、成都天府万达国际医院项目生产技术管理工作；获实用新型专利 6 项，发表论文 2 篇，获省级工法 3 项、国家级 BIM 奖项 12 项。

刘 珊
汉京花园项目 BIM 工程师

助理工程师

先后参与汉京花园项目、朝阳西路东、薛泰路南商住项目、生产技术管理工作；获国家级 BIM 奖项 3 项。

艾 杰
汉京花园项目 BIM 工程师

助理工程师

先后参与羊台书苑项目、翔安正荣府项目、深大艺术综合楼项目生产技术管理工作，获国家级 BIM 奖项 8 项。

李世鹏
汉京花园项目 BIM 工程师

助理工程师

先后参与联投东方国际大厦、联投东方世家花园项目、羊台书苑项目生产技术管理工作，获国家级 BIM 奖项 8 项。

姜 磊
汉京花园项目 BIM 工程师

助理工程师

从事 BIM 管理工作 12 年，先后负责周口开元万达广场项目、悦溪正荣府项目等，所负责项目获得鲁班奖 1 项，发表专利 5 项、论文 3 篇，获国家级 BIM 奖项 13 项。

张 硕
汉京花园项目 BIM 工程师

助理工程师

先后负责广州日报科技文化中心项目、正荣观江樾项目施工总承包、羊台书苑施工总承包项目生产技术管理工作，获国家级 BIM 奖项 6 项。

桂文超
汉京花园项目 BIM 工程师

助理工程师

先后参与金象城商业综合体项目、西丽医院改扩建代建项目生产技术管理工作，获国家级 BIM 奖项 1 项。

闫天絮
汉京花园项目 BIM 工程师

助理工程师

先后参与深圳市第二特殊教育学校项目、深大艺术综合楼项目、生产技术管理工作，获国家级 BIM 奖项 3 项。

成都空港产业服务区建设项目钢结构工程BIM 技术应用

浙江精工钢结构集团有限公司

闫海飞　赵海钢　葛炜祎　杨理华　赵切　余斌　胡嘉澳　倪天虹　甘祥瑞　尉成立

1 工程概况

1.1 项目简介

本工程位于四川省成都市双流国际空港商务区，双流机场北侧；包含：1 号楼国家会议中心，2、3、4 号楼办公楼，5、6 号楼酒店及 7、8、9、10 号楼独栋商业用房。其中 1 号楼会议中心为多层建筑，2、3、4 号办公楼为二类高层建筑，5、6 号楼酒店为二类高层建筑。地下建筑为 2 层，包含地下车库、设备用房及后勤服务用房等，总建筑面积 299748.08m² （图 1）。

图 1　项目鸟瞰图

1.2 公司简介

浙江精工钢结构集团有限公司成立于 1999 年，是一家专注于钢结构建筑领域的行业领先型企业。公司集钢结构建筑设计、研发、销售、制造和施工于一体，确立了以商务写字楼、宾馆、高层住宅等为主的高层钢结构建筑体系，以机场、会展中心、体育场馆等公共建筑为主的空间大跨钢结构建筑体系，以各类工业建筑、仓储、超市、多层钢结构建筑等为主的轻钢结构建筑体系以及超轻钢集成住宅体系和与之配套的相关建筑体系，提供包括设计、咨询等其他相关工程服务。

1.3 工程重难点

本项目钢结构主要集中在 1 号楼会议中心。3～10 号楼零星分布框架柱和梁。在 1 号楼与其他各楼之间布置了四道架空钢框架连廊。

结构体系：1 号楼采用框架剪力墙结构，结构出地面后以大跨度桁架组成的钢框架为主，局部屋盖为焊接球网架结构。其余各楼主体为混凝土框架结构。

钢结构类型：十字劲性柱、箱形柱、H 形钢梁、大跨度平面钢桁架、焊接球网架等。

工程的重难点包括以下三点：

（1）施工环境复杂，作业面受限：施工场内空间狭小、构件堆放数量多、大量机械设备集中在一个区域进行施工作业。

（2）施工难度大，工期紧张：工程规模大、施工周期短，质量要求高，大跨度桁架质量重、截面高度高，跨度最大 54.6m。

（3）协调工作量大：本工程施工过程中，混凝土与钢结构交叉施工作业面多，存在大量的协调配合工作。

2 应用环境及实施组织

2.1 BIM 应用目标

本项目的 BIM 应用目标是，通过从设计、深化、施工及后期运维阶段应用 BIM 技术，实现在各专业间协同及减少变更返工，最终实现节约成本及提高施工效率的目的。如：

（1）辅助设计解决施工图设计阶段重难点问题。

（2）协助施工解决实际问题，加强智慧工地及项目管理等。

（3）为后期拓展应用做好模型储备。

2.2 团队组织

通过组建专业 BIM 专业团队，协调设计院、IT 信息化人员及业主，分包等相关人员，实现基于 BIM 模型信息解决各阶段面临问题，各专业配备人员：BIM 专业团队 6 人，IT 开发 4 人及各专业设计管理人员 8 人，基本满足了从设计到现场施工的落地化应用。

3 BIM 数字化应用

3.1 设计优化——节点优化设计

本项目构件及节点类型多，节点受力复杂，在设计阶段，采用 Ansys、SAP、Midas 等分析软件对 BIM 模型进行节点有限元分析、结构变形计算、抗震分析、温度变形分析，并通过分析极端结果对结构合理性进行判定及优化，确保满足结构安全性、经济性以及功能性要求（图 2）。

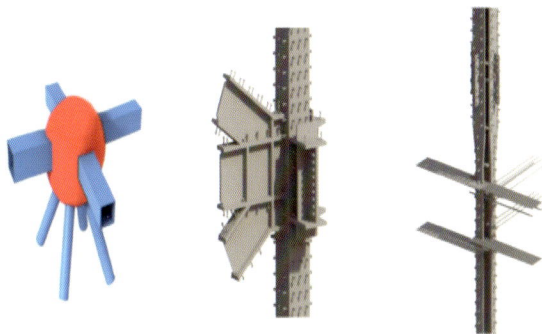

图 2 节点优化设计示意图

3.2 碰撞检查及优化

本工程造型复杂，杆件众多，采用 BIM 协同一体化设计优势，进行碰撞检查及优化：

（1）进行了结构自身的碰撞检查，提高了结构设计准确性，减少了设计错误，节约工期和成本。

（2）针对临时措施（支撑架、提升架等）跟结构间的空间位置碰撞分析，避免了施工过程中出现临时措施无效造成不必要浪费的情况。

3.3 深化设计

在施工准备阶段，深化设计期间 BIM 工程师与施工技术人员配合，对建筑信息模型的施工合理性、可行性进行甄别，并进行相应的调整优化。在各专业模型碰撞检测优化基础上将施工操作规范与施工工艺融入施工作业模型，使施工图满足施工作业的需求，最终生成可指导施工的三维图形文件及二维深化施工图、节点图（图3、图4）。

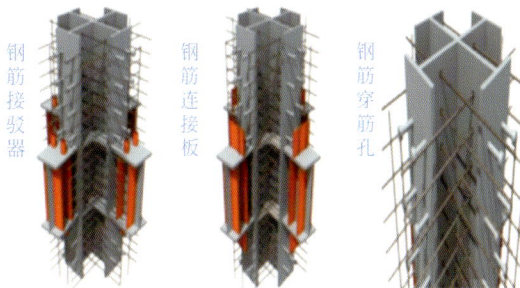

图 3 钢结构与土建钢筋间的协调处理示意图

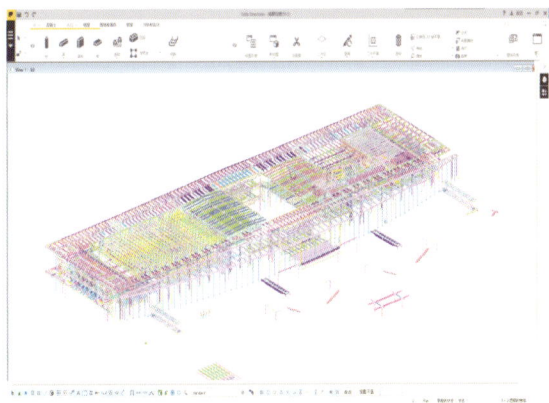

图 4 三维模型

3.4 数字化数控加工

依据深化后的 BIM 模型，结合施工方案、加工界面、加工设备参数等，将构件模型转换为预制加工设计模型及图纸，采用数字化加工，提高构件加工精度，降低成本、提高工作效率（图5）。

3.5 三维激光扫描及数字化预拼装

精工钢构集团借鉴航空和高端海工设备制造领域的成功经验，利用高精度的工业级三维激光扫描仪，对实际钢构件进行非接触式的高精度三维数据扫描采集。

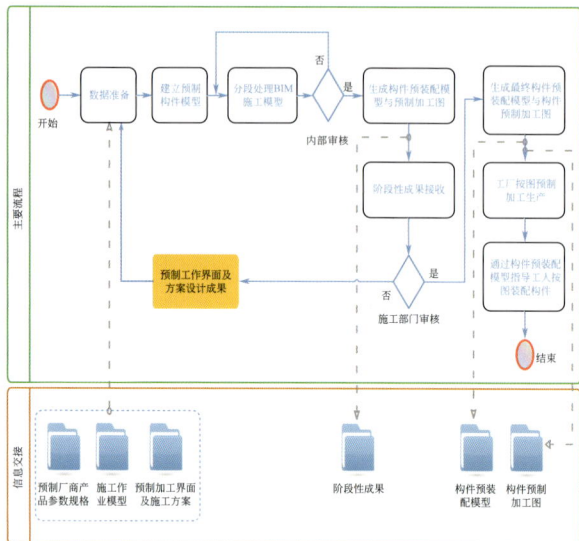

图 5　构件预制加工 BIM 应用的流程操作示意图

（1）对实际钢构件扫描，通过对扫描模型的测量实现构件测量。

（2）在虚拟环境下仿真模拟实际预拼装过程，通过扫描模型与理论模型拟合对比分析，实现结构单元整体的数字预拼装（图 6）。

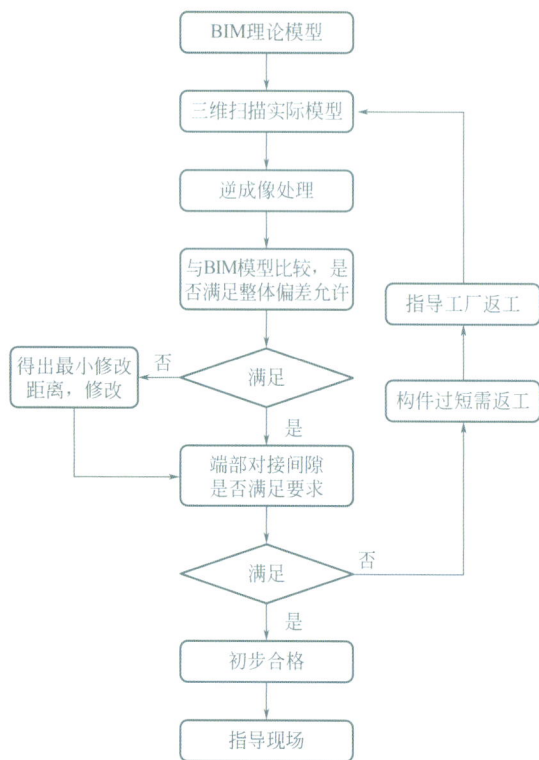

图 6　数字化预拼装流程图

3.6　施工方案优化

将数字化模型导入 Midas Gen 和 Ansys 专业计算分析软件，模拟施工过程，计算分析施工过程中杆件应力变化，确保施工安全，优化施工方案（图 7）。

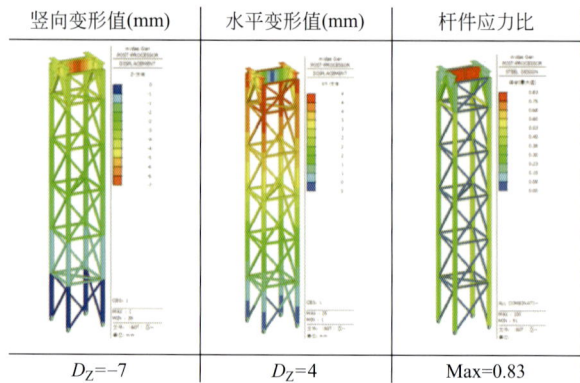

竖向变形值(mm)	水平变形值(mm)	杆件应力比
$D_Z=-7$	$D_Z=4$	Max=0.83

图 7　支撑架验算

3.7　虚拟仿真——构件制作工艺可视化交底

针对复杂节点及构件，通过可视化的加工工艺交底，方便工人了解构件加工制作工艺（图 8）。

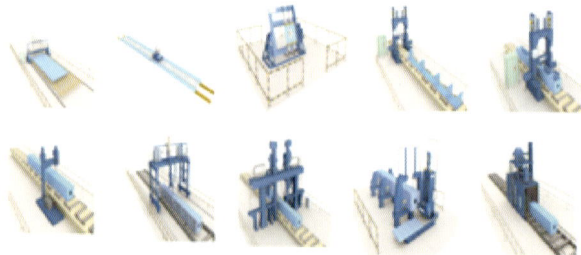

图 8　虚拟仿真示意图

4　应用总结

本项目通过智能建造应用的成功实践，已多次迎接政府、业主、监理、施工单位的考察交流，在成都双流国际空港商务区已有较好的品牌影响力。BIM 技术的多项应用，为本项目的顺利实施提供了有力保障，且对 BIM 技术成果有扩散和辐射作用。

3A083 成都空港产业服务区建设项目钢结构工程 BIM 技术应用

团队精英介绍

闫海飞

成都空港产业服务区建设项目钢结构工程项目经理

一级建造师
高级工程师

历任亚洲基础设施投资银行总部永久办公场所项目、东来印象（简阳市文化体育中心）、国家超算西安中心（一期）、成都空港产业服务区建设项目的钢结构项目经理，获国家级工法 1 项、省级工法 2 项、中国钢结构协会科学技术类三等奖，国家优质工程突出贡献者、绍兴市优秀建造师等称号。

赵海钢

成都空港产业服务区建设项目钢结构工程技术负责人

一级建造师
高级工程师

先后参与西博城、成都万达茂水雪综合体、凤凰山体育中心等项目，获国家级 QC 成果一等奖，参与的项目获得全国优秀焊接工程一等奖、金钢奖、国优奖、詹天佑奖，获得全国钢结构工程优秀建造师称号。

葛炜祎

成都空港产业服务区建设项目钢结构工程深化设计负责人

工程师

主要负责钢结构深化设计，参与 BIM 建模。参建天津数字电视大厦、瑞丰银行大楼、海南国际会展中心二期扩建项目等工程，先后获得鲁班奖钢结构金奖等奖项。

杨理华

成都空港产业服务区建设项目钢结构工程制作项目经理

工程师

曾担任制作项目经理负责成都西博会、重庆中国摩、重庆来福士、襄阳科技馆等 10 余个地标性建筑的加工制作运营及协调工作。

赵 切

成都空港产业服务区建设项目钢结构工程 BIM 负责人

二级建造师
工程师

主要从事建筑信息化、BIM 技术咨询领域相关研究工作。主持参与的技术研发成果获科技成果 1 项；获得浙江省科学技术奖 1 项，省级工法 1 项，国家级 BIM 大赛奖 15 余项。申请发明专利、实用新型专利共计 12 项，发明专利授权 3 项。

余 斌

成都空港产业服务区建设项目钢结构工程 BIM 工程师

工程师

主要从事建筑信息化、建筑装修领域相关研究工作。参与的镜湖水务总部大楼、新妇幼保健院项目获得 2022 年第二届"金协杯"全国钢结构行业数字建筑及 BIM 应用大赛特等奖，获省级工法 2 项，申请发明和实用新型专利 10 余项；出版著作 2 部。

胡嘉澳

成都空港产业服务区建设项目钢结构工程 BIM 工程师

助理工程师

曾参与新昌县小球中心建设工程、绍兴市公用事业集团镜湖总部等多个项目。负责多个项目的实施与组织协调工作。

倪天虹

成都空港产业服务区建设项目技术员

助理工程师

参与成都空港产业服务区建设项目钢结构BIM 平台数据维护工作。

甘祥瑞

成都空港产业服务区建设项目技术员

参与成都空港产业服务区建设项目钢结构BIM 平台数据维护工作。

尉成立

成都空港产业服务区建设项目技术员

参与成都空港产业服务区建设项目钢结构BIM 平台数据维护工作。

数字智造，BIM 未来——杭州智造谷产业服务综合体酒店项目 BIM 应用

浙江同济科技职业学院建筑工程学院，　潮峰钢构集团有限公司

李芬红　艾浩源　周昀　杨海平　鲍长捷　吕奥波　彭雅玟　周怡　邓广超　孙浩

1　工程概况

1.1　项目简介

项目名称：杭州智造谷产业服务综合体酒店项目。

项目地址：位于浙江省杭州市滨江区东冠单元，北至滨文路绿地，西至古越河，南至冠新路，东至信诚南路。

立面组成：酒店建筑外立面由铝板幕墙加玻璃幕墙组成（图1）。

结构形式：结构形式为钢框架-混凝土核心筒结构。

建筑面积：38101.49m²（地上 29978m²，地下 8123.49m²）。

建筑层数：地下 3 层，地上 16 层。

建筑高度：68.4m。

图 1　建筑效果图

1.2　公司简介

浙江同济科技职业学院是一所由浙江省水利厅举办的全日制高等职业院校，是全国水利高等职业教育示范院校建设单位，浙江省高水平专业（群）建设单位。学院以大土木类专业为主体，以水利水电、建筑艺术类专业为特色，开设建筑工程技术专业（钢结构方向），配套建造了钢结构工程施工实训室、设立了 BIM 创新中心、VR 仿真模拟实训室等，并与数十家钢结构企业建立校企合作关系，并建立了多家校外实训基地。

2　软件环境（表 1）

	软件环境		表 1
序号	名称	项目需求	功能分配
1	Revit	建筑机电建模	建筑、建模
2	Tekla	钢结构建模	建模
3	广联达	施工管理	动画
4	Lumion	模型渲染	模型渲染

3　BIM 技术重难点应用

该项目应用 Revit 软件链接 CAD 二维建筑平面图，快速识别建筑构配件，再结合 AutoCAD 二维的建筑立面图，建筑剖面图，建筑详图，结构梁、板、柱尺寸，同时利用 Revit 软件内置的族库快速精准地建立三维模型（图2），形成了三维剖切、3D 动画、漫游及其他图形、碰撞检查等成果。

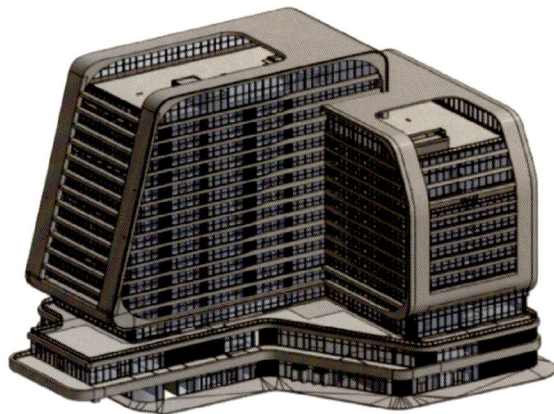

图 2　建筑三维模型图

3.1 Revit 软件应用

通过对建筑模型各个角度和方向进行剖切，使相关人员更直观地了解柱、梁、墙板、楼梯等各类构件的空间布置情况，提前排查问题（图3）。

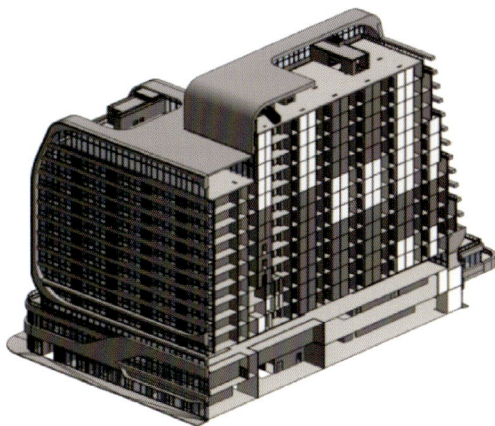

图3 建筑三维剖切图

项目应用 Revit 软件链接 CAD 二维机电平面图快速建立各类管道的三维模型（图4）。通过插入广联达数维平台构件坞的外部族，对复杂多样的连接进行建模处理，提高了建模效率。

图4 机电三维模型

通过机电漫游浏览，结合实际检查，发现水管与水管碰撞 400 多处，风管与风管碰撞 200 多处，给水排水与电缆桥架碰撞 10 多处，各专业间 4000 多处碰撞。

3.2 Tekla 软件应用

通过应用 Tekla Structures 软件，建立并优化相关数据，输出布置图、构件图、零件图、材料清单等，可以提取不规则的构件重心和结构节点的放样坐标（图5）。

图5 Tekla 软件应用流程图

3.3 广联达软件应用

基于广联达软件，编制进度计划，实现进度计划的可视化，将现场实际情况录入 BIM 模型中，模拟出合理的施工顺序和施工方法，保证工期，使项目的施工连续、均衡地进行并节约施工费用（图6）。

图6 进度计划

应用广联达软件快速准确地构建施工现场 3D 模型，通过内置三维渲染器实时漫游场地布置情况，直观便捷地查找场布的问题并及时修正（图7）。

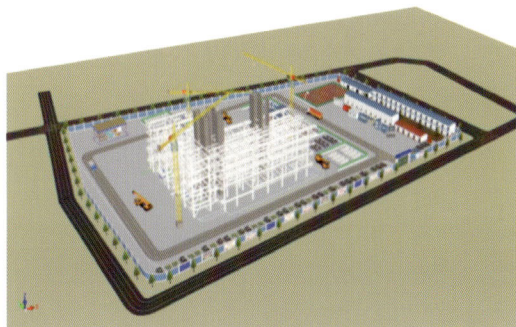

图7 施工场景布置图

3.4 SU 软件应用

利用 SU 软件，把 Tekla 软件输出的三维钢结构模型的 IFC 文件导入广联达软件，对设计项目进行虚拟仿真施工模拟。通过对施工过程进行全面模拟，为施工实施起到了很好的指导作用（图 8）。

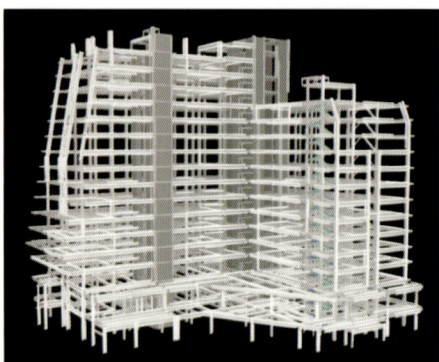

图 8　SU 结构模型

3.5　Lumion 软件的应用

利用 Revit、Tekla、广联达等软件建立的三维模型，通过多种软件交互，应用 Lumion 软件制作了建筑、结构、机电的漫游动画、整体建筑环境和室内的 360°全景图、室内外效果图，创建了可视化的虚拟现实，快速、高效、形象地将项目情况展示给了项目相关人员，节省了大量的时间和精力，节约了成本，为项目宣传和项目实施起到了很好的向导作用（图 9）。

建筑漫游

结构漫游

机电漫游

室内漫游

地下室漫游

图 9　Lumion 软件的应用流程

4　创新亮点

（1）由于造型的需要，外围幕墙的曲线型桁架杆件按照一定的数学与规律倾斜、扭曲，由于杆件的倾、扭角度和曲率不同，如果按照常规做法建模，不仅速度慢，而且不精确。

为此使用 C++语言进行编程，按照数学规律自动生成曲线型桁架杆件的三维定位、倾斜和扭转角度等数据，由专业软件 Grasshopper 读入

后生成构件信息，再导入 Tekla Structure 模型中进一步编辑，快速精确地完成了钢结构建模，为后续准确出图做铺垫（图 10）。

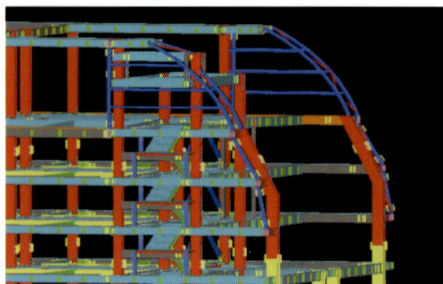

图 10　曲线型桁架模型

（2）项目部使用无人机对项目周围环境、施工现场、大型机械使用、钢结构高空作业等进行专项检查，并通过 EBIM 平台实时共享检查信息，增强了对施工进度和重大危险源风险的管控（图 11）。

图 11　无人机检查施工现场

（3）VR 虚拟现实是一种模拟体验虚拟世界的交互式仿真系统，利用计算机融合多源信息，通过三维动态视景去感知实体行为下的虚拟世界。BIM 技术兼具模型与数据信息，能为 VR 提供极好的内容与落地应用的真实场景。利用 BIM 资源，通过 VR 虚拟现实体验的方式对施工模拟过程进行体验，产生设计灵感，提高了模拟的准确性，体现了虚拟现实的真正价值（图 12）。

图 12　VR 虚拟现实体验

3A087 数字智造，BIM 未来——杭州智造谷产业服务综合体酒店项目 BIM 应用

团队精英介绍

李芬红

一级注册结构工程师
高级工程师

对 BIM 技术研究颇深，荣获首届和第二届全国钢结构行业数字建筑及 BIM 应用大赛二等奖。

艾浩源
潮峰钢构集团有限公司总经理助理、设计院院长

一级建造师
一级造价工程师
高级工程师

能熟练应用 AutoCAD、Tekla 等软件，深谙 BIM 技术。

周　昀
硕士
讲师

二级建造师

对 BIM 技术研究颇深，荣获首届和第二届全国钢结构行业数字建筑及 BIM 应用大赛二等奖。

杨海平
浙江同济科技职业学院建筑工程学院院长

二级建造师
高级工程师

对 BIM 技术研究颇深，荣获首届和第二届全国钢结构行业数字建筑及 BIM 应用大赛二等奖。

鲍长捷

BIM 工程师

现任职潮峰钢构集团有限公司，主要从事 BIM 技术工作，曾负责多个项目的 BIM 建模和信息化管理工作。

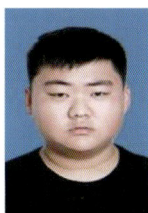

吕奥波
浙江同济科技职业学院建筑工程技术专业学生

对建筑信息化管理课程颇感兴趣，能熟练应用 PKPM、AutoCAD、鲁班、Tekla、Revit、VR 仿真、广联达等各类软件。

彭雅玟
浙江同济科技职业学院建筑工程技术专业学生

对建筑信息化管理课程颇感兴趣，能熟练应用 PKPM、AutoCAD、鲁班、Tekla、Revit、VR 仿真、广联达等各类软件。

周　怡
浙江同济科技职业学院建筑工程技术专业学生

对建筑信息化管理课程颇感兴趣，能熟练应用 PKPM、AutoCAD、Tekla、Revit 等各类软件。

邓广超
浙江同济科技职业学院建筑工程技术专业学生

对建筑信息化管理课程颇感兴趣，能熟练应用 PKPM、AutoCAD、Tekla、Revit 等各类软件。

孙　浩
浙江同济科技职业学院建筑工程技术专业学生

对建筑信息化管理课程颇感兴趣，能熟练应用 PKPM、AutoCAD、鲁班、Tekla、Revit、VR 仿真、广联达等各类软件。

上海合作组织峰会主会场核心区配套设施工程钢结构 BIM 综合应用

中建八局新型建造工程有限公司

张文斌　孙广尧　胡立冰　吕洋　刘斌　王云田　杨淑佳　付洋杨　姜殿忠　贾彦学

1　工程概况

1.1　项目简介

上合核心区配套设施工程（图1）位于青岛市胶州上合示范区交大大道东侧、长江路南侧、如意湖北侧。建筑面积 16.88 万 m^2，地上 8.63 万 m^2，地下室 8.25 万 m^2；建筑高度：综合馆 39m，上合元素文化展示区 18.95m；用钢量 24000t；总工期 235 天（2022 年 2 月 8 日～2022 年 9 月 30 日），钢结构工期：74 天（2022 年 3 月 18 日～2022 年 5 月 30 日），专业分包：中建八局新型建造工程有限公司。

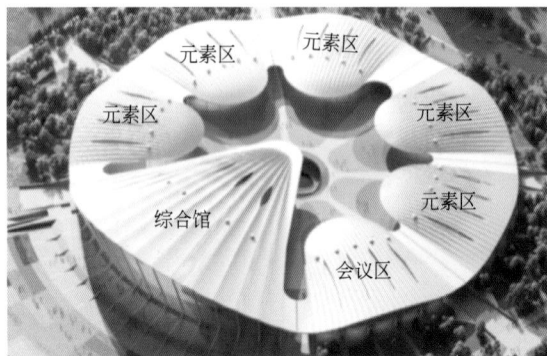

图1　建筑分区图

1.2　公司简介

中建八局新型建造工程有限公司是隶属于中国建筑第八工程局有限公司的直营法人公司。公司具备轻型钢结构工程甲级设计资质、钢结构工程专业承包一级资质和加工制作特级资质，是中国钢结构协会、中国建筑金属结构等行业具有影响力协会副会长单位，是《钢结构》《施工技术》《建筑施工》等杂志社的理事单位。

2　BIM 团队建设及软件配置

2.1　制度保障措施

项目部建立专业 BIM 团队，分工明确，项目经理为 BIM 应用第一负责人，公司 BIM 团队为项目 BIM 实施提供咨询和技术支持，促进 BIM 实施应用。本项目以总工为项目 BIM 总监，全过程指导、监督 BIM 实施工作。项目 BIM 中心团队负责 BIM 模型的创建、维护、专业深化工作，确保 BIM 技术的落地应用，提高精细化管理水平。

2.2　软件环境（表1）

软件环境　　　　　　　　　　　　表1

序号	名称	项目需求	功能分配
1	Revit 2016	三维建模	建筑、建模
2	Tekla 20.0	三维建模	钢结构建模
3	Sketch UP	方案模拟	模拟施工
4	土建算量	土建算量	土建算量
5	Navisworks	碰撞检测	碰撞检测
6	钢筋算量	钢筋算量	钢筋算量
7	BIM 平台	进度管理	质量安全
8	Lumion	模型渲染	模型渲染

2.3 团队组织架构（图2）

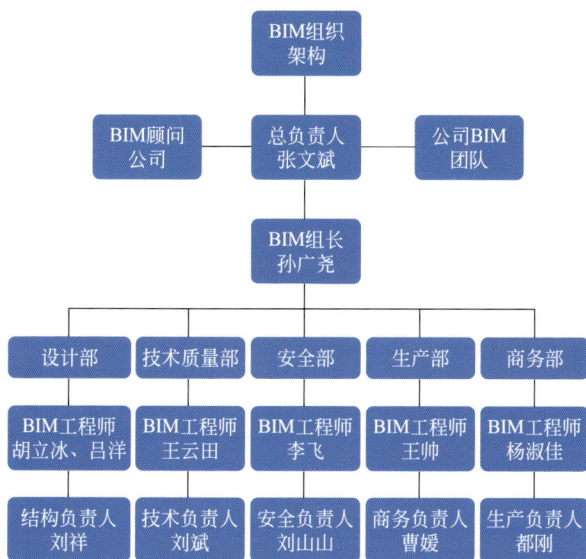

图2 团队组织架构

3 BIM技术重难点应用

3.1 BIM在设计阶段的应用

本工程存在大量构造复杂的大型节点，BIM深化时兼顾制作工艺、运输条件及现场安装工艺（图3）。

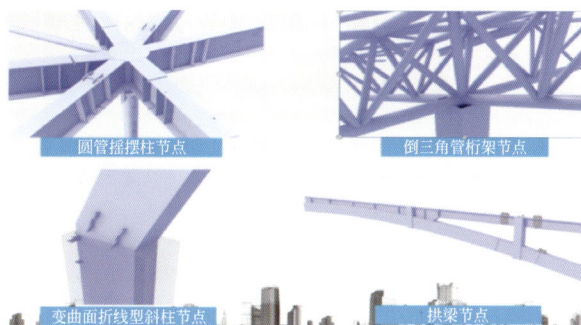

图3 节点图

本工程造型复杂（图4），在施工前期运用Tekla进行碰撞检查，提前规避钢构件与各专业碰撞问题，避免后期返工，减少设计变更40余次。避免出现构件发往现场后无法安装的情况。

在深化钢结构BIM模型的同时，与各专业BIM模型进行碰撞检查，以便提前发现安装问题（图5）。

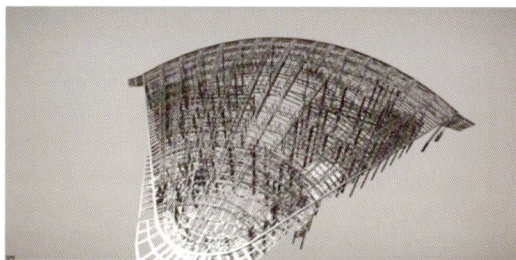

图4 最终效果图

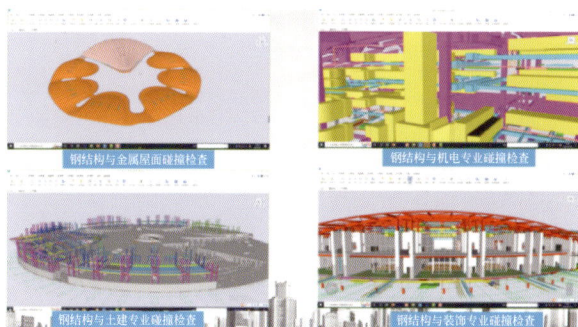

图5 碰撞检查图

对节点进行有限元分析，考虑几何非线性和材料非线性的影响，可以看出节点的应力和位移均满足规范要求，且主拉应力较小，节点主要承受压力（图6）。

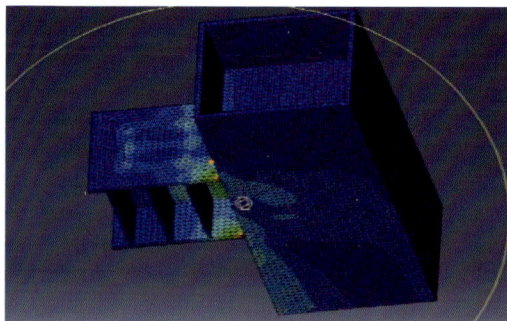

图6 有限元分析图

中心圆球拱结构的深化难点在于需控制好空间拱形梁线型，并进行合理分段，既要满足运输需求又要利于现场安装；深化时采用Tekla软件经多次比对，建立实体模型，随后依据此模型进行加工制作（图7）。

南侧斜柱为空间箱形结构，深化时需保证斜柱两侧面双曲面的造型，且外观平滑光顺。深化过程首先采用CAD建模，保证双曲面的造型，随后运用Tekla进行实体建模。为保证车间制作构件与模型能高精度吻合，分别提供两侧面展开图及空间坐标点控制图，车间利用控制点坐标及辅

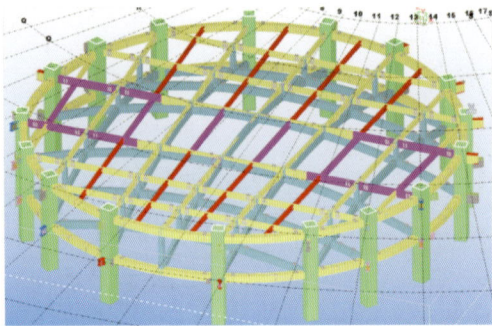

图 7　中心圆球拱结构图

助样箱完美地呈现了斜柱构件的外形特点，满足设计要求（图 8）。

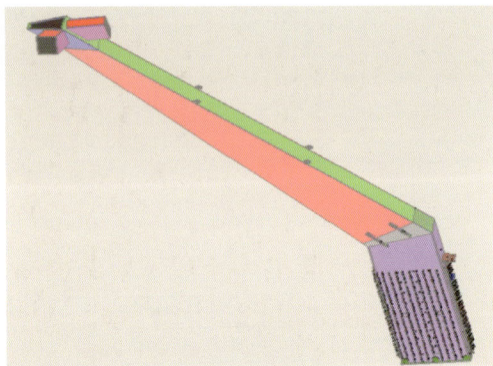

图 8　南侧斜柱图

3.2　BIM 在施工阶段的应用

公司科技部为项目部提供新平台刚刚上线的物料追踪系统，该系统具有以下优势：

（1）可以实时掌握物料和人员动态，便于安排施工进度。

（2）通过关联构件，可以清晰直观地看到构件数量及构件位置及构件型号。

利用钢结构 BIM 管理系统（图 9），对项目现场进行管理，实时上传至云端。各级管理人员可以查看现场钢结构生产情况。同时，附加安装技

图 9　钢结构 BIM 管理系统

术交底资料，方便劳务人员及时查看技术资料，提高各级管理人员效率。

通过 BIM 模型的建立实现现场实际信息的录入，项目采用 VR 技术模拟高空坠落及火灾等安全事故，让现场工人提高了安全意识和对工程的安全管理能力。通过本技术的应用，本项目在施工作业期间零伤亡（图 10）。

图 10　VR 设备体验

3.3　项目 BIM 工作的成果

初设阶段，与初设同步完成模型，以模型为成本测算依据，为项目钢结构成本提供了精准数据支持。

设计阶段通过 BIM 调整钢结构与各专业间碰撞，有效提高设计质量，减少设计变更 200 余项，减少后期返工，达到一次成优，节约项目成本 500 余万元。通过 BIM 优化设计，将钢结构与机电、屋面及幕墙构件最大限度标准化，节约材料，减少材料成本 1000 万元。通过应用公司自主研发 BIM 平台，新增物料追踪、Tekla 模型上传系统，减少了 BIM 平台使用的繁琐性（图 11）。

图 11　最终效果图

3A091 上海合作组织峰会主会场核心区配套设施工程钢结构 BIM 综合应用

团队精英介绍

张文斌

中建八局新型建造工程有限公司山东分公司总工程师

一级建造师
注册安全工程师
高级工程师

先后参建青岛海天中心、中央美术学院青岛校区，获得专利 10 项、国家级项目管理成果奖 2 项、国家级 BIM 大赛奖项 6 项、2020 年中国钢结构行业优秀建造师称号。

孙广尧
BIM 负责人

BIM 建模师
助理工程师

先后参建济青高铁红岛站项目，杭州萧山机场项目，上合峰会主会场等标志性工程，获得国家级 BIM 大赛奖项 9 项、省部级 BIM 大赛奖项 5 项。

胡立冰
设计经理

工程师

曾参与埃及标志塔、济南西部会展、乌鲁木齐国际机场等项目，荣获省部级以上 BIM 大赛奖项 10 项，发表论文 1 篇，工法 1 篇、QC 成果 1 篇。

吕 洋
设计主管

工程师

获得科学技术奖二等奖 3 项，省部级以上 BIM 大赛奖项 10 项，省部级 QC 一类成果 2 项。

刘 斌
总工程师

工程师

参建上海国际航空服务中心、山东济南黄金国际广场、烟台蓬莱国际机场二期、上合核心区配套设施工程等项目，获得专利 4 项，参建项目获得省部级奖项 6 项。

王云田
如意湖商业综合体项目质量总监

助理工程师

参建济南地铁 R1 线、青岛港、烟台机场、上合核心区配套设施工程项目，获专利 2 项、省部级以上 BIM 大赛奖项 6 项。

杨淑佳
如意湖商业综合体项目BIM 主管

BIM 建模师
助理工程师

先后荣获国家级 BIM 大赛奖项 6 项、省部级 BIM 大赛奖项 8 项。

付洋杨
注册安全工程师

BIM 建模师
工程师

先后主持或参与上海国家会展、桂林两江国际机场建设。获得省部级以上 BIM 大赛奖项 41 项，专利授权 17 项，发表论文 4 篇。

姜殿忠
质量总监

高级工程师

美国无损检测 ASNT 认证Ⅱ级，国际焊接工程师。

贾彦学
项目经理

工程师

参建南京中电熊猫第六代薄膜晶体管液晶显示器件项目、贵阳龙洞堡国际机场项目、上海凌空 SOHO 商务广场项目。

国家金融信息大厦项目钢结构工程基于 BIM 的 5G 智能制造

上海宝冶集团有限公司，郑州宝冶钢结构有限公司

王雄 秦海江 蒋雨志 唐志超 韩凯凯 闫宇晓 胡雨 阎中钰 李毅鹏

1 工程概况

1.1 项目简介

国家金融信息大厦项目建设地点位于北京市丰台区太平桥街道丽泽金融商务核心区 E02 地块，东至规划中心广场，西至规划中环路，南至骆驼湾南路，北至丽泽路。

本工程由塔楼和裙楼组成，主楼部分为双塔＋连廊平面布局，塔楼位于北侧，分为东西 2 座，地下 5 层，地上 39 层，高度 198.5m（局部屋面钢架 203.4m）；裙楼位于南侧，地下 5 层，地上 3 层，高度 25.5m（局部屋顶机房 28.8m）。总用地面积 17372m²，总建筑面积约 22.75 万 m²，地下 7.75 万 m²，地上 15 万 m²。效果图如图 1 所示。

图 1 国家金融信息大厦效果图

国家金融信息大厦项目地下室 5 层，地上由主塔楼及裙楼组成。钢结构用钢量约为 3.2 万 t，主要分布于地下室、塔楼及裙房地上部分。钢结构从 −8.8m 生根，主要包括箱形和 H 形构件，

主要钢材材质为 Q390GJC、Q345GJC、Q355C、Q355B，最大板厚为 60mm。

地上主塔楼采用矩形钢管混凝土柱框架（钢管混凝土柱＋钢架）-钢筋混凝土核心筒结构体系，首层～22 层顶，塔楼双筒及周边框架通过跨层贯通的楼盖体系及设置在 20～22 层的中部桁架连为一体，23～38 层分为双塔结构，39 层连体桁架及伸臂桁架连为整体，如图 2 所示；裙楼采用钢框架（钢管混凝土柱＋钢梁）支撑筒体结构体系，如图 3 所示；地下室为钢筋混凝土框架-剪力墙结构体系；地上楼板结构采用钢筋桁架楼承板；地基基础形式采用平板式筏形基础。

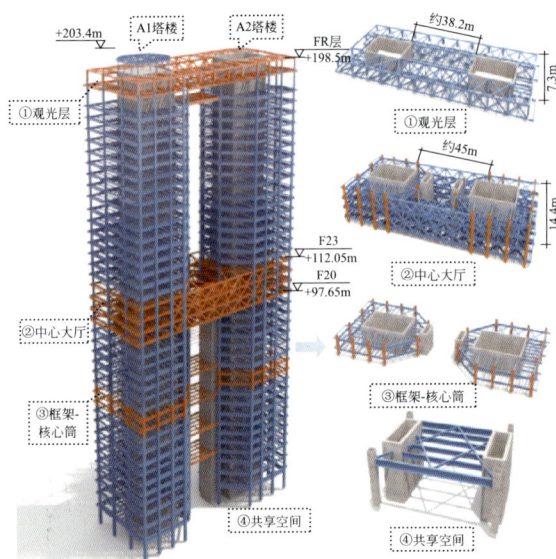

图 2 国家金融信息大厦塔楼结构示意图

本工程结构设计使用年限 50 年，结构耐久性年限 100 年，建筑结构安全等级一级，建筑物耐火等级一级，建筑结构抗震设防烈度 8 度，绿色建筑设计标准为二星级。

本工程主塔楼结构长度约为 104.3m，宽度约为 42.5m，主要柱网跨度为 9.0m×12.75m、9.0m×15.0m，局部大跨度楼面跨度为 45.1m，

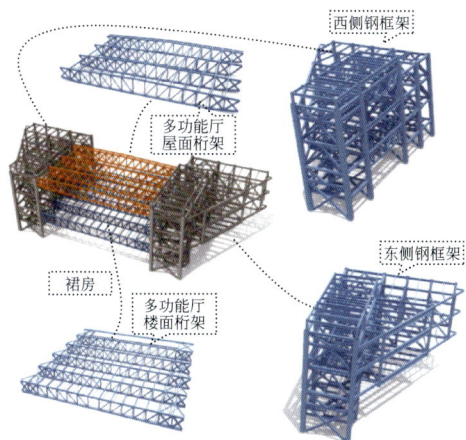

图3 国家金融信息大厦裙楼结构示意图

屋面跨度为 37.7m。双塔通过连桥连接，其中共享空间及空调机房（位于 F4、F7、F10、F13、F16、F18）为箱形、H 形钢梁结构，位于 100m 及 200m 的中心大厅及观光层（位于 F20～F22、F39～FR）含桁架结构。

1.2 企业简介

上海宝冶集团有限公司始建于 1954 年，是世界 500 强企业中国五矿和中国中冶旗下的核心骨干子企业，拥有中国第一批房屋建筑、冶炼工程施工总承包特级资质以及国内多项施工总承包和专业承包最高资质，业务覆盖研发、设计、生产、施工全产业链，服务涵盖投资、融资、建设、运营全生命周期，是国家级高新技术企业、国家知识产权示范企业、国家企业技术中心、国家技术标准创新基地。

郑州宝冶钢结构有限公司是由上海宝冶联手安钢集团在郑州经开区投资建设的合资公司，致力打造装配式钢结构建筑生产基地。

在"中国制造 2025"及国家大力发展绿色建筑的政策导向推动及中冶集团与河南省委省政府的友好合作下，兴建了国内一流的钢结构智能制造示范基地，引进智能化生产线和智能化生产管理系统，聚焦装配式建筑钢结构及高端钢结构市场，整合研发、设计、制作、安装、检测及维护系统的建筑钢结构全产业链，致力于"钢结构＋"的建设，奋力打造国内一流的建筑钢结构系统集成服务商。

1.3 工程重难点

钢结构深化设计是本工程钢结构的关键和重点。

本工程塔楼与裙楼桁架钢结构总用钢量约为 3.2 万 t，每根构件、每个节点、每个连接板都牵涉详图的深化设计，工期短，钢结构深化设计工程量大；工程中很多钢柱牛腿角度的定位（图 4）、钢板墙搭筋板的设置、钢柱和桁架如何分段等，要在深化设计时，能够准确和直观地表示出来，以便能够更加适应工人的生产制作，方便运输和现场安装。

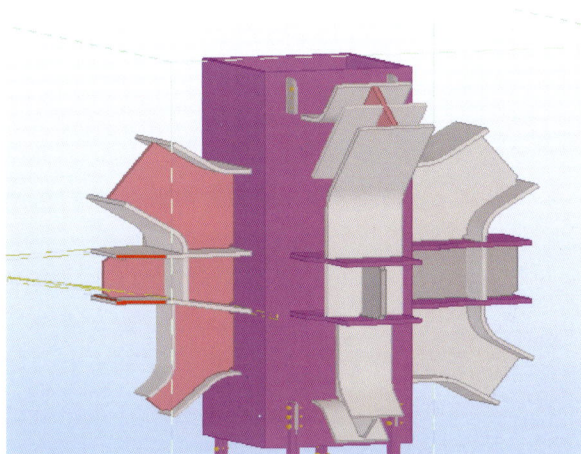

图4 钢柱复杂节点模型示意图

对策：本工程深化主要以 Tekla 为主，以 AutoCAD 为辅的方式进行建模；同时在深化时执行和考虑以下技术细节。

（1）设计总说明和施工蓝图技术细节要求；

（2）根据现场采用的塔式起重机性能参数，确定构件分段定位、耳板设计、坡口设计、焊缝收缩量、安装变形量化补偿等；

（3）与现场拼装焊接的图纸配合，如坡口方向、连接板、灌浆孔、穿筋孔、接驳器等。

2 BIM 组织架构

公司建立以团队负责人为 BIM 应用第一责任人的管理机制，集团公司 BIM 中心为项目 BIM 实施提供咨询和技术支持，促进 BIM 实施应用。

项目具体由项目组长负责推进，BIM 团队共分为仿真模拟、深化建模、深化调图 3 个小组，负责 BIM 模型的创建、维护和深化工作，确保 BIM 在项目落地应用实施（图 5）。

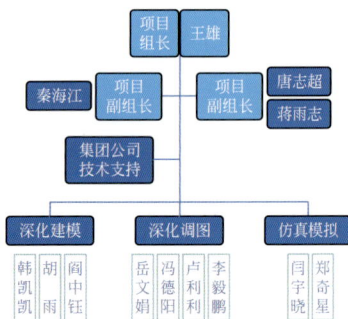

图 5　BIM 团队介绍

3　BIM 技术应用

3.1　三维深化设计

首先，利用 BIM 技术根据设计院提供的结构图纸对钢结构进行三维实体建模以及后期的详图深化设计。钢结构 BIM 模型（图 6）包含了整个工程的节点、构件、材料等信息。后期算量可以直接导出用钢量、节点用螺栓数等材料清单，使工程造价一目了然。其次，利用 BIM 软件导出整体及各构件细部深化图送交设计、业主、监理确认签字，签字确认后将图纸移交工厂进行构件加工，同时可运用于现场指导施工及工程验收。

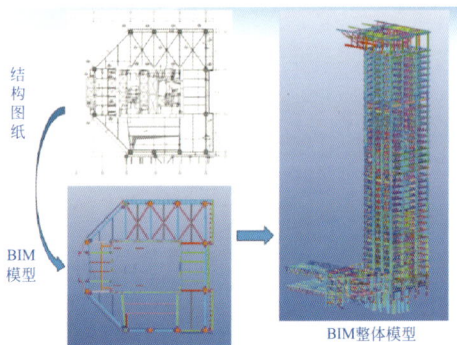

图 6　BIM 模型

钢结构的 BIM 技术管理涉及设计深化及施工安装阶段。应用 BIM 技术对钢结构图纸进行深化，导出构件具体节点图，指导工厂加工。根据导出的构件图、零件图等，详细检查现场安装质量，规避质量隐患。

3.2　成本控制

将现场进度与施工模拟进度进行对比，提前控制材料等进出场，同时将导出的工程量与现场

进行对比，做到出入统一，有利于成本控制，节省施工成本。

3.3　复杂节点设计

核心筒钢筋排布密集，纵横交错，碰撞处较多，无法弯锚处应明确连接形式。BIM 人员通过远程质量技术交底，与项目部土建技术及施工人员研讨复杂处钢筋排布原则、节点形式，为现场的顺利施工进行了提前策划（图 7）。

图 7　复杂节点交底

3.4　模型整合

中建科工集团有限公司承接一标段施工，上海宝冶集团有限公司承接二标段施工，通过 BIM 软件进行合模碰撞检查，生成碰撞清单，解决碰撞问题，极大地降低了现场安装的交界面施工连接问题，间接减少了经济损失（图 8）。

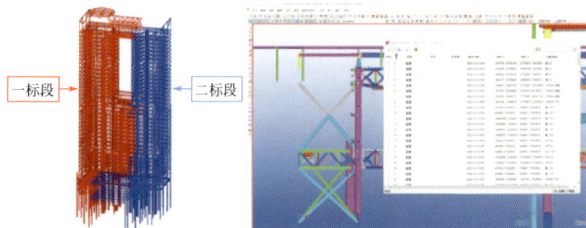

图 8　模型碰撞检查

3.5　一站式智能制造信息平台

上传 IFC 模型，可实现各部门管理人员随时使用手机 App、PC 端浏览器实时查看模型。

3.6　5G＋智慧工厂

解决了平台与下料中心交互问题，实现生产数据全流程贯通；打通了 H 型钢成型中心组立、焊接、矫正数据交互，实现一体化协同运行；通过对 H 型钢成型中心加装传感器模组，实现关键配件全生命周期闭环监测，自动预警，减少设备故障，提升运转效率。

3A052 国家金融信息大厦项目钢结构工程基于 BIM 的 5G 智能制造

团队精英介绍

王　雄
郑州宝冶钢结构有限公司总工程师

一级建造师
正高级工程师

获鲁班奖、中国钢结构金奖、金钢奖、市优质结构奖等，获得国家级工法 1 项，省部级科技进步奖 5 项，专利 10 余项。

秦海江
郑州宝冶钢结构有限公司设计研究院院长

高级工程师

主持设计了大型工业厂房、超高层写字楼、大型商场、高层住宅、高耸结构、学校建筑等各类建筑多项。

蒋雨志
郑州宝冶钢结构有限公司设计研究院院长助理

高级工程师

长期从事钢结构深化设计工作，先后参与公司多个重大深化设计项目的组织与策划工作。

唐志超
郑州宝冶钢结构有限公司，国家金融信息大厦项目钢结构工程项目总工

一级建造师
高级工程师

曾获中国钢结构金奖、长城杯金奖等，先后参与 2 项企业级重大研发项目，获得省级工法 1 项，省部级科技奖项 2 项，专利 7 项。

韩凯凯
深化设计主管

工程师

参与公司多个重大深化设计项目的组织与策划工作。先后荣获国家级 BIM 奖 3 项，发表论文 1 篇，获得专利 2 项。

闫宇晓

工程师

参与首都博物馆东馆、合肥蔚来汽车、国家信息大厦钢结构深化管理工作。先后荣获国家级 BIM 奖 2 项，发表论文 1 篇，获得专利 2 项。

胡　雨
项目技术主管

工程师

参建的项目曾获中国钢结构金奖、长城杯金奖等，发表省级论文 2 篇，专利 1 项；参建的国金大厦项目获得 QC 一类成果 3 项，二类成果 1 项。

阎中钰
项目技术员

助理工程师

曾获得中国建筑金属结构协会科学技术奖一等奖，先后获得 BIM 表彰 2 项，发表论文 2 篇，获得专利 4 项。

李毅鹏
工程技术员

助理工程师

曾获中国钢结构金奖、全国优秀焊接奖等，参与 1 项企业级重大研发项目，获得省级工法 1 项，专利 1 项。

新建市北高新技术服务园区 N070501 单元 21-02 地块商办项目

中建八局新型建造工程有限公司

丁洪刚　窦市鹏　李善文　王得明　徐晓敬　付洋杨　高鹏　嵇枫婷　胡玉霞

1　工程概况

1.1　项目简介

项目地点：上海市静安区东至云秀路，南至汶水路，西至共和新路，北至云飞路；建筑面积：27 万 m²；用钢量：18500t；建筑高度：129.95m，地下 2 层，地上 30 层（图 1）。

图 1　项目效果图

1.2　公司简介

中建八局新型建造工程有限公司是中国建筑第八工程局有限公司的直营专业公司，企业拥有轻型钢结构工程甲级设计资质、钢结构工程专业承包一级资质和加工制作特级资质，是一家集设计、科研、咨询、制造、施工于一体的国有大型钢结构公司。

公司多次获得鲁班奖、中国安装协会科学进步奖、华夏建设科学技术奖、建设工程金属结构金钢奖、国家优质工程中国钢结构金奖等各类荣誉。

1.3　工程重难点

交叉作业多：地下室为劲性柱与混凝土梁节点连接，节点复杂。与幕墙、机电等专业交叉作业多。思路：通过 BIM 技术碰撞校核，对不同国家不同专业的模型导入汇总，以校核各专业碰撞问题。

厚板焊接量大：厚板占比大，最大板厚 80mm，连廊分段多，焊接量大，变形大。思路：通过 BIM 模型对厚板用量进行统计，优化厚板节点及传力方式，减少焊接变形。

拼装精度要求高：连廊位于两栋楼之间，且为焊接连接，加工厂桁架分段多，现场整体拼装精度要求高。思路：通过 BIM 模型，科学合理构件分段，通过模型坐标点控制拼装精度，通过模拟计算控制变形量。

2　BIM 团队建设及软件配置

2.1　制度保障措施

通过 BIM 设计问题销项制、BIM 全专业例会制、BIM 否决制度、BIM 奖罚制度等，保证 BIM 技术全方位指导反馈实际工作。

2.2　软件环境（表 1）

		软件环境	表 1
序号	名称	项目需求	功能分配
1	Revit	三维建模	建筑、建模
2	Tekla	三维建模	建模、动画
3	3ds Max	三维建模	三维建模
4	Auto CAD	深化出图	图纸处理
5	Navisworks	碰撞检测	碰撞检测
6	Lumion	模型渲染	模型渲染

2.3　团队架构

本项目根据现场实际情况，确定钢结构专业

的 BIM 组织架构和工作内容。针对我公司属于专业分包的实际情况，采用扁平化管理的三级工作机制，具体分为公司级、项目 BIM 管理级和项目 BIM 落实级（图2）。

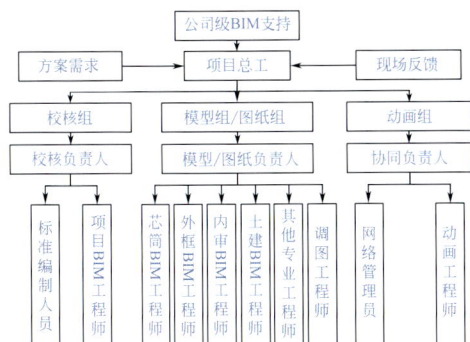

图 2　团队架构

3　BIM 技术重难点应用

3.1　基于 BIM 的深化设计技术

基于 BIM 技术辅助钢结构深化设计，利用软件生成可视化三维模型和钢结构加工图纸，进行复杂节点优化，能直观快速对施工图纸进行消化理解，极大提高前期工作效率（图3）。

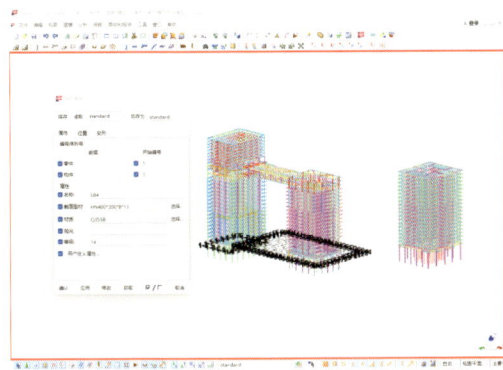

图 3　三维模型出图

本工程钢结构节点多样，通过软件三维建模，对主要节点进行深化设计优化，对复杂节点处理及构件分段，施工质量、进度及施工安全得到保证（图4）。

3.2　基于 BIM 的构件加工技术

利用三维建模软件，通过 BIM 模型出具的构件加工图纸，加工厂根据图纸构件尺寸及零件编

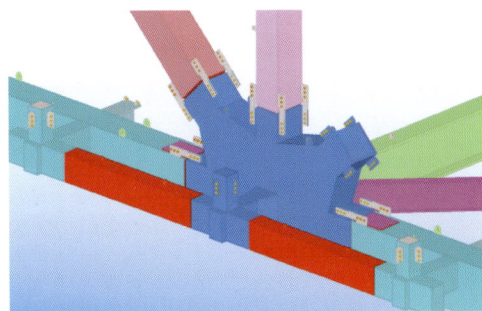

图 4　节点深化

号精确定位零件位置，有效控制构件外形尺寸及加工（图5）。

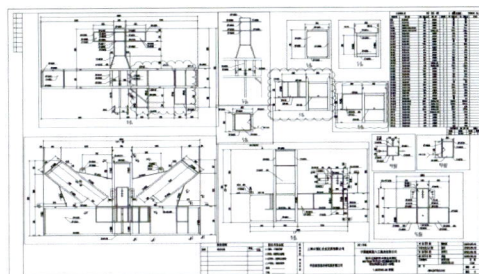

图 5　BIM 出图及加工

3.3　基于 BIM 的构件安装技术

（1）利用三维建模计算分析施工过程中的受力情况，指导现场施工，提高施工安全及效率（图6）。

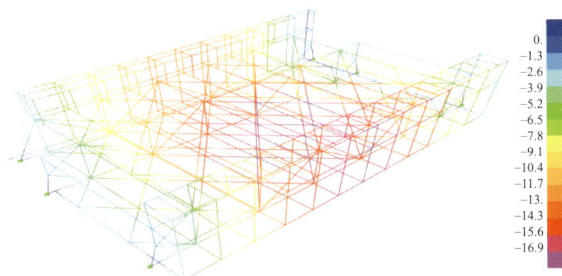

图 6　连廊施工计算模拟图

（2）通过 BIM 软件综合运用，对现场场地进行精细划分，优化堆场及行车路线（图7）。

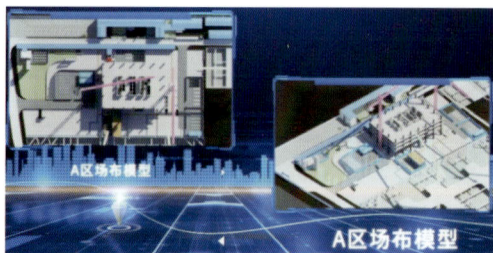

图 7　场地布置模拟

（3）通过基于 BIM 技术的施工模拟，对主要结构施工过程进行模拟，保证施工方法准确，及时发现不足，利于交底工作开展（图 8）。

图 8　施工过程模拟

4　创新亮点

（1）在劲性柱深化过程中根据土建专业提供的钢筋接驳器以及钢筋搭接板的具体位置及梁柱节点具体构造要求，对照三维实体模型进行节点优化（图 9）。

图 9　钢柱与钢筋节点

（2）与土建、机电、幕墙等专业 BIM 团队协同工作，将创建好的钢结构 BIM 模型与土建、机电、幕墙等专业 BIM 模型整合，进行碰撞检查，提前发现并解决各专业之间存在的构件碰撞、工序交叉、衔接配合等方面存在的问题，减少由以上原因引起的设计变更及工程返工，为工程节约资源与工期成本（图 10）。

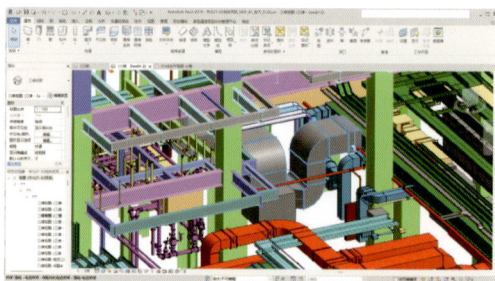

图 10　结构与机电设备碰撞检测

（3）考虑到幕墙施工周期紧张，且施工内容繁杂，我们秉持"钢结构-幕墙-屋面"一体化施工理念，通过 BIM 建模技术以及大数据合模技术将让幕墙埋件与主体钢结构构件协同深化设计（图 11）。

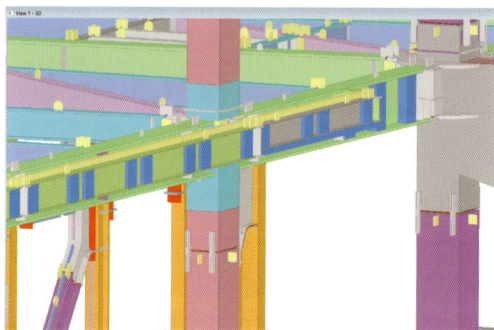

图 11　在模型中导入幕墙埋件

（4）项目利用中建八局自研项目管理系统，将进度计划导入系统，对进度计划实行监控，公司可通过平台实时监控项目进度情况，保证项目信息及时掌握，保障履约。

（5）基于 BIM 软件建模，钢构件信息能够全面展示，能够精确计算造价信息所需的各种工程量，对于控制工程总体造价可提供依据。通过现场施工情况与模型对应，能精确反映对应产值情况，为工程快速结算、精确结算提供依据（图 12）。

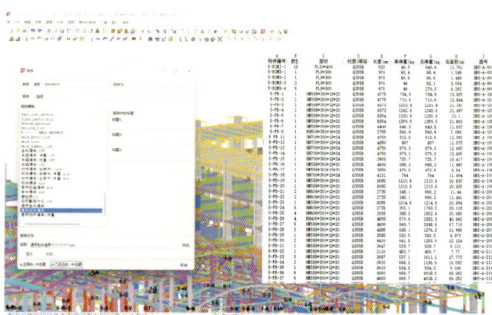

图 12　模型构建信息

3A093 新建市北高新技术服务园区 N070501 单元 21-02 地块商办项目

团队精英介绍

丁洪刚
中建八局新型建造工程有限公司
项目总工

工程师

从事钢结构技术工作 7 年，获得上海市金钢奖 1 项、全国优秀焊接工程 1 项、实用型专利 2 项，发表论文 10 篇，获得公司 BIM 大赛 1 项。

窦市鹏
公司经理

高级工程师

先后参建济青高铁红岛站项目、杭州萧山机场项目、上合峰会主会场等标志性工程，获得国家级 BIM 大赛奖项 9 项、省部级 BIM 大赛奖项 5 项。

李善文
公司总工

一级建造师
高级工程师

获得上海市金钢奖 1 项、全国优秀焊接工程 1 项、实用型专利 2 项，发表论文 10 篇，获得公司 BIM 大赛奖项 1 项。

王得明
中建八局新型建造工程有限公司分公司质量总监

一级建造师
高级工程师

获得中国钢协会科技进步二等奖 2 项、实用新型专利 8 项，发表论文 5 篇，获得国家级及省部级 BIM 大赛奖项 9 项，获中国钢结构金奖 1 项。

徐晓敬
工程师

主导 BIM 大赛参赛项目的申报工作，以及创优动画制作及 BIM 技术培训与推广工作。先后获得省部级及以上 BIM 大赛奖项 9 项。

付洋杨
注册安全工程师
工程师
BIM 建模师

先后主持或参与上海国家会展、桂林两江国际机场建设。获得省部级以上 BIM 大赛奖项 41 项、专利授权 17 项，发表论文 4 篇。

高　鹏
中建八局新型建造工程有限公司

一级建造师
高级工程师

获得中国钢结构金奖 1 项、上海市金钢奖 2 项、优秀焊接工程 2 项，授权实用新型专利 5 项，发表省部级科技成果数篇。

嵇枫婷
助理工程师

从事分公司 BIM 管理及三维动画制作、3ds Max 建模及图片制作、BIM 平台的使用与推广工作。先后获得省部级及以上 BIM 大赛奖项 5 项。

胡玉霞
助理工程师

从事分公司 BIM 管理及三维动画制作，3ds Max 建模及图片制作、三维激光扫描及无人机使用工作，先后获得省部级及以上 BIM 大赛奖项 5 项。

羊台书苑建设项目 BIM 综合应用

中建二局第二建筑工程有限公司

杨浩诚　陈超　邢建见　张吉祥　刘以东　张衡旭　王永胜　刘珊　赵显森　于安涛

1　工程概况

1.1　项目简介

项目场地见图 1，场地北侧：存在一座 110kV 变配电站（变配电站周边有电缆沟）及一块空地（隶属于伟豪科技园），再往北则是榆峰工业园及阳台山；场地西侧：西北邻近山丘，西南邻近伟豪科技园；场地东侧：邻近海泰工业园及百旺公寓；场地南侧：有大量工业园、厂房及宿舍楼（图 1）。

图 1　项目场地

1.2　公司简介

中建二局第二建筑工程有限公司隶属于中国建筑第二工程局有限公司，是中建二局唯一的"双特双甲"子公司。公司成立于 1952 年，注册资本 5 亿元，年施工产值在百亿元以上，所建工程荣膺 1 项国际大奖、3 项詹天佑奖、8 项鲁班奖、19 项国家优质工程。

2　BIM 团队建设及软件配置

2.1　制度保障措施

根据国家和地方相关 BIM 标准编制《BIM 作业指导手册》《BIM 实施策划》等，明确 BIM 设计人员岗位职责；定期与业主、各分包召开协调会，确保项目 BIM 的应用与实施（图 2）。

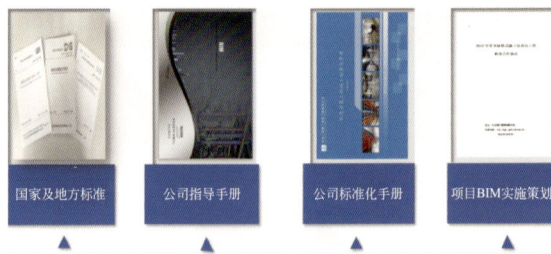

图 2　BIM 建模指导文件

2.2　软件环境（表 1）

软件环境　表 1

序号	名称	项目需求	功能分配
1	Revit	三维建模	建筑、建模
2	Tekla	三维建模	建模、动画
3	3ds Max	三维建模	三维建模
4	Fuzor	轻量化	轻量化
5	Navisworks	碰撞检测	碰撞检测

2.3　团队架构（图 3）

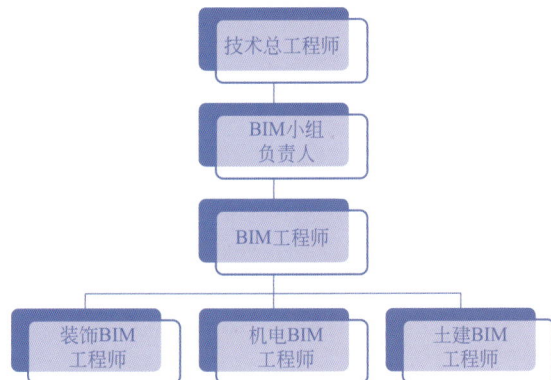

图 3　团队架构

3 BIM 应用实施成果

三维管线综合为工程的重要内容。本项目机电全专业搭建 BIM 模型,所有设备房、避难层、标准层、裙房、地下室、屋面、室外小市政均应用 BIM 技术提前深化,在施工阶段,直接交付模型给分包,指导现场施工(图4)。

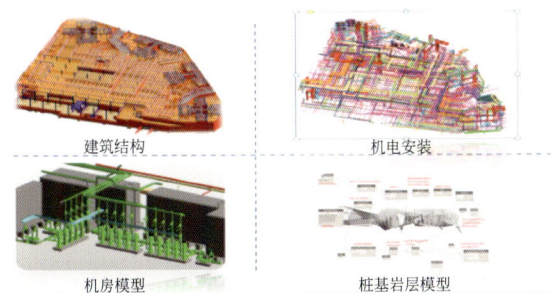

图 4　各专业模型

利用 BIM 技术可视化,综合协调的优势,从施工区到办公区,将各阶段平面布置提前合理布局,进行综合管理策划,BIM 直接出图用以指导现场施工,提高总平面管理的科学性合理性,同时有效节约人材机投入(图5)。

图 5　平面布置图

通过无人机倾斜摄影建立三维模型(图6)。

图 6　三维模型

利用广联达 BIM 模板脚手架等设计软件,提前进行模板、砌体砖排布深化设计,出具深化图纸及材料用量,按图精细化施工,严格控制模板及砌体砖等材料用量投入,减少材料损失(图7)。

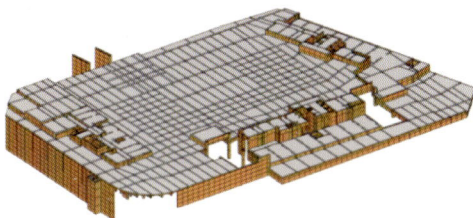

图 7　配模三维模型

通过 Navisworks 软件快速准确地审查出各专业错、漏、碰、缺等 1000 余项问题,根据审查结果同步更新模型数据。及时制作问题报告反馈给设计院,提前协调沟通找到解决方案。

根据业主要求,对各区域的管综进行净高分析。对不满足净高的区域做出标示与问题报告(图8)。

图 8　净高分析

采用 BIM 技术对机电全部管线进行管综深化,综合考虑各专业管线的关系进行合理化排布,发现并处理图纸以及净高等各种问题。并与建筑、结构、精装、金属屋面等模型进行碰撞检查,提前规避施工可能出现的问题(图9)。

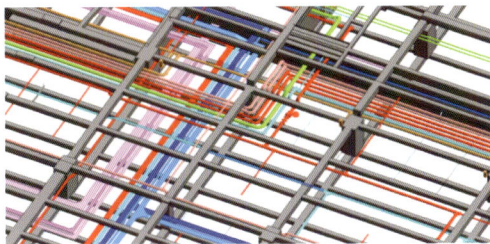

图 9　管线优化

利用 Tekla 软件建立钢结构模型,通过三维模型对钢结构工程进行碰撞检查、深化设计和生产加工（图10）。

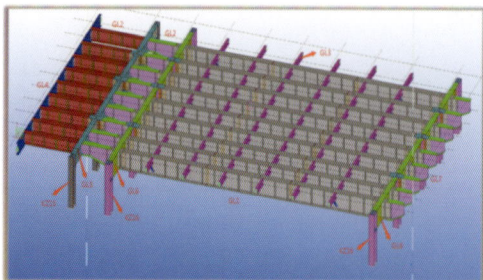

图10　钢结构工程三维模型

利用BIM技术对重难点工程制作三维动画模拟，预先演示施工现场现有条件、施工顺序、复杂工艺以及重难点的解决方案（图11）。

图11　施工模拟

项目本着节约材料、便捷安装的原则，设计综合支吊架，并应用MagiCAD综合支架插件，实现了综合支吊架设置的可视化、数字化BIM专项设计，通过计算复核，保证了管线的安全性（图12）。

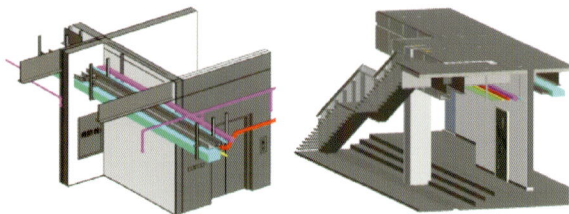

图12　综合支吊架BIM模型

确保模型应用落地，由BIM工程师向现场施工班组就施工复杂部位以及工序穿插部位做技术交底。从二维到三维，从电脑模拟场景到施工现场，确保现场实际施工有序展开，无错漏碰撞，无拆改，无返工，做到最优施工（图13）。

劳务实名制及人员识别管理：身份证录入劳务实名制系统，通过门禁、人脸识别技术和红外

图13　BIM交底会

测温技术实现对进场人员的信息统计、考勤统计和防疫管理，对用工工种、时长等特征进行大数据分析（图14）。

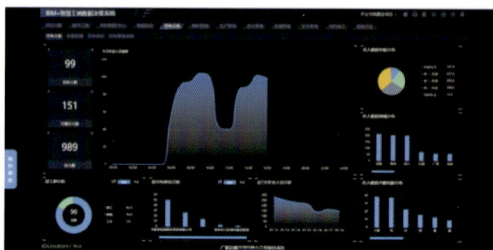

图14　劳务管理平台

无人机巡航全景监控：借助无人机记录现场情况，并进行数据采集、图像处理，实现对项目形象进度资料的全面掌控。现场整体视频监控：搭配5G网络，通过高清摄像头实现整体高清视频监控，手机App和PC端远程查看，方便管理人员掌握施工现场动态（图15、图16）。

图15　无人机巡航全景监控

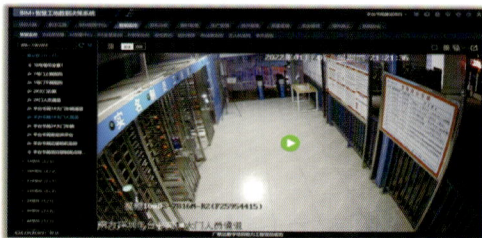

图16　现场整体视频监控

3A097 羊台书苑建设项目 BIM 综合应用

团队精英介绍

杨浩诚

莆田 PS 拍-2020-08 号地块项目 BIM 工程师

助理工程师

先后负责正荣季华兰亭项目、武广新城项目、悦溪正荣府生产技术管理工作，获国家级 BIM 奖项 6 项。

陈 超

广州万达城四期项目 B2 地块项目 BIM 事业部副经理

工程师

获得实用新型专利 3 项、省级工法 3 项、国家级 BIM 奖项 12 项，发表论文 1 篇。

邢建见

广州万达城四期项目 B2 地块项目 BIM 事业部经理

工程师

获得实用新型专利 5 项、国家级 BIM 奖项 8 项，发表论文 3 篇。

张吉祥

广州万达城四期项目 B2 地块项目 BIM 事业部副经理

工程师

获得实用新型专利 6 项，省级工法 3 项、国家级 BIM 奖项 12 项，发表论文 2 篇。

刘以东

广州万达城四期项目 B2 地块项目 BIM 动画工程师

助理工程师

先后参与前海交易广场南区项目、成都天府万达国际医院项目生产技术管理工作，获国家级 BIM 奖项 8 项。

张衡旭

羊台书苑建设项目 BIM 工程师

助理工程师

先后参与正荣观江樾项目施工总承包，朝阳西路东、薛泰路南商住项目生产技术管理工作，获国家级 BIM 奖项 4 项。

王永胜

翔安正荣府项目 BIM 工程师

助理工程师

先后参与中原文旅城欢乐世界（雪世界）项目、攀枝花万达广场项目生产技术管理工作，获国家级 BIM 奖项 4 项。

刘 珊

广州万达城四期项目 B2 地块项目项目总指挥

助理工程师

先后参与汉京花园项目，朝阳西路东、薛泰路南商住项目生产技术管理工作，获国家级 BIM 奖项 3 项。

赵显森

莆田 PS 拍-2020-08 号地块项目 BIM 工程师

助理工程师

先后参与羊台书苑项目、砺剑大厦项目生产技术管理工作，获省级工法 3 项。

于安涛

正荣观江樾项目施工总承包装饰 BIM 工程师

助理工程师

参与成都天府万达国际医院项目、西丽医院改扩建代建项目、羊台书苑项目，获国家级 BIM 奖项 5 项。

BIM 在中共河南省委机关幼儿园安全改造项目中的应用

中建八局第二建设有限公司

李永明　王丛辉　耿王磊　刘文杰　朱亚辉　郭广林　薛涛　赵中珲　朱蒙　刘哲

1　工程概况

1.1　项目简介

河南省委机关幼儿园安全改造项目（图 1），位于郑州市金水区经六路与纬三路交叉口。项目总投资约 1.1 亿元，总建筑面积 14873m²，其中：地上建筑面积 11535m²，地下建筑面积 3337m²，地下一层，地上塔楼 2～4 层。包含幼儿园活动室、寝室及配套教师办公室、会议室等。

图 1　项目概况

本项目位于省委家属院西北角，现状省委机关幼儿园内，南、北、东三面被省委家属院围合，仅西临市政路-经六路（南向单行道）。

周边交通情况：北侧邻近经三路（西向单行道），南侧邻近纬一路（东向单行道），东侧邻近经五路（北向单行道）。

1.2　公司简介

中建八局第二建设有限公司是世界 500 强企业第 9 位——中国建筑股份有限公司的三级子公司，是中国建筑第八工程局有限公司法人独资的国有大型骨干施工企业。公司始建于 1952 年，前身为基建工程兵 221 团，发展过程中，曾先后历经兵改工、工改兵、兵又改工三次转型，于 1983 年 9 月集体整编为中国建筑第八工程局第二建筑公司，2006 年 8 月改制为现企业。公司具有年承

接合同额 500 亿元以上，实现营业收入 200 亿元以上的综合能力，总部设于山东济南，经营区域覆盖京津、上海、河南、广东、广西等全国 14 省 30 多个地市，并远涉海外。

1.3　工程重难点

（1）建筑细节要求多

建筑功能为幼儿园，细节功能要求多，对项目管理人员技术水平要求高。

（2）加固改造工序多

东教学楼加固改造技术难度高、工序多、不确定因素多，对管理人员、分包的管理、技术水平要求高。

（3）质量把控难度大

本项目采用包班组模式（钢筋、混凝土、木工、外架），技术质量把控难度较大，公司标准化做法推广难度大、三检制度开展困难。

2　BIM 团队建设及软件配置

2.1　软件环境（表 1）

软件环境　　　　　　　　　　　表 1

序号	名称	项目需求	功能分配
1	Revit	三维建模	建筑、建模
2	Tekla	三维建模	建模、动画
3	3ds Max	三维建模	三维建模
4	Auto CAD	深化出图	图纸处理
5	Navisworks	碰撞检测	碰撞检测
6	Lumion	模型渲染	模型渲染

2.2　团队架构

针对本工程各专业重难点，在项目开始之前，

由建设单位组织BIM咨询单位与施工总包单位进行任务分工，明确BIM目标与各方职责，并成立联合BIM工作室（图2）。

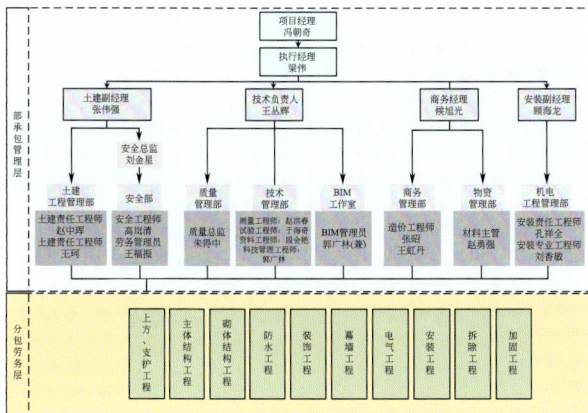

图2 项目架构图

建设单位：在项目全生命期内进行BIM应用总体规划，以及应用目标的设定。施工总包单位：建立实施规则和制度，进行LOD350标准模型的建立及更新，在项目施工过程中进行应用。

3 BIM技术重难点应用

3.1 各专业综合应用

（1）辅助图纸会审

幼儿园建筑功能细节功能要求多，图纸出图缓慢，错误遗漏较多，通过建立三维模型，及时发现图纸问题并解决，使出图后施工人员拿到的图纸均为BIM验证无误后的图纸。BIM工程师深入施工现场，直接与设计院人员沟通，将问题消灭在萌芽状态。

（2）各专业可视化协作

本工程结构复杂，功能区净高种类多，幕墙曲率多变，钢结构节点拼装难度大，利用BIM技术对复杂节点提前进行建模，并对工人进行可视化交底，消除操作工人对图纸理解的误差，保证施工质量（图3）。

3.2 土建专业应用

（1）复杂节点排布优化

对复杂节点利用BIM技术提前进行建模、排布、优化，施工过程中保证复杂节点的施工质量，

图3 可视化协作

减少返工。

（2）墙体排布（图4）

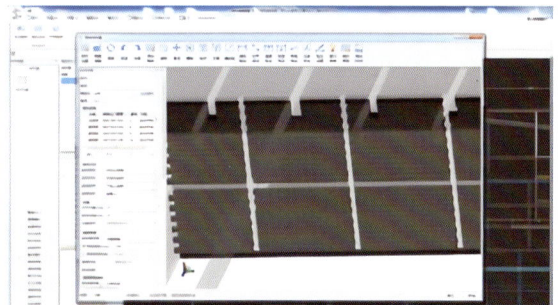

图4 墙体排布优化

（3）无人机辅助项目管理

通过设置无人机拍摄航线及固定时间拍摄项目形象进度，实时动态观察项目整体的进展与进度，进行工期进度控制与安全危险源识别，方便全局把控项目，为项目管理人员提供参考（图5）。

图5 无人机监测

3.3 钢结构专业应用

报告厅舞台钢结构，其位置位于主体结构内，吊装需采用非常规方法进行。项目采用Tekla软件提前建立模型，模拟预拼装，保证施工质量及安全。将BIM技术应用于舞台钢结构安装方案中，将施工工序按步骤详细分解，使工人充分理解和熟知安装路径和安装后的效果，做到无返工，一次成优（图6）。

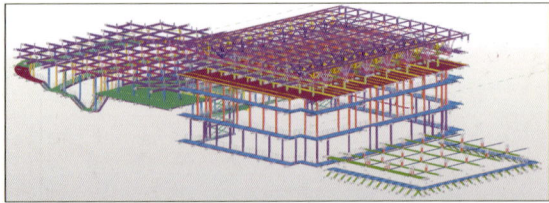

图 6 钢结构应用

3.4 机电专业应用

（1）碰撞检查

利用集成平台对机电模型各专业间，以及机电模型与其他专业间，进行碰撞检查。检查出机电专业主要碰撞问题 749 处，并将问题整理形成碰撞检查报告，提交设计院进行核查修改。

（2）支吊架安装

建立教学楼内管综模型，消除管线碰撞，优化管线排布。统一设计支吊架型号，进行受力分析计算，编制支吊架应用手册。现场统一加工、安装，布局美观、结构牢固，提高施工质量。

（3）管线综合排布

对总体管线排布及密集区域排布，制定管线排布方案，利用 BIM 模型对管线进行综合排布，优化布局，减少施工后返工几率，一次成优，使整体效果更加美观。

（4）机房优化排布

项目部根据现有图纸，借助 AR 快速了解机房构造。对于机房、设备房等管线复杂区域重点建模，整体优化。提前解决施工中的问题，有效避免碰撞，节约材料，提升观感效果，保证施工工期，并出具三维图纸指导施工（图 7）。

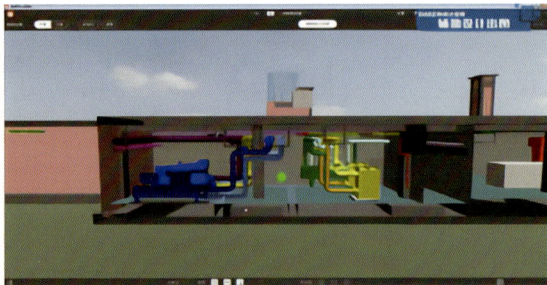

图 7 机房优化排布

（5）机电完成效果校核

现场机电工程验收时，对照机电排布模型及漫游，进行逐一校核检查，检验现场实施效果。

3.5 装饰专业应用

放样机器人：可以直接在三维的 BIM 模型上放样，还可以完成特征点的点位测量，并对无法到达的点位提供更便捷的辅助点放样。

最终效果图见图 8

图 8 最终效果图

3.6 幕墙专业应用

材料跟踪管理＋二维码

项目的帆面造型导致没有相同的板块，面对数以万计的材料，材料管理成了很棘手的问题，引入"草料二维码"解决方案，采用"互联网＋BIM"的管理方式对材料进行科学化、智能化、高效化的管理。

3.7 装饰专业应用

（1）施工资料档案管理

各专业资料众多，管理困难，通过平台，不同账号对应不同权限，通过 BIM 资料管理，使得项目设计图纸、联系函变更及资料上传管理有序（图 9）。

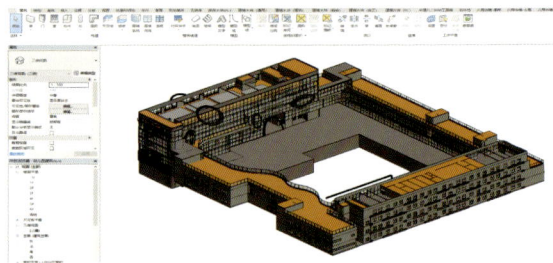

图 9 施工资料档案

（2）进度管理

通过 BIM 建模，将各专业的施工重难点进行剖析，对各专业进度进行控制。整体把握现场施工情况，统筹施工进度安排。

3A100 BIM 在中共河南省委机关幼儿园安全改造项目中的应用

团队精英介绍

李永明
总工程师

一级建造师
高级工程师

获得多项国优金奖、鲁班奖；国际 BIM 大赛（AEC）第三名、国家级 BIM 特等奖 1 项，省级以上 BIM 奖项 10 余项。黄石奥林匹克体育中心项目曾获 2018—2019 年度鲁班奖。

王丛辉
总工程师

一级注册结构工程师

先后参建济青高铁红到站项目、杭州萧山机场项目、上合峰会主会场等标志性工程，获得国家级 BIM 大赛奖项 9 项、省部级 BIM 大赛奖项 5 项。

耿王磊
业务经理

工程师

先后获得多项国家级 BIM 成果，发表论文 2 篇，获工法 1 项、省级 QC 成果奖 2 项。

刘文杰
业务经理

参与洛阳市奥林匹克中心、郑州大剧院等项目。获得 AEC 卓越 BIM 大赛银奖、中施企协会 BIM 大赛二等奖、"龙图杯"三等奖。

朱亚辉
业务主办

工学学士
BIM 建模师

负责项目土建建模、人才培养工作，编写项目 BIM 技术应用方案，获得公司 BIM 技能大赛三等奖。

郭广林
管理工程师

工程师

参与了敦煌国际酒店、兰州肿瘤医院、郑州高新区西连河安置房工程等项目建设，曾获得省级工法 2 项、省级 QC 成果 6 项。

薛 涛
业务经理

一级建造师
高级工程师

获得国际级 BIM 成果 2 项，国家级 BIM 大赛奖项 9 项，省级 BIM 大赛奖项 11 项，公司 BIM 技能大赛二等奖，中西部六省 BIM 大赛优秀选手。

赵中珲
专业工程师

从事施工技术管理工作，参与商丘职业技术学院、神火民生公寓等项目建设，曾获得省级工法 1 项，省级 QC 成果 3 项。

朱 蒙

工程硕士
助理工程师

长期从事 BIM 技术应用研究工作，参与公司 BIM 技术推广、BIM 大赛成果申报工作，获得省级 BIM 奖 2 项、省级 QC 成果 2 篇，发表论文 1 篇。

刘 哲

助理工程师
BIM 建模师

曾获得省级工法 1 项，省级 QC 成果 2 项，获得管理类工程奖 1 项，发明专利 2 项，实用新型专利 1 项。

BIM 技术在振华冷链项目全过程应用

烟台飞龙集团有限公司

崔军彬　王涛　王纪宝　黄广海　吕雅靖　王强　李海林　林千翔　颜丙华　鲍晓东

1 工程概况

1.1 项目简介

烟台振华冷链物流项目位于烟台市莱山区，场地西侧为乾元路，东侧为霞光路，北侧为林门线辅路。总建筑面积 54642.9m²。产品展示中心及办公楼建筑面积 8689m²，建筑高度 30.7m、地下 1 层、地下建筑面积 1798.3m²，地上 8 层，为桩基础、框架结构。冷链物流库建筑面积约 15597.3m²，设备用房建筑面积 1427.5m²。农产品加工中心建筑面积约 21579.3m²，建筑高度 16.15m、厂房 2 层、仓库 1 层，为独立基础、门式刚架及混凝土框架结构（图 1）。

图 1　项目概况

1.2 公司简介

烟台飞龙集团有限公司，始建于 1984 年，现具有建筑工程施工总承包一级、钢结构工程专业承包一级、钢结构加工特级、建筑装修装饰工程专业承包一级、建筑幕墙工程专业承包一级、建筑装饰工程设计专项甲级、建筑幕墙工程设计专项甲级，集团下设建筑工程、装饰装修、幕墙门窗、钢结构等 10 个子公司。公司注册资金 1.2 亿元，年产值达 21.8 亿元，年纳税 1.6 亿元。资金信用等级为 "AAA" 级，已通过 ISO9001 质量管理体系、ISO14001 环境管理体系和 OHSAS18001 职业安全健康体系的认证，被评为全国优秀施工企业、全国守合同重信用企业、全国安全文明单位、山东省建筑业先进集体、山东省级文明企业、山东省级消费者满意单位。

公司拥有钢结构智能制造生产厂房 8 万多平方米，公司年施工面积 60 万 m²，钢结构年加工能力 9 万余吨，主要生产大跨度空间桁架结构、高层重钢及轻钢结构，空间网架、网壳结构，波腹板结构，金属屋面墙面系统、超轻钢集成住宅体系等系列产品。公司拥有数条国内外先进的钢结构加工生产线、重型钢结构加工生产线配套设备，与清华大学、烟台哈尔滨工程研究院、烟台大学、鲁东大学、山东工商学院等多所高等院校建立了技术合作关系，已成功研发了多套 "FL" 绿色建筑住宅体系，是烟台市首批钢结构装配式住宅示范基地，并荣获多项中国钢结构金奖、山东省优质工程 "泰山杯" 奖。

1.3 工程重难点

（1）项目工期紧任务重，信息数据协同及共享尤为重要：本项目建设工期紧凑，受疫情影响及响应烟台市环境治理的相关规定，重污染天气需停工，因此为本工程的关键所在。

（2）施工现场狭小，场地布置受限：项目为场内施工，四面紧邻各生产厂房，钢结构构件堆放、起重机场地及行车路线必须提前规划，且必须确保达到省级安全文明工地布置要求，做到不影响周边车间生产，安全文明施工。

（3）机电管线复杂，且均为架空安装，综合排布困难，保证安装质量及稳固性是重点：本工程钢结构立柱跨度大，各专业管线均为架空安装，且无行车梁作为支撑，机电系统多，综合管线复杂，如排布不当，将影响使用空间净高及整体装修效果，安装质量及稳固性需提前进行排布和验算分析。

（4）钢结构构件类型多，全过程质量管理控制是关键：钢结构构件种类多，材料进场验收、切割、拼装、焊接、发货、运输、安装验收等流程需全程进行质量控制，各环节需责任落实。

2 BIM团队建设及软件配置

2.1 制度保障

集团公司制定了BIM相关标准规范及实施策划，在项目协同管理平台下进行项目的BIM技术综合应用（图2）。

图2 制度保障

2.2 软件环境（表1）

软件环境　　　　　　　　　　表1

序号	名称	项目需求	功能分配	
1	Revit 2021	三维建模	建筑、结构、机电	建模
2	Navisworks 2020	碰撞检查	建筑、结构、机电	碰撞检查、施工模拟
3	Tekla19.0	三维建模	钢结构	深化设计
4	广联达系列软件	工程造价	建筑、结构、机电	工程量计算
5	Fuzor 2020	漫游	建筑、结构、机电、钢结构	漫游查看
6	Lumion 2019	渲染	装饰装修	效果图渲染

2.3 团队架构

集团设BIM技术中心，本项目由BIM负责人、各专业BIM工程师共10人组成，其中两名高级工程师，五名中级建模师，负责BIM计划、

现场、档案管理，以及与业主、设计院、各专业分包等BIM团队之间的协同、沟通管理工作，团队多次参加国家级BIM大赛并获得优异成绩（图3）。

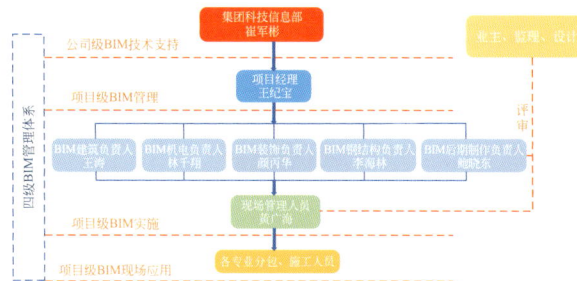

图3 团队架构

3 BIM技术重难点应用

3.1 钢结构工程施工全过程BIM技术协同管理应用

（1）建立全专业综合模型，实行一模到底模式，合理优化建筑空间，提供协同工作依据。

（2）通过钢结构深化软件建立钢柱及吊车梁模型并对连接点进行深化，将深化后的构件模型输出至CAD，利用CAD放样插件将曲线构件拆分成零件图并输出NC文件和装配零件图指导加工及现场安装。

（3）针对钢结构主体吊装阶段大型车辆、起重机的行车路线，构件堆放，场地布置进行模拟施工，保证合理布置（图4）。

图4 施工策划

（4）Tekla建模，导入SigmaNEST套料、数控排板、沿重合边线放样连续切割钢板，减少废料，降低材料损耗，提高制作进度。

（5）利用广联达物料跟踪系统按材料进场验收、切割、拼装、焊接、发货、运输、安装验收等流程设置，每道工序质量责任落实到具体人员。

（6）钢结构工程验收信息集成上传报验，施工安装完毕经监理单位签字验收后，将全过程安装验收相关资料上传平台，形成可追溯质量管理，确保安装质量受控。

（7）吊装前期进行详细的施工吊装模拟，对施工重难点进行分析，确定最佳方案，对操作人员进行三维技术交底，优化施工工艺，保证装配施工安全性、高效性。

3.2 基于 BIM 技术的机电工程应用

（1）利用 HIBIM 软件检查发现错、碰、漏、缺等问题，形成 BIM 问题报告，提交设计单位，根据设计单位提出的解决方案调整模型并进行验证（图5）。

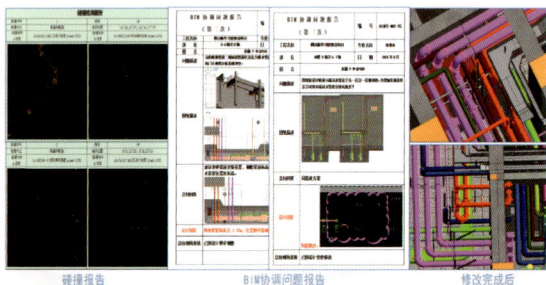

图5 BIM 碰撞优化

（2）本工程钢结构立柱跨度大，各专业管线均为架空安装，为保证安装工程施工质量，结合 BIM 技术对综合支架进行优化设计，采用槽钢将各支吊架连接成整体，钢结构工厂预制化加工，既保证了安装质量又达到了紧凑美观的效果（图6）。

图6 综合支架

（3）本项目工期紧张，为尽快投产使用，利用 Revit 软件对风管装配模块进行自动分段、编号，生成材料清单，进行标准预制工厂化加工，安装人员分段安装，节约工期7天，提高了安装效率及质量。

（4）为提高工程安装质量，应建设单位要求基于 BIM 技术对抗震支吊架提前策划排布，预留安装空间，形成加工清单及详图，预制加工制作，消除抗震支吊架后期安装时因标高、空间、协调等与管线碰撞问题。

3.3 基于 BIM 技术的项目管理应用

（1）通过广联达 BIM5D "三端一云"对质量及安全问题信息进行把控：巡检过程通过移动端实时在线记录现场质量及安全问题，通过问题发起和闭合实现现场管控，收集现场照片形成施工相册，为隐蔽工程验收、索赔、进度对比提供依据。

（2）利用斑马网络计划软件，辅助项目通过关键线路＋前锋线进行动态管理，让项目进度可控，现场进度跟踪管理，将总进度计划细化为周进度计划，在项目管理平台内分配任务，将任务落实到具体人员。

（3）将工程竣工模型及资料打包上传至云端，制作三维可视化说明书，交付业主单位 Fuzor 文件，帮助业主实现可视化运维管理。利用 BIM 模型集成机组维护信息、定位信息及产品信息，为后期物业管理提供保障。

（4）通过 BIM 技术与绿色施工的有效结合，进行绿色施工管理，严格执行"五节一环保"，针对碳释放量进行精准把控，达到节能环保、绿色建造的目的（图7）。

图7 绿色施工管理系统

（5）通过 BIM 技术结合安全隐患排查、质量提升管理、安全风险分级管控等措施，把控现场质量问题及安全危险源，通过 WiFi 教育提高施工人员质量和安全知识储备，降低安全质量事故的发生几率。

3A103 BIM 技术在振华冷链项目全过程应用

团队精英介绍

崔军彬
烟台飞龙集团有限公司副总工
BIM 技术中心主任

一级建造师
正高级工程师

获国家级 BIM 技术成果 20 项；发表相关论文 5 篇；发明专利 2 项，获国家及省部级工程奖 12 项，省级科技成果、工法多项。

王 涛
烟台飞龙集团有限公司总工办副主任

BIM 高级建模师
工程师

荣获国家级 BIM 技术成果 18 项；发表论文 4 篇；省级工法 8 项，省级科技创新成果 2 项。

王纪宝
烟台飞龙集团有限公司项目经理

一级建造师
高级工程师

获国家及省部级工程奖 7 项；发表论文 5 篇；发明专利 1 项；省级科技成果 2 项。

黄广海
烟台飞龙集团有限公司项目经理

一级建造师
高级工程师

荣获国家级 BIM 技术成果 3 项；钢结构金奖 3 项；实用新型专利 6 项；省级科技成果 1 项。

吕雅靖
BIM 技术副主任

BIM 高级建模师
工程师

荣获全国各类 BIM 大赛奖项 3 项，省部级 BIM 成果 8 项，发表论文 2 篇等。

王 强
技术负责人

一级建造师
工程师

获国家及省部级工程奖 4 项；发表论文 4 篇；发明专利 1 项；省级科技成果 1 项。

李海林
技术负责人

一级建造师
工程师

负责项目土建建模工作、项目人才培养，编写项目 BIM 技术应用方案，获得公司 BIM 技能大赛三等奖。

林千翔
BIM 技术工程师

BIM 高级建模师
工程师

获得国家及省部级工程奖 3 项，国家级 BIM 大赛奖项 10 项。

颜丙华
BIM 技术工程师

BIM 高级建模师
工程师

获得国家及省部级工程奖 4 项，国家级 BIM 大赛奖项 5 项。

鲍晓东
BIM 技术工程师

BIM 高级建模师
工程师

获得国家及省部级工程奖 2 项，国家级 BIM 大赛奖项 5 项。

三峡东岳庙数据中心施工阶段 BIM 技术应用

中建八局第一建设有限公司

刘　伟　杨云超　殷世祥　殷利兵　邹怀林　樊瑞智　张华能

1　工程概况

1.1　项目简介

总建筑面积：17.8 万 m^2（一期工程 3.9 万 m^2）。

合同金额：6.64 亿元。

项目周期：2021 年 2 月 20 日～2021 年 12 月 18 日。

项目位置：湖北省宜昌市三峡坝区东岳庙（图 1）。

图 1　项目概况

1.2　公司简介

中建八局第一建设有限公司具有房屋建筑工程施工总承包特级资质，为国家高新技术企业，目前公司已获得鲁班奖 23 项，国家优质工程奖 34 项，被中国建筑业协会授予"鲁班奖特别荣誉企业"，获得国家级专利 800 余项，其中有 68 项技术被鉴定为国际或国内领先水平。

2　BIM 团队建设及软件配置

2.1　制度保障

本项目建立公司级 BIM 技术标准及应用标准，在公司指导下编制《BIM 技术实施方案》作为项目指导文件（图 2）。

图 2　标准体系

2.2　软件环境（表 1）

软件环境　　表 1

序号	名称	项目需求	功能分配
1	Revit	三维建模	建筑、建模
2	Tekla	三维建模	建模、动画
3	3ds Max	三维建模	三维建模
4	AutoCAD	深化出图	图纸处理
5	Navisworks	碰撞检测	碰撞检测
6	Civil 3D	文档平台	地形

2.3　团队架构（图 3）

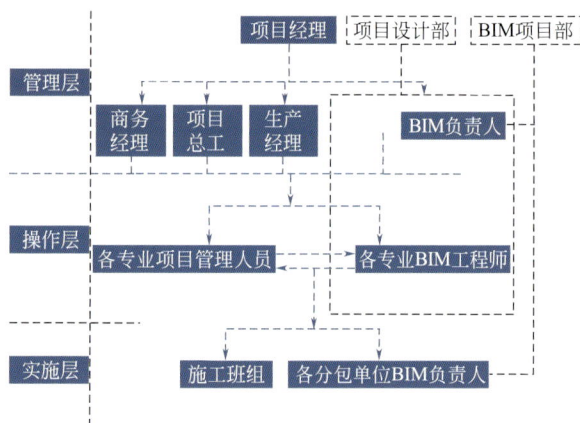

图 3　团队架构

3 BIM 技术重难点应用

3.1 施工阶段建模与维护

三峡东岳庙数据中心项目的 BIM 按层进行建筑、结构、精装、给水排水、暖通、电气整合分类，并进行机电二次深化设计（图4）。

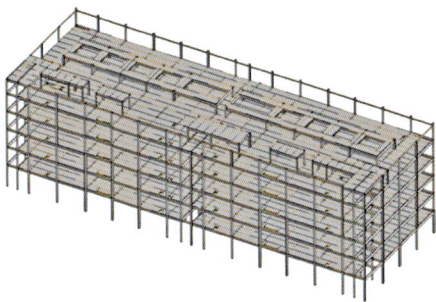

图 4   BIM 建模

碰撞检查可体现 BIM 实用性的特点。传统碰撞检查使用较为繁琐，需在 Revit 中导出碰撞检查报告或导出 *.nwc 文件至 Navisworks 中检查。本项目利用管综易插件，只需设定好规则，就可以在 Revit 中实时检查碰撞，大大提高碰撞检查的处理效率（图5）。

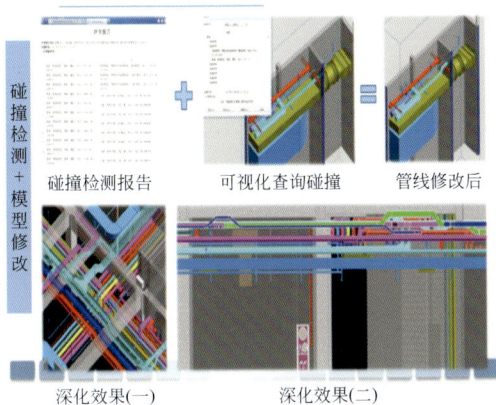

图 5   碰撞检查

3.2 钢结构施工

数据中心项目整体为钢框架结构，钢结构总量约 4200t，最大吊重量为 9.8t。本项目采用 BIM 技术进行钢结构深化设计、碰撞校核，编制构件编号并出具构件清单，按照编号和清单创建构件图和零件图，分批次发往工厂加工，降低了

管理成本。现场相关管理人员利用协同平台进行构件信息的校核（图6）。

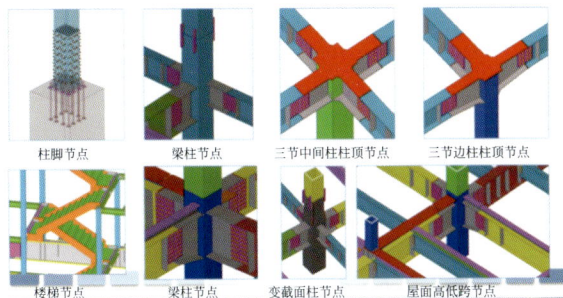

图 6   碰撞校验

根据幕墙埋件平面图进行深化时，发现多处预埋件与钢梁的连接板及加劲板碰撞。处理办法：在节点板位置取消原 C 形板槽式埋件，在工字钢梁连接处部位采用热镀锌普槽 14b 与钢梁上下翼板焊接，槽钢腹板与钢梁翼板外侧齐平、槽钢上下端与翼板衬采用三面围焊，焊缝高度 8mm（图7）。

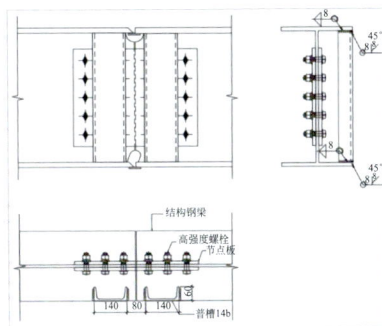

图 7   幕墙埋件深化

3.3 平台支撑

八局 BIM 协同管理平台对项目进行基于 BIM 的各方集成，包括协同管理、文档管理、质量管理、安全管理、计划管理、物资管理、设计管理、二维码管理以及监控管理，通过与模型挂接实现 BIM＋的集成化管控。通过协同平台手机端或者电脑 Web 端将现场日常巡查中的质量、安全问题输入协同管理系统并与模型进行挂接，具体至单个构件，并将相关信息推送至相关整改人、监督人等，使管理者快速、精准地知道问题所在，实现快速反应、快速解决的常态化动态管理，提高管理效率，减少安全隐患，提高工程质量水平。

公司 BIM 核心团队完成《施工方案与技术交底 BIM 模型库》，将模型库上传八局 BIM 协同平台，实现 BIM 技术可视化交底，提高方案与技术交底的直观性与有效性，实现方案与技术交底书中应用 BIM 技术的要求，施工前利用 BIM 技术进行三维交底（图8）。

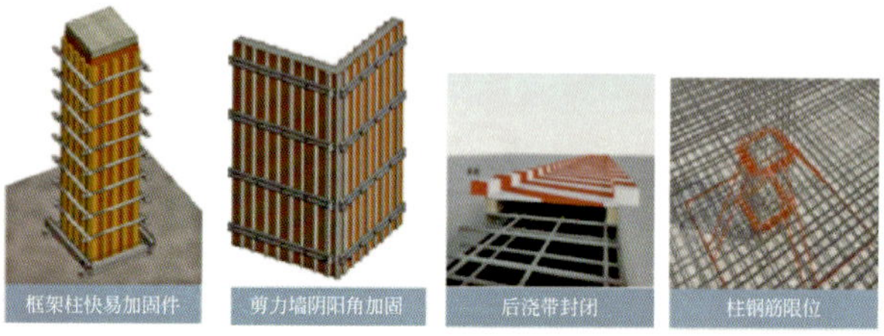

图 8　可视化交底

依托公司 BIM 平台共享虚拟样板模型，充分发挥其不占场地、没有误差、不会损坏、方便查看等优点，通过 BIM 动画及模型进行交底，使用虚拟样板逐步取代实体样板（图9）。

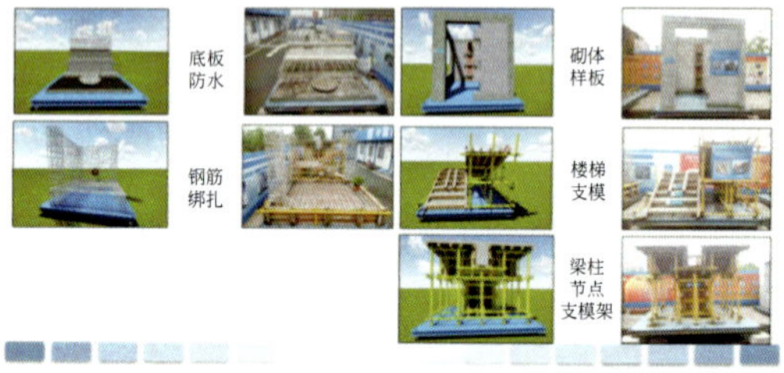

图 9　虚拟样板

项目部运用二次深化的三维模型进行技术交底，板面线管、线盒避开支架生根点，防止二次破坏（图10）。

图 10　二次深化

4　强化提升

4.1　教育培训

作为后台保障，公司建立企业级 BIM＋安全

教育基地，基地涵盖隐患排查体验、机械设备认知体验、AR 增强现实体验、VR 虚拟体验，以及安全通关测试区等。工人入场前项目需组织全部工人到教育基地进行集体教育，通关测试合格后方可入场施工（图11）。

图 11　安全教育

4.2　品质提升

项目通过应用 BIM 技术，首次采用正逆结合的施工方法，为业主节约了建造成本，提高了施工质量，加快了施工进度，得到了业主单位及政府部门的高度赞赏，提高了中建八一社会影响力（图12）。

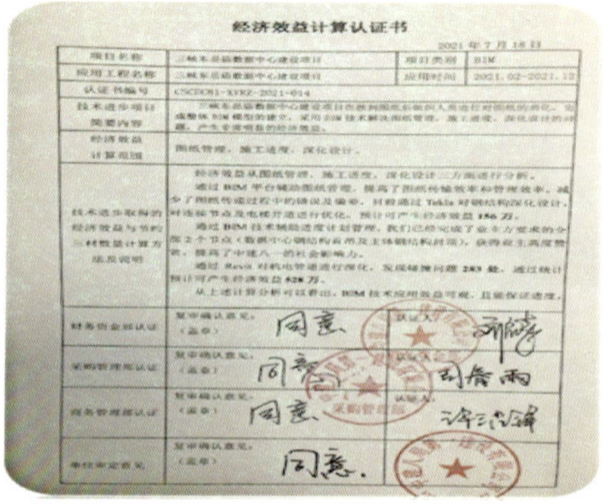

图 12　经济效益计算

4.3　总结创效

（1）项目部组织 BIM 培训 3 次，切实做到了全员懂 BIM，人人用 BIM，利用 BIM 技术以及协同管理，提高验收及交付的效率和质量。

（2）总结三峡东岳庙数据中心项目 BIM 应用情况，完善企业级 BIM 指导手册。

（3）结合项目智慧工地建设与平台应用，协助业主打造项目基于 BIM＋5G 技术智慧工地。

（4）以项目 BIM 应用人才为基础，带动全公司人才培养；将项目族库并入公司族库，完成数据积累。

3A108 三峡东岳庙数据中心施工阶段 BIM 技术应用

团队精英介绍

刘 伟
三峡东岳庙数据中心项目经理
高级工程师

历任中国人保财险华东中心（一期）工程、滁州家电产业园工程项目经理，获得鲁班奖 1 项、省部级工法 1 项、省部级发明专利 2 项、省部级 QC 成果 7 项。

杨云超
三峡东岳庙数据中心
项目总工
工程师

历任夷陵万达广场、安徽省疾控中心等项目总工，获得国家级工法 1 项、国家级发明专利 1 项、省部级发明专利 1 项、省部级 QC 成果 12 项、中建协 BIM 大赛二类成果、湖北省 BIM 大赛优秀成果。

殷世祥
三峡东岳庙数据中心
项目质量总监
工程师

历任武汉华星光电厂房、夷陵万达广场项目质量总监，获得省部级发明专利 1 项、省部级 QC 成果 6 项、中建协 BIM 大赛二类成果、湖北省 BIM 大赛优秀成果。

殷利兵
三峡东岳庙数据中心
项目技术员
工程师

先后参与建设合肥滨湖高速时代城、老乡鸡食品加工及仓储物流基地项目等大型工程，获得省部级发明专利 2 项、省部级 QC 成果 8 项。

邹怀林
三峡东岳庙数据中心项目生产经理
工程师

先后参与建设长沙正荣财富中心、夷陵万达广场及三峡东岳庙数据中心等大型工程，获得省部级 QC 成果 2 项。

樊瑞智
三峡东岳庙数据中心项目 BIM 工程师
工程师

先后参与建设中国人保财险华东中心（一期）工程、老乡鸡食品加工及仓储物流基地项目等大型工程，获得省部级发明专利 1 项、省部级 QC 成果 1 项。

张华能
三峡东岳庙数据中心项目 BIM 工程师
工程师

先后参与哈佳哈牡铁路一标段项目、阜阳双清湾中心项目、长沙惠科厂房项目、夷陵万达广场等大型工程，获得省部级 QC 成果 1 项。

BIM 数字孪生助力中科创新研究院
项目钢结构施工管理

中建八局第一建设有限公司

张一品　冯奇　孟庆峰　卢光智　张地　汪阜阳　于长涛　俞杰　孙瑞琨　周鹏

1 工程概况

1.1 项目简介

本项目由中建八局第一建设有限公司联合江苏天宇设计研究院有限公司共同完成，依托于中科合肥智慧农业协同创新研究院项目，该项目总建筑面积约 35092m²，地下为建筑面积 43454m² 的钢框架结构，地上为建筑面积 51638m² 的钢框架结构。本工程钢柱均为焊接箱形钢柱，钢梁为 H 型钢梁及箱形钢梁，楼板采用钢筋桁架楼层板，钢柱最大截面□800mm×800mm×40mm×40mm，钢梁最大截面 H1200mm×600mm×20mm×40mm，主要材质为 Q355B、Q460B，板厚为 4～60mm，钢结构工程总量约 7000t。施工中应用 BIM 技术，建立结构模型，从构件下料生产到现场安装再到安装后的健康监测进行全方面控制，确保项目顺利交付（图 1）。

图 1　项目概况

1.2 公司简介

中建八局第一建设有限公司具有房屋建筑工程施工总承包特级资质，为国家高新技术企业，目前公司已获得鲁班奖 23 项，国家优质工程奖 34 项，被中国建筑业协会授予"鲁班奖特别荣誉企业"，获得国家级专利 800 余项，其中有 68 项技术被鉴定为国际或国内领先水平。

1.3 项目重难点

本项目中 10m 深基坑、大跨度大悬挑部位钢结构吊装、吊篮幕墙施工等属危大工程范围，存在一定的安全风险。本项目为长丰县重点工程，合同约定争创鲁班奖，全专业须确保国家级奖项，施工过程受市农业局、长丰县政府多方关注。项目合同工期 700 天，长丰县要求 2023 年春节前投入使用，整体工期提前 8 个月。

幕墙装修阶段工序交叉较多。日常各项观摩检查多，项目承接条件较好，团队成员整体年轻有干劲，目标一致。实施前管方案、管交底，优化方案，注重交底，过程中管措施，管人员，确保措施落地，人员行为安全。施工全过程严格执行每道工序验收，确保高效率、高质量施工，做到一次成优，杜绝返工。为确保按期完工，根据工程特点精细策划，改变传统施工方案，创新施工工艺，提高建造效率。项目在质量、安全、工期、设计、科技等方面精细策划管控，走在前列，做到全面引领。

2 BIM 团队建设及软件配置

2.1 制度保障措施

本项目建立公司级 BIM 技术标准及应用标准，在公司指导下编制《BIM 技术实施方案》等作为项目指导文件；另外江苏天宇设计研究院有限公司内部也有相应的管控标准。

2.2 软件环境（表1）

软件环境　　　　　表1

序号	名称	项目需求	功能分配
1	Revit	三维建模	建筑、建模
2	Tekla	三维建模	建模、动画
3	3ds Max	三维建模	三维建模
4	Fuzor	VR	VR
5	广联达模架	工程量	工程量
6	Twinmotion	模型渲染	模型渲染

2.3 团队架构

本工程精英团队由张一品、卢光智、冯奇、孟庆峰、汪阜阳、于长涛、俞杰、张地、孙瑞琨、周鹏共十人组成（图2）。

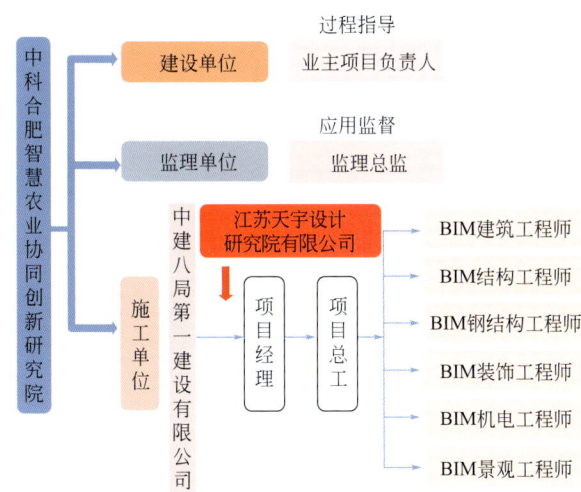

图2　团队架构

3 BIM技术重难点应用

3.1 模型搭建

项目BIM建模规则：使用Revit软件作为基本建模软件，分单体、专业、楼层建立模型，使用Tekla软件进行钢结构深化建模。建模精度达到LOD400（图3）。

3.2 机电深化

整合机电和建筑结构模型，进行碰撞检查，

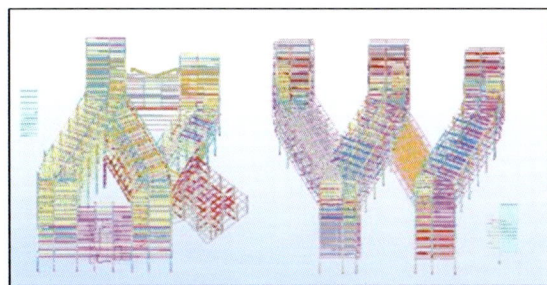

图3　BIM模型

管综优化排布、综合支吊架应用，根据报告对各专业管线综合调整，优化后出具施工深化图，精确指导现场管线定位施工（图4）。

图4　模型整合

利用BIM模型，直观表现管线的分布，对主要车道、功能房间等区域做净高分析，对所在区域的净高进行直观反映，再用模型与现场实施情况进行比较，做到施工前对净高情况的整体把握（图5）。

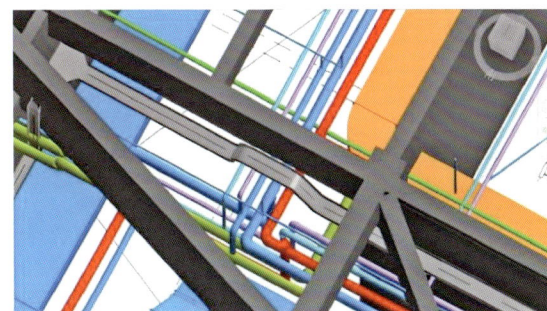

图5　管线优化

3.3 平面管理

采用公司标准化族库对施工器械临建堆场等进行布置，合理规划塔式起重机节数、加工棚、临建数量。实现各专业施工有避让、现场倒运无冲突的三维化场地管理。优化了现场材料的布局，在材料供应峰值时间解决了材料难卸车的问题，将现场材料堆放面积减少了约 200m²（图6）。

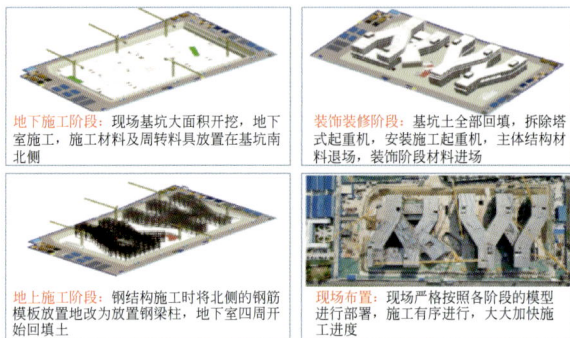

图6 施工现场规划

3.4 进度管控

将原有的施工进度计划网络图、横道图通过模型进行4D建造，预计整个项目工期提前90天竣工（图7）。

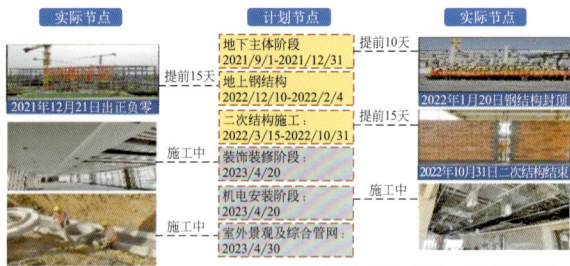

图7 节点控制

3.5 技术交底

建立方案和技术交底制度：各分部分项工程施工前利用BIM技术进行三维交底；将原有的两级交底优化成现场工人可视化一级交底，提高了交底效率（图8）。

3.6 C8BIM平台应用

基于C8BIM平台的BIM模型管理：将BIM模型上传至C8BIM管理平台，项目信息通过项目

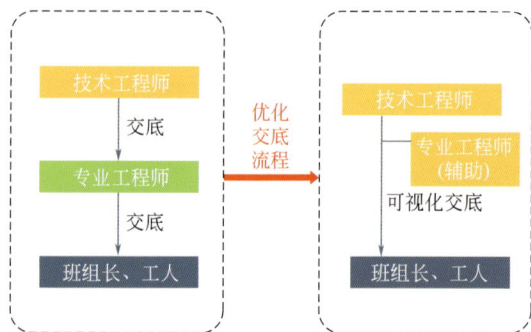

图8 技术交底

看板全方面展示，关联模型后可实现剖切、漫游、构件搜索、构件处理等功能，助力现场的高品质建造和企业的高质量发展（图9）。

图9 C8BIM平台

3.7 钢结构节点优化

梁梁铰接优化：主次梁铰接节点将钢梁内伸节点优化为连接板外伸的形式，便于现场安装。共计优化节点7485处，可节约工期10天，人工20人（图10）。

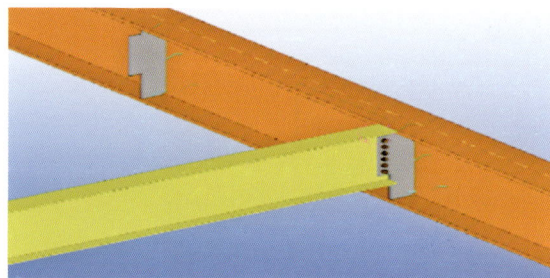

图10 钢节点优化

3A112 BIM 数字孪生助力中科创新研究院项目钢结构施工管理

团队精英介绍

张一品
中科合肥智慧农业协同创新研究院项目总工

工程师

先后参与南京滨江鲁能公馆、中科合肥智慧农业协同创新研究院等多个项目建设。先后获得国家级 QC 一等奖 2 项、省级工法 2 项、专利 12 项、2022 年第五届"优路杯"银奖、2022 年第二届信息技术服务业应用技能大赛信息模型（BIM）技术应用三等奖、第三届工程建设行业 BIM 大赛三等奖。

冯 奇
项目负责人

工程师

获得省级科技进步奖 1 项、全国建设工程项目管理成果一等奖 2 项、国家级 BIM 技术应用奖 3 项。

孟庆峰
总工程师

一级建造师
高级工程师

获得国家级 QC 成果 5 项、省部级工法 2 项、发明专利 2 项、国家级 BIM 技术应用奖 5 项。

卢光智
项目技术工程师

工程师

获得第五届"优路杯"银奖、2022 年第二届信息技术服务业应用技能大赛信息模型（BIM）技术应用三等奖、第三届工程建设行业 BIM 大赛三等奖。

张 地
项目技术工程师

工程师

获得第五届"优路杯"银奖、2022 年第二届信息技术服务业应用技能大赛信息模型（BIM）技术应用三等奖、第三届工程建设行业 BIM 大赛三等奖。

汪阜阳
项目质量总监

工程师

荣获湖北省 QC 成果一等奖、优秀成果奖、中国建筑集团 QC 成果二等奖、中建协国家级 QC 成果一等奖、2021 年"龙图杯"BIM 大赛三等奖等奖项。

于长涛
项目生产经理

高级工程师

获得省部级工法 1 项、2022 年第五届"优路杯"银奖、2022 年第二届信息技术服务业应用技能大赛信息模型（BIM）技术应用三等奖、第三届工程建设行业 BIM 大赛三等奖。

俞 杰
项目责任工程师

工程师

获得第五届"优路杯"银奖、第二届信息技术服务业应用技能大赛信息模型（BIM）技术应用三等奖、第三届工程建设行业 BIM 大赛三等奖。

孙瑞琨
BIM 负责人

工程师

获得第七届江苏省设计勘察协会综合组一等奖、第十一届创新杯工程建设综合 BIM 应用一等奖、第三届工程建设行业 BIM 大赛三等奖。

周 鹏
BIM 工程师

工程师

获得第七届江苏省设计勘察协会综合组一等奖、第十一届"创新杯"工程建设综合 BIM 应用一等奖、第三届工程建设行业 BIM 大赛三等奖。

郑州国际文化交流中心项目 BIM 技术综合应用

中国建筑第八工程局有限公司

常群峰　齐康　韩枫　凌大雁　蔡凯　刘程龙　李鹏　李晓康　石中州　秦林辉

1　工程概况

1.1　项目简介

本项目地处郑州市郑东新区副 CBD 地区的龙湖北岸，会议中心：地上 4 层全钢结构，最大高度 37.7m，建筑面积约 5.95 万 m²。含两个 3000m² 的主会议厅，平面尺寸约为 48m×54m，整个会议厅为无柱空间。会展中心：主展厅为 1 层钢结构，局部 3 层框架结构，建筑高度 24m，建筑面积 3.92 万 m²。含 9240m² 的无柱展厅，117m×81m，净高 11m。酒店：地上 9 层框架结构，建筑高度 40.4m，建筑面积 5.84 万 m²。最南侧为宽度 14m 悬挑钢结构（图 1）。

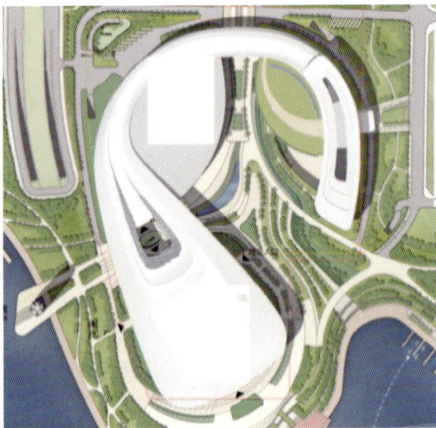

图 1　项目概况

1.2　公司简介

中建八局第一建设有限公司，始建于 1952 年，是中建集团下属三级独立法人单位。公司总部位于山东省济南市，下设十五家二级单位。公司具有房屋建筑工程、市政公用工程施工总承包特级资质等 7 项总承包资质，建筑、人防、市政 3 项甲级设计资质。2015 年至今位居中建号码公司前三强。公司拥有"国家级企业技术中心"研发平台且为国家高新技术企业。

1.3　工程重难点

本工程设计难度巨大，结构、消防性能化同时超限，需组织国内知名专家论证及向主管部门备案，协调难度大，任务重。会展中心设计难点为 117m×81m 大跨屋盖设计。本工程采用斜拉杆，控制悬挑端的变形。该结构为施工带来极大难度。必须进行三维受力分析及严格的深化设计。本工程外立面规划设计为幕墙体系，存在复杂曲面造型，加工成型难度大、施工精度高；层高及跨度大，对幕墙龙骨结构要求高，安装难度大；放线难度大，对深化设计能力，施工技术能力要求高。

2　BIM 团队建设及软件配置

2.1　软件环境（表 1）

软件环境　　　　　　　　　　　表 1

序号	名称	项目需求	功能分配
1	Revit	三维建模	建筑、建模
2	Tekla	三维建模	建模、动画
3	3ds Max	三维建模	三维建模
4	AutoCAD	深化出图	图纸处理
5	Navisworks	碰撞检测	碰撞检测
6	Lumion	模型渲染	模型渲染

2.2　团队架构

本项目成立以执行经理为组长的 BIM 工作小组，项目总工、商务经理为 BIM 小组副组长，总包 BIM 工程师共计 4 人（含兼职），组成项目部 BIM 团队。形成全员 BIM、全专业 BIM 的工作环境，带领各专业 BIM 工程师和分包各专业 BIM 工程师共同完成 BIM 成果（图 2）。

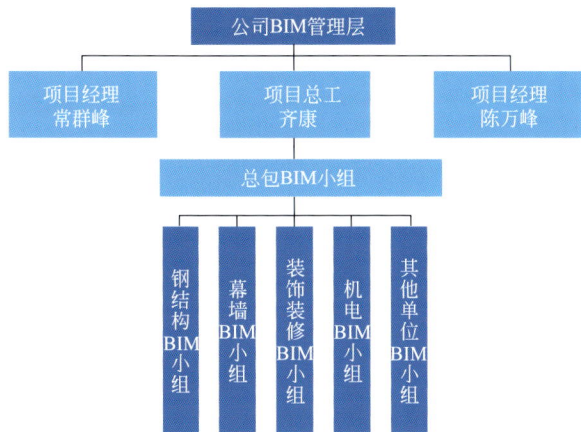

图 2　团队架构

3　BIM 技术重难点应用

3.1　BIM 的基础应用

项目根据《中建八局一公司 BIM 指导手册》要求进行建模，各构件按照手册要求进行命名，模型细度须满足手册要求，建模的几何信息需要准确，非几何信息也要完整准确。

根据项目情况，需要对基坑平面布置、地下结构、地上结构、屋面、填充墙、管线预埋、管线排布、精装修、外墙装饰、景观、室外管网等一系列内容进行模型构建。模型须比现场施工提前 15 天（图 3）。

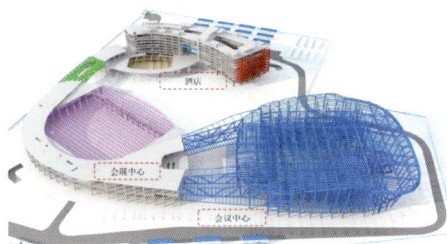

图 3　BIM 建模

通过 BIM 技术指导编制专项施工方案，可以直观地对复杂工序进行分析，将复杂部位简单化、透明化，提前模拟方案编制后的现场施工状态，对现场可能存在的危险源、安全隐患、消防隐患等提前排查，对专项方案的施工工序进行合理排布。对重点、难点部位的施工工艺，利用该区域

BIM 模型予以详细深化模拟展示（图 4）。

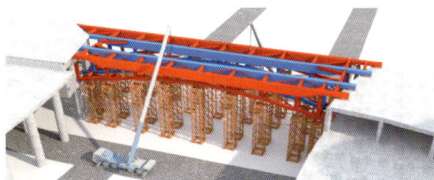

图 4　模型深化

本项目钢结构主要集中在两块，一是劲钢混凝土中的型钢梁、柱，二是展厅的钢结构屋盖。其中型钢梁柱的深化设计对时间要求比较高，展厅的钢结构屋盖设计需同时进行施工方案设计，钢结构屋盖施工方案属于需专家论证的 A 类方案，需配合 BIM 进行合理编制。

实施要求：钢结构深化设计中节点设计、预留孔洞、预埋件设计、专业协调等宜应用 BIM。钢结构深化设计 BIM 应用中，基于施工图和相关设计文件、施工工艺创建钢结构深化设计模型，输出平立面布置图、节点深化设计图、工程量清单等。钢结构节点设计 BIM 应用应完成结构施工图中所有钢结构节点的深化设计图、焊缝和螺栓等连接验算，以及与其他专业协调等内容。钢结构深化设计模型除应包括施工图设计模型元素外，还应包括节点、预埋件、预留孔洞等模型元素。通过模拟，可以更加直观准确掌握现场施工平面布置情况，同时可以提高施工场地的利用率，达到节地目的（图 5）。

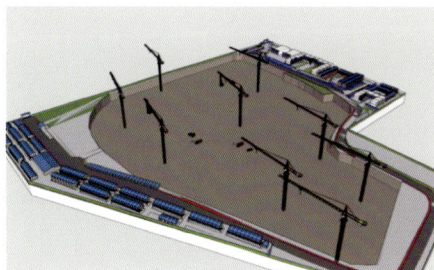

图 5　施工模拟

BIM 模型可以协助完成机电安装部分的深化设计，包括综合布管图、综合布线图的深化。使用 BIM 模型技术改变传统的 CAD 叠图方式进行机电专业深化设计，应用软件功能解决水、暖、电、通风与空调系统等各专业间管线、设备的碰撞，优化设计方案，为设备及管线预留合理的安装及操作空间，减少占用使用空间（图 6）。

图 6　机电深化

3.2　BIM 的增强应用

施工组织模拟的实施要求：在施工组织模拟 BIM 应用中，可基于上游模型和施工图、施工组织设计文档等创建施工组织模型，并将工序安排、资源组织和平面布置等信息与模型关联，输出施工进度、资源配置等计划，指导模型、视频、说明文档等成果的制作。工序安排模拟通过结合项目施工工作内容、工艺选择及配套资源等，明确工序间的搭接、穿插等关系，优化项目工序组织安排。资源组织模拟通过结合施工进度计划、合同信息以及各施工工艺对资源的需求等，优化资源配置计划。平面组织模拟宜结合施工进度安排，优化各施工阶段的塔式起重机布置、现场车间加工布置以及施工道路布置等，在满足施工需求的同时，避免塔式起重机碰撞、减少二次搬运、保证施工道路畅通。施工组织模拟后宜根据模拟成果对工序安排、资源配置、平面布置等进行协调、优化。对钢结构节点进行深化设计，优化钢筋排布，节约成本，降低施工难度，指导工厂预先打孔加工，避免现场返工（图 7）。

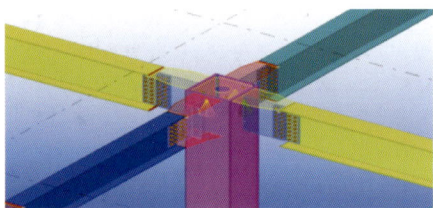

图 7　节点深化

BIM＋无人机＋3D 扫描技术通过对地形地貌进行测绘，快速地完成场地地貌信息的数据采集，利用采集的点源信息建立与现场地貌完全一致的地理原貌模型。

（1）准备工作：熟悉工程施工图纸与无人机性能，对测绘路线提前进行规划，讨论研究测绘范围、基站布置、飞行高度及航线规划等，制定出详细的无人机测绘方案。

（2）航线规划设计：根据工程占地规模大小，分为航摄区块进行无人机飞行，建议以 1 万 m² 大小设置为一个航摄区，利用 Google Earth 进行区块划分及航线和飞行方向设定，设定完之后将数据导入无人机 GPS 设备中。

（3）像控点的布置测量：像控点采用区域网布点方案，每隔 100～150m 布置一个像控点，像控点现场选取标志性建筑或物体。采用专业测点设备选取基于 JLCORS 的网络 PTK 模式对像控点的坐标位置进行测量，并记录下相关数据。

（4）影像数据采集：无人机作为航摄系统的飞行承载平台，飞行高度 300m，航摄仪采用单相机 3600 万像素的摄影传感器，测量精度可达到 1.6cm。

（5）生成三维模型：根据项目成果的分辨率要求和航摄区域的地理情况，设计无人机航摄的航高、航向重叠度、旁向重叠度等参数，并进行航线敷设。经过预处理、空三处理、点云加密、DSM/DOM 生成等过程，制作高分辨率正射影像和彩色点云成果。创建地形信息模型，依据场地平整图纸、施工计划编制土方量清单，充分使用各专业数据处理软件，深入加工点云数据，创建地形三维模型。

3.3　BIM 的拓展应用

BIM 蓝图的实施范围为重点项目、重点区域及造型复杂集中区域、设备机房、综合管井、复杂走道、节点大样、特殊做法深化设计出图等。实施要求为：重点区域、复杂空间、节点大样、特殊做法等深化设计出图应采用 BIM 蓝图技术；机房、综合管井、复杂走道、节点大样、特殊做法等深化设计出图应采用 BIM 蓝图技术。BIM 蓝图应采用统一色彩填充式出图方式，图面标识信息应简洁、全面，具有较强的指导性。

BIM＋RFID 技术的实施范围为机电设备及管材的物料管理等。实施要求为：应用该项技术针对本项目物资进行具体需求分析，应用对象包括但不限于各类机械设备、装配式构件、装配模块等，应用阶段包含设计、生产、运输、施工、运维等全过程。应用该技术的模型构件需规范 BIM 属性信息设置。用手持设备在工程现场采集的构件数据信息应第一时间上传后台数据库。成果表达为：实体物资构件绑定电子标签，RFID 后台数据库数据信息及 BIM 模型等。

3A088 郑州国际文化交流中心项目 BIM 技术综合应用

团队精英介绍

常群峰
郑州国际文化交流中心项目经理

一级建造师
高级工程师

历任市直青年人才公寓晨晖苑项目、郑州国际文化交流中心项目经理，参与三门峡万达、正弘城等大型项目建设。荣获省部级工法 15 项、国家发明专利 8 项、省级科技进步奖 6 项、国家级或省部级 BIM 奖项 6 项等。

齐 康
郑州国际文化交流中心项目总工

一级建造师
工程师

参与郑州国际文化交流中心项目、郑东新区雁鸣社区、三门峡万达、高新数码港等大型项目建设。荣获省部级工法 10 项、国家发明专利 5 项、省级科技进步奖 5 项、国家级或省部级 BIM 奖项 5 项等，发表论文 10 篇。

韩 枫
郑州国际文化交流中心项目生产经理

一级建造师
工程师

参与郑州国际文化交流中心项目、启迪科技城项目、正弘三号院等大型项目建设。荣获省部级工法 8 项、国家发明专利 5 项、省级科技进步奖 5 项、国家级或省部级 BIM 奖项 3 项等。

凌大雁
中建钢构武汉有限公司技术 BIM 工程师

BIM 一级工程师

先后参与国家 FAST500m 口径球面射电望远镜、江苏大剧院、佛山西站、深圳平安中心、燕矶长江大桥等项目的钢结构建模、施工动画制作，参与的广州白云机场 G2 飞机维修库工程获得中国钢结构金奖。

蔡 凯
中建钢构武汉有限公司技术 BIM 工程师

动画工程师

从事于钢结构技术建模三维模拟计算工作，先后参与公司机场、车站、钢结构单体、厂房、超高层以及桥梁等多类型项目技术仿真支持工作。

刘程龙
郑州国际文化交流中心项目技术工程师

助理工程师

参与郑州国际文化交流中心项目，从事多年钢结构项目技术管理工作，任职技术员。

李 鹏
郑州国际文化交流中心项目钢结构总工

一级建造师
工程师

从事钢结构工作十余年，先后主持蒙古国乌兰巴托热电厂、武汉中信联物流园、武汉九全嘉购物广场、宁夏滨河工业纤维项目、宜昌客整所、宁夏大唐平罗电厂、武汉动车段改造项目、陕西渭南中国酵素城、郑州国际文化交流中心等项目技术管理工作，参与钢结构课题研究工作，参编多部行业、协会标准，参与工程获得中国钢结构金奖 2 项，专利 5 项。

李晓康
中建钢构设计研究院项目深化负责人

二级建造师
助理工程师

先后参与了济宁文化中心、苏州文化博览中心、阜阳机场、乌鲁木齐机场、广州白云机场、郑州国际文化交流中心、中芯国际西青基地等数十个项目。曾获得国家级 QC 成果奖、"中建科工杯"技能竞赛二等奖、中建科工展北英雄称号，发表多篇核心期刊论文，参编多部行业、协会标准。

石中州
郑州国际文化交流中心项目技术工程师

助理工程师

先后参建郑州市四环线及大河路快速化工程、省直人才公寓金科苑项目、华锐光电项目、机场货运蓄车区、郑州国际文化交流中心项目。参与"多场馆联通式高大空间钢结构综合技术研究"课题研究，所参与项目荣获国家优质工程奖、全国钢结构金奖、省优质工程奖、詹天佑住宅小区奖等。

秦林辉
郑州国际文化交流中心项目 BIM 工程师

助理工程师

参与郑州国际文化交流中心、启迪科技城、昌南大道等大型项目建设。荣获省部级工法 8 项、国家发明专利 2 项、省级科技进步奖 3 项、国家级或省部级 BIM 奖项 5 项。

义乌跨境电商综试中心 BIM 技术应用

浙江同济科技职业学院

张杭丽　吴霄翔　杨海平　屠铭阳　周淑媛　叶艳　金华俊　朱孝康　严扬扬　田超越

1　工程概况

1.1　项目简介

本项目为义乌跨境电商综试中心，钢筋混凝土框架结构，其中地下两层为停车场，地上共 19 栋建筑以及一个地下室，建筑总面积为 434544.39m^2。

1.2　单位简介

浙江同济科技职业学院位于浙江杭州市，是一所由浙江省水利厅举办的全日制公办高等职业院校，是全国水利职业教育示范院校、全国文明单位、全国优质水利高等职业院校，是教育部现代学徒制试点单位、浙江省"双高计划"建设单位、浙江省文明校园。学院自 2016 年成立 BIM 研究中心，近五年累计参加国内各项 BIM 竞赛 50 余次，多次获得国家级竞赛特等奖和一等奖。

2　软件配置（表 1）

软件配置情况　　　　表 1

序号	名称及版本号	说明
1	Revit 2018	土建、机电全专业设计建模
2	AutoCAD 2014	深化设计成果
3	Navisworks Manage 2018	数据集成，模型空间碰撞检查
4	Lumion8.0	协同漫游、动漫渲染
5	品茗 HiBIM 软件	管综、开洞、套管
6	品茗模板设计软件	施工模板设计
7	品茗脚手架设计软件	施工脚手架设计
8	品茗施工策划软件	施工场地布置
9	CCBIM 云平台	平台运维管理

3　BIM 技术应用

3.1　模型创建

建立 BIM 三维模型，是对设计施工图中的元素进行三维实体化的过程，为保证模型的有效性，我们制定了规范化的建模标准，为了提高模型的准确性，实行 200% 的质量保证措施，即建模人员互查＋项目负责人复查。

3.2　净高分析

根据土建净高分析表（以表 2 为例），并结合各楼层各空间布局的净高要求给出管线排布的初步方案。

土建净高分析表　　　　表 2

地下室净高条件及管综方案						
平面方案：管线贴车位尾部排布，同类管线排布在一起，方便组合支吊架。						
楼层	底标高（建筑面）(m)	顶标高（结构板）(m)	控制梁高(mm)	梁底净高(m)	管综方案(m)	车位、车道、商铺等净高(m)
B2	−10.800	−7.100	800	2.9	1. 风管顶 2.85（顶平）。 2. 电气桥架底 2.7（底平）100mm 桥架。 3. 给水排水管中心 2.6（中心平）。 4. 喷淋支管贴梁底。 5. 照明桥架底 2.4（底平）。	2.35（500mm 风管底）

3.3　管综优化

根据甲方需求、设计意图以及施工的可行度，我公司在 BIM 三维模型基础上对原始设计的管线排布方案进行分析。利用 Revit 软件对机电管线进行综合排布，使管线成排成行，减少管道在车道、机房内的交叉、翻弯等现象。本项目共有 39 处复杂节点，排布难度较高；经 BIM 实施后均解决了这 39 处的管线排布困难，并兼顾了净高和美观要求（图 1）。

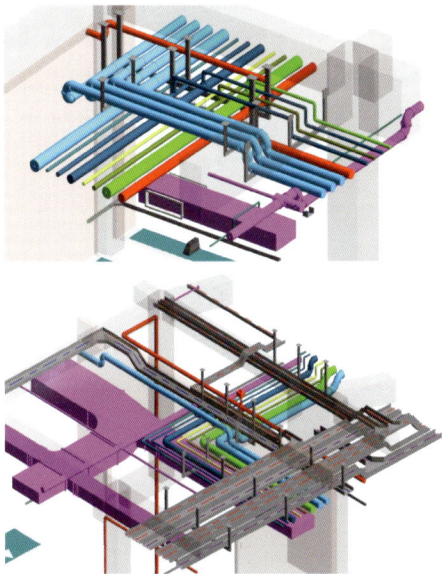

图 1　优化节点优化

3.4　支吊架计算、布置和材料统计

利用 HiBIM 软件进行支吊架计算和布置，并出具每一种类型支吊架的材料表，包括具体型号、做法、标高等，作为工厂加工依据（图 2、图 3）。

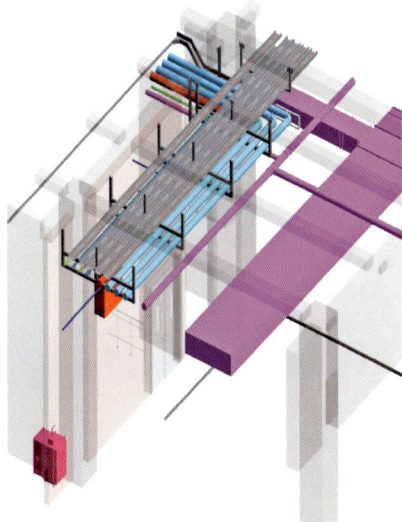

图 2　支吊架布置图

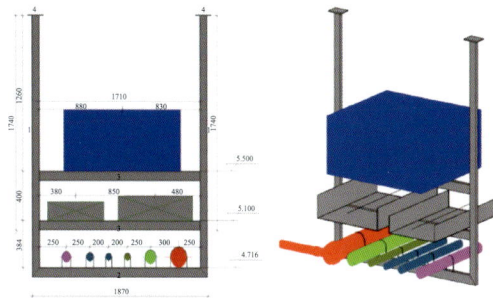

支吊架详图材料表(长度单位：mm)

支吊架编号	支吊架数量	编号	名称	规格	数量	长度
DJ-B1_117	2	1	槽钢	8号	2	2124
		2	槽钢	8号	1	1870
		3	槽钢	8号	2	1710
		4	端板	170×135×10	2	
		5	管卡	PM-管卡	6	

图 3　支吊架详图

3.5　辅助施工出图

利用 BIM 技术的可出图性，出具各专业优化图纸，涉及管综图、单专业图、剖面图、节点详图、复杂节点图、支吊架布置图等。辅助现场进行机电安装，避免施工返工，有效地节省施工周期，节约成本。对管线排布密集的复杂节点，经多次协调讨论，确定优化方案，出具深化设计图纸，指导现场安装施工（图 4、图 5）。

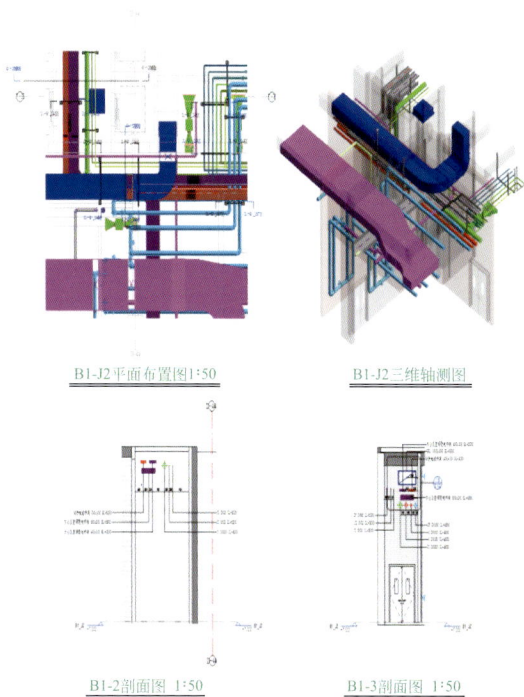

B1-J2平面布置图1:50　　　B1-J2三维轴测图

B1-2剖面图 1:50　　　B1-3剖面图 1:50

图 4　复杂节点详图

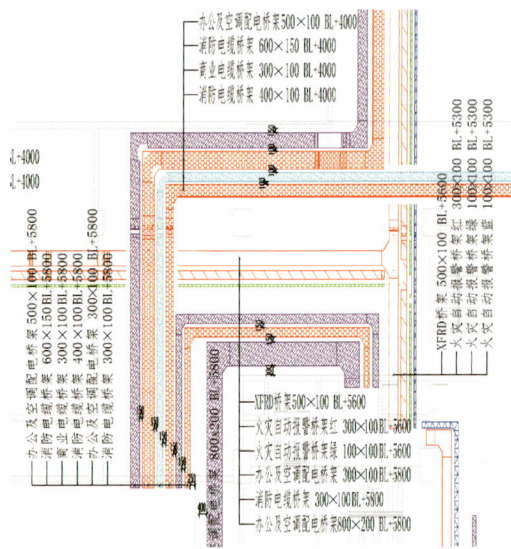

图5　管综优化平面图

4　BIM 应用经济效益分析

（1）施工图纸核对

核对施工图纸，发现图纸问题及标注遗漏，其中结构专业 26 个，建筑专业 21 个，暖通专业 13 个，水专业 1 个，电气专业 24 个，协助设计完成图纸问题的反馈工作，对于重要问题，提醒设计补充联系单，详见模型审查报告。该项工作可在施工前及时发现图纸问题，减少施工返工，节省工期。

（2）解决碰撞

对原始模型做碰撞检测，得到 9952 个碰撞结果，通过图纸核对与管线协调，消除了大量碰撞问题（其中管线之间的碰撞 8316 个）。

（3）复杂节点的排布

本项目共有 39 处复杂节点，排布难度较高；经 BIM 实施后均解决了这 39 处的管线排布困难，并兼顾了净高和美观要求。

（4）提升净高

协调优化后净高满足要求。

3B101 义乌跨境电商综试中心 BIM 技术应用

团队精英介绍

张杭丽
浙江同济科技职业学院专任教师

工学硕士
讲师
BIM 高级建模师

长期从事机电专业 BIM 技术应用研究和相关课程教学等工作，全国 BIM 技能等级考试考评员。

吴霄翔
浙江同济科技职业学院专任教师

工学硕士
讲师
工程师

浙江省建筑信息模型（BIM）应用等级评定专家。累计完成各类 BIM 咨询项目 10 余项，总建筑面积 100 余万 m²。

杨海平
浙江同济科技职业学院建筑工程学院院长

工学硕士
教授
高级工程师

二级建造师、高级考评员，建筑工程技术专业带头人，建设局"星期天工程师"项目评审专家。

屠铭阳
浙江同济科技职业学院建筑工程技术专业 21 级

取得 1＋x BIM 职业技能等级证书，在第八届全国高校 BIM 毕业设计创新大赛中荣获 F.BIM 建筑工程项目管理应用优秀奖。

周淑媛
浙江同济科技职业学院工程造价 21 级

取得 1＋x BIM 初级等级证书，荣获第三届"品茗杯"全国高校 BIM 应用毕业设计大赛三等奖。

叶艳
浙江同济科技职业学院建筑工程技术专业 21 级

取得 1＋x BIM 初级等级证书。

金华俊
浙江同济科技职业学院建筑智能化工程技术专业 22 级

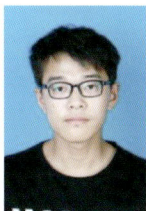

朱孝康
浙江同济科技职业技术学院建筑智能化工程技术专业 22 级

严扬扬
浙江同济科技职业技术学院建筑智能化工程技术专业 22 级

田超越
浙江同济科技职业学院市政工程技术专业 21 级

四、优秀奖项目精选

BIM 技术助力奥迪一汽新能源项目
总装车间工程智能建造

吉林安装集团股份有限公司，吉林省嘉图建筑科技有限公司，
机械工业第九设计研究院股份有限公司

尹清源　闫磊　代尊龙　李想　王铁泉　张艳　宿平　贾立　孟凡龙　高飞

1 工程概况

1.1 项目简介

奥迪一汽新能源汽车项目，是国家重点项目，吉林省标志项目，项目规划年产能 15 万辆，建成后将成为目前全球最大的现代化新能源汽车工厂。

总装车间建筑面积 134371m²，高度 14.4m。总质量 9100t，其中钢网架 5400t，钢柱钢梁等 3700t。结构形式：主体为箱形柱钢排架，屋面为焊接球钢网架。主体结构柱网 20m×28m。网架类型为下弦多点支承的焊接球节点正方四角锥钢管网架，网架为平板型，矢高 3m。网架网格为 4m×4m（图 1）。

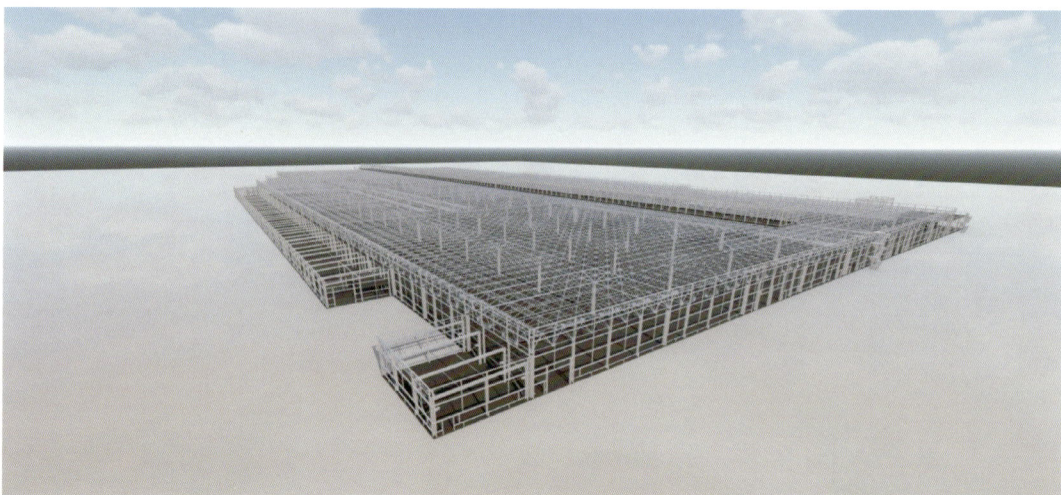

图 1 项目效果图

1.2 公司简介

吉林安装集团股份有限公司创建于 1962 年，为大型综合性施工企业，注册资本金 50000 万元，年产值 70 亿元以上。公司为高新技术企业，拥有省级技术中心、BIM 中心。公司获得多项国家优质工程及省市优质工程。近年来吉林安装致力于绿色建造与智慧建造的融合发展，助力"双碳"目标下的建筑业转型升级，为客户提供最佳服务。公司现有机电工程总承包一级资质，建筑工程总承包一级资质，钢结构工程、消防设施工程、建筑装修装饰工程、古建筑工程、建筑机电安装工程专业一级资质，锅炉安装改造维修 1 级许可证，压力管道（GB1 \ GB2 \ GC2）安装许可证，市政公用工程、化工石油工程、水利水电工程、电子与智能化工程、环保工程等多项资质。

吉林省嘉图建筑科技有限公司在长春、沈阳、大连、唐山、青岛均设有分支机构。公司以清华大学、东北大学等高等学府的博士及研究生导师为技术带头人，致力于 BIM 技术的研究与应用；公司以"BIM＋"为业务发展理念，基于在建筑工程、桥梁工程、轨道交通、市政工程等领域的科研优势，将 BIM 技术与绿色建筑、装配式建筑、智慧建造、3D 打印、施工技术、项目管理等内容相结合，为我国建筑产业信息化发展助力，为国内多家企业提供了全生命周期的 BIM 解决方案，多年来积累了丰富的 BIM 实施经验，赢得了业内人士的高度认可与广泛赞誉。

机械工业第九设计研究院股份有限公司始建于 1958 年，是我国专业从事汽车工厂规划、设计和建设的甲级设计研究院，是国家高新技术企业和国家级工业设计中心单位。拥有机械、建筑等行业 18 项甲级资质，连续多年被评为全国勘察设计综合实力百强和工程总承包及项目管理百强单位，被誉为"中国汽车工厂设计的摇篮"。近年来，先后为一汽红旗、一汽解放、一汽轿车、一汽大众、吉利汽车、奇瑞汽车、特斯拉、上汽大众等客户提供了涂装生产线工程总承包服务。九院将秉承"专业的服务，致力于客户满意"的核心理念，致力打造成为国际一流、国内领先的汽车工程服务公司，让客户的事业更为成功！

2 BIM 团队建设及软件配置

2.1 团队组织架构（表1）

团队组织架构　　　　　表 1

姓名	性别	职称	研究任务与分工	学习 BIM 的履历、水平
尹清源	男	工程师	全面负责项目信息化建设	BIM 二级结构工程师
闫磊	男	工程师	具体负责落实项目规划	BIM 二级建筑工程师
代尊龙	男	工程师	负责空间建模	BIM 二级机电工程师
李想	女	工程师	负责空间建模	参加 BIM 培训熟练使用
王铁泉	男	高级工程师	负责协同作业	参加 BIM 培训熟练使用
张艳	女	工程师	负责深化设计	钢结构深化设计师
宿平	男	工程师	负责深化设计	钢结构深化设计师
贾立	男	高级工程师	负责预拼装与碰撞检测	参加 BIM 培训熟练使用
孟凡龙	男	工程师	负责模型校核	参加 BIM 培训熟练使用
高飞	男	工程师	负责钢结构模型及图纸深化	参加 BIM 培训熟练使用

2.2 软件环境（表2）

软硬件环境　　　　　表 2

软件环境	
序号	软件名称
1	PKPM
2	Revit
3	Navisworks
4	Tekla
5	Magic CAD
6	广联达 BIM5D

硬件环境	
处理器	Intel(R) Core(TM) i7-8750H CPU @ 2.20GHz 2.21GHz
安装内存(RAM)	16.00GB
系统类型	64 位操作系统

3 BIM 技术重难点应用

3.1 钢结构深化设计

钢结构深化设计的主要内容是对前期构件、细部拆分调整后的进一步调整和细化，以构件加工、安装的要求为前提，对钢结构工程的瓶颈问题进行修正、改善。通过 BIM 技术对同类构件进行归并处理，减少人工化识别，确保提前加工，保证质量（图2）。

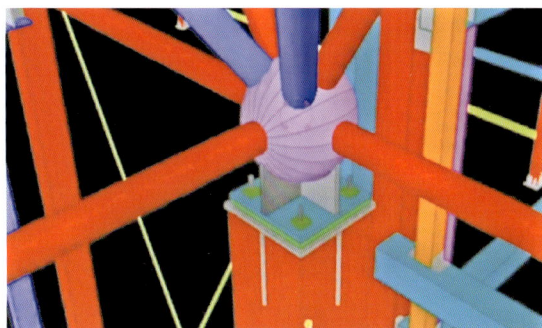

图 2　钢结构深化

3.2 管线经济性路径优化

BIM 技术在钢结构工程中的碰撞检测主要是对设计的模型成果进行硬件冲突及合理性检查，使各项设计内容更为合理、降低工程损耗、控制成本造价、避免工期延误。

钢结构碰撞检测通常由两个方面构成：第一方面是安装阶段的碰撞问题，如构件之间、构件管线之间、装饰部分防水搭接之间的碰撞。第二方面是制作阶段的碰撞问题，主要体现于深化阶段和构件加工时段，主要解决构件内部部件的碰撞。最后根据碰撞报告按照国家规范的要求对配件、结构、预埋件进行修正，保证出图的合理精确性（图3）。

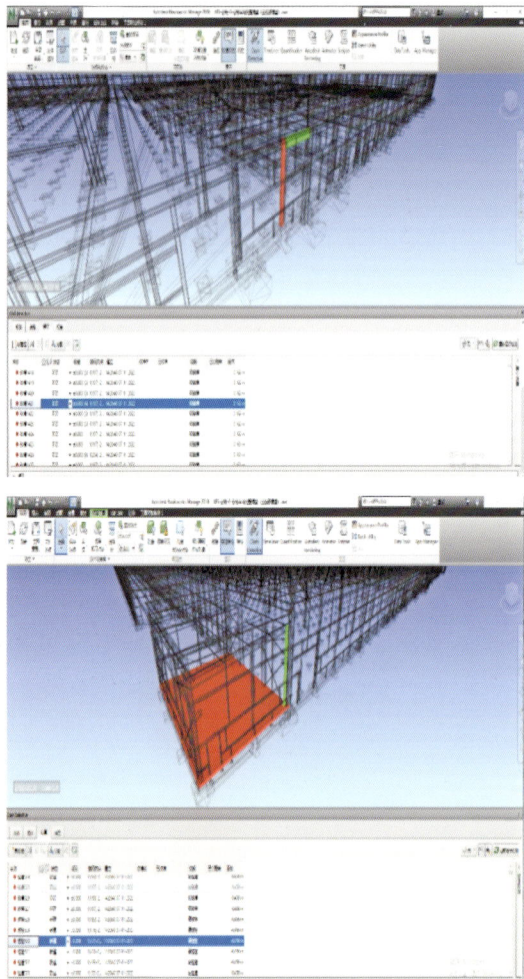

图3　管综优化

3.3　三维场地的布置

三维场地布置包括：基础、底板、钢柱、网架、主体完成、围护结构等见图4。

4　创新亮点

在钢结构工程的施工过程中，大部分的构配

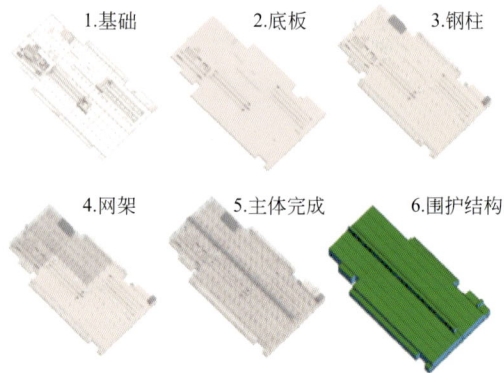

图4　三维施工策划模拟

件均在预制化工厂加工完成，各个部分的精确生产均需要准确的加工图纸配合，BIM技术模型的信息集成可以完美地匹配构件设计和生产出图的协调要求。色彩区分、透明度、"爆炸"显示、合理设置剪切面等技术，能够高效、直观、精确地导出各结构和配件的详图。出图采用链接模式，以结构模型为底图利用Revit详图绘制，保证出图效果的合理性、图样的精确性（图5）。

图5　非下插式型钢梁柱转换节点

5　应用心得总结

（1）进一步实践多专业全过程BIM协调。

（2）通过重大项目落地应用，探索企业绿色建造、智慧建造的转型升级发展之路。

（3）通过全过程信息化管理，降本增效。

（4）助力项目申报"中国钢结构金奖"和"鲁班奖"。

3A007 BIM 技术助力奥迪一汽新能源项目总装车间工程智能建造

团队精英介绍

尹清源
奥迪一汽新能源项目 BIM 工程师

工程师

长期从事钢结构、机电、装配式技术工作，参与了长春市奥迪一汽新能源、万科西宸之光、华润公元九里、保利云上等项目。曾获得吉林省第一届 BIM 大赛二等奖、发明专利 1 项、实用新型 6 项。

闫　磊
吉林省嘉图建筑科技有限公司项目经理

工程师

长期从事吉林省 BIM 技术研究工作，参与了奥迪一汽新能源、长春远大购物广场、吉林大学中日联谊医院南湖院区等 BIM 项目。入选吉林省建筑业协会专家委员会 BIM 技术应用专家。

代尊龙
吉林省嘉图建筑科有限公司 BIM 机电项目经理

工程师

长期从事 BIM 信息化设计研究工作，参与了奥迪一汽新能源、长春市全民健身游泳馆、吉林大路隧道等项目。曾获建设工程 BIM 大赛三类成果、吉林省 BIM 大赛一等奖，荣获疫情先进设计贡献奖项。

李　想
奥迪一汽新能源总装车间项目项目经理

工程师

长期从事汽车工厂 BIM 技术研究及相关施工实践工作，参与了一汽技术中心乘用车所、红旗长青工厂系列改造、奥迪一汽新能源汽车等项目。曾获 2019—2020 全国工业建筑设计三等奖（一汽大众汽车有限公司青岛工厂项目）、全国各类 BIM 大赛奖项等。

王铁泉
吉林安装集团股份有限公司

高级工程师

从事机电安装工作 10 余年，参与多项地铁、会展中心、医院等项目。曾获吉林省第二届 BIM 大赛三等奖、各类工法及专利 10 余项。

张　艳
吉林省建安钢结构制造有限公司副总经理

工程师

长期从事钢结构施工技术研究工作，参与了浦项通钢（吉林）钢材加工、巴斯夫吉化新戊二醇工厂配套设施升级、中国一汽研发总院创新试验基地（二期）、奥迪新能源总装车间等钢结构项目。

宿　平
吉林省建安钢结构制造有限公司技术部部长

长期从事钢构详图深化工作，且应用 BIM 软件多次参与获奖工程的主体数模搭建工作，如巴斯夫吉化新戊二醇工厂配套设施升级项目、吉林长发建筑产业化有限公司年产 15 万 m^3 工业化住宅 PC 预制构件项目等。

贾　立
奥迪一汽新能源项目生产经理

高级工程师

主要从事汽车工业生产的数字化应用研究，参与了一汽集团总部、奥迪一汽新能源项目等工业化三维技术的应用研究，涉及各种结构的设计和安装，管线的三维优化、机械化生产线的融合。

孟凡龙
钢结构技术员

长期从事钢结构项目技术管理工作，参与了深圳星河雅宝项目 4 号地块、深圳凸版印刷工业区城市更新等项目。

高　飞
奥迪一汽新能源项目项目管理员

工程师

参与了一汽轿车股份有限公司轿车公司红旗 HS5、H5、EV 系列产能提升物流项目、一汽模具制造有限公司冲焊厂房二层钢平台制安工程项目、长春曼胡默尔富维滤清器有限公司厂房加固项目、奥迪一汽新能源项目 EPC 工程总承包项目。

砺剑大厦项目 BIM 综合应用

中建二局第二建筑工程有限公司

黎明旸　李楠　秦冬　张吉祥　邢建见　陈超　孙立强　刘壮　桂文超　张硕

1　工程概况

1.1　项目简介

本项目为 DY02-04 地块中子地块 DY02-04-C，位于深圳市南山区留仙洞仙洞路与仙鼓路交会处西北角，在施仙洞路北侧，南山区科技联合大厦东侧，待建仙鼓路西侧，烯创大厦南侧。用地面积 5219.3m²，总建筑面积 90378.32m²，其中地上建筑面积 69774.84m²，地下建筑面积 225.16m²。主要拟建物为 1 栋 39 层超高层研发用房，3 层地下室。建筑功能包括商业、配套宿舍、物业服务用房、避难区等。主体为框架核心筒结构，基础为桩筏基础，最高建筑高度为 190.7m（图 1）。

图 1　项目航拍图

1.2　公司简介

中建二局第二建筑工程有限公司隶属于中国建筑第二工程局有限公司，拥有房屋建筑与市政公用工程施工总承包特级资质。中建二局二公司始终坚持以客户为中心的理念，以打造行业、领域领先为目标，不断提升品质内涵、创新合作模式、提供增值服务，携手各方拓展幸福空间，实现合作共赢。

BIM 事业部为中建二局二公司内部职能部门，成立于 2015 年，目前配备各专业工程师 39 人，专业涵盖结构、建筑、机电、幕墙、景观、精装、钢结构等，并配备有动画、效果图制作团队。业务内容涵盖模型搭建与深化、协同管理平台搭建与管理、全景图及 VR 制作、项目全过程解决方案、绿建能耗分析、消防模拟、BIM 技能培训等。

1.3　工程重难点

（1）协调因素多

专业分包多，工期紧，总承包管理协调难度大。

（2）建筑面积大

项目建筑面积大。地库及商业综合体管线复杂，施工难度较大。

（3）品质要求因素

施工质量要求严格，争创优质工程。

（4）环境因素

地处北方，扬尘治理严，工期紧。

（5）设计因素

交叉作业多，廊道空间有限，净高要求高。

1.4　BIN 技术应用目标

（1）BIM 应用管理总目标

由施工总承包单位管理各分包单位，应用 BIM 技术提高深化设计的质量和效率，协调整合项目各方信息，提高项目信息传递的有效性和准确性，提高施工质量，使设计图纸切实符合施工现场操作要求，并能进一步辅助施工管理，达到管理升级、降本增效、节约时间的目的。

（2）提高信息化管理水平、提高工作效率

在施工全过程中对深化设计、施工工艺、工程进度、施工组织及协调配合方面高质量运用 BIM 技术进行模拟管理，实现工程项目管理由 3D 向 4D、5D 发展，提高工程信息化管理水平，提高工程管理工作效率。

（3）提高施工质量

通过碰撞检测，深化设计，完善施工图纸，减少图纸的错、漏、碰、缺，为施工阶段提供完善的施工图纸，减少返工，加快施工进度，提高工程质量。

（4）推进 BIM 技术应用

通过 BIM 技术应用，提高工程品质，争创省部级优质工程。

2 项目前期 BIM 准备

2.1 项目样板建设

为确保模型的一致性，精确统计构件工程量。结合标准、规范及施工经验，在项目建模前，制定项目样板。在机电样板中，对给水排水各系统的管道连接方式、弯头及三通等管件进行区分，对所有构件族的命名重新修改。在土建样板中，提前搭建初装修模型样板，提高建模效率，便于配合广联达 BIM5D 工程量统计（图 2）。

图 2 项目样板（示意图）

2.2 软件配置

结合项目实际需求，选购软件辅助精细化建模，深度落地 BIM 应用（表 1）。

软件环境　　　　　　　表 1

序号	名称	项目需求	功能分配
1	Revit	建筑机电建模	建筑、建模
2	Tekla	钢结构建模	建模
3	BIM5D	施工管理	施工
4	Lumion	模型渲染	模型渲染

2.3 族库及族定制

在项目实施之前，梳理图纸，定制专业族，在公司级 BIM 族库的基础上进行扩充，为项目模型搭建保驾护航（图 3）。

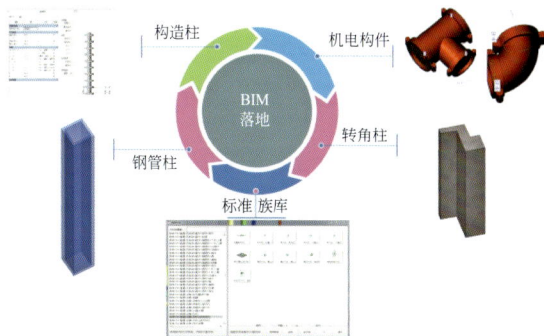

图 3 族定制

2.4 碰撞报告定制

Navisworks 碰撞报告只可显示碰撞点的 X、Y、Z 坐标，无法显示碰撞点的轴网坐标。我们依据施工的需求，将碰撞报告包含的信息调整为：图纸名称、问题描述、问题位置、优化建议、涉及专业、问题截图（平面图和三维视图）（图 4）。

图 4 检测报告

3 项目 BIM 应用

3.1 图纸审核报告

BIM 建模人员给出图纸疑点报告，建模过程中若有疑问，各方及时交流，但交流不以口头为凭证，而要以报告为依据，使得后期有据可依（图 5）。

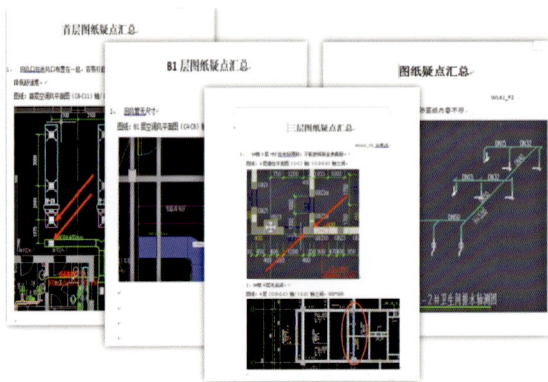

图 5　图纸审核报告

3.2　综合支吊架

为了将模型落地于施工阶段,此次建模,所有机电模型均加支吊架,可以共架位置采用综合支吊架(图 6)。选用 Magicad 软件对模型进行支吊架深化。虽然工作量巨大,但是 BIMer 在加支吊架的过程中,对原有已经按照深化设计原则排布好的模型再一次进行了细致排布。在加支吊架的过程中发现原有的模型局部位置支吊架没法生根,又进行了调整,使 BIM 更加接地气。

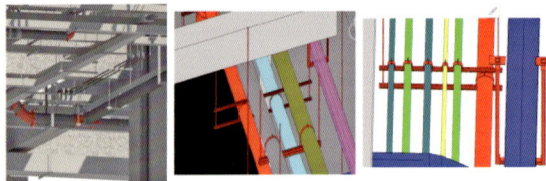

图 6　综合支吊架

3.3　BIM5D 应用及手机云端应用

我们以模型为辅、应用为主,采用广联达 BIM5D 软件,集成全专业模型,并以集成模型为载体,关联施工过程中的进度、合同、成本、质量、安全、图纸、物料等信息,为项目提供数据支撑,实现有效决策和精细管理,从而达到减少施工变更、缩短工期、控制成本、提升质量的目的。

模型按照项目的流水段划分完成后,进行施工模拟,通过施工模拟可以减少工程返工,提升施工安全,让各个施工单位沟通方便,共同协作,而且模拟过程真实直观。

通过 BIM 建模,将用于施工管控的模型与工程量、中标合同价、分包合同价关联进行成本核算,实现了预算、收入、支出的三算对比,便于管

理层查看成本对比分析和成本趋势分析,同时实现与施工进度计划相匹配的 5D BIM 数字模型,用于施工阶段的总控管理,及时调整决策和管控方向,实现了成本的直观、实时、精细化管理(图 7)。

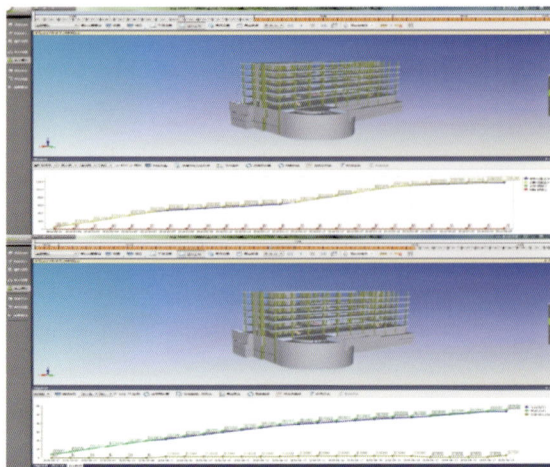

图 7　资源和资金曲线

4　项目总结与展望

伴随着 BIM 理念在建筑行业内不断地被认知和认可,其作用也在建筑领域内日益显现,作为建设项目生命周期中至关重要的施工阶段,BIM 的运用将为施工企业的生产产生更为重要的影响。通过此次砺剑大厦项目的实际应用,使我们深刻了解到 BIM 技术功能的强大,以及它给项目带来的工作效率提升作用。

总结与展望如下:

首先,BIM 模型可以使设计可视化,方便了图纸的检查和深化设计,使机电安装避免返工浪费,节约工期。其次,BIM 的施工模拟对工程的施工进度起到了把控的作用,也可有效控制施工材料的进场时间,避免了材料堆积,提升了场地空间利用效率。此外,还有方案模拟、商务成本管控、工程质量安全管理等应用都能给工程带来优质提升。

通过本次建立 BIM 模型及所展开的各项应用,使我们对 BIM 技术的理解更加深入,积累了宝贵的经验,也非常看好 BIM 的未来,希望有更多的公司投入 BIM 软件的开发中,使模型建立更加精确快捷,进一步提升质量安全,并使商务应用功能更加多样化。

3A059＋砺剑大厦项目 BIM 综合应用

团队精英介绍

黎明旸
砺剑大厦项目总指挥，项目经理
工程师

从事 BIM 管理工作 5 年，先后负责浪琴山花园三期、砺剑大厦等多个项目 BIM 管理工作，获得省级、国家级 BIM 奖项 6 项，发表论文 8 篇，授权实用新型专利 6 项。

李 楠
砺剑大厦项目总工程师
工程师

秦 冬
砺剑大厦项目
BIM 工程师
工程师

张吉祥
广州万达城四期项目
B2 地块项目 BIM 事业
部副经理
工程师

获得省级、国家级 BIM 奖项 10 余项，发表论文 10 篇，授权实用新型专利 10 项，发明专利 2 项。

先后参与肇庆万达国家度假区规划展示中心、延安万达文旅小镇项目、成都天府万达国际医院项目；获国家级 BIM 奖项 7 项。

获得实用新型专利 6 项、省级工法 3 项、国家级 BIM 奖项 12 项，发表论文 2 篇。

邢建见
广州万达城四期项目
B2 地块项目 BIM 事业
部经理
工程师

陈 超
广州万达城四期项目
B2 地块项目 BIM 事业
部副经理
工程师

孙立强
砺剑大厦项目机电总工
一级建造师
工程师

获得实用新型专利 5 项、国家级 BIM 奖项 8 项，发表论文 3 篇。

获得实用新型专利 3 项、省级工法 3 项、国家级 BIM 奖项 12 项，发表论文 1 篇。

从事机电安装工程专业 12 年，先后负责十堰人民商场、老河口购物广场、中南建筑设计院办公大楼、沈阳招商钻石山综合体。发表论文 2 篇。

刘 壮
砺剑大厦项目机电经理
助理工程师

桂文超
汉京花园项目
BIM 工程师
助理工程师

张 硕
汉京花园项目
BIM 工程师
助理工程师

先后参与郑州商都遗址博物院及考古研究院、负责正荣湖悦澜庭等项目管理工作，发表论文 2 篇。

先后参与金象城商业综合体项目、西丽医院改扩建代建项目；获国家级 BIM 奖项 1 项。

负责羊台书苑施工总承包项目生产技术管理工作；获国家级 BIM 奖项 6 项。

BIM 技术在高炉工程中的应用

河北冶金建设集团有限公司

常丽霞　李志贤　宋占方　穆坤　杨玉章　李朝鹏　常桂强　牛婧　吕娜娜　曹欧行

1　工程概况

1.1　项目简介

本工程位于河北省唐山市曹妃甸工业区十里海养殖场附近文丰特钢。

名称：唐山文丰资源综合利用有限公司工业固废处理及再生资源综合利用工程。

地址：唐山市曹妃甸区中小企业园区文丰实业集团。

建设单位：唐山文丰资源综合利用有限公司。

监理单位：河北鸿泰融新工程项目咨询股份有限公司。

设计单位：中冶京诚工程技术有限公司。

施工单位：河北冶金建设集团有限公司。

1.2　公司简介

河北冶金建设集团有限公司为国有独资企业，公司具有冶炼工程、房屋建筑工程、市政公用工程施工总承包一级；机电设备安装工程、钢结构工程、炉窑工程、地基与基础工程、建筑装修装饰工程施工专业承包一级等资质。通过了质量、环境、职业健康安三个管理体系认证。公司下设第一、第二、第三、第四、第五、第六工程分公司、石家庄分公司、邢台分公司、房屋建筑分公司、天津分公司、内蒙古分公司。秉承"诚信、敬业、创新、争先"的企业精神，谨守以客户为主的经营理念，坚持精细管理、技术创新、资源节约、环境友好、走可持续发展道路。几十年来，在人才、技术、市场、品牌和服务能力等方面形成了特色的企业优势，在国内的20余个省、自治区、直辖市及越南、马来西亚等国家承建工程。获得鲁班奖1项，国家优质工程银奖2项，全国、省级优质工程和全国、省级用户满意工程近百项。

先后获得"全国优秀施工企业""全国用户满意施工企业""全国企业信用 AAA 级证书""全国冶金建设优秀企业""河北省建筑业诚信企业""河北省建筑业先进企业""河北省工程建设质量管理优秀企业""河北省建筑业抗震救灾先进企业"等荣誉称号。

1.3　工程重难点

重难点 1：钢厂区内场地狭小，材料堆放比较密集，各种施工机械交叉作业，施工比较困难。

解决办法：使用广联达 BIM 场布软件合理规划，导出模型使用三维软件进行详细分析。

重难点 2：高炉施工工期紧张，并且细小构件众多，在现场施工时费时费力。

解决办法：使用 Tekla 进行钢结构深化，采用模块化拼装技术，从三维软件中对施工构件进行模块化划分，然后在现场进行拼装，保证了工期和质量。

2　BIM 团队建设及软件配置

2.1　技术路线

现代建筑物的复杂程度大多超过参与人员本身的能力极限，BIM 及与其配套的各种优化工具提供了对复杂项目进行优化的可能。基于 BIM 的优化可以做下面的工作：

(1) 项目方案优化；

(2) 特殊项目的设计优化。

2.2　软件环境（表1）

软件环境　　　　　　　　　　　　表 1

序号	名称	项目需求	功能分配
1	Revit	结构建模	建模
2	Tekla	钢结构深化出图	钢结构
3	Maya	动画渲染	渲染
4	AutoCAD	图纸绘图	图纸编辑

3 BIM技术重难点应用

3.1 钢结构深化

主要的施工建筑物都使用 Tekla 进行深化设计，多人分区域建模，对于使用原始图纸进行钢结构施工中可能遇到的一系列问题做出细化调整。在施工开始前就解决这些问题。经多人审查对原图纸不合理之处做出调整，对原图纸不详细部分进行补充，尽量降低结构用钢量，节省成本。（图1）。

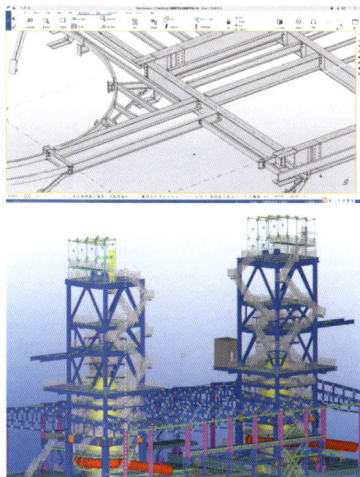

图1 钢结构深化

3.2 图纸审查

组织项目部人员进行图纸会审，多人商议施工方案并进行完善。汇集众智对项目消除隐患，简化结构，压缩成本（图2）。

图2 图纸审查

3.3 三维场布

使用品茗场布软件对项目部生活用地进行合理规划。为了应对现场施工场地狭小的难点，施工场地经过多次规划，在施工初期就完成了现场模型的建立，通过三维模拟结合现场实景可以规划出施工道路（图3）。

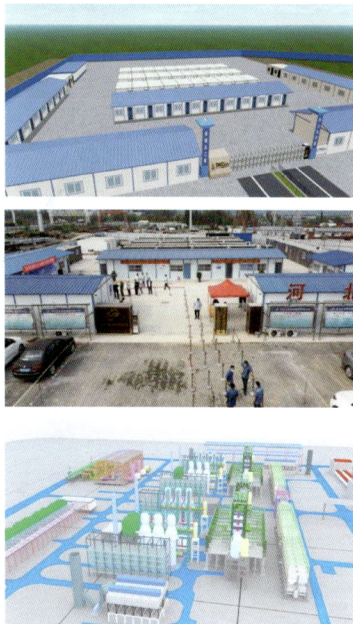

图3 三维场布与实景

3.4 延迟摄影技术

项目投资了数万元在几个关键区域设置了延时摄像头，记录关键施工数据，为今后施工实践及施工进度提供了坚实可靠的依据（图4）。

图4 延迟摄影

3.5 碰撞检查

将模型导入 Navisworks，进行碰撞检查，及时发现施工中冲突的地方，减少了返工，增加了经济效益（图5）。

3.6 移动协同办公

公司使用致远 M3 移动协同办公 OA 系统，并能实现 PC 端、移动端同时查看协同工作，可方便快捷协助项目多方进行信息交流、实时数据传送和数据共享等，实现了项目管理信息化。

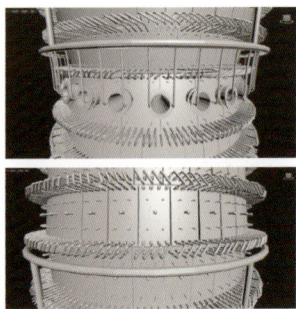

图 5　碰撞检查高细节模型

3.7　重心查找、模块化吊装

使用 Tekla 软件重心查找功能，在吊装前对不规则构件进行重心分析，计算构件质量，为计算吊点提供依据，然后通过三维软件进行吊点模拟分配，方便吊装（图 6）。

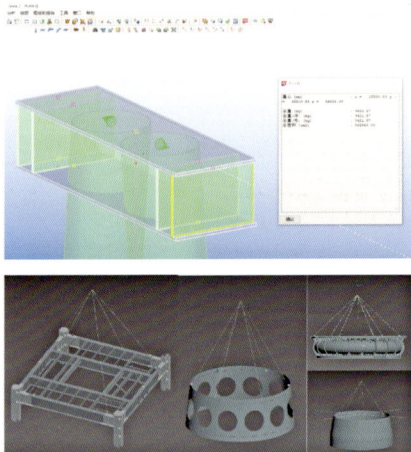

图 6　重心查找、模块化吊装

3.8　模型提量

使用 Tekla 软件可以快速对材料进行提料，提高了现场的施工效率，增加了备料时间（图 7）。

图 7　模型提量

3.9　三维和实景结合

通过三维模拟现场实际大小位置，观察狭小空间是否能正常运转起重机，是否会打杆。

采用无人机加三维配合极大加快了施工进度，优化了施工方案，安全、简洁、高效（图 8）。

图 8　三维和实景结合

3.10　BIM 轻量化

通过模型轻量化处理，使项目部管理人员在移动端能够随时随地浏览模型，不用局限于 PC 端及软件的限制，让模型参与日常的质量检验中，从而提高施工质量（图 9）。

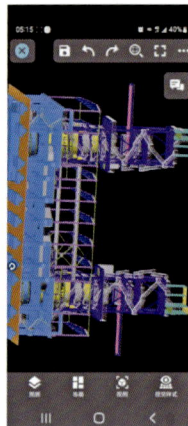

图 9　轻量化

3.11　改进方向、措施

即使我们大力推广，但还是有很多方面没有应用到 BIM 技术，推进仍然任重而道远。现在最重要的是打造一个 BIM 应用的大环境，让更多人身处BIM 技术之中，人多力量大，有了人员的支撑，这样自然就会有 BIM 技术应用的土壤，具体措施就是制定规章制度，确定项目 BIM 技术应用率，制定新的工作流程，把 BIM 放在一个生产环节上（图 10）。

图 10　工作流程

3A054 BIM 技术在高炉工程中的应用

团队精英介绍

常丽霞
河北冶金建设集团有限公司 BIM 中心主任

一级建造师
正高级工程师

主持完成工法编制、BIM 管理、创新管理、创优策划等内容，荣获中国钢结构金奖 7 项、中国安装之星 1 项、省级优质工程 20 余项、省部级工法 6 项、国家专利 7 项、国家级 BIM 大赛奖项 5 项。

李志贤
项目经理

一级建造师
高级工程师

历任唐山文丰工业固废处理及再生资源综合利用工程、唐山文丰 2 号高炉大修工程、唐山文丰 1 号高炉技改工程等大型工程项目经理，获得河北省优质工程奖 8 项、河北省科技进步二等奖 1 项、省部级工法 3 项、国家发明专利 1 项、中国安装工程优质奖 1 项、中国钢结构金奖 1 项，参与 BIM 管理、课题研究、创新管理等工作。

宋占方
技术质量科职员

助理工程师

参与江苏镔鑫钢铁智能化料场项目、唐山文丰钢铁 1 号高炉大修项目、邯郸普阳三期炼钢工程、裕华钢铁 1 号高炉项目等项目施工，荣获燕赵杯 BIM 第二届大赛三等奖、燕赵杯 BIM 第三届大赛三等奖、"金协杯" BIM 大赛优秀奖、第四届冶金行业 BIM 大赛二等奖。

穆 坤
唐山文丰固废项目副经理

一级建造师
工程师

先后参与舞钢新希望有限责任公司原料场地封闭工程、唐山文丰工业固废处理及再生资源综合利用工程，负责工程项目管理工作，获得省级优质工程 "安济杯"、中国安装之星、省级 QC 成果一等奖、2021 年河北省第二届建设工程燕赵（建工）杯 BIM 技术应用大赛三等奖。

杨玉章
工程师

参建江苏镔鑫特钢渣处理工程、扬州秦邮特种金属材料 2×120t 转炉炼钢工程、唐山文丰固废项目，其中唐山文丰固废项目获河北省优质工程、中国安装之星。获河北省质量管理活动小组一等成果 2 次、二等成果 2 次，多次被公司授予年度优秀员工、先进生产者。

李朝鹏
唐山文丰固废项目副经理

工程师

先后参与常州东方特钢项目、舞钢新希望有限责任公司原料场地封闭工程、唐山文丰工业固废处理及再生资源综合利用工程、唐山文丰 2 号高炉大修项目等，负责工程项目管理工作，先后获得中国安装之星、省级优质工程 "安济杯"、省级 QC 成果一等奖、2021 年河北省第二届建设工程燕赵（建工）杯 BIM 技术应用大赛三等奖。

常桂强
唐山文丰固废项目技术负责人

一级建造师
工程师

主要从事冶金行业土建、钢结构、管道安装、设备安装等专业工作，先后参建秦邮特钢炼钢工程、镔鑫钢铁高炉工程、太行钢铁高速线材工程、唐山文丰固废处理工程，获实用型专利 1 项、省部级工法 1 项、2021 年河北省第二届建设工程燕赵（建工）杯 BIM 技术应用大赛三等奖。

牛 婧
技术质量科职员

工程师

参与大跨度多连跨混合节点平板网架安装技术研究，荣获省部级工法 1 项，荣获燕赵杯 BIM 第三届大赛三等奖、"金协杯" BIM 大赛优秀奖、第四届冶金行业大赛二等奖。

吕娜娜
技术质量科职员

助理工程师

参加过多个网架及膜结构工程设计，荣获燕赵杯 BIM 第三届大赛三等奖、"金协杯" BIM 大赛优秀奖、第四届冶金行业 BIM 大赛二等奖。

曹欧行
技术质量科职员

助理工程师

参加过多个网架及膜结构工程设计，获燕赵杯 BIM 第三届大赛三等奖、"金协杯" BIM 大赛优秀奖、第四届冶金行业 BIM 大赛二等奖。

正荣观江樾项目施工总承包 BIM 全过程应用

中建二局第二建筑工程有限公司

刘以东　张吉祥　陈超　邢建见　王平　李世鹏　张宇　张腾　张雪梅　于安涛

1　工程概况

1.1　项目简介

工程名称：正荣观江樾项目（图1）。

图1　项目效果图

工程建设地点：福建省福州市仓山区濂江村，三环路东南侧，福泉高速公路北侧。

质量标准：符合国家现行建筑施工验收规范的合格标准。

本项目参建单位：

（1）建设单位：荣瑞（福州）投资发展有限公司。

（2）结构设计单位：福州市建筑设计院。

（3）基坑支护设计单位：福建省建筑轻纺设计院。

（4）勘察单位：福建岩土工程勘察研究院有限公司。

（5）监理单位：福州中博建设发展有限公司。

（6）施工单位：中建二局第二建筑工程有限公司。

项目介绍：正荣观江樾项目位于福州市仓山区濂江村，用地面积11万 m²，总建筑面积28.36万 m²，地上 19.83 万 m²，地下 8.53 万 m²，总

栋数为 52 栋，其中 18 栋 16 层住宅楼，20 栋 6 层住宅楼，3 栋 12 层住宅楼，1 栋 10 层商贸楼，2 栋 2 层商业，1 栋 3 层商业，1 栋 2 层社区服务楼，1 栋 3 层幼儿园，4 栋 1 层高压房，1 栋 1 层门房。

1.2　公司简介

中建二局第二建筑工程有限公司成立于1952年，总部设在深圳，注册资本 5 亿元，年施工产值在百亿元以上，是中建集团在粤港澳大湾区内第一家具有"房建＋市政""双特双甲"资质的大型建筑施工总承包企业。

公司先后承建天利中央商务广场、深圳妈湾电厂、南京扬子乙烯工程、郑州市地下综合管廊项目、青岛维多利亚湾、海南会展中心、深圳华为科研中心、前海深港青年梦工场、周口开元万达等大批优质工程，所建工程荣膺 1 项国际大奖、3 项詹天佑奖、8 项鲁班奖、19 项国家优质工程。

1.3　工程重难点

（1）EPC 管控模式。

1）成本控制。

2）进度控制。

3）专项、专业繁多，协调复杂。

（2）斜屋面造型施工难度大。

1）叠拼别墅斜屋面的线条造型复杂。

2）结构形式复杂。

（3）BIM＋智慧工地要求较高。

2　BIM 团队建设及软件配置

2.1　团队组织架构（图2）

BIM 事业部成立于 2015 年 11 月 15 日，目前人员配置 45 人，包含结构、建筑、机电、幕墙、

景观等多个专业，以项目总承包施工 BIM 实施为目标。所参与项目有大型商业综合体、超高层、公共建筑、住宅、管廊、市政道路、桥梁、隧道等多种类型。

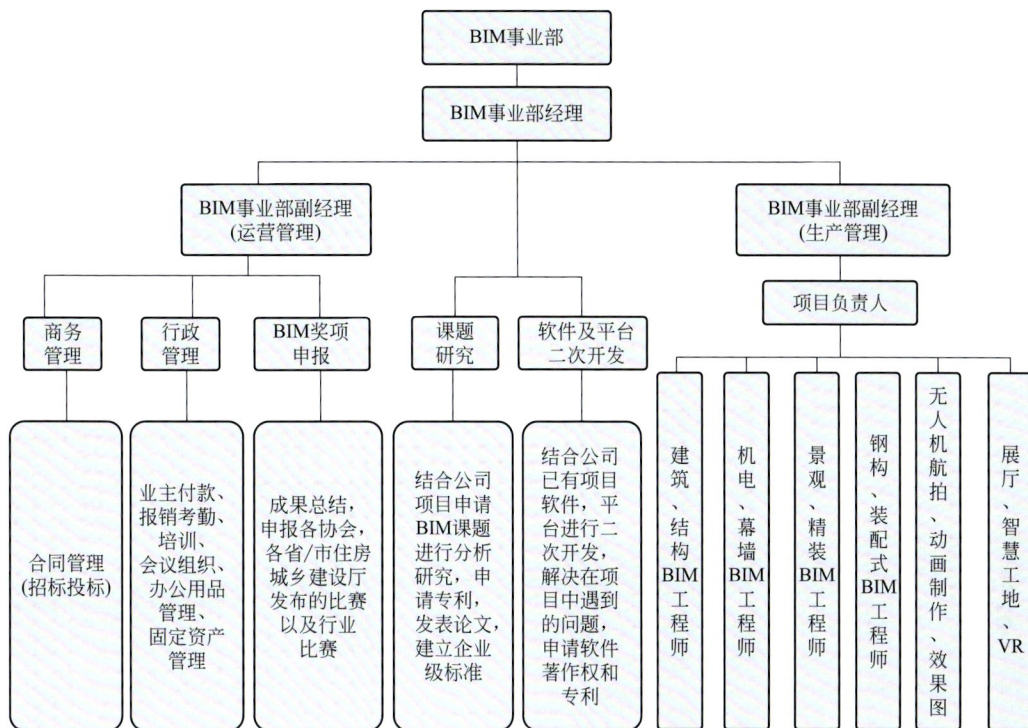

图 2　团队组织架构

2.2　软件环境（表 1）

软件环境　　　　　　　　表 1

序号	名称	项目需求	功能分配
1	Revit	三维建模	建模
2	Tekla	钢结构建模	钢结构
3	Lumion	动画渲染	渲染
4	AutoCAD	图纸绘图	图纸编辑
5	Fuzor	模拟施工	施工

3　BIM 技术重难点应用

3.1　绿色建筑分析

（1）日照分析

1）高层及洋房户型的第一、第二层均为商业服务用房，故从第三层窗台开始计算日照时间。

2）经计算，并结合《城市居住区规划设计标准》GB 50180—2018 以及当地相关日照规定。本项目所有住宅日照时长均满足要求，且所有底层住户日照时间均大于 2 小时。

（2）风环境模拟

建筑物周围 3.5m 人行区平均风速在 1.7m/s 左右，满足舒适性要求。

3.2　桩基入岩分析

采用 Civil 3D 建模，生成地形及地质土层模型。

采用 Revit 建模，生成桩基和支护模型。

在 Revit 中整合上述模型。

利用 Dynamo 判断桩基与持力层的位置关系

根据桩长明细表直观预判桩端入岩情况，提前分析出可能预见的问题，为现场施工提供数据参考，并为后期商务结算提供基础计算数据（图 3）。

3.3　BIM＋无人机

项目从开工开始一直采用无人机寻迹航拍，搜集点云信息，采用建模软件 Bentley 的 Context Capture 生成实景三维模型，相较以往纯照片或者视频的影像进度管理，实景三维模型能辅助项

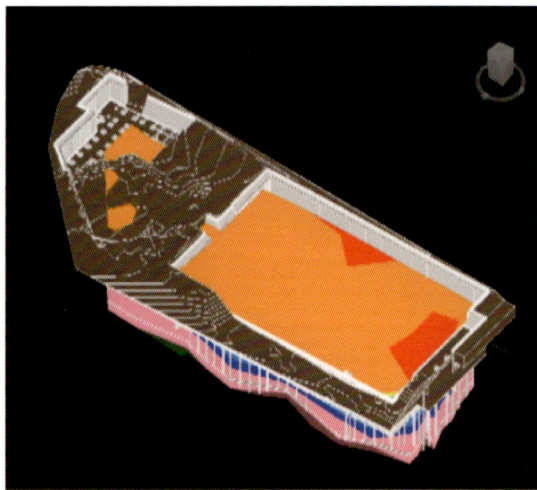

图3 将桩基、支护、地形、地质模型整合

目管理者进行更直观的形象进度管理（图4）。

图4 Context Capture 模型

3.4 施工 BIM 深化设计

（1）碰撞检查、问题报告

通过 Navisworks 软件快速准确地审查出各专业错、漏、碰、缺等 200 余项问题，根据审查结果同步更新模型数据。及时制作问题报告反馈给设计院，提前协调沟通找到解决方案。

（2）细部模型应用

如地下室连续墙的节点建模，直观体现地下连续墙与砌体内衬墙、空腔、楼板环梁等各部分构造的联系，以及反映钢筋混凝土地连墙的配筋示意（图5）。

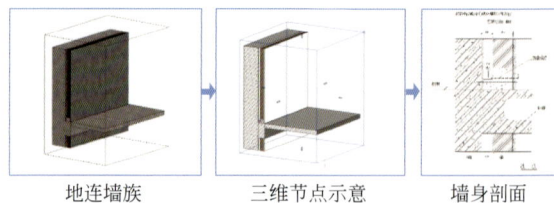

图5 模型应用

（3）净高分析

根据业主要求，对各区域的管综进行净高分析。对不满足净高的区域做出标示与问题报告，并反馈给甲方及设计院，及时沟通解决，使净高满足功能使用要求。

（4）综合支吊架

因支吊架不属于设计范畴，所以施工单位对于支吊架的受力计算显得尤为重要。项目采用 MagiCAD 综合支架插件，实现了综合支吊架设置与结构校核计算的可视化、数字化 BIM 专项设计，使设计施工技术人员能够简便快捷地完成复杂的综合支吊架设计计算，并提供计算复核结果。不仅保证了大型管道运行的安全性，而且为项目节约了 10% 的支吊架用量。

（5）预留孔洞深化

第一步：我们依据调整好的 BIM 模型，自动生成墙体预留洞图，保证洞口位置的准确性。

第二步：直接交付模型给轻质隔墙分包，要求在工厂阶段便将孔洞留设好。

优点：在本就以施工快为特点的轻质隔墙应用中，由于提前基于 BIM 模型进行了深化设计及工厂化的预先加工，进一步加快了施工进度。

3A065 正荣观江樾项目施工总承包 BIM 全过程应用

团队精英介绍

刘以东
广州万达城四期项目 B2 地块项目 BIM 动画工程师

助理工程师

先后参与前海交易广场南区项目、成都天府万达国际医院项目生产技术管理工作，获国家级 BIM 奖项 8 项。

张吉祥
广州万达城四期项目 B2 地块项目 BIM 事业部副经理

工程师

发表论文 2 篇，获得实用新型专利 6 项、省级工法 3 项、国家级 BIM 奖项 12 项。

陈 超
广州万达城四期项目 B2 地块项目 BIM 事业部副经理

工程师

发表论文 1 篇，获得实用新型专利 3 项、省级工法 3 项、国家级 BIM 奖项 12 项。

邢建见
广州万达城四期项目 B2 地块项目 BIM 事业部经理

工程师

发表论文 3 篇，获得实用新型专利 5 项、国家级 BIM 奖项 8 项。

王 平
深圳大学艺术综合楼项目 BIM 工程师

助理工程师

先后参与汉京花园项目、武广新城项目、生产技术管理工作，获国家级 BIM 奖项 3 项。

李世鹏
汉京花园项目 BIM 工程师

助理工程师

先后参与联投东方国际大厦、联投东方世家花园项目、羊台书苑项目生产技术管理工作，获国家级 BIM 奖项 8 项。

张 宇
广州万达城四期项目 B2 地块项目 BIM 工程师

助理工程师

先后负责莆田 PS 拍-2020-08 号地块、正荣季华兰亭项目生产技术管理工作，获国家级 BIM 奖项 5 项。

张 腾
莆田 PS 拍-2020-08 号地块项目 BIM 工程师

助理工程师

先后参与深大艺术综合楼项目、南山区科技联合大厦 EPC 工程生产技术管理工作，获国家级 BIM 奖项 3 项。

张雪梅
莆田 PS 拍-2020-08 号地块项目 BIM 工程师

助理工程师

先后参与羊台书苑项目、悦溪正荣府项目、生产技术管理工作，获国家级 BIM 奖项 3 项。

于安涛
正荣观江樾项目施工总承包装饰 BIM 工程师

助理工程师

参与成都天府万达国际医院项目、西丽医院改扩建代建项目、羊台书苑项目，获国家级 BIM 奖项 5 项。

杭州传娇智能物流项目 BIM 技术应用

九冶建设有限公司

罗长城　马鹏亮　张鹏翔　邵楠　李永波　吴海洋　宁小平　李鹏举　周昊伟

1　工程概况

1.1　项目概况

本项目（图 1）位于杭州市余杭区临平新城星桥街道，占地面积 100229 ㎡。总建筑面积 145531.62㎡，由 1 栋 3 层带坡道厂房 A1 丙类厂房、1 栋 10 层 B1 配套楼、2 个动力中心（C1、C2）、10 个门卫室（C3、C4）、1 个开闭所（C5）等组成。本工程开工日期为 2021 年 10 月 20 日，计划竣工时间 2023 年 8 月 30 日。

图 1　项目效果图

1.2　公司简介

九冶建设集团有限公司成立于 1965 年，是国家高新技术企业，拥有国家级企业技术中心研发平台，下辖 8 个分公司、2 个事业部、2 个控股公司，业务遍及国内 20 余个省、自治区、直辖市和海外 10 余个国家。

近年来，公司先后承建了一大批事关国计民生的重点项目，获得鲁班奖、国家优质工程奖、安装之星、钢结构金奖、省部级优质工程奖百余项，并连年获得全国和陕西省守合同重信用企业、全国优秀施工企业、中国施工企业 AAA 级信用企业、对外承包工程 AA 级信用企业、陕西省先进建筑业企业等称号，为社会经济发展做出了较大贡献！

2　工程重难点

（1）本工程采用大跨度有粘结钢绞线集束成孔预应力梁施工技术，最大单跨跨度 24.40m，而且工程量大施工工期紧，因此必须充分利用 BIM 技术提前策划。

（2）本工程基础采用灌注桩，地勘报告 38.5% 的溶洞率，线岩溶率为 32.5%；一桩一探厂房坡道配套楼及附属探孔 2734 个，场地平面上钻孔见洞率为 47%，钻孔线岩溶率为 32.6%，施工过程中经常出现未探明的溶洞，出现坍孔漏浆、卡锤、斜孔、地表塌陷、清孔漏浆等事故，因此给灌注桩施工带来很大的挑战，提前利用 BIM 技术建立溶洞模型，探索解决桩基施工问题。

（3）施工工期紧，在工程施工期间，杭州市举办亚运会，期间对工程造成很大影响，同时，受疫情影响进一步对工期造成影响，因此需要提前合理规划工期，避免工期延误。

（4）本工程专业分包多、工期紧，高峰期施工人员近 500 人，同一工作面交叉作业多，施工组织协调难度大。

3　软硬件配置

3.1　硬件设施（表 1）

硬件设备清单			表 1
台式机	笔记本	移动终端	航拍设备
处理器:英特尔酷睿 17(11700) 显卡:GTX1060 内存:32G 硬盘:250G＋2T	处理器:I7 系列 显卡:GTX1060 内存:16G 硬盘:1T	华为智能平板	大疆无人机

续表

台式机	笔记本	移动终端	航拍设备
4 台	6 台	4 台	1 台

3.2 软件清单（表 2）

软件清单　　　　表 2

软件类型	软件名称及版本	软件完成的工作
建模软件	鲁班大师土建	土建模型
	鲁班大师钢筋	钢筋优化配模
	鲁班大师安装	管道碰撞检查
	鲁班场布	三维场地布置
	鲁班排布	砌体排布优化
	Revit 2016	节点建模、净空检查
算量软件	广联达系列软件	土建、钢筋算量等
渲染软件	Fuzor	动画漫游渲染
二维码技术	Office 系列软件	二维码制作、数据集中汇总

4 BIM 团队组建

本项目实施初期，公司高层从全局考虑组织协调组成精干的 BIM 团队，团队分为两大部分，第一部分由安装公司工程部（技术中心）BIM 团队组成 BIM 信息化领导小组，全力指导、配合项目上的 BIM 应用工作，其中包括河南省 BIM 专家库专家，建设教育协会二级建模师，中国图学会 BIM 一级、二级建模师等人员。第二部分为项目 BIM 团队，由年轻的 BIM 技术应用人员组成。

5 BIM 应用成果及亮点

5.1 三维模型建立

利用鲁班大师土建和安装软件搭建 BIM 模型，实现建筑整体的可视化。模型效果见图 2。

5.2 三维场地布置

利用 BIM 技术进行现场布置模拟，优化场地资源，降低成本。三维场地布置效果见图 3。

图 2　模型效果图

图 3　三维场地布置效果图

5.3 管综碰撞检查

项目在施工前期就建立了土建、管道、电气线路等多个专业的 BIM 模型，在管道专业施工前将多个专业的模型合并，进行管综的碰撞检查，然后根据碰撞结果，会同设计和监理一起召开分析会，逐一解决碰撞问题，大大降低施工成本。管综碰撞检查结果展示详见图 4。

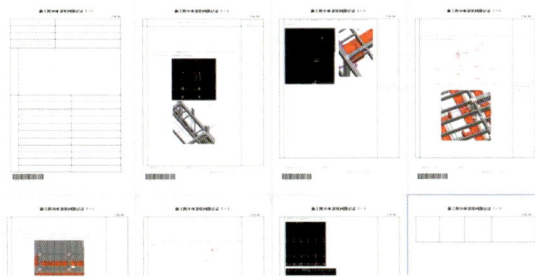

图 4　管综碰撞检查结果

5.4 空间净空分析

利用 BIM 模型进行净空分析，对不满足后期工艺设备安装要求的空间，与设计人员沟通提前进行调整。内部净空分布见图 5。

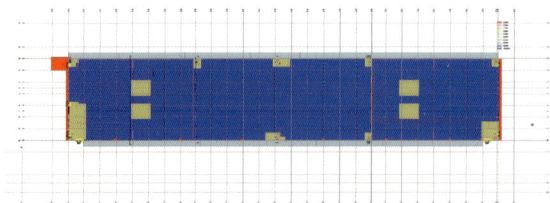

图 5　内部净空分布图

5.5　二维码技术应用

利用二维码技术与安全技术交底方案相结合，制作成技术交底二维码墙，见图6。

图 6　二维码技术应用

5.6　砌体排布优化

本项目目前正在进行砌筑施工，现场 BIM 团队根据图纸使用鲁班排布软件进行砌体排布优化，相比传统的手动砌体排布，BIM 砌体排布优化不仅能够提升出图效率，而且能够降低砌体材料成本，方便快速统计工程量。砌体排布效果见图7。

图 7　砌体排布效果图

5.7　三维可视化交底

将施工内容制作成交底视频，使得施工内容更通俗易懂，大大提升了施工质量和安全性。三维可视化交底示例见图8。

图 8　三维可视化交底示例

6　成果与效益分析

杭州传娇智能物流项目目前处于施工状态，A1库主体结构尚未施工完成，应用 BIM 技术取得的经济效益和环境效益尚未进行全部整理。目前就管道碰撞和净空分析，为后期节省的成本预计可达 100 余万元（图9）。

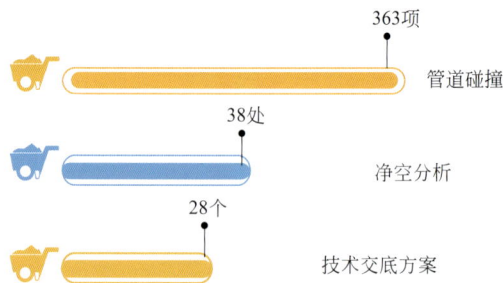

图 9　效益分析

7　经验总结

本项目 BIM 应用在杭州传娇智能物流项目中有着非常重要的作用，通过 BIM 技术将各专业统筹在一起，形成一个综合体，能够显著提升项目的品质，协助项目管控，优化工序，提高项目完成度，同时，也能够节约成本和控制工程造价。目前项目处于施工中期，BIM 应用效果良好，我们将继续按照《杭州传娇智能物流项目 BIM 应用策划》推进 BIM 应用工作，更大地挖掘 BIM 的技术价值。

3A069 杭州传娇智能物流项目 BIM 应用

团队精英介绍

罗长城

九冶安装公司总经理、党委副书记

一级建造师
高级工程师

有多年的公司 BIM 应用管理经验，曾担任多个大型施工项目的项目经理。

马鹏亮

九冶安装公司副总经理、总工程师、安全总监

一级建造师
高级工程师

张鹏翔

九冶安装公司副总经理

一级建造师
高级工程师

邵　楠

九冶安装公司工程部（技术中心）经理

一级建造师
高级工程师
中施企协 QC 中级推进师
河南省钢结构协会专家
QC 中级诊断师

有多年的 BIM 应用管理经验，曾担任多个施工项目的项目经理、区域项目总经理，项目管理经验丰富。

本项目项目经理，有多年的项目 BIM 应用经验，曾负责多个大中型项目的施工工作。

有多年的 BIM 技术应用实战经验，曾参与公司多个海内外大型项目，如安康高新中学项目、郑州西京花园项目等。

李永波

高级工程师
一级建造师
一级造价工程师
安全工程师
冶金工业工程造价专家
河南省 BIM 专家库专家

吴海洋

工程师
中国图学会 BIM 一级建模师

宁小平

本项目总工程师

高级工程师

主要从事 BIM 应用策划指导、BIM 方案审核工作。

从事多年的 BIM 应用工作，参与过新疆新华书店物流基地项目、公司海外项目、杭州传娇智能物流项目等多个项目的管理工作。曾获得过国家级 BIM 大赛二等奖，负责本项目的动画制作、BIM 应用策划方案编制等工作。

有多年的大中型项目施工经验和 BIM 应用实战经验，参与过新疆新华书店物流基地项目、杭州传娇智能物流项目等工程。

李鹏举

助理工程师

周昊伟

二级建造师
助理工程师

从事 BIM 应用工作 2 年，杭州传娇智能物流项目 BIM 应用技术人员，负责本项目的 BIM 建模和碰撞检查，曾参与多个项目的施工工作。

从事 BIM 应用工作 3 年，曾参与郑州西京花园住宅项目、安康高新中学项目等，负责本项目的三维场地布置等工作。

深圳市第二特殊教育学校项目 BIM 综合应用

中建二局第二建筑工程有限公司

李林刁　邢建见　陈超　张吉祥　齐特　尹醉　张硕　符正　刘超　刘珊

1　工程概况

本工程场地位于广东省深圳市光明区玉塘街道办事处田寮社区同观路以南，松白路以东。地块占地面积 9735.7m²，办学规模为 18/180 学位，是按照培智学校二级标准设计的培智类特殊教育高中，包括教学综合楼、宿舍楼、地下车库和设备用房等。新建总建筑面积 29950m²，其中：地上建筑面积 18079m²，地下建筑面积 11871m²。

2　BIM 团队建设及软件配置

BIM 事业部成立于 2015 年 11 月 15 日，目前人员配置 45 人，包含结构、建筑、机电、幕墙、景观等多个专业（图 1），以项目总承包施工 BIM 实施为目标。项目的类型有大型商业综合体、超高层、公共建筑、住宅、管廊、市政道路、桥梁、隧道等多种工程。

软件环境见表 1。

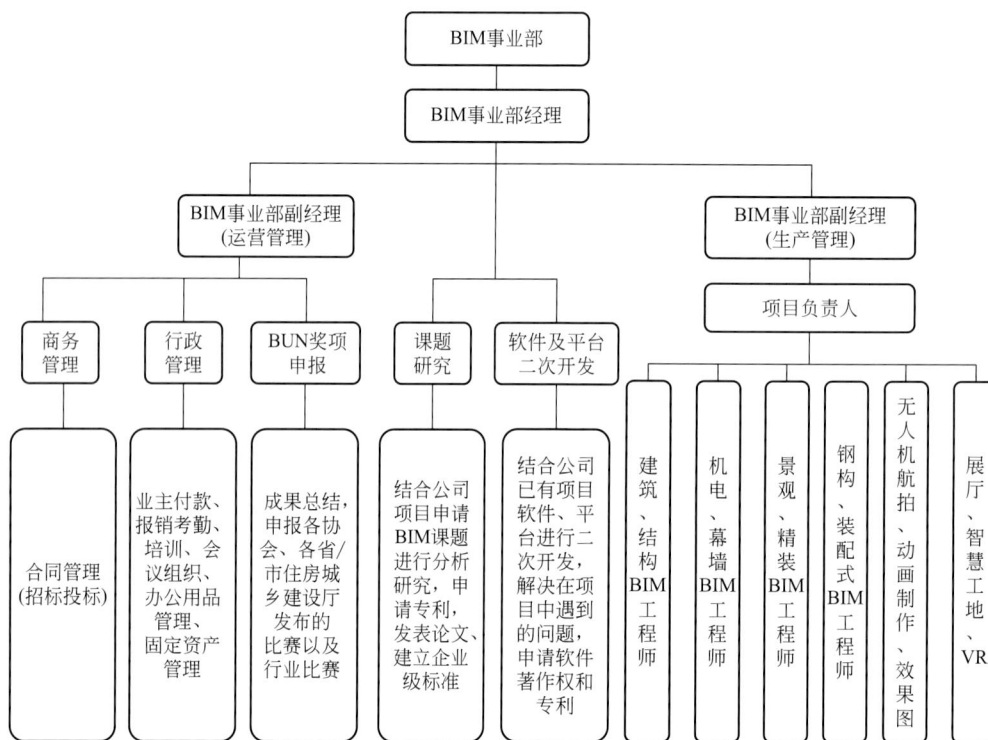

图 1　BIM 团队结构

软件环境　　　　　　表 1

序号	软件名称及版本	软件完成的工作
1	鲁班大师土建	土建模型
2	鲁班大师安装	管道碰撞检查
3	鲁班场布	三维场地布置

续表

序号	软件名称及版本	软件完成的工作
4	Revit 2016	节点建模
5	Tekla	钢结构模型
6	广联达系列软件	土建、钢筋算量

3　项目重难点分析

本项目有如下重难点：

（1）结构设计复杂，对深化设计提出较高的要求。

（2）专业分包多，施工总承包 BIM 管理协调难度大。

（3）工程体量大、工期紧。

（4）施工质量要求严格，须争创国家优质工程。

根据项目工程特点，决定利用 BIM 优势解决工程重难点，保证工程优质优效。

4　BIM 技术应用

4.1　BIM 实施标准

（1）标准依据

1）深圳市第二特殊教育学校项目设计任务书 BIM 专项要求。

2）《建筑信息模型应用统一标准》GB/T 51212—2016。

3）深圳市建筑工务署《BIM 实施方案编制规范》（试行版）SZGWS BIM05—2017 等相关规范标准。

4）中建《建筑工程设计 BIM 应用指南》。

（2）标准内容

1）BIM 实施目标。

2）BIM 的实施团队和人员架构。

3）BIM 实施的软硬件环境。

4）BIM 应用价值点及方案。

5）BIM 协同实施。

6）BIM 设计实施的保障措施。

4.2　BIM 模型色标规范

（1）模型设色仅针对进行建模的平面和显示的三维视图，对用于出图的平面视图、用于效果制作的平面和三维视图、用于各项信息模型应用的视图均不做要求。

（2）模型设色只是针对特定的显示效果，不应改变模型构件材质，模型材质应为构件实际材质。

（3）第二特殊学校项目信息模型设色方案应符合图 2 规定，根据实际情况做出的设色调整应经业主审核通过。

构件	颜色	构件	颜色
红线	255-0-0	楼层轮廓	250-200-60
车道	80-80-80	砌筑结构	255-200-90
小车位	0-90-90	轻钢隔断	250-220-95
人行道	150-150-150	吊顶	200-180-120

系统名称	颜色	系统名称	颜色
AC-EAD-排风风管	255-128-000	PD-YY-压力雨水管	000-128-255
AC-FAD-新风风管	000-255-128	PD-ZJ-中水管	000-255-000
AC-KED-厨房排油烟风管	000-128-255	PD-ZY-直饮供水管	000-255-000
AC-KMD-厨房补风管	000-128-255	PD-ZYH-直饮回水管	000-255-000

图 2　BIM 模型设色方案

4.3　BIM 建模深度

模型中的信息分为几何信息和非几何信息两类，在建筑设计中除了几何信息，还需要大量的非坐标性信息，即非几何信息，如：技术信息、产品信息、建造信息、维保信息。这些信息是根据项目进行的不同阶段在 BIM 模型中添加的。非几何信息是 BIM 应用的重点，如工程量统计、材料成本控制、后期维护运维等都需要非几何信息，根据几何信息与非几何信息的数量多少，分为 5 个级别（1.0～5.0 级），相应的数量也是由低到高（表 2）。

建模精度（示例）　　　　表 2

施工阶段	模型细度要求	模型精度
设计阶段	建筑结构模型定位准确；机电模型专业、系统完善	小于 LOD 4.0
现场施工前阶段	在设计阶段的模型上增加构件详细尺寸与管道管件、机组等构件	小于 LOD 4.0
现场施工阶段	在施工前模型上增加施工信息	LOD 4.0
竣工阶段	核对现场，做到项目实体与模型一致	LOD 5.0

5 项目应用

5.1 BIM技术应用点（图3）

图3 BIM技术应用点

5.2 设计阶段

（1）设计阶段1——多专业三维校核

三维图纸会审：通过BIM问题报告和三维模型，可以更加有效地协同甲方、设计院进行四方图纸会审（图4）。

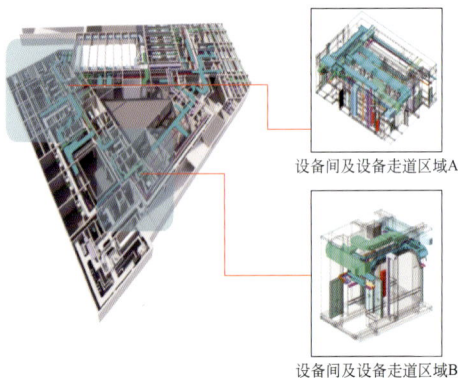

设备间及设备走道区域A

设备间及设备走道区域B

图4 三维图纸会审

（2）设计阶段2——三维管线综合

此区域为消防泵房出口行车道处，左侧为排风机房，通过管线综合优化后（图5、图6），在

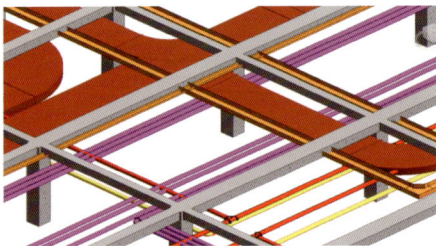

图5 消防泵房出口区域管线综合优化前

解决管线碰撞的同时，车道净高由原来的2.25m提高至2.45m。

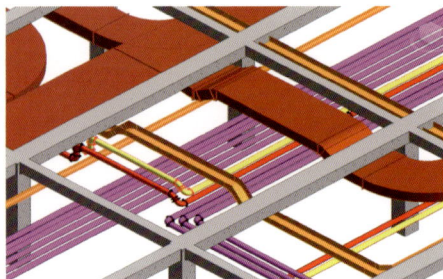

图6 消防泵房出口区域管线综合优化后

（3）设计阶段3——多专业碰撞检查

管线综合优化完成后，进行碰撞检查（图7），将建筑中的错、漏、碰、缺都检查出来，进行整改。

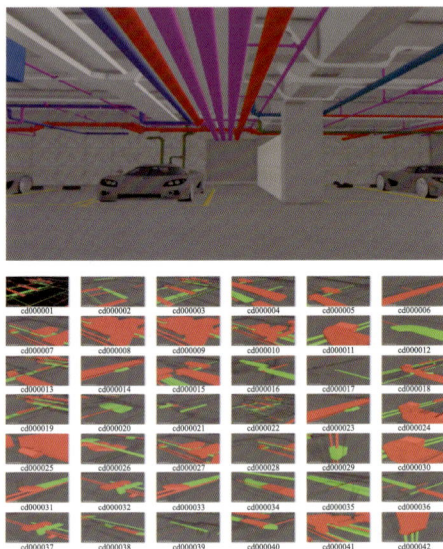

图7 碰撞检查

（4）设计阶段4——净高分析（图8）

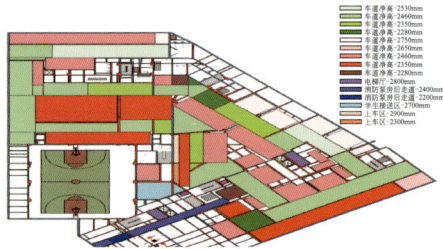

图8 净高分析

基于机电安装原则，尽可能提高管线综合净空高度，同时在过程中预留施工安装空间，保证管综方案的可行性，并根据最终的管综深化模型出具净高分布图。

3A061 深圳市第二特殊教育学校项目 BIM 综合应用

团队精英介绍

李林刁

深圳市第二特殊教育学校项目总指挥，BIM 项目负责人

助理工程师

先后参与广州日报科技文化中心项目、正荣季华兰亭项目、湖心正荣府施工总承包工程生产技术管理工作，获国家级 BIM 奖项 7 项。

邢建见

广州万达城四期项目 B2 地块项目 BIM 事业部经理

工程师

发表论文 3 篇、获得实用新型专利 5 项、国家级 BIM 奖项 8 项。

陈 超

广州万达城四期项目 B2 地块项目 BIM 事业部副经理

工程师

发表论文 1 篇、获得实用新型专利 3 项、省级工法 3 项、国家级 BIM 奖项 12 项。

张吉祥

广州万达城四期项目 B2 地块项目 BIM 事业部副经理

工程师

发表论文 2 篇、获得实用新型专利 6 项、省级工法 3 项、国家级 BIM 奖项 12 项。

齐 特

深圳市第二特殊教育学校项目指挥长

工程师

先后担任中建二局二公司项目书记、项目经理、公司区域经理、分公司副经理等职务，带领团队斩获詹天佑奖、广东省双优工地、省级安全文明工地、市级观摩工地等多种荣誉，取得 QC 奖 4 项、发明专利 3 项、发表论文 4 篇。

尹 醉

深圳市第二特殊教育学校项目副总工

助理工程师

从事项目管理工作 5 年，先后负责隆林易地扶贫项目、深圳市第二特殊教育学校等多个项目技术管理工作，获得省、市级奖项 6 项，发表论文 4 篇，授权实用新型专利 4 项、发明专利 1 项。

张 硕

汉京花园项目 BIM 工程师

助理工程师

先后负责广州日报科技文化中心项目、正荣观江樾项目，羊台书苑施工总承包项目，获国家级 BIM 奖项 6 项。

符 正

深圳市第二特殊教育学校项目 BIM 工程师

助理工程师

先后参与深圳市第二特殊教育学校项目、南山区科技联合大厦项目生产技术管理工作，获国家级 BIM 奖项 3 项。

刘 超

深圳市第二特殊教育学校项目 BIM 工程师

助理工程师

先后参与前海交易广场南区项目、羊台书苑项目、砺剑大厦项目生产技术管理工作，获国家级 BIM 奖项 7 项。

刘 珊

广州万达城四期项目 B2 地块项目总指挥

助理工程师

先后参与汉京花园项目、朝阳西路东、薛泰路南商住项目、生产技术管理工作，获国家级 BIM 奖项 3 项。

深大艺术综合楼项目 BIM 综合应用

中建二局第二建筑工程有限公司
魏利新 柴达 张吉祥 邢建见 陈超 李世鹏 张硕 李功磊 王平 刘珊

1 工程概况

1.1 项目简介

深圳大学艺术综合楼、深圳大学建筑与城市规划学院教学实验楼扩建工程位于深圳市南山区深圳大学粤海校区。

工程规模：艺术综合楼项目总建筑面积为 128694.33m²，由 3 座单体建筑：艺术楼、外语楼和建筑与城市规划院馆扩建工程组成。包括在建的吴玉章楼地下室，4 个单体建筑物的地下室均连通在一起。建筑与城市规划学院教学实验楼扩建楼总建筑面积为 9042m²（图 1）。

图 1 效果图

1.2 团队组织架构（图 2）

团队分工

- 项目汇报工作：王俊豪
- 模型搭建工作：李世鹏、王晓奇、张硕
- 深化出图工作：李世鹏、王晓奇、王俊豪
- 施工模拟工作：王俊豪

图 2 团队组织架构

1.3 BIM 事业部介绍

中建二局二公司 BIM 事业部成立于 2016 年，拥有 40 余人团队，专业从事项目全生命周期的 BIM 技术应用咨询与服务，业务范围主要包含：深化设计、图纸校核、土建 BIM 技术应用、机电 BIM 技术应用、钢构 BIM 技术应用、幕墙 BIM 技术应用、精装 BIM 技术应用、应急疏散仿真模拟、动画及效果图制作等。目前已完成许昌万达等 50 多个项目 BIM 技术应用，荣获"科创杯"一等奖等 30 多个奖项，未来还将朝着 BIM 总承包管理模式探索与实践。

2 BIM 应用点

2.1 场地布置模型搭建（图 3）

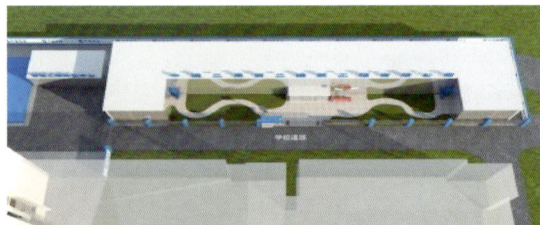

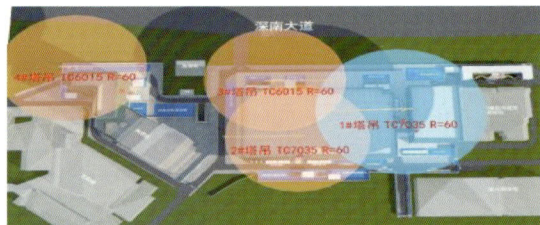

图 3 场地布置模型搭建

2.2 各专业 BIM 模型搭建

参照《BIM 信息模型交付标准》相关要求，各专业 BIM 工程师通过创建深度不低于为 LOD300 的 BIM 模型，反映物体实际外形，包含尺寸、材质、产品信息以及详细的设计信息等，保证可用于施工准备和模型应用分析，并在施工模拟和碰撞检查中规避错误（图4、图5）。

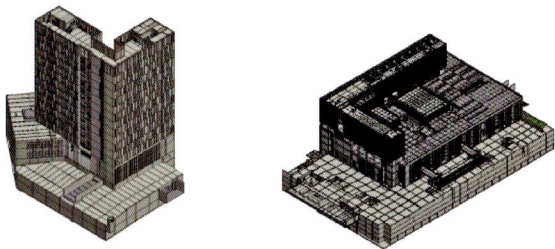

图 4　土建模型

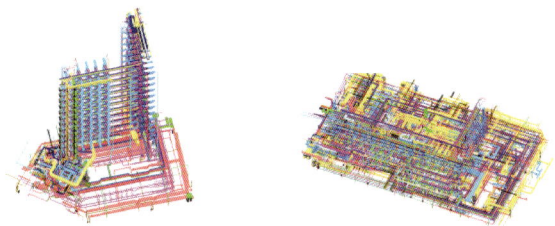

图 5　机电模型

2.3 室外管井深化

根据市政给水排水专业平面图纸，BIM 工程师在主体模型中布置了市政管线及设备，通过三维模型，技术人员直观查看布置方案，发现了多个布置不合理的区域，并制定了新的布置路线，提高了方案的合理性，保障后期施工安全（图6）。

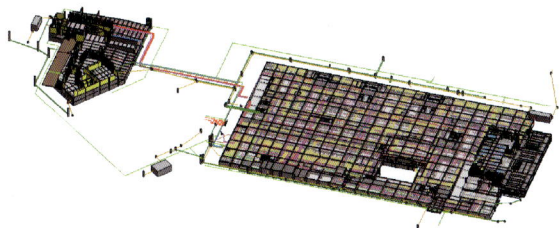

图 6　室外管网模型

2.4 碰撞检查

管线综合优化完成后，进行碰撞检查，将模型中的错、漏、碰、缺都检查出来，进行整改（图7）。

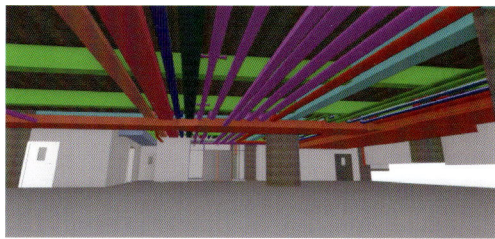

图 7　碰撞检查

2.5 机房深化

应用 BIM 技术对楼层管线、设备机房、管道井等复杂部位进行深化设计，为后期施工提供准确的数据信息，确保管线整体排布合理、美观。借助 BIM 可视化特点，建立管廊管线密集部位综合排布模型，通过对不同布置方案的对比与优化，确定最终实施方案，指导现场施工（图8、图9）。

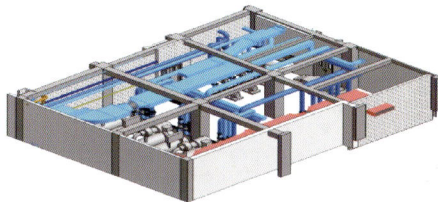

图 8　制冷机房深化

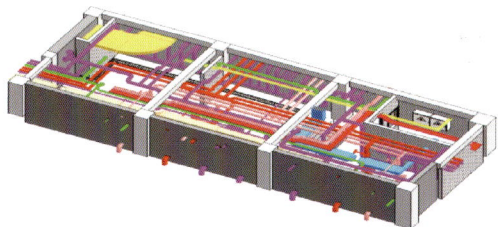

图 9　生活水泵房深化

2.6 室内漫游

利用漫游视频对施工人员进行三维交底，使施工人员能直观预判周边环境对施工方案带来的不利影响，提前选择合理的施工方案，避免后期的返工或者窝工（图10、图11）。

2.7 精装制作

利用 BIM 相关的软件制作精装修的模型，并加以渲染出图，提前展现装修之后的效果，提供给业主及各方单位，提前对功能性及美观性进行评估，及时沟通，对不满足要求的区域，更改精装修需要的效果和材质（图12）。

图 10　室内漫游

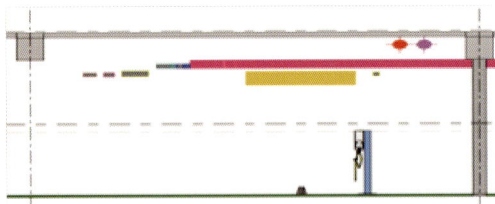

图 11　漫游界面交底

图 12　精装效果展示

2.8　BIM 平台

通过 BIM 管理平台的搭建，实现 BIM 模型的轻量化，解放高配硬件要求。同时使得资料存储在云端并与模型紧密关联，实现动态更新，实时监测（图 13）。

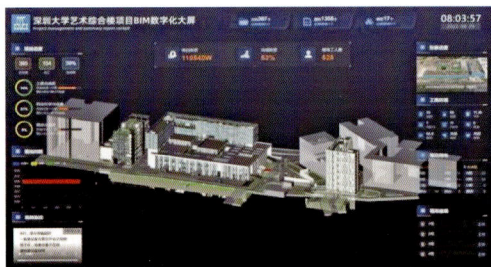

图 13　BIM 平台监控画面

（1）质量管控：管理人员利用平台手机端快速记录现场质量问题，软件自动将信息推送至责任人进行整改、回复，形成问题闭合的管理模式（图 14）。

图 14　质量监控展示

（2）实时监控：运用物联网技术，通过智能硬件监控现场，自动采集精准数据，避免数据失真，同时能够通过平台及时把控项目进度，避免工期延误（图 15）。

图 15　实时画面监控

2.9　智慧展厅

利用 BIM＋AR 技术，用户可以以真实的比例真实地看到建筑物。通过将 BIM 模型加载到移动设备端，利用 AR 技术在规划红线周围进行虚拟漫步，查看是否存在任何冲突，从而避免发生错误，可以使各参建方能够实时看到更改所造成的影响。通过将 BIM 模型等进行 AR 处理，在 AR 眼镜中进行模型操作，并能与现场进行位置重合，在眼镜中即可得到现场信息并指导现场构件安装（图 16）。

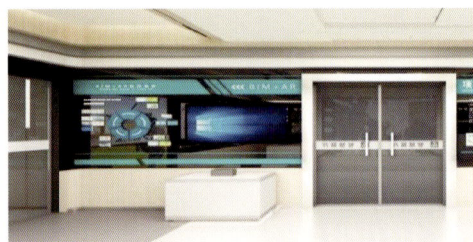

图 16　智慧展厅

3A060 深大艺术综合楼项目 BIM 综合应用

团队精英介绍

魏利新

深圳大学艺术综合楼项目总指挥

高级工程师

历任中海信、安吉尔项目、华海金湾公馆项目、深圳大学科研楼Ⅱ（吴玉章楼）等工程生产经理、项目总指挥。

柴 达

深圳大学艺术综合楼项目总工

一级建造师
正高级工程师

负责昆明同德广场项目、银川西夏万达项目、重庆弹子石 CBD 项目、长沙京武三期项目、莆田酒店项目、深大艺术综合楼项目；发表论文 5 篇，获实用新型专利 9 项、省级工法 12 项、省级科技奖 10 项。

张吉祥

广州万达城四期项目 B2 地块项目 BIM 事业部副经理

工程师

发表论文 2 篇，获实用新型专利 6 项、省级工法 3 项、国家级 BIM 奖项 12 项。

邢建见

广州万达城四期项目 B2 地块项目 BIM 事业部经理

工程师

发表论文 3 篇，获实用新型专利 5 项、国家级 BIM 奖项 8 项。

陈 超

广州万达城四期项目 B2 地块项目 BIM 事业部副经理

工程师

发表论文 1 篇，获实用新型专利 3 项、省级工法 3 项、国家级 BIM 奖项 12 项。

李世鹏

汉京花园项目 BIM 工程师

助理工程师

先后参与联投东方国际大厦、联投东方世家花园项目、羊台书苑项目生产技术管理工作，获国家级 BIM 奖项 8 项。

张 硕

汉京花园项目 BIM 工程师

助理工程师

先后负责广州日报科技文化中心项目、正荣观江樾项目，羊台书苑施工总承包项目，获国家级 BIM 奖项 6 项。

李功磊

深圳大学艺术综合楼项目 BIM 工程师

助理工程师

先后负责羊台书苑项目、深大艺术综合楼项目生产技术管理工作，获国家级 BIM 奖项 5 项。

王 平

深圳大学艺术综合楼项目 BIM 工程师

助理工程师

先后参与汉京花园项目、武广新城项目、生产技术管理工作，获国家级 BIM 奖项 3 项。

刘 珊

广州万达城四期项目 B2 地块项目总指挥

助理工程师

先后参与汉京花园项目、朝阳西路东、薛泰路南商住项目、生产技术管理工作，获国家级 BIM 奖项 3 项。

数字建造，装配未来

浙江国星钢构有限公司，浙江省一建建设集团有限公司

郑文明　高国荣　许水军　宋振琦　王涛　焦挺　金国春　杜文方　王式金　杜健

1　工程概况

1.1　项目简介

杭政储出【2018】25 号地块项目周边配套项目钢结构专业工程位于浙江省杭州市下城区文晖路以南，建国北路以东，朝晖路以北。本工程总用地面积 35986m²，地上计容面积 118699.6m²，地下建筑面积 118728.8m²，地上 14 层，地下 4 层，建筑高度 58.590m（图 1）。

图 1　项目效果图

由于项目规模大、施工场地大、建筑高度高，给项目施工质量和安全管理带来了很大的困难，应用 BIM 技术进行项目实施，能让采用传统管理方式时碰到的很多问题迎刃而解，提高项目实施的综合效益。

1.2　公司简介

浙江省一建建设集团有限公司（简称"浙江一建"）是浙建集团的重要组成成员之一。

浙江一建汇人才聚合力做中国建筑行业排头兵。在浙江省委省政府、省国资委和浙建集团党委的坚强领导下，集团走过 70 余年风雨征程，现已发展成为一家集房建施工、安装、装修、幕墙、钢结构、地基基础、市政工程等多元化经营为一体的具有中国建筑业竞争力 200 强和浙江省建筑强企实力的大型国有企业。

近年来，集团先后承建黄龙体育中心亚运会场馆改造、浙江师范大学亚运会手球馆等 9 项亚运场馆、浙江省"六大实验室"之一阿里达摩院湖畔实验室等项目，大力探索实施 EPC、PPP 等新的经营模式，加快创新改造，在项目实施和管理过程中积极应用智慧建造技术、BIM 技术、数字化技术等建筑业的前沿技术，继续加快转型发展的步伐，综合实力稳步提升，在打造"重要窗口"一流企业的路上奋勇向前。

浙江国星钢构有限公司是一家集钢结构设计、制作、施工安装于一体的综合性钢构实体公司。拥有建筑业钢结构工程专业承包一级资质，中国钢结构制造企业一级资质、钢结构欧盟 CE 认证。

拥有多位主持或参与重大钢结构项目的管理人员及专家，在《焊接技术》《浙江建筑》《工程技术》等全国各类学术杂志独立发表或合著论文六十余篇；授权《网架安装的支撑装置》《网架高空安装滑移安全平台》等国家级专利技术十余项；曾参与或主持建设的钱江四桥、杭州市民中心主体工程、上海世博中心阳光谷等优质项目荣获中国钢结构金奖、詹天佑奖、鲁班奖等奖项。近年来在多个项目的实施和管理中应用了 BIM 技术，创造了良好的综合效益。

1.3　工程重难点

（1）工程用钢量大，结构复杂

由于本工程用钢量大、结构形式复杂，节点种类繁多，在实际使用过程中可能会面临各种荷载作用，主要包括静力荷载（恒荷载、活荷载、风荷载、温度荷载等）和动力荷载（多遇地震、罕遇地震等），很多部位杆件受力很大，因此对结构整体进行稳定性分析，针对各节点强度采取

相应的优化措施对于超大跨度结构来说至关重要。

（2）钢构件体量大，专业多、工序协调难

各种构件集中于塔楼区域，穿插于各种设备和钢结构多层框架中，统一协作安装调整困难，对管线及机电设备布置要求高；利用 BIM 技术进行管道预制加工，采用装配式的安装减少交叉作业时间，提高施工质量、加快进度。

（3）跨度大，构件受力变形多样

本标段有跨度 41m 的连廊，在施工安装过程中各杆件的受力和变形度都有严格要求，利用 BIM 技术对各个安装工序进行合理安排和模拟，对受力变形预警值做好提前预判，提前采取应对措施和施工部署。

（4）任务重、工期紧

本工程钢结构制作量和安装量大、时间紧，且安装位置在不同塔楼，构件到场后要尽量靠近所属塔楼，如何保证制作和安装同步有效衔接，成为本项目管控难点，利用 BIM＋物联网技术对构件进行信息化全过程管理。

2　BIM 应用软件配置

BIM 是以三维数字技术为基础，集成了建筑工程项目各种相关信息的工程数据模型；模型承载着各种数据，贯穿了项目的整个生命周期，在项目的不同阶段，不同利益相关方通过各种 BIM 软件（表 1）提取、导入、更新和修改工程模型信息，来完成各自的交互作业，实现 BIM 真正意义上的数据信息传递和信息共享。

软件环境　　　　　　表 1

序号	名称	项目需求	功能分配
1	Revit	三维建模	建模
2	AutoCAD	二维出图	出图
3	Tekla	钢结构建模	钢结构
4	Lumion	动画渲染	渲染
5	3ds Max	地形创建	建模

3　BIM 技术应用创新点及应用价值

本项目应用了基于 BIM 的钢结构智能测量技术、基于 BIM 的钢结构虚拟仿真施工模拟技术、基于 BIM 的管线综合优化技术、基于 BIM 的施工安全监测技术、基于 BIM 的现场施工管理信息技术、基于 BIM 的项目成本分析与控制信息技术、基于互联网的项目多方协同管理技术、基于移动互联网的项目动态管理信息技术、基于物联网的工程总承包项目物资全过程监管技术、基于物联网的劳务管理信息技术、基于智能化的装配式建筑产品生产与施工管理信息技术等。

BIM 绝对不只是一种独立软件和一台电脑的使用，而是一个服务系统和平台的搭建和协同。BIM 技术的运用，很大程度上降低了项目设计、造价、施工、运维带来的效益风险，打开了建筑管理效率的大门。

（1）BIM 应用实现结构化数据集合。

（2）BIM 应用实现项目可视化展示。

（3）BIM 应用实现多专业协同工作。

（4）BIM 应用实现项目信息化管理。

4　BIM 技术应用

钢结构工程实施和管理过程中，通过应用 BIM 技术可以有效地提高设计效率、施工效率及综合管理效益。目前我国正在大力倡导节能减排、推行建筑工业化、大力发展装配式建筑，钢结构建筑是典型的装配式建筑这是不可否认的事实，将 BIM 技术应用于钢结构工程的实施过程中可以有效地提高资源的利用率、发挥节能减排的作用、实现建筑行业的可持续发展。

杭政储出【2018】25 号地块项目根据工程特点深入推广数字建造技术，在建筑模型建立、施工进度计划编制、施工场地布置、钢结构深化设计、机电深化设计、项目测量和监测、施工管理等方面都应用了 BIM 技术，实行了信息化控制，较好地达到了协调和控制项目实施的目的，有效地实现了项目信息化管理。

4.1　建筑模型创建

根据 CAD 二维图，应用 Revit 软件可有效提高建模的效率，快速精准地对墙体、门窗、板、柱等进行布置（图 2）。

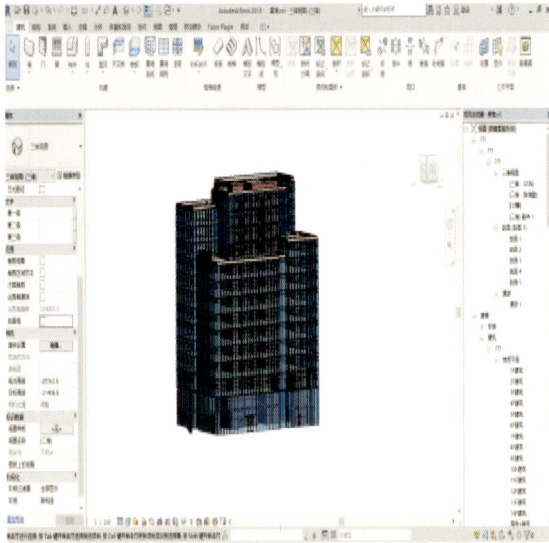

图 2　应用 Revit 建立建筑三维模型

4.2　建筑漫游

通过动态观察建筑平面、立面及空间的布置情况，既能进行外观整体观察（图 3），又能进行全屋游览，发现建筑设计存在的不足，便于尽早提出修改，设计出满足需求的建筑。

通过对模型进行渲染，可以给客户一种虚拟现实的替代感，给人们一种真实感和直接的视觉冲击力，同时给业主带来实景式体验，让他们更深入地了解建筑情况，为项目提供更直观的宣传和介绍，也为项目招商引资发挥极大的作用。

图 3　建筑漫游一角

4.3　三维剖切

通过对建筑模型各个角度和方向进行剖切，使业主、监理、施工等相关人员更直观地了解柱、梁、墙板、楼梯等各类构件的空间布置情况，提前排查问题，以免因遗漏或错误引起返工。

5　未来展望

同一个项目基于一个数据架构，项目参建各方协同开展模型的建立，共享应用协作、项目管理、流程管控、数据移交的大型综合 BIM 平台，可实现项目的全生命周期信息化管理（图 4）。

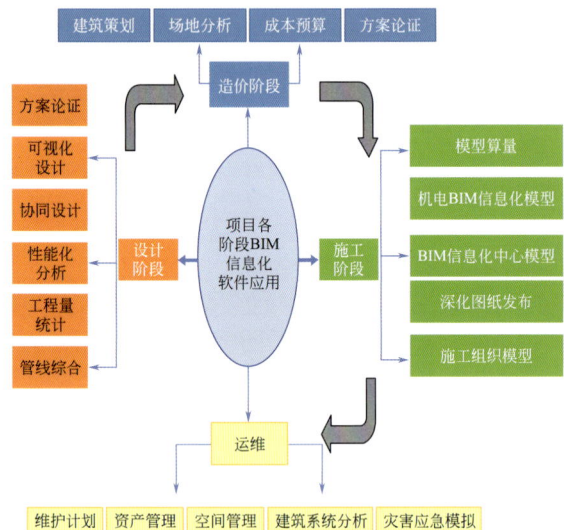

图 4　信息化管理

根据目前 BIM 技术在钢结构工程应用中所发挥的作用及存在的不足，我们将继续加强 BIM 技术在新常态下的应用与总结，加强 BIM 技术的普及与推广应用，真正将 BIM 技术融入整个项目周期的各个阶段——设计阶段、造价阶段、施工阶段、运营阶段，实现项目全过程信息化管理和建筑业的可持续性发展。

3A086 数字建造，装配未来

团队精英介绍

郑文明
杭政储出【2018】25 号地块项目钢结构工程技术总工

高级工程师

曾主持参与苏州创意产业园、曹娥江大闸景观楼、苏州李宁体育馆、广西金融广场等重大钢结构项目的 BIM 技术应用工作。获得国家发明专利 1 项、实用新型 2 项、浙江省钢结构协会 BIM 大赛二等奖等。

高国荣
杭政储出【2018】25 号地块项目钢结构工程总监

二级建造师
工程师

曾参与印刷集团数字大厦等项目的 BIM 技术管理工作，对 BIM 技术应用于钢结构施工项目有着深入研究。

许水军
杭政储出【2018】25 号地块项目钢结构工程项目部主任

助理工程师

曾参与印刷集团数字大厦等项目的运营管理工作。

宋振琦
杭政储出【2018】25 号地块项目钢结构工程执行经理

助理工程师

曾参与印刷集团数字大厦等项目的工程管理工作。

王 涛
杭政储出【2018】25 号地块项目钢结构工程施工员

助理工程师

曾参与印刷集团数字大厦等项目的 BIM 技术管理工作。

焦 挺
浙江一建集团总工

正高级工程师

曾参与杭州亚运会主场馆、浙师大手球馆、阿里达摩院湖畔实验室等项目的智慧建造技术、BIM 技术、数字化技术应用工作。

金国春
杭政储出【2018】25 号地块项目钢结构工程总指挥

一级建造师
高级工程师

参与永康人民检察院大楼数字化应用工作，获得国家、省、市级工法数项。

杜文方
杭政储出【2018】25 号地块项目钢结构总监

注册监理工程师
高级工程师

曾参与多个 15 万 m² 以上重大项目的监理工作，对 BIM 技术有着深入的理解。

王式金

一级建造师
一级造价师
BIM 高级建模师

曾参与多个重大项目的 BIM 技术应用工作，获得浙江省多项 BIM 技术大赛奖项。

杜 健
杭政储出【2018】25 号地块项目钢结构工程业主代表

一级建造师

曾参与管理过多个重大项目的全过程施工管理。

翔安正荣府项目 BIM 技术全过程应用

中建二局第二建筑工程有限公司

姜磊 张吉祥 陈超 邢建见 秦冬 杨浩诚 李功磊 王俊豪 王永胜 李慎奇

1 项目简介

翔安正荣府为翔安区沙美路 2020XP19 地块项目，位于厦门市翔安区新店镇沙美村，翔安南路北侧，沙美路东侧，沙美东路西侧，南二路南侧。占地 2.7 万 m^2，总建筑面积约 114307.13m^2，其中地上建筑面积 7.74 万 m^2，地下建筑面积 3.43 万 m^2。主要拟建物包含 6 栋 28～32 层高层住宅、2 层地下室，商业、配电房、物业房等配套。主楼为剪力墙结构，地下室为框架结构，基础为桩筏基础，最高建筑高度为 94.75m（图 1）。

图 1 项目效果图

2 BIM 团队建设及软硬件配置

2.1 团队介绍

BIM 事业部成立于 2015 年 11 月 15 日，目前人员配置 45 人，包含结构、建筑、机电、幕墙、景观等多个专业，以项目总承包施工 BIM 实施为目标。所参与项目有大型商业综合体、超高层、公共建筑、住宅、管廊、市政道路、桥梁、隧道等多种类型。

2.2 团队组织架构（图 2）

2.3 软件环境

所使用的软件包括 Autodesk Revit、3ds Max、Lumion、Tekla、Fuzor 等。

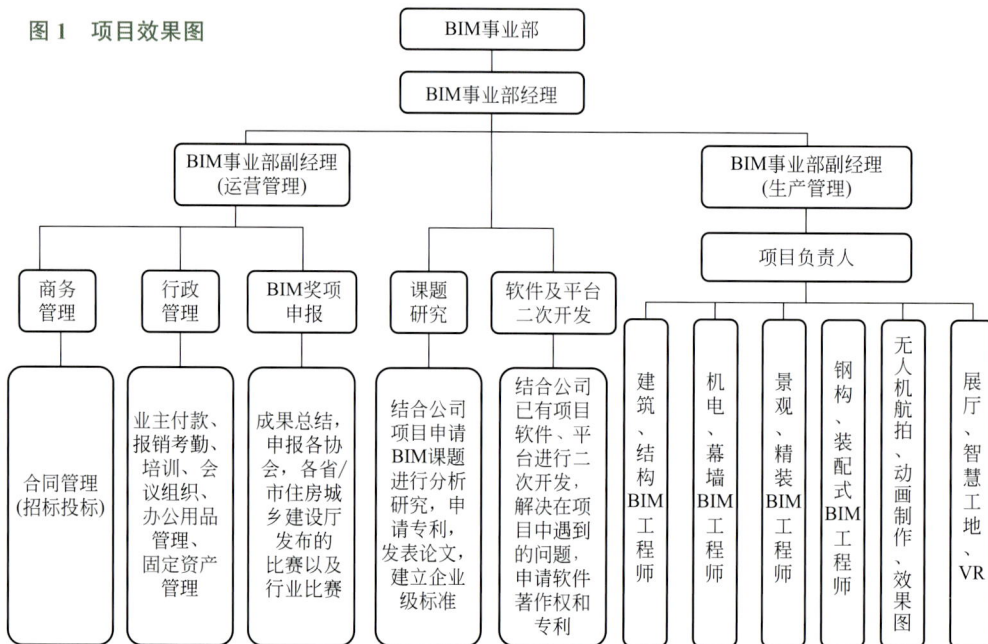

图 2 团队组织架构

2.4　硬件配置（表1）

硬件配置　　　　　表1

主机品牌	ASUS	ASUS
CPU（处理器）	Intel 至强处理器 E5-2643（4 核，3.30GHz）×2	双 Intel 至强处理器 E3-2687w（4 核，3.40GHz）×2
内存	16G DDR3 RDIMM 1600MHz，ECC	32G DDR3 667 RDIMM 1600MHz ECC
硬盘	256GB SSD+1TB 机械硬盘	256GB SSD+1TB 机械硬盘
显卡	NVIDIA Quadro K2200	NVIDIA Quadro K2200
显示器	戴尔 P2317H 显示器	戴尔 P2317H 显示器

3　BIM 技术重难点应用

3.1　BIM 建模与深化设计

项目在深化设计阶段利用 BIM 审图取代传统的二维审图方式，以三维模型为基础，利用 BIM 技术，结合图集规范及项目管理人员经验，快速、全面、准确地发现全专业的图纸问题，并能一键返回建模软件，快速修改，自动审核，提升施工图质量，最大限度降低返工（图3～图6）。

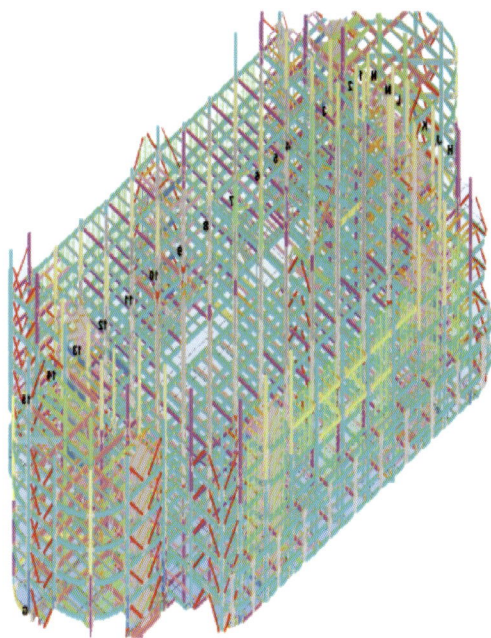

图4　钢结构模型

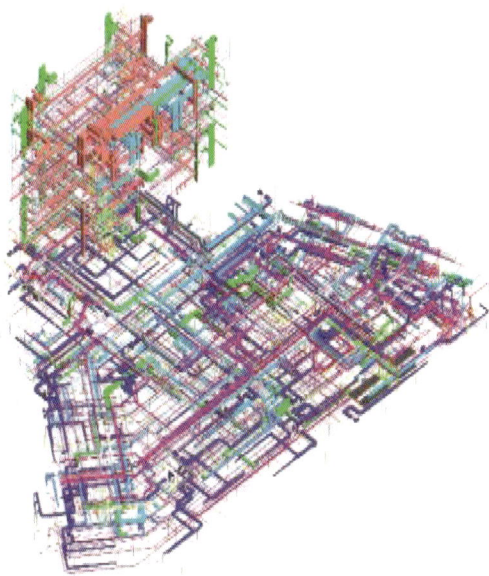

图5　BIM 应用

图3　机电模型

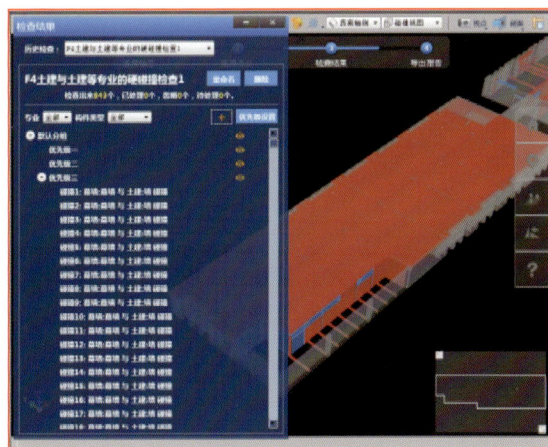

图6　BIM 视图

3.2 BIM 技术与现场应用

利用广联达三维场地布置软件，为项目提供现场布置规划方案，解决设计考虑不周全带来的绘制慢、不直观、调整多以及环保、消防及安全隐患等问题（图7）。

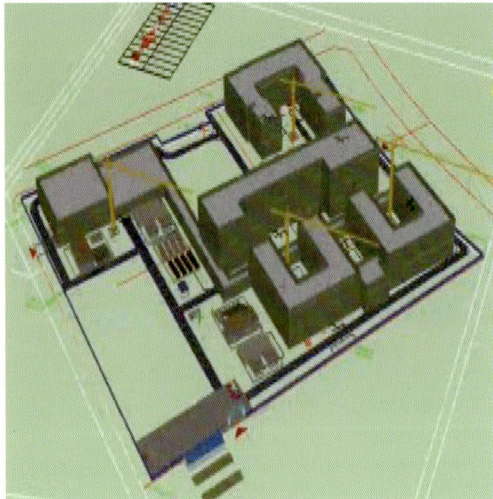

图 7 场地布置

利用 BIM 技术辅助，使施工交底更加清晰简洁，铝合金模板使用效率大幅提高，节约了成本，混凝土成型质量好（图8）。

图 8 现场施工混凝土（一）

图 8 现场施工混凝土（二）

4 下一步计划

本工程在前期施工阶段广泛运用 BIM 技术，取得了丰富的成果和理想的效益，故将在后续建设中继续使用 BIM 技术为项目服务，继续完善 BIM 应用水平，未来工作主要包括：

（1）施工模型与商务算量结合

根据 BIM 应用中总结的软件使用经验，利用 Revit 建立同时满足施工及商务需要的模型，减少各专业分开建模耗费的时间成本，同时减少现场施工成本与结算成本的误差。

（2）建立方案三维交底素材库

积累常规方案三维模型，建立常规方案三维模型库，形成常规方案三维交底素材库。

（3）完善项目族库与项目样板

整理并完善项目族库，为后续工程建立高效率项目样板。

（4）软件平台的创建与规划

发展企业内部软件平台，不再局限于目前市场上的部分管理平台。

3A063 翔安正荣府项目 BIM 技术全过程应用

团队精英介绍

姜 磊
汉京花园项目
BIM 工程师
助理工程师

从事 BIM 管理工作 12 年，先后负责周口开元万达广场项目、悦溪正荣府项目，所负责项目获得鲁班奖 1 项，发表论文 3 篇，授权专利 5 项，获国家级 BIM 奖项 13 项。

张吉祥
广州万达城四期项目
B2 地块项目 BIM 事业部副经理
工程师

发表论文 2 篇，获得实用新型专利 6 项、省级工法 3 项、国家级 BIM 奖项 12 项。

陈 超
广州万达城四期项目
B2 地块项目 BIM 事业部副经理
工程师

发表论文 1 篇，获得实用新型专利 3 项、省级工法 3 项、国家级 BIM 奖项 12 项。

邢建见
广州万达城四期项目
B2 地块项目 BIM 事业部经理
工程师

发表论文 3 篇，获得实用新型专利 5 项、国家级 BIM 奖项 8 项。

秦 冬
砺剑大厦项目
BIM 工程师
工程师

先后参与肇庆万达国家度假区规划展示中心、延安万达文旅小镇项目、成都天府万达国际医院项目，获国家级 BIM 奖项 7 项。

杨浩诚
莆田 PS 拍-2020-08 号地块项目 BIM 工程师
助理工程师

先后负责正荣季华兰亭项目、武广新城项目、悦溪正荣府生产技术管理工作，获国家级 BIM 奖项 6 项。

李功磊
深圳大学艺术综合楼项目 BIM 工程师
助理工程师

先后负责羊台书苑项目、深大艺术综合楼项目生产技术管理工作，获国家级 BIM 奖项 5 项。

王俊豪
翔安正荣府项目
BIM 工程师
助理工程师

先后负责前海交易广场南区总承包项目、正荣季华兰亭项目生产技术管理工作，获国家级 BIM 奖项 3 项。

王永胜
翔安正荣府项目
BIM 工程师
助理工程师

先后参与中原文旅城欢乐世界（雪世界）项目、攀枝花万达广场项目生产技术管理工作，获国家级 BIM 奖项 4 项。

李慎奇
翔安正荣府项目 BIM 工程师
助理工程师

先后参与中原文旅城欢乐世界（雪世界）项目、生产技术管理工作，获国家级 BIM 奖项 1 项。

环翠区科创中心工程 BIM 技术应用

威海奥华钢结构有限公司

张坦　刘传军　张书川　王少鹏　于志伟　邢学训

1　工程概况

1.1　项目简介

本工程是一栋高层双塔楼的高层钢结构建筑，主体结构由 A 塔楼、B 塔楼及裙房三部分组成，总建筑面积 84633m²，A、B 塔楼地下 4 层，地上 22 层，裙房地下 2 层，地上 4 层，结构形式采用钢管混凝土框架-钢筋混凝土核心筒结构，钢柱采用箱形构件，钢梁采用成品 H 钢构件，节点采用高强度螺栓栓焊连接，将梁柱形成结构整体，楼板采用钢筋桁架楼承板（图 1、图 2）。

图 1　项目透视图

图 2　项目效果图

1.2　公司简介

威海奥华钢结构有限公司，成立于 2003 年，注册资金 5000 万元，公司总部位于山东威海，十余年专注于钢结构领域，是一家集钢结构建筑及建筑金属屋面和墙面等研发、设计、制造、施工、维保于一体的大型钢结构公司，拥有钢结构施工总承包资质，钢结构专业承包一级资质，建筑幕墙专业承包二级资质，2007 年先后通过 ISO9001：2000 质量管理体系认证、职业健康安全管理体系认证和 ISO14001 环境管理体系认证。目前公司已有威海、博兴、天津三大现代化制造基地，具备年设计、制造各类钢结构建筑 5 万 t 的生产施工能力（图 3）。

图 3　工厂区

1.3　工程重难点

（1）本工程和土建、安装存在多处交叉作业，如何确保安全施工是应由各方作业单位共同关注的重点。

（2）本工程属于高层钢结构，传统的外墙脚手架不适用于现场实际，需要根据工程特点采取高空及临边作业安全措施。

（3）高层建筑物对构件加工精度、现场安装精度均有很高的要求，要对此进行高标准控制，这是施工中的难点。

2 BIM 团队建设及软件配置

2.1 团队组织架构及保障

公司设立 BIM 技术中心，本项目由 BIM 负责人、各专业工程师共计 6 人组成，按照约定和权责划分，分别对项目中 BIM 应用点收集汇总、BIM 应用点动画演示制作、视频配音及剪辑、BIM 模型搭建等进行实施层面的管理。

2.2 软硬件环境

软件环境见表 1。

软件环境 表 1

序号	软件名称	功能
1	Autodesk Revit	模型制作，场地布置
2	Tekla Structures	模型搭建，出图
3	Lumion 10.0	模型场景漫游
4	AutoCAD	二维图纸处理
5	BIMFILM	动画制作

硬件：小组成员均配置专业电脑，最低型号为联想 Y50-70，满足 Tekla 等软件的基本运行需求。

Tekla 建模软件介绍：钢结构 BIM 模型搭建采用国际通用的 Tekla 钢结构详图设计软件。可实现 3D 实体结构模型与结构分析完全整合、3D 钢结构细部设计、碰撞校核、自动创建加工和安装图纸、准确进行工程量计量等功能。

2.3 团队组织架构（表 2）

团队组织架构 表 2

姓名	主要职责	BIM 技术水平	BIM 获奖情况
张坦	总体指挥与协调	8 年	省级奖 4 项
刘传军	视频及配音制作	8 年	省级奖 4 项
张书川	漫游制作，素材收集	5 年	省级奖 4 项
王少鹏	现场素材收集	6 年	市级奖 3 项
于志伟	模型素材收集	6 年	市级奖 3 项
邢学训	动画素材制作	4 年	市级奖 2 项

2.4 模型搭建展示（BIM 模型漫游）

BIM 技术很重要的一方面就是 BIM 模型虚拟漫游，通过模型漫游，将以往复杂、枯燥的信息直观化，作为管理者分析决策的依据。通过在电脑上直观地模拟展示项目 BIM 模型场景，使参与者真切感受到沉浸式漫游体验（图 4），了解工程完工后的实际效果。本工程是由威海环翠区城市发展投资有限公司投资兴建的一栋高层双塔楼钢结构建筑，其主要功能设计为环翠区委党校，本工程为本年度集团公司重点工程，争创山东省泰山杯奖和省优质结构奖，争创国家优质工程奖，其中屋面和墙面工程争创"威建杯"精品分项工程。

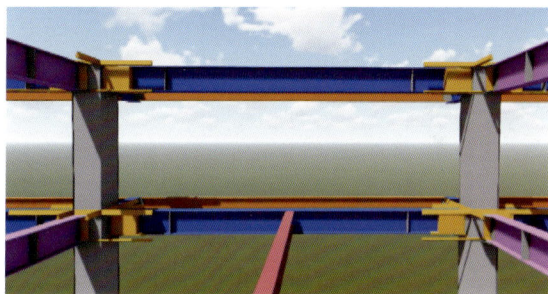

图 4 模型漫游

3 BIM 技术重难点应用

3.1 工程承揽阶段应用：模型搭建、分类筛选、自动创建工程量清单

根据工程蓝图，利用 Tekla 软件进行 1∶1 实体 BIM 模型搭建，保证模型与现场的一致性，不仅能实现工程的整体空间漫游展示，还能对一些细部节点处理进行立体展示，同时工程零构件实体信息在模型中也能进行等值计取与查询。

通过 BIM 模型报表功能，对零部件分类筛选，直接生成钢板 5276.56t，H 型钢 2558.22t，与投标文件中的工程量对比分析，查找工程量偏差，从而确保工程量准确，为企业的投标决策提供可靠依据（图 5、图 6）。

3.2 详图深化阶段应用：碰撞校核功能应用

运用 BIM 模型自带的碰撞校核功能进行检

截面	材质	数量	长度(mm)	单个面积(m²)	合计面积(m²)	单重(kg)	总重(kg)
HN400-8-13*200	Q345B	469	12244	43.48	173.93	1999.20	7996.80
HN600-11-17*200	Q345B	580	12679	45.00	135.08	2070.23	6210.68
HN650-11-17*300	Q345B	632	12729	45.20	135.61	2078.39	6235.17
HN700-13-24*300	Q345B	270	12758	45.31	543.68	2083.13	24997.51
HN800-14-26*300	Q345B	320	12829	45.56	45.56	2094.72	2094.72
HN1200-14-24*300	Q345B	427	12879	45.74	45.74	2102.88	2102.88
HN400-8-13*206	Q345B	390	13294	47.21	188.83	2170.64	8682.58
工字钢20a	Q235B	467	13495	35.28	168.00	1786.34	5210.38
合计		3490	35718		12698.44		2558.22
PL6*	Q345B	480	13572	48.34	23203.20	1347.32	65129.45
PL8*	Q345B	360	12873	44.39	15980.40	1268.36	56302.50
PL10*	Q345B	720	14524	53.78	38721.60	1154.78	62104.07
PL12*	Q345B	621	15575	52.34	32503.14	1532.37	80204.25
PL14*	Q345B	822	19576	57.69	47421.18	1643.38	94806.59
PL20*	Q345B	323	12577	53.34	17228.82	1276.43	68084.78
PL22*	Q345B	924	16935	55.23	51032.52	1353.32	74743.86
合计		4250	34680		225633.65		5276.56
总计							7854.78

图 5　工程量清单

图 6　模型出具构件工程量清单

查，发现由于设计原因和详图深化原因造成的碰撞共计 25 条信息，据此对模型进行调整（图7）。

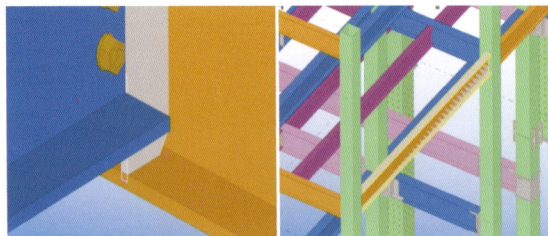

图 7　模型检查零构件碰撞

3.3　材料采购阶段应用：BIM 模型直接分类生成计划单

充分利用建模团队开发的高强度螺栓等计划单模板，一键生成符合企标的材料计划单，无须手工处理，提高工效，为工程前期的材料采购提供准确可靠的依据。

3.4　维保阶段应用：电子信息库的建立

总结多年 BIM 技术应用成果，制作多项 BIM

技术工艺视频并整理归档，以备学习和查阅使用，采用 BIM 技术对竣工工程归档，方便在竣工结算、工程改扩建时查阅原始模型（图8）。

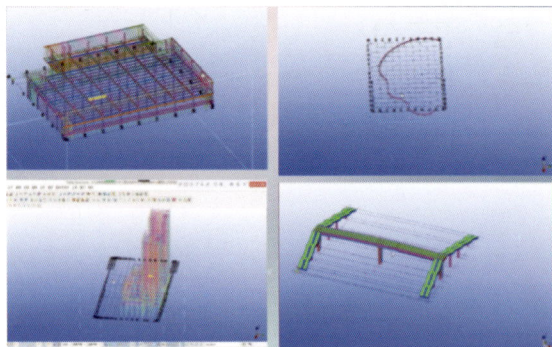

图 8　竣工工程模型归档

4　企业对 BIM 技术的其他应用及应用心得

4.1　企业对 BIM 技术的其他应用

（1）设计蓝图文件与 BIM 技术自动对接功能应用。

（2）施工安全动画模拟 BIM 技术应用。

（3）采用 BIM 技术模拟新型 820 墙板包边工艺。

（4）运用 BIM 技术对构件状态实时跟踪。

4.2　企业对 BIM 技术的应用心得

通过 BIM 技术在科创中心工程的应用，我们体会到，三维可视化 BIM 模型，不仅仅应用于常规钢结构施工过程，而且在基于 BIM 模型的现场安全施工模拟、现场施工过程动画模拟和加工制作的动画模拟中，均实现了 BIM 技术应用的跨越式发展，尤其是现场高空作业的危险源预防预控和节点施工的动画模拟，有效提高了现场施工安全意识，将不利安全因素预先消除，积极推动BIM 技术应用发展，提升了项目管理的集中化程度，在减少材料浪费、节约成本、提高工程效益方面可发挥明显作用。

3A089 环翠区科创中心工程 BIM 技术应用

团队精英介绍

张　坦
奥华公司技术科长

一级建造师
高级工程师

从事钢结构施工管理工作多年，经验丰富，获国家 QC 成果 1 项、省级 QC 成果 3 项、省级工法 3 项、实用新型专利成果 3 项。

刘传军
奥华公司技术工程师

一级建造师
高级工程师

参与施工的工程荣获 2 项泰山杯荣誉，获省级工法 3 项、省级 QC 成果 2 项，发表论文 2 篇。

张书川
奥华公司项目总工程师

助理工程师

有多年的 BIM 技术应用实战经验，曾参与公司多个海内外大型项目、安康高新中学项目、郑州西京花园项目。

王少鹏
奥华公司项目总工程师

二级建造师

参与科创中心项目，拟申报钢结构金奖，申报山东省钢结构行业协会 QC 成果 1 项、省级工法 2 项。

于志伟
奥华公司详图主管

BIM 高级建模工程师

荣获 BIM 竞赛奖项 2 项、省级 QC 成果 3 项，荣获专利 2 项，发表论文 2 篇。

邢学训
奥华公司技术科工程师

二级建模师

从事钢结构施工多年，所施工工程曾获得泰山杯、省钢结构金奖、威建杯等多项荣誉，获得省级工法 1 项、省级 QC 成果 2 项。

广州万达城四期项目 B2 地块 BIM 技术管理应用

中建二局第二建筑工程有限公司

刘珊　邢建见　陈超　张吉祥　刘以东　洪泉　李林刁　王永峰　张宇　于安涛

1　工程概况

1.1　项目简介

　　广州万达文旅城项目位于广州市花都区平步大道，地理位置优越，交通便利，四周无高层建筑，仅西侧有幼儿园，利于工程建设。广州万达文旅城住宅楼项目（自编四期 B2 区）总建筑面积约为 251986m²。工程包括 18 栋高层住宅、多层商业和配套用房及地下室。高层住宅共 12 个单元，地上 32 层地下 2 层（局部 3 层），建筑高度约 100m，13～18 号为多层商业和小区配套用房，地下室无人防工程（图 1）。

图 1　项目效果图

1.2　公司简介

　　中建二局二公司成立于 1952 年，总部设在深圳（图 2），注册资本 5 亿元，年施工产值在百亿元以上，是中建集团在粤港澳大湾区内第一家具有"房建＋市政""双特双甲"资质的大型建筑施工总承包企业。

图 2　公司大楼

　　公司通过了质量、环境、职业健康安全管理体系认证，先后获得国家重合同守信用企业称号、全国五一劳动奖状、全国质量安全管理先进单位、中国建筑资信百强企业、全国诚信建设优秀施工企业等荣誉。中建二局二公司始终坚持以客户为中心的理念，以打造行业、领域领先为目标，不断提升品质内涵、创新合作模式。

　　公司先后承建天利中央商务广场、深圳妈湾电厂、南京扬子乙烯工程、洛界高速、郑州二七万达广场、海南会展中心、深圳华为科研中心、焦作万达等大批优质工程。所建工程荣获鲁班奖 8 项，国家优质工程 19 项，詹天佑奖 3 项，中国安装工程优质奖 1 项，省市级奖项 100 多项。

2 BIM 团队建设及软件配置

2.1 BIM＋EPC 管理架构

以公司 BIM 中心为依托,将 BIM 职能加入项目管理中,项目设置专门的 BIM 工作组,分八个专业进行 BIM 工作,履行总承包管理 BIM 应用实施职能,同时对项目各个部门进行培训,提高 BIM 技术的使用频率,保证 BIM 工作更好地与项目管理相结合,有助于实现 BIM 工作目标。

2.2 团队组织架构(图 3)

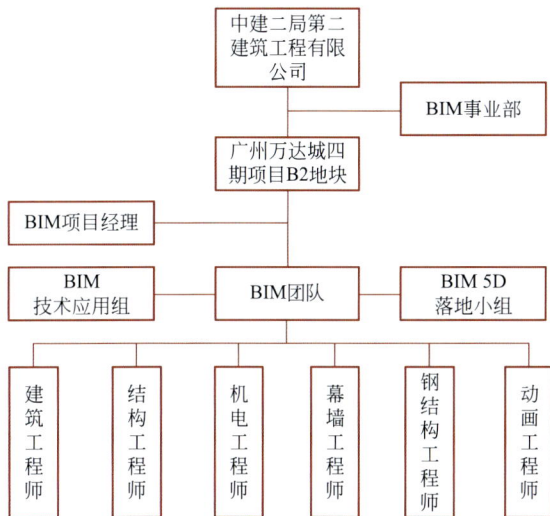

图 3 团队组织架构

3 BIM 应用成果展示

3.1 错漏碰缺

在正式出图之前,项目公司、监理、总包、设计院四方多次反复讨论电子版图纸,并运用 BIM 技术将土建、机电等各专业彻底剖析、深度碰撞,共计发现 2336 项问题,其中 259 项 BIM 小组无法解决的由设计院负责修改,避免了设计变更的发生,确保了图纸质量和深度,为后期少拆改、降成本、优运营夯实了基础。

3.2 优化设计(采光顶、外幕墙)

(1)在图纸深化阶段对采光顶就开始进行

BIM 建模,可更直观、准确、快速地核对出预埋件及龙骨安装位置是否正确;计算出商业大圆顶位置,现场所需加工玻璃的具体块数及尺寸;最终实现玻璃等构件在工厂加工成半成品再运至现场进行拼接组装,极大地提高了施工效率,保证了施工质量,并在二道横向龙骨处加设雨坡,增加防水性能(图 4)。

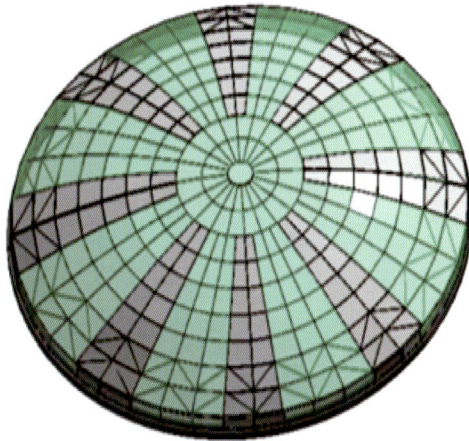

图 4 圆顶建模

(2)BIM 技术在幕墙的应用:

1)提前设计深化出龙骨焊接及铝板安装顺序,缩短安装时间。

2)使用 3D 模型更直观、准确、快速地核对出预埋件及龙骨安装位置是否正确。

3)在 BIM 建模过程中,消防救援窗位置正对着主龙骨,通过与建筑物消防通道结合对比,调整主龙骨位置,合理避开消防救援窗(图 5)。

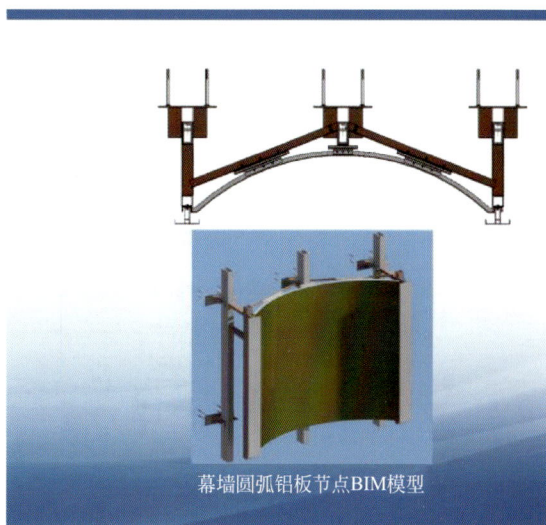

幕墙圆弧铝板节点BIM模型

图 5 幕墙圆弧铝板节点深化

3.3 安全管控

通过 BIM 统筹安排各个施工阶段的场平布置，合理地解决了分包单位多、容易出现无序混乱的局面，增强了各个阶段施工的紧凑性（图6、图7）。

图 6　场平布置 1

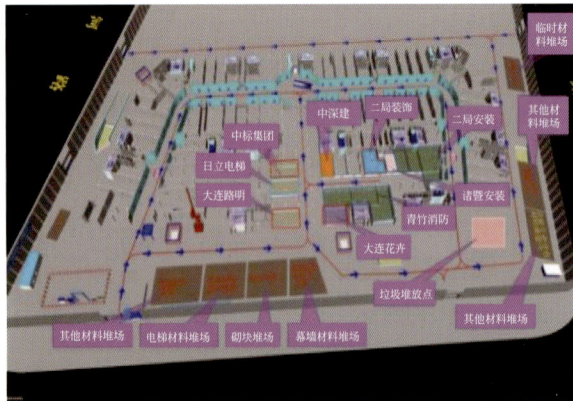

图 7　场平布置 2

3.4 进度管控

未引入 BIM 技术时需要大量经验丰富的施工人员，进行往复式交底，密集地召开工期例会。引入 BIM 技术后，施工管理可视化，能全方位地进行施工模拟，大大缩短了交底及工期筹划时间（图8）。

4 总结与思考

截至目前，项目高效推进、成本略有结余、

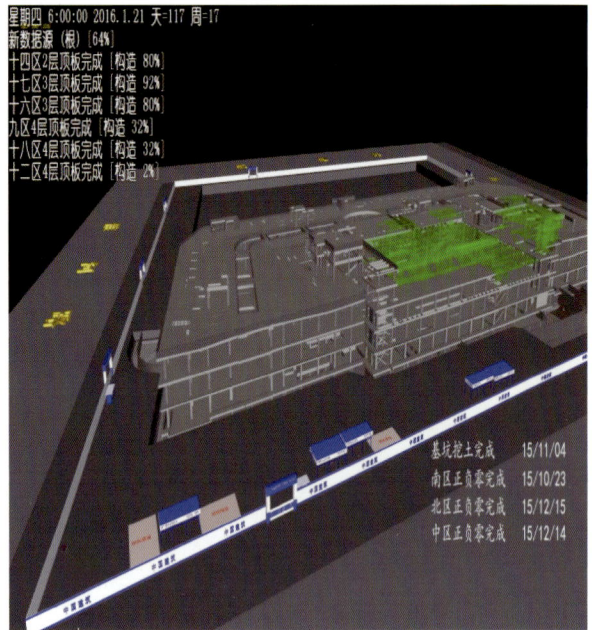

图 8　进度管控

员工工作积极性大幅提高，改变了以往疲于应对的状态；总包项目班子已成为总包交钥匙的主角，担起了总包交钥匙的责任（表1）。

BIM 技术应用成果对比表　表 1

内容	芝罘万达项目	开发区万达项目	比例	备注
设计变更	635 份	56 份	降低 91.2%	
变更额度	1153 份	245 份	降低 78.8%	
变更比例	2.89%（占总造价）	0.87%（占总造价）	降低 70.0%	
进度	正常	较模块计划提前三个半月		
质量	正常	在 2015 年 11 月中区举行的"总包交钥匙质量评比"中获得第一		于 2016 年 3 月成功举办了"中区质量及 BIM 应用观摩大会"

本数据为芝罘项目与开发区商业部分同期比较

3A055 广州万达城四期项目 B2 地块 BIM 技术管理应用

团队精英介绍

刘　珊

广州万达城四期项目 B2 地块项目总指挥

助理工程师

先后参与汉京花园项目，朝阳西路东、薛泰路南商住项目的生产技术管理工作；获国家级 BIM 大赛奖项 3 项。

邢建见

广州万达城四期项目 B2 地块项目 BIM 事业部经理

工程师

先后负责砺剑大厦项目、深圳市第二特殊教育学校项目生产技术管理工作；获实用新型专利 5 项，发表论文 3 篇，获国家级 BIM 大赛奖项 8 项。

陈　超

广州万达城四期项目 B2 地块项目 BIM 事业部副经理

工程师

先后负责羊台书苑项目、南山区科技联合大厦项目、深大艺术综合楼项目生产技术管理工作；获实用新型专利 3 项，发表论文 1 篇，获省级工法 3 项、国家级 BIM 大赛奖项 12 项。

张吉祥

广州万达城四期项目 B2 地块项目 BIM 事业部副经理

工程师

先后负责西丽医院改扩建代建项目、前海交易广场南区项目、成都天府万达国际医院项目的生产技术管理工作；获实用新型专利 6 项，发表论文 2 篇，获省级工法 3 项、国家级 BIM 大赛奖项 12 项。

刘以东

广州万达城四期项目 B2 地块项目 BIM 动画工程师

助理工程师

先后参与前海交易广场南区项目、成都天府万达国际医院项目生产技术管理工作；获国家级 BIM 大赛奖项 8 项。

洪　泉

广州万达城四期项目 B2 地块项目 BIM 工程师

助理工程师

先后参与羊台书苑项目、汉京花园项目、南山区科技联合大厦项目的生产技术管理工作；获国家级 BIM 大赛奖项 6 项。

李林刁

广州万达城四期项目 B2 地块项目 BIM 工程师

助理工程师

先后参与广州日报科技文化中心项目、正荣季华兰亭项目、湖心正荣施工总承包工程的生产技术管理工作；获国家级 BIM 大赛奖项 7 项。

王永峰

广州万达城四期项目 B2 地块项目 BIM 工程师

助理工程师

先后参与延安万达文旅小镇项目、成都天府万达国际医院项目生产技术管理工作；获国家级 BIM 大赛奖项 5 项。

张　宇

广州万达城四期项目 B2 地块项目 BIM 工程师

助理工程师

先后负责莆田 PS 拍-2020-08 号地块、正荣季华兰亭项目的生产技术管理工作；获国家级 BIM 大赛奖项 5 项。

于安涛

广州万达城四期项目 B2 地块项目 BIM 工程师

助理工程师

先后参与成都天府万达国际医院项目、西丽医院改扩建代建项目、羊台书苑项目的生产技术管理工作；获国家级 BIM 大赛奖项 5 项。

智慧建造，钢构未来——萧政储出【2018】34 号地块新建写字楼项目 BIM 应用

浙江同济科技职业学院建筑工程学院，潮峰钢构集团有限公司

张卉　鲍丰　庞崇安　楼杰红　尤萧涵　胡文倩　邓超达　韩嘉杰　王浩俊　汪梦豪

1　工程概况

1.1　项目简介

本工程位于北干街道兴议村，东至经三路，南至中栋国际，北至兴五路，西至风情大道防护绿地。本工程结构形式为：钢框架-混凝土核心筒结构，本工程总用地面积 $37918m^2$，其中永久占地为 $31568m^2$，总建筑面积 $148515m^2$，地上建筑面积 $94700m^2$，地下建筑面积 $53815.0m^2$，裙房：地上 4 层，地下 2 层，建筑高度 20.25m。主楼：地上 23 层，地下 2 层，建筑高度 99.60m（图 1）。

图 1　效果图

由于项目规模大、施工场地大、建筑高度高，给项目施工质量和安全管理带来了很大的困难，应用 BIM 技术进行项目实施，使采用传统管理方式时碰到的很多问题迎刃而解，提高项目实施的综合效益。

1.2　工程重难点

（1）BIM 协同消防设计
大型公共建筑作为消防重点单位，消防工程贯穿建筑设计、施工及运营维护整个周期。BIM 的协同设计理念，将建筑信息模型直接转换为火灾模型。BIM 模型信息库不仅完整包含了描述建筑物构件、装修材料的几何信息，还包括这些材料的燃烧性能、发热量、产烟率等详细参数，提高软件模拟火灾的精确性及可信度，并大大节省二次建模的时间，提高建模效率。

（2）BIM 协同消防验收
Navisworks 三维漫游可检验疏散通道的设计是否存在缺陷。通过 BIM 模型，消防验收人员可以指挥前方验收辅助人员到达指定位置，既可避免依靠二维图纸沟通容易出现误解的情况，又可直观进行实际消防施工情况与 BIM 模型的比对，对消防施工与设计的吻合度一目了然，BIM 模型可作为验收资料进行存档（图 2）。

图 2　消防漫游

BIM 协同消防运营创建基于 BIM 模型的操作平台，使平台储存了运营过程的全部数据信息，消防运营管理部门便可根据实际需求基于 BIM 技术定制消防设备状态监测联动控制、火灾工况模拟分析、数字预案表达与检验。

BIM+的消防联动，使 BIM 管理系统发挥更大的效用，管理人员能够远程监控系统，救灾单位亦可通过互联网和 BIM 平台进入消防系统，了

解火灾发生点和状况，及时制定出最佳的灭火方案，最大程度地降低人员伤亡及财产损失（图3、图4）。

图3　救援路线模拟

图4　逃生路线模拟

2　BIM 应用软件配置

BIM 是以三维数字技术为基础，集成了建筑工程项目各种相关信息的工程数据模型；模型承载的各种数据贯穿了项目的整个生命周期，在项目的不同阶段，各个模块可通过 BIM 平台进行提取、导入、更新和修改工程模型信息，来完成各自的交互作业，实现 BIM 真正意义上的数据信息传递和信息共享。

3　BIM 技术应用

3.1　建筑模型创建

以 CAD 二维图为基础，应用 BIM 软件建模。建模效率高，可快速精准地布置门窗、墙体、板、柱等构件（图5）。

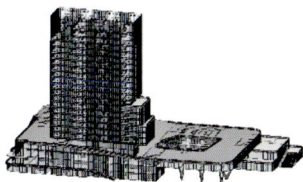

图5　建筑三维模型

动态观察建筑平面、立面及空间的布置情况，既能进行外观整体观察，又能进行全建筑物浏览，若发现建筑设计存在的不足，便于提早提出修改，设计出满足需求的建筑。

通过对模型进行渲染，可以给人们带来一种虚拟现实的替代感、真实感和直接的视觉冲击力，同时给人们带来实景式体验，可以更深入了解建筑物的情况（图6、图7）。

图6　建筑漫游1

图7　建筑漫游2

3.2　基于 BIM 的钢结构深化设计

本工程单体多、用钢量大、局部结构形式复杂，节点种类繁多，采用 AutoCAD、BIM 与 Tekla 三种软件相结合的方式建立钢结构模型。规则的构件采用 BIM 高效地建立三维模型，复杂的构件及节点采用 AutoCAD 辅助校核，在 Tekla 中进行钢结构深化设计，应用 BIM 技术，把二维图转换成三维模型，顺利地完成了钢结构深化设计工作，为钢结构的加工、施工和管理提供了信息化的数据，为项目顺利实施提供了方便。

应用 BIM 建立模型，能方便地导出构件布置图和相关数据，满足构件生产、运输及安装需求；满足预决算、材料采购、构件加工等的需求。

采用 Tekla 软件对钢结构各节点进行深化设计，同时 Tekla 模型能方便地提取节点坐标，有助于复杂构件的现场安装定位。对于不均匀的钢构件，Tekla 模型也能方便地提取构件重心，有助于构件安装吊点的布置。

通过 Tekla 建立三维模型，对结构施工图进行深化，展示结构、构件及连接形式，对于不规则或曲面的结构体系，还可以检查构件及零部件等的碰撞情况，有利于及时调整，方便技术交底、加工、安装及验收，解决平面 CAD 图无法解决的问题（图 8）。

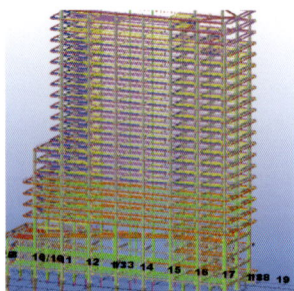

图 8　Tekla 深化设计模型

3.3　基于 BIM 的机电深化设计

应用 BIM 软件，根据二维图高效地建立机电管道三维模型，为顺利完成机电深化设计工作提供信息化数据，也为机电施工顺利实施提供方便。本项目地下 2 层，地上 23 层，建筑总高度 99.60m，下部是裙房，机电施工过程中，由于机房内设备多、设备体积大、管径大、管线种类多、交叉情况严重，使得机房设备管道施工属于重难点部分。设备机箱和风管连接点上部空间有限，又需要排布喷淋管和桥架，对精度要求高，施工时需要对管道进行排布优化。

BIM 模型具有直观性、仿真性以及生动逼真的特点，可直观地展示机电管道的布置、连接等情况，通过对 Revit 模型生成形象逼真的机电管道漫游，为各方进行动态观察提供便利，提前对管道布置、节点连接情况等有深刻的理解，避免施工时出现问题，提高实施效率（图 9、图 10）。

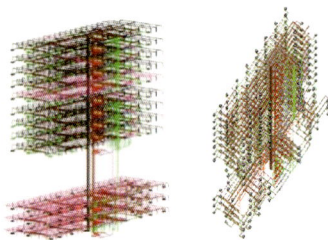

图 9　机电模型

3.4　幕墙加工及安装

采用犀牛 ＋Grasshopper 进行幕墙建模，可对材料进行快速统计、编号，精准完成材料的提料、加工项目的深化设计工作。结合犀牛＋Grasshopper 提取数据的特点，匹配相应的控制参数，参数化设置制作加工图时，可使程序导出的数据直接应用于加工参数表，辅助提供现场安装定位坐标数据，确保现场安装与理论模型保持一致（图 10）。

图 10　幕墙

4　BIM 应用价值

BIM 技术就是利用数字信息模型对项目进行设计、施工和运营的过程，让我们项目参建各方在这个平台上协同工作，在建筑物建成之前，就能仿真模拟建筑的真实情况，对整个工程项目的成败做出完整的分析和评估。使用 BIM 技术可有效协调流程，进行综合协调。

BIM 技术使得建设过程具有可视性，方便各方更好地沟通、讨论与决策，实现建设项目施工阶段工程进度、人力、材料、设备、成本和场地布置的动态集成管理及施工过程的可视化管理。

3A096 智慧建造，钢构未来——萧政储出【2018】34 号地块新建写字楼项目 BIM 应用

团队精英介绍

张　卉
浙江同济科技职业学院专任教师

副教授
一级建造师
工程师

主要从事 BIM、装配式钢结构的教学与研究工作。

鲍　丰
浙江省建筑业行业协会专家，全国优秀钢结构项目经理

一级注册结构工程师
一级建造师
高级工程师

庞崇安
浙江同济科技职业学院专任教师

副教授
二级建造师

主要从事 BIM、装配式钢结构的教学与研究工作。

楼杰红
潮峰钢构集团有限公司设计院院长助理、钢结构深化所所长

资深钢结构 BIM 工程师

熟悉 AutoCAD、Tekla 软件的应用。

尤萧涵
浙江同济科技职业学院建筑工程技术专业学生

获全国大学生工业化建筑与智慧建造竞赛三等奖。

胡文倩
浙江同济科技职业学院建筑工程技术专业学生

获"鲁班杯"全国高校 BIM 设计大赛 B4 组特等奖、B1 组一等奖。

邓超达
浙江同济科技职业学院建筑工程技术专业学生

获全国大学生工业化建筑与智慧建造竞赛三等奖。

韩嘉杰
浙江同济科技职业学院建筑工程技术专业学生

获全国大学生工业化建筑与智慧建造竞赛三等奖。

王浩俊
浙江同济科技职业学院建筑工程技术专业学生

汪梦豪
浙江同济科技职业学院建筑工程技术专业学生

能熟练应用 PKPM、AutoCAD、Tekla、Revit 等各类软件。

莆田 PS 拍-2020-08 号地块 BIM 技术应用成果汇报

中建二局第二建筑工程有限公司

陈超 张吉祥 邢建见 刘珊 刘以东 杨浩诚 王俊豪 张腾 赵显森 张雪梅

1 工程概况

1.1 项目简介

本项目划为莆田 PS 拍-2020-08 号地块，位于福建省莆田市，莆田美术馆东南侧。总建筑面积 381460.70m²，由 13 栋主楼，1 栋幼儿园、1 栋配套用房及地下车库组成。B-02-01 地块总建筑面积 373146.56m²，由 11 栋主楼，1 栋幼儿园、2 栋配套用房及地下车库组成。C-02-02 地块总建筑面积 177946.49m²，由 3 栋办公楼、3 栋商业楼及地下车库组成。主楼为地下 3F，地上 33F；办公楼为地下 2F，地上 20F；商业、幼儿园、配套用房均为 3F；地下车库为地下 2F（图 1）。

图 1 莆田 PS 拍-2020-08 号地块项目

1.2 公司简介

中建二局第二建筑工程有限公司是隶属于中国建筑第二工程局有限公司的国家特级房屋建筑施工总承包企业。

中建二局二公司始终坚持以客户为中心的理念，以打造行业、领域领先为目标，不断提升品质内涵、创新合作模式、提供增值服务，携手各方拓展幸福空间，实现合作共赢。公司所建工程荣膺 1 项国际大奖，8 项鲁班奖，19 项国家优质工程奖，一百多项工程获国家部委、省、市优质工程奖；公司先后通过了质量、环境、职业健康安全管理体系认证，获得国家重合同守信用企业称号、全国五一劳动奖状、全国质量安全管理先进单位、全国和谐劳动关系优秀企业、全国安康杯竞赛优胜企业、企业信用 AAA 级企业、中国建筑资信百强企业、全国诚信建设优秀施工企业等荣誉，成长为国家建筑行业中的领军企业（代表工程见图 2）。

图 2 代表工程

1.3 工程重难点

（1）协调因素

专业分包多，工期紧，总承包管理协调难度大。

（2）建筑面积大

项目建筑面积大。地库及商业综合体管线复杂，施工难度较大。

（3）品质要求因素

施工质量要求严格，争创优质工程。

（4）环境因素

地处北方，扬尘治理严，工期紧。

（5）设计因素

交叉作业多，廊道空间有限，净高要求高。

2 BIM 团队建设及软件配置

2.1 团队组织架构（图3）

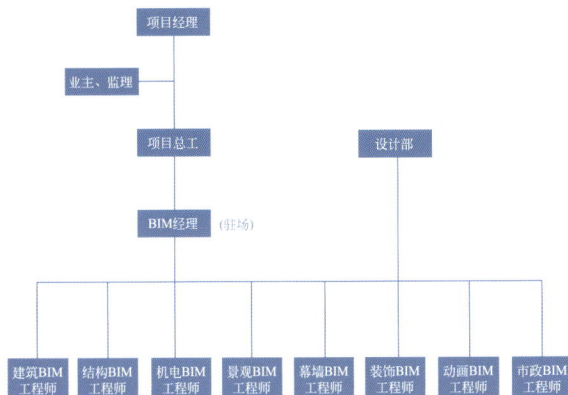

图 3　团队组织架构

2.2 技术路线

以公司 BIM 中心为依托，将 BIM 职能加入项目管理中，项目设置专门的 BIM 工作组，分八个专业进行 BIM 工作，履行总承包管理 BIM 应用实施职能，同时对项目各个部门进行培训，提供 BIM 技术的使用频率，保证 BIM 工作更好地与项目管理相结合，有助于实现 BIM 工作目标。

2.3 软件环境（表1）

		软件环境	表 1
序号	名称	项目需求	功能分配
1	Revit	模型建立	建模
2	CAD	图纸查看	图纸
3	Navisworks	模型整合	可视化
4	Lumion	动画渲染	渲染
5	BIM5D	施工现场管理	管理
6	Fuzor	漫游	信息查询

3 BIM 技术重难点应用

由施工总承包单位管理各分包单位，应用

BIM 技术提高深化设计的质量和效率，协调整合项目各方信息，提高项目信息传递的有效性和准确性，提高施工质量，使设计图纸切实符合施工现场操作要求，并能进一步辅助施工管理，达到管理升级、降本增效、节约时间的目的（图4）。

图 4　BIM 实施策划总流程

3.1 施工总平面布置 BIM 应用

项目借助 BIM 进行场地布置规划，并建立标准临建设施族库，利用三维虚拟漫游论证方案可行性，对施工场地进行科学合理的立体规划，提高了施工场地规划水平，在过程中，根据施工阶段的变化，进行动态调整，通过不同视角的场地漫游，对平面布置中潜在的不合理布局进行分析，有效保证了施工质量，避免了二次搬运。

3.2 图纸会审

通过 BIM 技术进行图纸优化审核，可以直观地发现图纸中存在的"错、漏、碰、缺"等问题，并进行设计确认，在施工前加以解决，这样不仅加深了技术人员对图纸的理解，而且避免了施工错误和返工，可降低返工成本（图5）。

图 5　图纸会审现场

3.3 样板标准化引入

在主体阶段优化了设计做法，项目使用了铝合金模板进行主体施工。基于 BIM 软件和国家相关标准规范，项目优化了施工图纸的模型结构，在此基础上通过分包制作了属于此模型结构的铝合金拼装模板，并对每块板进行编号处理，以铝合金模板、铝框或铝梁胶合板模板与高强铝支撑组合的铝合金模板可实现早拆、快拆、飞模，极大地提高了工作效率、减轻了劳动强度（图 6）。

图 6　基于铝模技术的施工工艺

利用 BIM 技术对工程样板段进行精细建模，通过样板段模型进行问题分析，在虚拟环境中进行可施工分析，对 BIM 样板段进行验收，合格后进行样板段施工（图 7）。

图 7　地暖样板

3.4 BIM 模型碰撞检查

将各专业 BIM 模型进行整合，利用相关 BIM 软件进行碰撞检查，及时排除项目施工环节中可能遇到的碰撞，明显减少由此产生的变更申请单，更大大提高了施工现场的生产效率，降低了由于施工协调造成的成本增加和工期延误（图 8）。

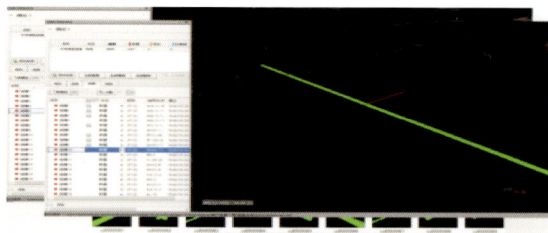

图 8　模型碰撞检查

4　总结

对 BIM 技术应用展望规划如下：

（1）提升品质：当今世界处于以信息化全面引领创新、以信息化为基础重构国家核心竞争力的新阶段。提升施工信息化管理水平，是企业追求卓越的推动力，BIM 技术应用的不断发展顺应"智慧社会"发展潮流。BIM 和"大、智、物、移、云"等信息技术与施工现场生产、管理深度结合，可以有效提高施工现场管理水平，营造出新型的建造环境。目前智慧工地仍然处于起步和初期发展阶段，还有长足的成长空间。

（2）探索 BIM＋：建筑业未来发展的重点是绿色化、工业化、智慧化。我们现在正处在一个软件定义、数据驱动的时代，信息技术支撑下的智慧建造，是大数据、人工智能等信息技术和智能设备与工程建造技术的深度融合与集成，尽可能解放人力，从体力替代逐步发展到脑力增强，提高工程建造的生产力和效率，提升人的创造力和科学决策能力。

（3）建筑信息化集成：建筑业不断拓展 BIM 应用的深度和广度，让典型 BIM 应用渗透到建筑运营维护、城市运行等各个方面。应运而生的信息集成化不断发展，CIM 从决策立项阶段的投资决策、规划设计、招标投标到工程施工阶段的全过程工程咨询管理和投资管控等，不断推动城市发展和城市更新。

（4）鼓励员工学习新技术新知识：组建公司级 BIM 团队，确定团队成员及角色分工。通过试点项目的 BIM 应用实施，培养公司 BIM 应用团队，促进 BIM 技术从咨询商向公司 BIM 应用团队知识的传递和深化，积累 BIM 技术专业人才，为后续项目 BIM 应用的开展奠定坚实的基础。

3A058 莆田 PS 拍-2020-08 号地块 BIM 技术应用成果汇报

团队精英介绍

陈 超

广州万达城四期项目 B2 地块项目 BIM 事业部副经理

工程师

获得实用新型专利 3 项、省级工法 3 项、国家级 BIM 奖项 12 项、发表论文 1 篇。

张吉祥

广州万达城四期项目 B2 地块项目 BIM 事业部副经理

工程师

获得实用新型专利 6 项、省级工法 3 项、国家级 BIM 奖项 12 项，发表论文 2 篇。

邢建见

广州万达城四期项目 B2 地块项目 BIM 事业部经理

工程师

获得实用新型专利 5 项、国家级 BIM 奖项 8 项，发表论文 3 篇。

刘 珊

广州万达城四期项目 B2 地块项目项目总指挥

助理工程师

获得实用新型专利 5 项、国家级 BIM 奖项 8 项，发表论文 3 篇。

刘以东

广州万达城四期项目 B2 地块项目 BIM 动画工程师

助理工程师

先后参与前海交易广场南区项目、成都天府万达国际医院项目生产技术管理工作；获国家级 BIM 奖项 8 项。

杨浩诚

莆田 PS 拍-2020-08 号地块项目 BIM 工程师

助理工程师

先后负责正荣季华兰亭项目、武广新城项目、悦溪正荣府生产技术管理工作；获国家级 BIM 奖项 6 项。

王俊豪

莆田 PS 拍-2020-08 号地块项目 BIM 工程师

助理工程师

先后负责前海交易广场南区总承包项目、正荣季华兰亭项目生产技术管理工作；获国家级 BIM 奖项 3 项。

张 腾

莆田 PS 拍-2020-08 号地块项目 BIM 工程师

助理工程师

先后参与深大艺术综合楼项目、南山区科技联合大厦 EPC 工程生产技术管理工作；获国家级 BIM 奖项 3 项。

赵显森

莆田 PS 拍-2020-08 号地块项目 BIM 工程师

助理工程师

先后参与羊台书苑项目、砺剑大厦项目生产技术管理工作；获省级工法 3 项。

张雪梅

莆田 PS 拍-2020-08 号地块项目 BIM 工程师

助理工程师

先后参与羊台书苑项目、悦溪正荣府项目、生产技术管理工作；获国家级 BIM 奖项 3 项。

BIM 技术在 V 形钢结构柱施工模拟应用

中建八局第一建设有限公司

李松 刘海洋 田振 殷世祥 吕双成 郑明 任述亮 刘亚彪 曾令星 朱晓东

1 工程概况

1.1 项目简介

长存配套产业园建设项目（光谷筑芯科技产业园一期）中试车间项目位于湖北省武汉市东湖新技术开发区未来二路以西，科技四路以北，是长江存储厂区配套的产业园项目。项目占地面积约 44000m²，建筑面积约 82120m²，包含 5 栋中试车间、园区消防水池及消防泵房（图 1）。

图 1　项目鸟瞰图

图 2　项目平面图

中试车间 8 号厂房位于长存配套产业园建设项目（光谷筑芯科技产业园一期）中试车间项目东侧，由 8 号 A、8 号 B 和钢结构连廊三部分组成（图 2）。整体结构均为地上 4 层，占地面积 4770m²，建筑面积 29350m²。主体部分为框架结构，主体与钢结构区域采用外包混凝土的 H 型钢柱与钢梁连接，钢结构区域首层采用 V 形钢柱支撑，楼面均采用 H 型钢梁＋压型钢板体系组成。

1.2 公司简介

中建八局第一建设有限公司始建于 1952 年，系世界 500 强企业排名第 9、全球最大的投资建设集团——中国建筑集团有限公司下属三级独立法人单位，具有房屋建筑工程施工总承包特级资质、市政公用工程施工总承包特级资质、机电工程施工总承包一级、水利水电贰级等 7 项总承包资质，建筑工程、人防工程、市政行业设计 3 项甲级设计资质，具备军工涉密资质、消防设施工程专业承包一级、机场场道贰级等 18 项专业承包资质。公司拥有"国家级企业技术中心"研发平台且为国家高新技术企业。

1.3 工程重难点

（1）本工程主体结构为混凝土框架结构与钢框架结构结合的形式，两种不同材料的连接节点较复杂，如何在保证安全性的前提下满足经济性和美观要求，且能便于施工，为本工程的重难点。

（2）本工程中 V 形钢结构斜柱与上部梁、柱构件连接数量较多，且连接角度不尽相同，节点复杂，如何对节点进行深化设计，将梁柱节点完好地连接起来，为本工程的重难点。

（3）本工程中首层 V 形钢结构柱由一根圆立柱和两根斜柱组成，且圆立柱所在轴线与主体轴线存在 10°夹角，如何对 V 形钢结构柱焊接加工并进行吊装作业，在角度偏差范围内完成施工并保证各构件间连接良好，为本工程的重难点。

2 BIM 团队建设及软件系统

2.1 制度保障措施

本项目依托 BIM 技术可视化、施工虚拟化和单位协同化等优势，在 BIM 策划阶段明确 BIM 技术应用的目的，制定相应的应用细则；在 BIM 实施阶段结合施工安排部署，制定 BIM 实施安排、确定 BIM 技术的应用范围；在 BIM 应用阶段明确各方具体任务和责任，对具体 BIM 应用操作人员进行专业培训和可视化交底。

2.2 项目 BIM 团队介绍

本项目 BIM 团队配备 10 人，包括设置一名 BIM 组长、一名 BIM 小组副组长，按 1 人、1 人、2 人、2 人、2 人、2 人配置，建立分工表，各司其职，通过实施表结合具体的角色、工作责任、能力要求进行人员的设置，保障 BIM 结构模型、钢结构深化、节点分析、模型漫游、模型可视化、施工模拟等相关工作有序开展。

2.3 BIM 应用软件配置

根据本工程特点及需求，对工程项目各专业建模、进行碰撞分析并模拟施工动画，所用软件如表 1 所示。

软件配置　　　　　表 1

软件名称	软件用途
Revit 2019	建立模型
Tekla structures 18.0	钢结构节点深化
Navisworks 2018	碰撞检测
3ds Max 2018	模型渲染
Abaqus 2020	钢结构节点有限元分析
Fuzor	虚拟漫游

2.4 BIM 应用硬件配置

为保证本项目 BIM 技术的顺利进行，配备 5 台建模台式机、3 台高性能笔记本（表 2），使用以上设备对本项目模型节点进行有限元分析并建立 BIM 模型，对钢结构深化设计并对整体模型渲染及虚拟漫游，能确保本工程项目 BIM 应用实施

流畅，为项目最终完美履约保驾护航。

硬件配置　　　　　表 2

硬件名称	台式机	笔记本
CPU	Intel Core i7-12700K	AMD 锐龙 7 5800H
显卡	NVIDIA GeForce RTX 3080 10G	NVIDIA GeForce RTX 3060 6G
内存	32G DDR5	32G DDR4
显示器	AOC AGON 27 英寸 2K	2560×1600 2K 显示器
硬盘	1T PCIe 4.0 SSD	512G PCIe 3.0 SSD
主板	ATX Z690	—
操作系统	Win10 旗舰版	Win10 旗舰版

3 BIM 技术应用情况

3.1 V 形钢结构柱节点深化设计

本工程中 V 形钢结构斜柱与上部梁、柱构件连接数量较多，且连接角度往往不同。通过 Tekla 软件对钢结构连接节点进行深化设计，采用圆形钢板＋环形及直段钢肋板焊接的形式，优化为异形连接节点，通过圆形肋板焊接 H 型钢梁实现各不同角度的钢梁与上下钢柱连接，降低施工成本，减小施工难度（图 3）。

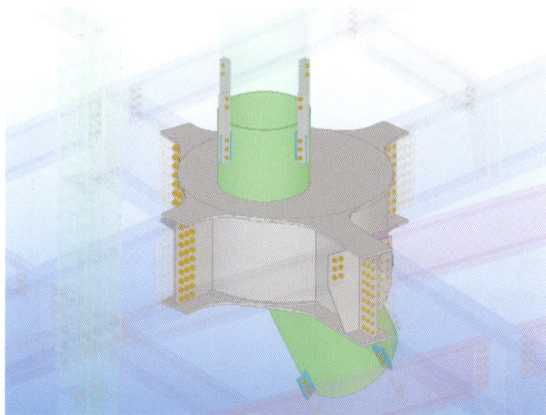

图 3　V 形柱节点深化设计

3.2 混凝土梁柱和 H 型钢梁柱连接节点深化设计

本工程结构为混凝土框架结构与钢框架结构

结合的形式，采用在 H 型钢柱外包钢筋混凝土的方式实现混凝土框架结构与钢框架结构的连接。在深化设计阶段建立 BIM 模型，对 H 型钢柱进行深化设计，增加与混凝土的锚固，同时深化钢框架中钢梁与 H 型钢柱的连接节点，保证钢框架结构与混凝土框架结构实现安全且有效的连接（图 4）。

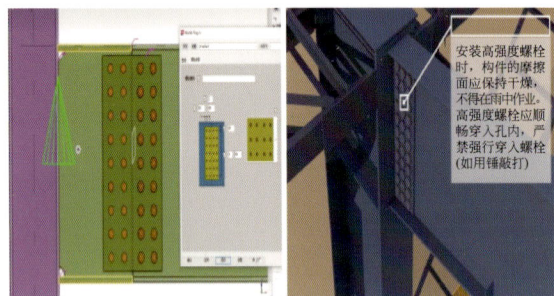

图 4   节点设计、节点安装

3.3   BIM 模型可视化交底

在建立完成的 BIM 模型后，对施工负责人员和劳务人员进行可视化交底，对建筑物关键部位节点（如钢结构深化节点、钢结构预埋节点）及复杂工艺工序（如 V 形钢结构柱吊装工艺）等利用虚拟现实技术的方式，将图纸上线条式的构件转化为三维的立体实物图和视频动画，使其能直观准确地掌握整个施工过程、技术要点和安全注意事项，指导现场施工同时保证施工内容的安全实施。

3.4   BIM 模型碰撞检测

基于 BIM 模型对设计方案进行检查，检测出工程设计中的不合理因素，保证施工质量。通过对各专业模型及专业系统集成综合检查，发现设计图纸有多处管线碰撞等问题，经过讨论研究，对所有碰撞进行调整，并给出调整方案，提前预防后期施工造成的碰撞问题，节省返工工期，降低施工成本（图 5）。

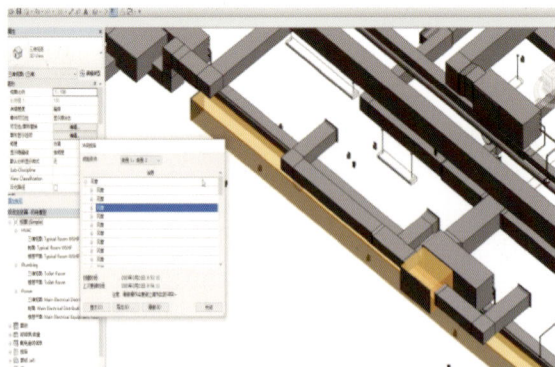

图 5   机电管线碰撞

3.5   施工模拟优化

在 BIM 技术的支持下，施工人员可利用 BIM 技术构建可视化模型，对 V 形钢结构吊装施工进行模拟，通过钢结构吊装模拟提前预知吊装施工难点，通过讨论制定合理的施工工艺，施工时对于钢结构吊装重难点进行重点把控，保证吊装工艺的顺畅进行。

3.6   钢结构节点有限元分析

在进行 V 形钢结构连接节点深化设计后，使用 Abaqus 软件对节点进行有限元分析，研究节点的受力特征，验证钢结构节点设计的合理性和安全性（图 6）。

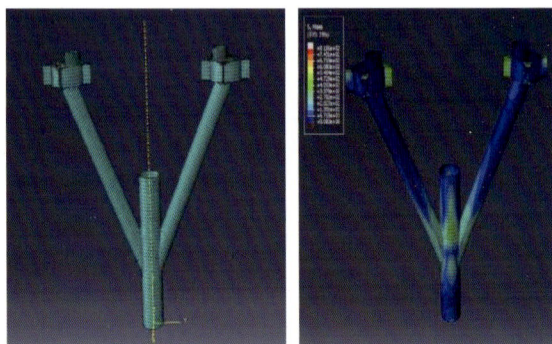

图 6   网格划分及分析结果

3A107 BIM 技术在 V 形钢结构柱施工模拟应用

团队精英介绍

李 松
筑芯产业园项目经理

工程师

先后经历济南高新万达广场、鲁能领秀城、长存花园、融创经开149R2 地块、光谷化合物半导体实验室、筑芯科技产业园等项目，熟悉 BIM 管理，获得 BIM 奖项 5 项，实用新型专利 3 项，发表论文 4 篇。

刘海洋
筑芯产业园项目总工

工程师

先后经历杭州中润中心、上海海昌基地海洋公园、阜阳双清湾、筑芯科技产业园等项目，熟悉 BIM 管理，获得 BIM 奖项 2 项，实用新型专利 1 项，省级 QC 成果 4 项，发表论文 4 篇。

田 振
筑芯产业园项目技术员

助理工程师

荣获省部级工法 1 项，发表专利 1 篇，论文 2 篇，获得省级 BIM 奖项 1 项。

殷世祥
筑芯产业园项目部门经理

工程师

先后经历长存花园、三峡东岳庙等项目，发表实用新型专利 3 项，论文 2 篇，获得省级 BIM 奖项 2 项。

吕双成
筑芯产业园项目技术员

助理工程师

先后获得实用新型专利 2 项，发表论文 5 篇，省级 QC 成果三等奖 8 项。

郑 明
筑芯产业园项目技术员

一级建造师

获得实用新型专利 2 项，发表论文 2 篇，省级 QC 成果三等奖。

任述亮
筑芯产业园项目技术员

助理工程师

从事土建技术、BIM 建模、项目信息化管理工作，参与的项目获 BIM 大赛三等奖 1 项，申请专利 1 项。

刘亚彪
筑芯产业园项目材料员

助理工程师

从事筑芯科技产业园项目物资管理及 BIM 工作。荣获实用新型专利 1 项，发表论文 1 篇，省级 QC 成果三等奖 1 项。

曾令星
筑芯产业园商务经理

助理工程师

荣获实用新型专利 2 项，发表论文 2 篇，省级 QC 成果三等奖 2 项。

朱晓东
筑芯产业园安全总监

助理工程师

荣获实用新型专利 1 项，发表论文 1 篇，省级 QC 成果三等奖 1 项。